上海市应用型本科社会工作专业建设项目系列丛书

上海政法学院社会工作丛书编写组　组织编写

XINLI ZIXUN
YU FUDAO

心理咨询与辅导

张可创 ◎ 著

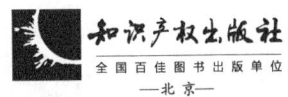

知识产权出版社
全国百佳图书出版单位
—北京—

图书在版编目（CIP）数据

心理咨询与辅导／张可创著．—北京：知识产权出版社，2021.12
（上海市应用型本科社会工作专业建设项目系列丛书）
ISBN 978－7－5130－7944－0

Ⅰ．①心… Ⅱ．①张… Ⅲ．①心理咨询②心理辅导 Ⅳ．①B849.1

中国版本图书馆 CIP 数据核字（2021）第 276240 号

责任编辑：雷春丽　　　　　　　　　责任校对：王　岩
封面设计：乾达文化　　　　　　　　责任印制：孙婷婷

心理咨询与辅导

张可创　著

出版发行：知识产权出版社有限责任公司	网　　址：http://www.ipph.cn
社　　址：北京市海淀区气象路 50 号院	邮　　编：100081
责编电话：010－82000860 转 8004	责编邮箱：leichunli@cnipr.com
发行电话：010－82000860 转 8101/8102	发行传真：010－82000893/82005070/82000270
印　　刷：北京九州迅驰传媒文化有限公司	经　　销：各大网上书店、新华书店及相关专业书店
开　　本：720mm×1000mm　1/16	印　　张：32.5
版　　次：2021 年 12 月第 1 版	印　　次：2021 年 12 月第 1 次印刷
字　　数：446 千字	定　　价：98.00 元
ISBN 978－7－5130－7944－0	

出版权专有　侵权必究
如有印装质量问题，本社负责调换。

序　言

　　我国社会发展已经进入新的发展阶段和历史时期。党的十九大报告指出"我国社会主要矛盾已经转化为人民日益增长的美好生活需要和不平衡不充分的发展之间的矛盾"。我国社会发展的目标不再局限于经济的增长，而是扩展到社会生活的各个方面。降低收入差距，消除贫困，让不同的社会阶层都能享受到改革开放和经济增长的成果，就成了社会发展和社会治理的主要目标。这一目标的实现，不但需要政府机构、有关部门与公务人员的努力，也需要社会组织、社会机构和广大人民群众的参与。"共享、共建、共治"成为创造社会治理新格局的重要途径。

　　在解决社会主要矛盾，促进社会积极发展和社会治理新格局的形成过程中，社会工作就成为一种不可或缺的重要力量。社会工作专业是以以人为本、助人自助、平等公正等为价值观念，以尊重人和价值中立、自决和保密为职业原则，运用专业知识、专业技能与专业方法，通过激发服务对象的内在动力、整合社会资源、协调社会关系等途径，帮助处于社会弱势地位的个人、群体和社区，恢复、改善和发展其社会功能，克服困难、解决问题、摆脱困境并预防问题的发生的专业。如果说社会学的重要价值就是发现社会问题，分析产生社会问题的原因，那么社会工作的价值就是救助社会弱势群体、解决社会问题，促进社会公平正义的实现。从这个意义上说，社会工作专业在我国目前的社会建设和社会发展中的作用会越来越大，社会生活的各个领域对社会工作专业人才的需求将越来越多。为了适应社会对社会工作专业的要求，培养具有理论素养与实践能力的社会工作专业人才就成了社会工作专业教育的重要职责。

上海政法学院于2005年设立了社会工作专业，专门培养社会工作专业人才，在十几年的专业建设中，我们始终把培养具有完整的生命意识和助人自助的专业理念，掌握个案工作、小组工作和社区工作方法与帮助社会弱势群体、解决社会问题能力的社会工作人才作为目标。经过专业教师十多年的努力，上海政法学院在应用型、复合型社会工作专业人才培养模式方面走出了一条自己的专业发展之路，探索出了具有自己专业特色的人才培养模式。上海政法学院社会工作专业2009年成为上海市教育高地建设专业，2010年成为以培养司法社工为特色的教育部认定的第六批国家特色专业，2017年成为上海市应用型本科专业。我们依托上海市教育高地和国家特色平台，探索应用型、复合型社会工作人才培养模式，以终身学习理念为指导，培养学生终身学习能力；以三十几家实践基地为平台，巩固学生专业理念与促进学生专业技能的提升；以多元智能理论为基础，建立多样化的学生专业能力评价体系；以开放的态度扩大对外交流；以精益求精、追求卓越的精神打造双师型专业教师队伍。

上海市应用型本科社会工作专业建设项目系列丛书是上海政法学院应用型社会工作专业人才培养建设项目的重要成果，它反映了上海政法学院社会工作专业建设的水平与成就。本丛书立足基层，结合鲜活的社会工作事例，选取社会工作重点服务对象，如社区老人、家庭弱势成员、失业青年、重病患者等，从制度构建、服务模式、心理疏导、社会资源调动等综合视角阐释如何发挥社会工作的作用，提高社会救助水平和社会服务能力，为促进社会公平正义的实现和社会治理水平的提升发挥社会工作的专业价值。

本丛书作者都是长期从事社会工作专业教学与实践研究的老师，作者不但具有一定的社会工作与社会学的理论造诣，也具有丰富的实践经验。我们组织撰写本丛书的核心目标就是为培养应用型社会工作人才和社会治理人才服务。希望通过我们的努力培养出既有社会工作专业理论，又有关注社会问题与解决社会问题能力的专业人才。为了实现这个目标，我们在组织撰写本丛书时，注重社会工作理论与社会实践的结合，注重社会工作理论和伦理的本土化，注重社会工作方法与我国社会工作实际的结合。具体来说，本丛书做到了三个统一：

第一，社会工作理论与社会工作实践经验的统一。本套应用型社会工作人才培养丛书涉及的话题都与社会生活中出现的问题有关。这些问题的解决，就需要以社会工作理论为指导，寻求解决问题的方法。我们追求理论性与实践性的统一。

第二，社会工作发展规律与中国社会工作本土特色的统一。社会工作作为一门专业，起源于西方，目前的专业理论与方法都具有西方文化的痕迹。在我国社会工作专业发展过程中，一方面我们需要掌握社会工作专业发展理论，遵循专业发展规律；另一方面我们又不能简单、生硬地理解这些规律，还需要探索适应中国文化传统与民族文化理念的社会工作方法。因此，在本丛书的撰写过程中，我们追求社会工作发展规律与本土化实践的结合。

第三，社会工作专业领域丰富性与社会工作对象聚焦性的统一。本丛书涉及的领域具有多样性，如青少年犯罪的预防、司法社会工作的实践模式探索、学校社会工作的理论与实践、心理治疗模式在社会工作领域的应用、失业青年抗逆力建设以及医疗社会工作、心理咨询与辅导等都是我们涉猎的话题。虽然涉及的领域具有多样性，但是每一个问题都是现代社会生活中需要关注的问题，所有问题都聚焦于发挥社会工作专业在现代社会治理中的作用。

本丛书撰写团队的所有成员，都是抱着真诚的态度从事这项工作的。希望我们的努力能为中国社会工作专业人才的培养工作发挥积极作用。我们也知道本丛书还存在不少的问题，我们愿意以真诚的态度与社会工作专业领域的学者和实务工作者交流，也渴望得到大家的指导与帮助。

本丛书得以出版与很多人的努力分不开。作为丛书的组织者，我真诚地感谢所有参与丛书撰写的成员，没有团队成员的参与，本丛书不可能完成；感谢知识产权出版社的领导与编辑们精心策划与审稿，他们的努力工作保证了本丛书的质量，特别感谢雷春丽编辑，她一丝不苟、兢兢业业的工作态度和严谨认真的工作方法使我们受益匪浅；感谢社会工作专业从成立到现在的所有学生，他们在专业学习中的发问与研讨学习中的参与给老师们很多有益的启发；感谢社会工作专业实践基地的实务专家，他们为我们提供了大量的实践案例与实务经验，丰富了本丛书的内容；感谢虽未参与丛书撰写，但一直从事社会工作专业与社会学专业教学的同事，本丛书的内容包含着他们理论与实践经验和辛勤工作的汗水；感谢我们所处的这个时代，时代的要求和发展进程为社会工作专业提供了可以发挥作用的舞台。

本丛书的出版不是我们探索社会工作专业人才培养途径和模式的结束，而是新征途的开始。我们抱着不悔过去、不负现在、不惧未来的态度，抱着爱和责任统一的理念，将继续在社会工作专业人才培养中探索。我们也期待在下一个十五年，社会工作专业在我国社会治理和社会建设中发挥更大的作用。

上海政法学院应用型社会工作专业本科人才培养项目负责人
上海政法学院社会工作专业硕士（MSW）教育项目负责人　张可创
2021年1月于上海佘山野马浜

前　言

现代社会是信息急剧增长的社会。信息的增长一方面给人们的生活带来了很多便利，另一方面也使人们感受到了选择的艰难。由于信息的增多，生活节奏的加快，现代人面临的压力越来越大。现代社会是一个物质生活水平不断提高的社会。在物质生活水平提升的同时，人们对生活质量的追求越来越强烈。如何积极应对压力，过上幸福的生活，是现代人必须面对的人生课题。要完成这一人生课题，就需要心理咨询与辅导的帮助。

作为一门学科，心理咨询与辅导从产生到今天已有一百多年的历史。但它在我国的发展是改革开放后的事情。随着我国社会的发展，这门学科开始被人们重视，越来越多的人愿意寻求心理咨询与辅导人员的帮助，越来越多的人对心理咨询与辅导有了一些正确的认识，越来越多的人参加各种心理咨询与辅导的培训，越来越多的人参加国家心理咨询师职业考试，取得心理咨询师的资格证书。

在看到心理咨询与辅导在我国得到发展的同时，我们也要看到其中的不足：首先，社会上对心理咨询与辅导的看法还存在很多误区，例如，认为只有得了心理疾病的人才需要接受心理咨询与辅导；认为心理咨询与辅导就是思想工作，是空洞的说教，是不会有作用的；对心理咨询与辅导人员有很高的心理期望和要求，认为所有的心理问题只要得到咨询与辅导人员的化解，都可以很容易地解决。其次，心理咨询与辅导专业在理论与实践上还存在不少问题。从理论上来说，我国的心理咨询与辅导学科还没有建立起自己的理论体系，很多西方的理论与实践经验，没有经历本土化的过程，就被直接运用在我国咨询与辅导的实践中；从实践上来说，很多咨询与辅导人员缺乏相应的实践经验，在咨询与辅导过程中不能很好地把所学的理论与实践相结合。最后，心理咨询与辅导发展水平在我国存在严重的不平衡情况。作为一门应用型的学科，心理咨询与辅导在大城市的发展水平较高，被社会人群认知与接受的程度较高；而在中小城市，尤其是广大乡村地区，被认知与接受的程度较低，很多地方的人还没有听说过心理咨询与辅导。面对种种不尽如人意的地方，就需要广大的心理咨询与辅导工作者一起努力，为这门学科的发展作出贡献。

笔者从20世纪80年代初学习心理学到后来的教学、研究、咨询已有38年。这38年的学习、教学、研究与社会服务生涯使笔者对自己的人格特质和专业使命有了新的认识。尤其是笔者从1995年10月到2002年9月在心理学的起源地德国进行了七年心理学的学习与研究，这种独特的学习与研究生涯，使笔者对专业有了新的认知与领悟。回国后把这种领悟和认识运用在教学和心理咨询与辅导的实践中，在心理学的教学中更加注重理论与实践的结合，更加注重用自己的亲身感受与体会影响和感染学生，同时也更加努力地为社会人群服务。

从2006年至今的15年里，笔者除了从事心理咨询与辅导课程的教学工作，作为学校的心理咨询老师也对学生与教职工进行咨询与辅导工作，此外还在很多社会团体、企事业单位进行心理咨询与辅导活动。在这十多年的时间里，笔者接待过的来访者超过一万人次，咨询与辅导的时间超过一万小时。最令笔者欣慰的是，通过自己的努力使六位失去生活勇气的来访者放弃了结束自己生命的念头，重新燃起生活的勇气。在38年的心理学学习、教学、研究与实践生涯中，笔者对心理咨询与辅导专业的认识越来越深入，对心理咨询与辅导人员的角色认识越来越明确，对心理咨询与辅导价值的认识也越来越清晰。

通过对理论与实践工作的总结和对自我角色的反思，笔者越来越感受到心理咨询与辅导工作的意义不在于为来访者进行了多少心理咨询专业知识的传授，不在于给来访者提供了多少专业方法上的帮助，而在于使来访者认识到自己是一个人！是一个独一无二的人！是一个具有价值意义的人！使来访者认识到自己的潜能，激发出来访者自我改变的愿望。心理咨询与辅导工作的目标就是帮助来访者产生自我探索的愿望，最终使来访者成为一个积极向上和乐观的人！要实现这样的目标，咨询与辅导人员就应该具备良好的职业价值取向与良好的职业素养。一个具有丰富心理咨询与辅导知识和工作技巧的人员，不一定是一个优秀的甚至合格的心理咨询与辅导人员。因为合格的心理咨询与辅导人员除了具有丰富的知识与工作技巧之外，更重要的是要有一颗真诚的心与奉献自己、成全他人的价值取向。缺乏爱心与生活热情的技巧是不会具有持久的感染力与影响力的。用岳晓东的话来说：心理咨询与辅导就是让人有一种"登天的感觉"[①]，咨询与辅导人员首先要有一颗豁然开朗与宁静清澈的心灵，要有富有激情和充满爱的胸怀，因为用激情才能点燃激情，用生命才能唤起生命，用自己的爱与奉献才能温暖他人的心。

　　在用激情点燃激情、用生命唤起生命、用爱温暖人心的过程中，咨询与辅导人员必须明白自己的角色，必须进行准确的角色定位。心理咨询与辅导人员扮演的是指导者、陪伴者与帮助者的角色。这种角色要求咨询与辅导人员不能强迫来访者接受自己的辅导，而应以自己的心灵与行为感染来访者，以无形的力量影响来访者。

　　心理咨询与辅导工作的领域十分广阔。遇到生活与人生困惑的人需要接受心理咨询与辅导，对人生具有更高层次追求的人也可以接受咨询与辅导。咨询与辅导的对象是所有人。在心理咨询与辅导专业发展过程中，形成了各种不同的咨询与辅导理论。面对千差万别的咨询与辅导对象，面对各种不同的咨询与辅导理论，优秀的咨询与辅导人员会抱着开放的态度，

---

① 岳晓东：《登天的感觉》，上海人民出版社，2004，前言。

不断学习和自我成长；优秀的咨询与辅导人员须接纳自己的有限性，在工作中既能发挥自己的优势，也能接纳自己的不足。

本书是笔者心理咨询与辅导工作的体会与经验的总结，是十多年来教授心理咨询与辅导课程的结晶，同时吸收了国内外心理咨询理论与实践的成果和经验。虽然现代社会心理咨询类的书籍不少，但是很多书籍是直接从国外翻译引进的，很多书籍要么强调理论体系，要么缺少理论体系。基于这样的情况，笔者萌生撰写一本既有理论体系，又不过于理论化的具有应用价值的书籍。这本书既有对心理咨询与辅导理论与工作原则的介绍，又有对心理咨询与辅导人员角色与素养的分析，还有对咨询与辅导实施技术的论述分析。同时，针对现代社会常见的咨询与辅导工作领域存在的各类问题，专章进行了分析。在一些章节的最后，分享了一些案例，这些案例是笔者对长期咨询中多个案例的总结，不是来源于某一个来访者，请读者勿对号入座。我们希望通过这样的编排方式，既能使读者了解心理咨询与辅导的知识体系，又能帮助读者掌握基本的咨询与辅导的方法技术，还能为他们在具体的工作中遇到的问题提供一定的帮助和指导。

目 录
CONTENTS

第一章　心理咨询与辅导概述 ·· 1

　　第一节　心理咨询与辅导的含义 ··· 3

　　第二节　心理咨询与辅导的对象及任务 ··································· 9

　　第三节　心理咨询与辅导的发展历史 ···································· 14

　　第四节　学习心理咨询与辅导的意义和方法 ··························· 28

第二章　心理咨询与辅导的理论基础与一般过程 ························ 33

　　第一节　心理咨询与辅导的理论基础 ···································· 35

　　第二节　心理咨询与辅导的类型 ··· 42

　　第三节　心理咨询与辅导的一般过程 ···································· 50

第三章　心理咨询与辅导的理论流派 ······································ 67

　　第一节　精神分析学的心理咨询理论与方法 ··························· 69

　　第二节　行为治疗的心理咨询理论与方法 ····························· 85

　　第三节　人本主义心理学的心理咨询理论与方法 ···················· 95

　　第四节　认知心理学的心理咨询理论与方法 ························· 102

第四章　心理咨询与辅导的原则 ··· 125

　　第一节　心理咨询与辅导的基本原则 ·································· 127

第二节 心理咨询与辅导的伦理原则……………………………………… 142

第五章 心理咨询与辅导人员的职业角色与核心素养……………… 151

第一节 心理咨询与辅导人员的职业角色…………………………… 153

第二节 心理咨询与辅导人员的职业价值观………………………… 158

第三节 心理咨询与辅导人员的自我意识与职业意识……………… 165

第四节 心理咨询与辅导人员的主要职业能力……………………… 173

【案例1】对潘老师的帮助：如何有效维护团体团结 ……………… 179

第六章 心理咨询与辅导的操作技术…………………………………… 189

第一节 心理咨询与辅导的诊断技术………………………………… 191

第二节 心理咨询与辅导的沟通技术………………………………… 207

第三节 心理咨询与辅导的反应与参与技术………………………… 218

第四节 心理咨询与辅导的影响与指导技术………………………… 228

第五节 心理咨询与辅导的非言语沟通技术………………………… 239

第七章 少年的心理咨询与辅导………………………………………… 251

第一节 少年的生理特征与心理特征………………………………… 253

第二节 少年的主要心理困惑………………………………………… 265

第三节 家长与教师在少年成长中的角色与作用…………………… 277

第四节 少年的心理咨询与辅导的特点和方法……………………… 283

第八章 青年的心理咨询与辅导………………………………………… 291

第一节 青年的生理特征与心理特征………………………………… 293

第二节 青年自我发展的咨询与辅导………………………………… 299

第三节 青年学习生活与社会适应的咨询与辅导…………………… 311

第四节　青年情绪障碍的咨询与辅导 …………………………… 330

【案例2】咨询师帮助她走出了失恋后的绝望 ………………………… 339

第九章　家庭心理咨询与辅导 …………………………………… 349

第一节　家庭心理咨询与辅导的含义与特征 …………………… 351

第二节　家庭心理咨询与辅导的内容与原则 …………………… 360

第三节　家庭心理咨询与辅导的方法与技巧 …………………… 370

【案例3】走出"囚徒"的困境——有关家庭与工作关系
咨询的案例 ………………………………………………… 383

第十章　亲子关系和家庭教育的心理咨询与辅导 ……………… 389

第一节　亲子关系与人格发展 …………………………………… 391

第二节　亲子关系与家庭教育方面的问题 ……………………… 398

第三节　亲子关系心理咨询与辅导的思路与过程 ……………… 411

第四节　亲子关系心理咨询与辅导的具体方法 ………………… 417

【案例4】一位母亲给儿子的信 …………………………………… 431

第十一章　夫妻关系的心理咨询与辅导 ………………………… 443

第一节　夫妻关系心理咨询与辅导概述 ………………………… 445

第二节　夫妻关系心理咨询与辅导的类型 ……………………… 451

第三节　现代婚姻中夫妻关系的主要问题 ……………………… 453

第四节　夫妻关系咨询与辅导的具体内容与方法 ……………… 467

【案例5】以改变自我来促进夫妻关系的改善 …………………… 487

主要参考书目 ……………………………………………………… 497

后记 ………………………………………………………………… 502

第一章

心理咨询与辅导概述

CHAPTER 1

作为应用心理学的一个重要领域，心理咨询与辅导随着我国心理咨询师资格考试的进行，越来越受到重视。但是说到底，心理咨询与辅导在我国还是一门新兴的、披着神秘色彩的学科。本章将努力揭开心理咨询与辅导的神秘面纱。

第一节 心理咨询与辅导的含义

"咨询"是一个有着丰富含义和涉及许多领域的概念。现代社会分工越来越细，人们生活中遇到的专业问题也越来越多，这就需要专业人员加以指点和引导，这就是咨询。简单来说，咨询就是掌握一定信息和某些专业知识或方法的人，对那些需要得到信息、知识和方法的人，进行必要的信息传递、知识和方法的传授，帮助他人解决问题的过程。这个过程是咨询人员向来访者传授信息、知识和方法，来访者加以领悟和学习的过程。咨询是一种方法和一门艺术，是咨询人员采用的具有专业特点的传授方法，是咨询人员的指导艺术。咨询过程一般都包含感知、分析整理、参与和提供解决问题的各种方法等几个方面。感知就是对来访者的状况和需要解决的问题进行初步的了解；分析整理就是对问题进行分析和诊断；参与就是和来访者一起面对问题，寻求解决问题的方法；提供解决问题的各种方法就是给来访者提出解决问题的各种可行的方法供来访者选择。

现代社会的咨询几乎涵盖了生活的各个方面：健康咨询、理财咨询、法律咨询、企业咨询、消费咨询、教育咨询、家庭关系咨询等都被人们所了解，心理咨询也慢慢地被人们所认识和接纳。

一、心理咨询的含义

心理咨询在我国作为一项新的咨询活动，越来越受到社会不同群体的关注,尤其是我国开展心理咨询师资格考试以来,越来越多的人参加了心理咨询师资格的培训、学习和考试。可以说,现代人对心理咨询的概念并不陌生。然而,要问到底什么是心理咨询,许多人还不了解其真正的含义。对个人遇到问题愿意不愿意进行心理咨询这个问题,许多人给出的答案还是否定的。到目前为止,还有不少人把心理咨询和精神病联系在一起,即使进行过心理咨询的人,往往也对此讳莫如深,不敢告诉别人自己进行了心理咨询。这种现象的产生与人们对心理咨询不了解有关。

那么到底什么是心理咨询?心理咨询是心理学应用的一个重要领域。对心理咨询含义不同的心理学家有不同的理解。美国人本主义心理学家罗杰斯(Rogers)在1942年出版的《咨询与心理治疗》(*Counseling and Psychotherapy*)中认为,心理咨询"是一个过程,是咨询人员与来访者建立关系的过程,在这个过程中,咨询人员为来访者营造一种有利于来访者表露自己的气氛,促进来访者从进行自我认知,达到自我改变和促进自我重建的过程"[①]。在罗杰斯看来,心理咨询不是咨询人员对来访者的指导,而是咨询人员和来访者建立一种协助关系,以帮助来访者成长。

德国的心理学家施瓦尔兹(Schwarzer)和伯瑟(Posse)认为:"心理咨询是来访者自愿的、短时期内与咨询人员就个人遇到的困惑和问题进行积极互动,寻求咨询人员为他提供信息上的帮助或者技能上的指导,通过共同的努力,促使问题得到解决和困扰得到消除的过程。"[②]

德国的另一位心理学家,笔者就读博士时的导师吉哈德·胡博尔(G. L. Huber)教授认为:"心理咨询是咨询师和来访者之间教授和学习的过程,是咨询师对来访者加以指导和教导,来访者通过学习,促进自己的

---

① Rogers, C. R. *Counseling and Psychotherapy*, Boston: Houghton Mifflin, 1942, p. 30.
② Schwarzer Ch., Posse N., "Beratung", in B. Weidenmann, A. Krapp, M. Hofer, G. L. Huber, H. Mandl (Hg.), *Paedagogische Psychologie*, Muenchen: Psychologie Verlags Union, 1986, p. 364.

人格发展和完善的过程,是特殊的学习过程。"①

北京大学的钱铭怡教授认为:"心理咨询是通过人际关系,应用心理学的方法,帮助来访者自强自立的过程,是在良好的人际关系基础上,由咨询师采用心理学的方法,帮助来访者减轻或者消除其烦恼,改善其生活状态,促进其发展的过程。"②

香港学者林孟平认为心理咨询是:"一个过程,在这个过程当中,一位受过专业训练的辅导员(咨询员),致力于与当事人建立一个具有治疗功能的关系,来协助对方认识自己、接纳自己,进而欣赏自己,以致可以克服成长的障碍,充分发挥个人的潜能,使人生有统合并丰富的发展,迈向自我实现。"③

从上面不同学者对心理咨询的定义中我们可以看出,心理咨询是一个过程,是咨询人员采用心理学的方法和技能为来访者提供信息上的帮助,促进来访者自我提高与改变的过程。

要准确地理解心理咨询的含义,就需要明白以下几点:

第一,心理咨询是咨询人员和来访者进行沟通、交流和积极互动的过程。在这个过程中,并不是以咨询人员为核心的,而是需要来访者积极主动参与。在这个过程中咨询人员与来访者之间的关系不是一种纯粹的指导和被指导的关系,而是一种协助关系,也就是说,咨询人员的作用是协助来访者积极自我探索、自我认知和自我发展。

第二,心理咨询的过程是具有心理学专业知识和专业技能的人员,以心理学理论为依据,对来访者提供专业信息,进行专业服务,以帮助来访者解决遇到的困惑和问题,促进来访者成长和发展的过程。

---

① Huber G. L., Lehren und Lernen von Beratung – Beratung als Lehren und Lernen. In: E. J. Brunner, W. Schoenig (Hg.), Theorie und Praxis von Beratung: Paedagogische und Psychologische Konzepte, Freinburg im Breisgau: Nambertur, 1990, p. 40.
② 钱铭怡:《心理咨询与心理治疗》,北京大学出版社,1994,第2页。
③ 林孟平:《辅导与心理治疗》,上海教育出版社,2005,第5页。

第三，心理咨询是一种方法，更是一门艺术。它是以专业知识和专业理念为依据的帮助别人的方法，更是一门与人沟通、与人积极互动的艺术。

第四，心理咨询的目标是帮助别人，是在来访者自愿的基础上进行的，不是强制性的。

总之，心理咨询是一项来访者自愿参与、由咨询人员以自己的专业知识和专业技能为来访者提供帮助的服务，其目的是使来访者的能力得到提高、问题得以解决、自我得以完善。

二、心理治疗的含义

要进一步理解心理咨询的概念，就需要了解另一个概念——心理治疗。心理治疗的英文为 psychotherapy，这是一个与心理咨询关系密切的概念。在许多情况下这两个概念是不加区分而运用的。但是心理咨询和心理治疗之间还是存在一定区别的。

一般来说，心理治疗是指对于具有心理障碍或心理疾病的人员，由具有临床经验的心理治疗师运用心理学的方法施加一定的影响，使障碍得以消除、症状得到缓解的过程。从这个概念来看，心理咨询与心理治疗不同，但是它们又有着许多相同点：

第一，心理咨询和心理治疗的理论与方法是相同的。到目前为止，精神分析理论、人本主义心理学理论、行为主义理论、理性情绪分析理论、人际相互作用理论等既是心理咨询的理论基础，也是心理治疗的理论基础。另外，心理诊断技术、倾听与指导技术也广泛运用于心理咨询和心理治疗。

第二，心理咨询和心理治疗的过程都是人际互动过程，都十分强调咨询人员（治疗师）与来访者（治疗对象）之间关系的重要性。

第三，心理咨询与心理治疗的对象和问题领域是十分相似的。情感问题、家庭问题、自我发展与成长问题、婚姻问题等都是心理咨询常常遇到的问题，也是心理治疗范围内的问题。

第四，心理咨询和心理治疗对来访者和治疗对象的要求具有相似性。无论是咨询还是治疗都要求来访者或者治疗对象的积极参与和自我改变。

正是由于心理咨询和心理治疗具有许多相同点和相似点，才使人们在日常生活中对心理咨询和心理治疗不加区分；也正是由于这么多的相同点，我们在许多时候才把这两个名词作为一个概念来运用。

但是，实际上心理咨询与心理治疗还是有区别的。心理咨询与心理治疗的区别主要表现在以下几个方面：

第一，心理咨询与心理治疗的对象不完全相同。心理咨询的对象是在社会生活、家庭生活和个人生活中产生了迷茫，心理困惑和情绪焦虑、紧张的人及一切具有自我提高愿望的人。也就是说，心理咨询的对象是心理上存在困惑或者虽然没有困惑但是希望得到进一步提高发展的人们。心理治疗的对象是那些具有异常行为（如强迫行为、恐惧行为），严重的情绪障碍（过分的焦虑、恐惧和抑郁）和异常人格特征（如反社会性人格、分裂性人格等）的人。

第二，心理咨询与心理治疗的时间长短不同。心理咨询的时间较短，而心理治疗的持续时间较长。由于心理咨询的主要对象是心理处于正常范围但遇到了一定心理困惑的人，他们的困惑相对比较容易解决，因而需要的时间较短；而心理治疗的对象是存在心理障碍或心理疾病的人，因此，要解决他们的问题所需要的时间较长，治疗过程也较长。

第三，心理咨询人员与心理治疗师的资格与训练的要求不同。心理咨询人员所接受的训练包含心理学理论知识和专业技能的训练；而心理治疗师除了心理学的专业训练之外，还需要进行临床医学训练。在心理咨询时，主要是通过咨询人员的疏导帮助来访者解决问题，而心理治疗除了心理疏导之外，有时还需要借助于某些药物作为辅助手段。

除了以上几点明显的差别之外，它们之间在目标和程度上也有差别，一般来说心理咨询是帮助来访者自我认知，提高适应力；而心理治疗是帮助治疗对象重建人格和重塑自我，帮助治疗对象解决深层次的问题。

三、心理辅导的含义

与心理咨询、心理治疗概念相关的另一个概念就是心理辅导。心理辅导的英文为 counseling。我国学者把 counseling 也翻译为心理咨询，可见心理辅导和心理咨询的含义是何等的相似。其实，心理咨询和心理辅导还是有区别的，心理辅导的外延要远远大于心理咨询。

心理辅导不但包含心理咨询，还包含心理训练和心理支持的所有活动。心理咨询是针对具体的困惑和矛盾所进行的一系列活动；心理辅导则是针对某个年龄阶段的群体或其他群体在某些事件发生后，可能产生的心理问题和已经产生的心理困惑，而有针对性地对个体和群体进行的心理指导、疏导和训练活动。

心理辅导按照对象不同可以分为个人辅导、家庭辅导、小组辅导和团体辅导。20 世纪起源于美国企业的 EAP（employee assistance program）即员工帮助计划，就是一种系统地对员工进行心理辅导的活动。它是通过专业人员对组织以及员工进行诊断和建议，提供专业指导、培训和咨询，帮助员工及其家庭成员解决心理和行为问题，提高绩效及改善组织气氛和管理。这项辅导活动就是作为企业福利的一部分而存在的。一般来说，EAP 项目由一系列的心理辅导活动组成，既包含心理学课程、讲座、培训，也包含个体的心理咨询和团体的心理训练。心理辅导所涉及的专业包括心理健康领域、心理教育领域、跨文化沟通交流领域、职业及职业生涯规划领域、个人精神生活和内在生命提升领域、家庭婚姻领域等。

从心理辅导所涉及的领域来看，它远远大于心理咨询和心理治疗。从这个意义上来说，心理咨询和心理治疗只是属于心理辅导的一个重要方面而已。

心理咨询、心理治疗和心理辅导既有区别，又相互联系。在本书中我们对这三个概念不做严格区分，综合使用。

第二节　心理咨询与辅导的对象及任务

心理咨询与辅导的对象是什么？心理咨询与辅导到底能为人们提供哪些服务？它的任务是什么？它与社会工作与政治思想工作等之间有什么关系？这是本节重点讨论的问题。

一、心理咨询与辅导的对象

明确心理咨询与辅导的对象对人们正确理解心理咨询的概念十分重要，对心理咨询能否为人们所接受也十分重要。

心理咨询与辅导的对象是十分广阔的，不是有心理困惑、障碍和疾病的人才需要接受心理咨询与辅导，而是现代社会的每一个愿意成长和提高生活质量的人、希望自我得到发展的人都需要心理咨询与辅导。因此，心理咨询与辅导的对象包括心理健康的人群、遇到心理困惑的人群、有心理疾病的人群及精神疾病的康复者。

具体来说，心理咨询与辅导的对象包含以下几类人群：

第一，所有心理健康的人。为这类人提供的咨询被称为成长和发展性的咨询。所谓成长和发展性咨询，是指来访者为了促进自身更好地成长和得到更好的发展而进行的咨询。这类咨询最主要的目的是帮助来访者了解自身的优势和特点，并且在生活和工作中发挥自身的优势，促进自身的不断成长和得到更好的发展。现代社会的这类咨询日益重要，如职业生涯规划、学业规划和人生规划等都属于这类咨询。

第二，心理健康但是被某些事情所困扰的人。为这类人提供的咨询是生活性咨询或者适应性咨询。所谓生活性咨询，就是为在生活中遇到困扰的对象提供的咨询，这类咨询对象不存在心理上的障碍和疾病，但是由于生活方式的变化，或者环境的变化而产生心理上的困惑。例如，家庭生活咨询就是夫妻双方或者亲子之间由于缺乏沟通或者缺少好的沟通理念产生了矛盾所进行的咨询。很多家庭虽然夫妻双方都有着高学历、好的职业与人格特质，但是双方在家庭角色的定位方面、在家务的分工方面或者生活习惯方面存在明显的差异。由于这些差异的存在，夫妻产生了矛盾和困扰。这类人就属于心理正常但是被某些事情所困扰的人。

第三，存在某些明显的心理困惑的群体。这类人又被称为心理处于灰色地带的人群。灰色地带的概念是一个没有确切界限的概念，就是指处于心理健康与不健康的中间地带。心理健康属于白色，具有严重的心理疾病或者精神疾病属于黑色，那么处于黑白之间就是灰色。现代社会人们面临的工作压力和情绪困扰越来越多，许多人处于心理上的亚健康状态，这类亚健康的群体就需要心理咨询的帮助和支持。

第四，精神疾病的康复者。心理疾病和精神疾病最大的区别就在于心理疾病的患者是没有丧失自我意识、没有丧失自我情绪与行为控制和调节能力的人；而精神疾病者是部分丧失或者完全丧失了自我意识和自我情绪与行为控制和调节能力的人。对于精神疾病的患者，心理咨询不能发挥很大的作用。但是精神疾病的治疗过程是一个复杂和漫长的过程，在精神疾病康复期，心理咨询能发挥积极有效的作用。因此，处于精神疾病康复期的人群是心理咨询的对象之一。

从以上分析可知，心理咨询与辅导的对象范围很广。任何一个希望不断自我完善、提高生活质量、提升自我内在品质的人，都可以进行发展咨询或者生活咨询。而那些处于灰色地带的心理亚健康群体更应该进行心理咨询。心理咨询可以帮助这些群体缓解生活的压力，减轻心理上的焦虑和困惑，促进他们心理状态的转变和心身健康的发展。对于那些处于精神疾病康复期的人群，心理咨询也可以促进他们康复，使他们尽早恢复心理健康。

二、心理咨询的任务

为了明确心理咨询的任务，我们首先要对有关心理咨询的某些误解和错误的想法进行澄清。

第一，心理咨询不是简单的信息提供过程。为咨询对象提供信息是心理咨询工作的组成部分，例如，为来访者提供有关心理培训的信息，介绍有关心理学的知识经验等，在心理咨询中是很重要的。但这不是心理咨询的主要目的，也不是心理咨询工作的核心任务。心理咨询主要是通过给来访者介绍心理学知识、传授心理学经验与方法，促进来访者自我改变与自我提高。因此，心理咨询不是简单的心理知识的介绍和心理信息的提供。

第二，心理咨询不是替来访者解决问题，而是帮助来访者解决问题，心理咨询人员不是来访者的救世主。在现实中，许多来访者总希望咨询人员替他们解决问题，希望咨询人员就像医生一样做到药到病除。他们希望把自己所有心理困惑和问题的解决都托付给心理咨询人员。这种想法是对心理咨询的不正确的理解。心理咨询的主要任务不是替别人解决问题，不是替别人出主意，而是协助来访者解决问题，帮助来访者澄清某些观点，找到解决问题的思路。

第三，心理咨询不是说服教育他人，不是思想政治工作。思想政治工作者和教师要取得良好的说服教育的效果，是需要采用心理咨询的某些技巧、方法与学生及其他教育对象进行沟通的，但是心理咨询不是说服教育他人，不是思想政治工作。心理咨询人员最大的任务和职责不是让来访者接受自己的观点，接受某些所谓正确的思想意识和道德观念，不是依靠灌输的方式向来访者进行思想与道德的说教，而是采用和来访者共同商讨、共同努力的方式帮助来访者自己选择人生道路，帮助来访者树立某种正确的观念，促进来访者养成某些行为习惯，促进来访者自身的发展。

第四，心理咨询不完全等同于社会工作。现代社会，社会工作越来越受到人们的重视和关注，社会工作者要取得良好的工作效果需要有一定的心理学知识，掌握某些心理咨询的技巧和方法。但是，心理咨询不是社会工作。与社会工作相比，心理咨询的工作范围具有独特性，工作对象具有特殊性，工作方法和要求具有更高的规范性。社会工作是一项助人自助的工作，心理咨询也是一项助人自助的工作，但是社会工作者的职责要求其扮演社会公平、正义的实践者的角色。社会工作的对象可以是个人，可以是某个团体，也可以是某个社会阶层和社区，他们主要服务于社会的弱势群体；但是心理咨询的对象是那些自觉自愿寻求帮助的个人或者群体。社会工作遵循的是积极寻求工作对象、努力为工作对象提供各种支持性服务的原则；而心理咨询遵循的是"来者不拒，往者不追"原则。

第五，心理咨询不是简单的逻辑分析。在咨询和辅导中，咨询和辅导人员既要客观冷静，避免感情用事，又要具有真诚的态度和积极的情感投入，咨询人员不是逻辑分析员，而是心灵感受者。他们一方面要避免情感泛滥，另一方面要避免冷漠而给来访者留下事不关己的印象。只有把客观理性与感同身受的情感完美地结合起来，才能使咨询取得良好的效果。

心理咨询的任务可以分为总体任务与具体任务。

心理咨询的总体任务是帮助来访者澄清某些观念，提高来访者自我认识和自我探索的能力，促进来访者积极面对自己，增强来访者解决问题的能力，最终使来访者以积极乐观的生活态度对待生活中的种种事件，使来访者内在的生命得到扩展，生活质量得以提高。

具体来说，对不同的咨询对象，心理咨询具有不同的任务。下面就是心理咨询的具体任务：

第一，对心理健康的人来说，心理咨询的任务就是帮助他们正确认识自己，全面了解自己的人格特征和发展潜力，在此基础上使他们能选择正确的自我发展方向，促进自身的发展，使自身的潜能得到有效挖掘，内在精神能量得到充分的扩展。

第二，对具有某些心理困扰的人来说，心理咨询的任务就是帮助他们正确分析困扰、积极面对困扰，增强他们面对困扰的勇气和内在力量，帮助他们找到解决困扰的方法和途径。

第三，对具有某些心理障碍和受某些心理疾病困扰的人来说，心理咨询的任务就是帮助他们分析心理障碍和心理疾病产生的原因，使他们形成对待心理障碍和心理疾病的正确态度，增强他们自我改变的信心。咨询师和他们一起寻求克服心理障碍和消除心理疾病的方法，增强他们心理的适应力，最终减少或者消除心理障碍和心理疾病对他们生活的影响，使他们过上正常的生活。

第四，对精神疾病康复期的人来说，心理咨询的任务就是帮助这些处于康复阶段的对象，积极应对自己的疾病，通过有效的训练，帮助他们掌握新的技能和方法，重新塑造自我的行为，最终帮助他们重新回归社会和家庭生活。同时也帮助处于精神疾病康复期的家属正确认识心理环境和家庭环境对精神疾病康复的重要性，使他们能够为精神疾病康复的病人创造良好的家庭环境和人际氛围，帮助康复病人的成长和适应能力的提高。

总之，心理咨询是一项助人自助的工作，是促进人积极发展和自我成长的工作。这项工作的主要任务就是帮助那些需要帮助的人得到更好的发展和提高，促使更多的人过上积极健康的生活。心理咨询的主要任务就是使人产生一种"登天的感觉"，"心理咨询就是，使人能更好地认识自我、开发自我、激励自我"。"心理咨询就是，使人比原来活得更轻松、更快活、更自信，此外心理咨询还要避免使人依赖他人，增强个人的独立性与自主性，心理咨询再三强调，要尽量理解来访者的内心感受，尊重来访者的想法，激发来访者独立决策的能力。""为的是强化来访者的自信心"。心理咨询的本质就是要"帮助来访者从自卑和迷茫的泥潭中自己挣脱出来"。①

第三节　心理咨询与辅导的发展历史

心理咨询与辅导作为应用心理学的重要领域起源于美国，也发展于美国，今天已经在全世界得到广泛的应用。

一、心理咨询与辅导在西方的兴起与发展

人们普遍认为心理治疗起源于欧洲，而心理咨询起源于美国。心理治疗与18世纪欧洲精神病学和精神治疗的发展密切相关，催眠术的发展和应用就是心理治疗在精神疾病治疗方面最好的写照。而心理咨询是19世纪末20世纪初的产物。

19世纪末，经济与科学技术的发展给人们的生活带来了深刻的影响，科学技术的发展不但提高了工业化的水平，而且对教育和社会发展提出了新的要求。为了适应这些要求，20世纪初美国出现了社会改革运动和学校指导运动，同时公立教育迅速普及、心理测量的出现和迅速发展等都为心理咨询的出现奠定了社会基础和学科知识基础。

心理咨询在出现之初，并没有被人们视为一种专门的职业，也没有专门的心理咨询师，正如人们对咨询一词的理解一样，许多人把它看作学校的某些功能，或者把它与指导等同起来，认为它只不过是某种教育功能的花样翻新。的确，心理咨询作为一种专门的职业，其专业功能、服务对象和范围，其所运用的原理和方法等，都是在发展过程中逐渐明确和丰富起来的。

---

① 岳晓东：《登天的感觉》，上海人民出版社，2004，第3页。

20世纪前30年是心理咨询与职业指导密切联系的时期。这时的心理咨询还不是现代意义上的心理咨询，而是教育领域的职业指导和学业指导。这一时期对心理咨询的创立发挥极大作用的人物分别是戴维斯（J. B. Davis）、帕森斯（F. Parsons）和比尔斯（C. Beers）。戴维斯是第一个在公立学校建立系统的指导课程的人。帕森斯是第一个出版职业指导著作的人，他被称为职业指导之父。比尔斯是耶鲁大学的一名学生，在他的一生中曾因心理疾病而数次入院治疗，目睹了精神病院的恶劣环境及病人所受到的种种非人待遇，他在《一颗发现自我的心灵》（*A Mind That Found Itself*）一书中对此给予了深刻揭露，呼吁改善精神病院的医疗条件，改革对心理疾病患者的治疗方法和手段。比尔斯的贡献是使精神病学家和心理学家在观念上发生了深刻的变化，他成为美国心理健康运动发生的原动力，亦被视为心理健康咨询的先驱者之一。一直到20世纪40年代初，心理咨询关注的领域还是教育和职业指导领域，遵循的是20世纪30年代由威廉姆森（E. G. Williamson）创立的以来访者为中心的指导理论。而到了20世纪40年代，心理咨询有了很大的发展，不但心理咨询的范围摆脱了以职业指导为核心的观念的束缚，而且心理咨询的理论也得到了很大的发展。其标志性事件是1942年罗杰斯出版了他的著作《咨询与心理治疗》。这本书的出版标志着心理咨询理论的诞生，也标志着心理咨询从以指导为主的理论向新的非指导理论的转变。

在罗杰斯之前占据美国心理咨询和治疗领域的两股力量是：弗洛伊德（Freud）的精神分析理论和明尼苏达大学威廉姆森的指导中心理论。这两种体系都是指导取向的。在咨询和治疗过程中，它们都强调治疗和咨询过程由咨询人员和治疗者主导，由咨询人员给来访者提出要求，规定来访者什么该做、什么不该做。而罗杰斯的非指导咨询理论，把心理咨询的重点转移到来访者身上，提出了"以来访者为中心"的咨询观点。罗杰斯认为，在心理咨询过程中，咨询人员的角色不是指导者的角色而是协助者和倾听者的角色，咨询人员的职责就是创造机会让来访者感受到被接纳、被倾听，这样就会使他们更好地认识自己，更有自信心。罗杰斯的咨询观点是开创性和革命性的。这种人本主义的咨询观点对心理咨询和心理学的发展都产生了十分深刻的影响。

从20世纪50年代开始，美国的心理咨询进入十分繁荣的阶段。这一阶段最主要的标志就是心理咨询各种专门机构的成立和心理咨询各种理论的不断出现。例如，1954年美国成立了心理学会第17个分会——咨询心理学分会。1955年，美国心理学会正式开始颁发心理咨询专家执照。1963年，美国国会通过《社区心理卫生中心法案》。20世纪70年代，美国心理咨询得到迅速发展，社区心理健康中心、康复治疗中心、就业帮助等部门开始聘用心理咨询工作者，促进了心理咨询在教育系统以外的迅速发展。1976年，"美国心理健康咨询者学会"（AMHCA）成立，心理健康咨询人员被纳入专业学术组织，更好地确定了他们的职业角色和工作目标。

20世纪70年代中期，美国各州的心理学家考试委员会设置了更多更为严格的限制性措施，推进了心理咨询人员的资格证书制度和开业执照制度的建立，促进了心理咨询的职业化进程。1976年，弗吉尼亚州成为美国第一个通过立法，实行心理咨询执照制度的州。

1987年，"咨询及相关教育项目资格审查委员会"（CACREP）成为"高等教育资格审查委员会"（COPA）成员，有权在学校和社区心理咨询、心理健康、婚姻家庭咨询与治疗、大学生人事治理等领域，为硕士和博士学位的心理咨询项目制定专业教育标准。

从目前的情况来看，心理咨询在美国的发展是最快的，美国心理咨询的水平也是最高的。从20世纪50年代至今，美国心理咨询的发展不但表现在各种机构不断扩大、咨询的规范化程度不断提高和咨询的理论不断丰富和完善等方面，还表现在心理咨询在人们生活中的作用不断增强、影响不断扩展方面。从20世纪80年代开始，美国心理咨询服务的领域开始多样化，除了大部分心理咨询工作者受聘于大、中、小学之外，心理健康咨询人员和社区心理咨询人员成为学校以外的两个最大的咨询群体。另外，商业、婚姻与家庭、年龄成长等领域的心理咨询工作者逐年增多。到目前为止，心理咨询已经成为美国六大产业领域之一，心理咨询诊所已经成为美国2万人以上的社区的常设机构。每个2万人以上的社区都必须有心理咨询师为社区居民提供心理咨询服务。美国现有职业心理学工作者25万人左右，平均每1000人就有1名心理工作者为他们提供服务。

二、我国心理咨询与辅导的历史与现状

我国心理咨询的历史较短，但发展的速度很快，社会需求旺盛；咨询机构不少，但是高水平的咨询和辅导人员比较缺乏。

（一）我国心理咨询的历史

我国心理咨询的发展历史和心理学整体学科的发展历史是一致的。心理学作为一门起源于欧洲的科学，被介绍到我国仅有100年左右，而心理咨询作为心理学的应用在我国的历史就更短。纵观心理咨询在我国的发展历程，我们可以看出，在我国台湾和香港地区，心理咨询发展的历史要比大陆/内地长，达到的水平要比大陆/内地高。20世纪五六十年代，心理咨询就被引入我国台湾和香港地区。尤其是在学校教育和青少年的成长方面，心理咨询被广泛应用。与台湾和香港地区相比，大陆/内地的心理咨询工作起步较晚，真正意义上的心理咨询工作的开展是改革开放以后的事情了。

改革开放后，心理学的"资产阶级的伪科学"的悲惨命运才得到改观，我国大陆/内地的高等院校重新开设心理学课程，这就为心理咨询的发展提供了条件。从20世纪70年代末至今，大陆/内地的心理咨询发展可以分为三个阶段。

第一，起步阶段（1978—1986年）。在这一阶段，随着心理学在高校的恢复、心理学专业杂志的复刊，一些学者在专业性的刊物上逐渐发表有关心理咨询的文章，大量的有关心理咨询和心理治疗的书籍和理论被翻译出版。弗洛伊德的精神分析、荣格的心理分析、弗洛姆的人本思想、霍妮的新精神分析等心理咨询和治疗的理论与方法都逐渐被介绍到国内，许多医院开设了心理咨询门诊，许多大学开设了心理咨询室。中国心理学会成立了医学心理学专业委员会并开展了大量的临床心理工作者的培训工作。这些理论书籍的出版和实际工作的开展，为我国心理咨询的发展奠定了很好的基础。

第二，初步发展阶段（1987—2000年）。从20世纪80年代后期开始，心理咨询在我国得到了进一步的发展。这一阶段的主要标志是心理咨询专业得到了比较大的发展。公开发表的有关心理咨询和治疗的论著在数量和质量上较之以前都有了较大幅度的提高。钟友彬的《中国心理分析——认识领悟心理疗法》、鲁龙光的《疏导心理疗法》等都具有明显的原创性特点。另外，各种心理咨询教材和著作也不断增多。江光荣的《心理咨询与治疗》，钱铭怡的《心理咨询与心理治疗》、王玲和刘学兰的《心理咨询》以及岳晓东的《登天的感觉》等，都是在20世纪90年代和21世纪初出版的。

另外，在这一阶段，有关心理咨询的规范相继颁布，专业学会相继成立。中国心理学会和中国心理卫生协会于1993年颁布了《卫生系统心理咨询与心理治疗工作者条例》。同年，中国心理学会制定了《心理测验管理条例（试行）》和《心理测验工作者的道德准则》；中国心理卫生协会于1990年11月在北京成立了自己的分支机构——心理治疗与心理咨询专业委员会；1991年初，中国心理卫生协会中的又一分支机构——大学生心理咨询专业委员会成立。各种规范的颁布和专业协会的成立为心理咨询的规范化和专业化发展奠定了很好的基础。

第三，职业化发展阶段（2000年至今）。我们认为，进入21世纪以来，我国心理咨询的发展进入了一个新的阶段，即职业化发展阶段。这个阶段的主要特点就是心理咨询走出了高校、研究所和医院，进入社会生活的各个领域。这一阶段的出现与我国社会发展的要求和政府政策的支持密切相关。

从2001年开始，国家的相关部委颁布大量职业指导文件，同时，有的学者出版了相关书籍，这些都为心理咨询师的培训与心理咨询职业的有序发展创造了条件。具体来说，2001年，劳动和社会保障部委托中国心理卫生协会组织有关专家制定了《心理咨询师国家职业标准（试行）》。2002年，心理咨询师被列入《国家职业大典》，同年，劳动和社会保障部宣布正式启动心理咨询师国家职业资格培训鉴定工作。2003年，劳动和社会保障部正式启动国家心理咨询师远程培训项目，培养专业的心理咨询师。2004年，心理咨询师职业资格鉴定在全国正式进行。2005年，《心理咨询师国家职业标准（2005年版）》颁布。2007年，颁布了《中国心理学会临床与咨询心理学专业机构和专业人员注册标准（第一版）》和《中国心理学会临床与咨询心理学工作伦理守则（第一版）》。除了上述由国家部委颁布的文件之外，行业机构也相继出台了一系列专业指导文件。2006年，中国心理学会出台了《中国心理学会临床与咨询工作伦理守则》。同年，中国心理学会还出台了《中国心理学会临床与咨询心理学专业机构和专业人员注册标准》。2013年，中国标准化研究院与中国科学院心理研究所共同制定了《心理咨询服务国家标准》。2014年，由张亚林、曹玉萍主编的《心理咨询与心理治疗技术操作规范》由科学出版社出版。

这些指导性文件的发布与研究书籍的出版，促进了我国心理咨询与辅导行业的发展。在国家政策的引导与社会需求的作用下，各地相继开展了大量的心理咨询师资格的培训和考试工作，较多培训学员考取了国家二级心理咨询师资格证书，具备了开业的资格。同时，这些心理咨询师在不同的领域开展工作，使我国的心理咨询逐渐走上了职业化的道路。

（二）我国大陆地区心理咨询的状况

从历史角度分析，我们可以明显地看出，我国大陆的心理咨询从改革开放初期起步以来，到今天为止已经得到很大的发展。但是如果具体分析社会需求和目前我国心理咨询的发展水平，我们就会明显地感到我国大陆地区的心理咨询在职业化的进程中，现状并不令人乐观，要促进我国心理咨询职业积极健康地发展，我们还有很长的路要走。

我国目前心理咨询发展的情况大致如下。

1. 从事心理咨询的人数在不断增多，心理咨询专业人员的队伍在不断壮大，但是专业素养还有很大的提升空间

目前，我国从事心理咨询工作的队伍主要由以下四个方面的人员组成：

第一，高等院校的心理咨询人员和教学科研人员。这是目前我国最为重要的心理咨询专业人员和心理咨询工作力量。高等院校的心理咨询力量不但包括专职的心理咨询老师，还包括心理学学院、系科和专业的心理学教师及研究人员。我国高校系统的心理咨询人员一般都有着较高的心理学专业学历，有着心理学教学和研究的经历，在心理咨询方面具有一定的优势。尤其是在教育部提出每一所高等院校都必须建立心理咨询室为学生提供服务的要求以来，我国高校的心理咨询队伍得到了更好的发展。

第二，各医院的心理咨询门诊、专门的心理卫生中心的心理咨询师和心理医生。这是我国发展较早、较为完善、较为成体系的一股力量。由于传统观念中没有心理疾病的概念，再加上心理疾病往往伴随身体上的不适，所以人们出现心理问题时，首先想到的就是医院，这使得医院是较早面对心理疾病病人的机构，也使得医院较早专门设立科室接待心理疾病的患者。医院的心理咨询师或者心理医生基本上都受过系统的教育，具有较高的学历、素质和专业水平。但是，医院里的心理咨询师或者心理医生基本上沿袭了医院其他科室的习惯，侧重为来访者开药，很少有时间进行深入的心理咨询，目前尚难以达到心理咨询的要求。

第三，心理咨询公司的从业者。这是近几年来发展较快的一股心理咨询力量。自2001年劳动和社会保障部开展心理咨询师资格认证以来，不少人通过培训和考试拿到了心理咨询师资格证书，社会上的心理咨询机构也随之增多。这些心理咨询机构主要面向社会开展心理咨询，在这里，顾客就是上帝的理念得到贯彻，来访者得到了更多的关怀与支持，某种程度上满足了不同层次个体的心理咨询的需要。

第四，军队和监狱等系统的心理咨询机构。与高校的心理咨询一样，这类心理咨询机构具有其特殊性，它们都是针对特定人群服务的心理咨询机构。

以上四个方面的心理咨询人员是我国目前心理咨询力量的核心成员。由于这些群体的工作对象不同，他们在工作中的行为也表现出差异性。

高校心理咨询室的教师主要是为学生服务的，这种服务对象的特殊性使他们的角色具有双重性的特征，他们既是心理咨询师，又是教师，这就使高校心理咨询的原则具有特殊性和灵活性的特点。

医院的心理咨询门诊沿袭着医院的各种做法，他们把几乎所有前来咨询的人员都看成病人，往往以药物治疗为主，而很难真正采用基于心理学的理念和方法对来访者进行心理疏导，帮助他人成长。

心理咨询公司和心理工作室的心理咨询师大多是近十几年来考证和培养的人员，很多人没有接受过专业的心理学学习和训练就参加了心理咨询师的培训班，通过短期培训和考核的方式取得了心理咨询师的资格证书。他们虽然取得了从业的资格，但其心理学的理念、专业知识、专业素养都还有待提高。在执业过程中，他们的临床经验也不足。

部队和监狱系统的心理咨询工作者为特殊的群体服务，由于系统的特殊性和工作的特点，使他们很难积累大量的实践经验，他们的专业素养也具有很大的提升空间。

2. 社会潜在需求巨大但是有效需求不足

随着我国社会的快速发展，生活的节奏越来越快，现代人生活的压力越来越大，许多人处于心理亚健康的状态，越来越多地忍受着心理问题和各种心理障碍的困扰。人际关系、夫妻关系、亲子关系、性问题，以及抑郁、恐惧、焦虑、嫉妒、自私、退缩、悲观等情绪问题影响着现代人的生活。大量的调查研究表明，我国各行各业的人员心理健康状况都不容乐观，从儿童、青少年到教师、护士、军人，再到社会的弱势群体都存在着许多心理困惑、心理障碍和心理问题。[①] 社会生活中不断发生的自杀与杀人、青少年犯罪、吸毒和网瘾的问题，以及群体事件等，不但造成了许多家庭悲剧，也影响到社会的稳定。面对这种种心理困惑和行为问题，和谐心理建设就十分重要，这就为心理咨询提供了发展的机遇，也提出了更高的要求。[②]

要解决这些问题，促进人的心理健康的发展，提高现代人的心理和谐水平和自我心理调适能力，都需要心理咨询工作者的参与和心理咨询业的发展。因此，就目前的社会情况来看，心理咨询在我国社会的发展中具有十分重要的作用，心理咨询的潜在需求是十分巨大的。

但是，现实情况是有效需求明显不足。也就是说，到目前为止遇到困惑和心理障碍的人很多，但是实际寻求心理咨询帮助的人不多。即使是大学的心理咨询室提供免费的心理咨询，前来寻求帮助的学生也不是很多。在医院的心理咨询门诊，前来咨询的人一般都是其他科室的医生转诊过来的，主动来进行咨询的人也不多。产生实际需求不足的原因是多方面的。

---

① 廖全明：《中国人的心理健康现状研究进展》，《中国公共卫生》2007 年第 5 期。
② 笔者近几年来在心理建设与和谐社会建设方面发表了几篇文章，关注的就是现代社会的心理困惑和心理障碍问题。参见张可创：《抑郁、自杀对现代社会的挑战》，《兰州学刊》2009 年第 1 期；张可创：《青少年极端偏差行为的心理分析与教育策略》，《教育科学》2009 年第 2 期；张可创：《群体事件的社会心理分析及应对策略》，《理论导刊》2009 年第 5 期；等等。

有受传统社会文化影响的原因，有人们对心理咨询存在误解的原因，也有心理咨询在我国发展水平较低、真正能帮助人们走出心理困惑的心理咨询人员数量有限的原因。

3. 我国心理咨询的发展还存在许多急需解决的问题

心理咨询作为一项新的助人自助的领域，在我国发展水平较低是一个不争的事实。近几年，从数量和表面上来看发展速度很快，但是实际发展并不令人乐观。我国心理咨询发展过程中还存在着不少问题，正确认识这些问题，寻求解决问题的渠道，促进我国心理咨询职业健康发展是每一个心理学工作者的任务。

目前，我国心理咨询发展存在的首要问题就是心理咨询人员的素质相对较低。十多年前就有学者认为"我国心理咨询队伍存在着'一少三多'的现象：专业人员少；半路出家多，出于热情和兴趣的多，不规范工作的多"[①]。这种状况直到今天仍没有得到根本改善。心理咨询行业咨询师的专业水平良莠不齐，导致心理咨询与治疗的质量得不到保障，求助者的利益和心理健康可能受到损害。针对大学生对高校心理咨询与辅导的评价的调查发现，近40%的大学生认为本校心理咨询师"跟普通老师没什么区别"或"还不如其他老师"[②]。与欧美等国家和地区咨询人员一般要具有硕士以上学位并且经过长达5年以上的专业训练，每年要接受30~40学时的继续教育，接受督导和相互之间进行案例交流分析相比，我国从事心理咨询工作的人员专业基础还比较薄弱，他们接受专业训练提高的机会还比较少。

我国心理咨询从业人员的素质较低，不但表现在专业基础方面，还表现在专业意识和专业操作的规范程度方面。在上面提到的调查中，研究者

---

① 肖泽萍、施琪嘉、童俊等：《谁适合作心理治疗师？——对心理咨询与心理治疗专业人员资格的讨论》，《中国心理卫生杂志》2001年第2期，第142-144页。

② 陶金花、姚本先：《高校个体心理咨询现状研究》，《中国卫生事业管理》2015年第10期，第789-791页。

同时发现许多机构在管理方面规范程度不足，没有严格建立档案管理制度，从业人员没有严格执行心理咨询的保密原则，还有不少机构的管理者本身就缺乏相应的专业背景和专业知识。

我国心理咨询发展存在的第二个问题就是对心理咨询职业的管理制度不完善，管理有效性相对缺乏。虽然从21世纪初以来我国的有关部门先后颁布了心理咨询业的许多规范制度和管理办法，但是实际上在许多方面存在管理得不完善和缺乏有效管理的情况。具体表现为：第一，心理咨询从业人员的认证和资格审查不严。有些缺乏严格专业训练的人员，仅靠培训通过职业资格考试就开始从业，从业者素质并不高。更有未经心理咨询资格认证的人员或只经过简单培训的人员，也进入咨询领域从事心理咨询工作。第二，心理咨询行业职业资格缺乏统一标准，原劳动和社会保障部有"心理咨询师"职业认定，卫生部有"心理治疗师"从业认定，中国保健协会和人才交流中心有"心理保健师"人才评定等，这些认定和评定缺乏统一的标准，容易导致政出多门。第三，到目前为止，我国都没有建立起心理咨询工作效果评估和督导体系，缺乏对心理咨询师执业水平的有效评估，导致出现鱼龙混杂的情况。

我国心理咨询发展存在的第三个问题是心理咨询师的培训规范程度不高，速成培训较多。对心理咨询师培训领域这种鱼龙混杂的状况，国家有关部委也已经有所认识，从国家政策层面也已经做了纠偏。2017年9月15日，人力资源和社会保障部公布的国家职业资格目录中，已经不包含心理咨询师，使得心理咨询师的培训与资格认定成为行业组织的一项职责。这种强化行业作用的做法是值得肯定的。心理咨询师的培训重点不是修多少课时，上多少门专业课程，其重点在于在学习知识的基础上，是否具备了一个心理咨询师应有的工作理念，是否具有了临床的实践经验和工作技巧，是否能够把所学的知识灵活地运用在心理咨询的实践中。而这些内容在我国目前的心理咨询师的培训过程和培训师的考核过程中都没有体现出来。许多培训机构把心理咨询师的培训和考试过程等同为一个机构的创收过程。这种速成的心理咨询师其综合素养并不高。

西方国家及日本对心理咨询与辅导从业人员的培育和管理十分规范。他们不但规定了学历与实践经验，而且规定了督导和继续教育。[①] 这些国家在管理、培训上的经验是值得我们借鉴的。

我们知道，不是所有的人都可以成为一名合格的心理咨询师，心理咨询师的核心素质不是仅掌握一些心理学的知识和技巧，还要具备对人的深层次的理解力，具有发自内心地对自己和他人的尊重与爱的思想意识。通过速成式的培训可以培养出一大批心理咨询的工匠，但培养不出具有真正内涵的心理咨询师。

要解决以上问题，就需要国家从政策和法律的角度，完善心理咨询工作的培训和考核机制，完善心理咨询工作的督导和继续教育机制，更重要的是，心理咨询和心理学专业的各种专业机构和协会要承担起监督、考核和专业引导的职责，在专业内部建立并完善专业工作条例，能使这些专业条例发挥作用。心理学专业领域的专家学者应该爱惜自己的专业，不做不符合专业身份和专业规范要求的事情，不要为了个人利益违背专业原则，在电视或其他媒体上信口开河，给他人和社会传递错误的观念和信息，而应该本着严谨认真的态度把正确的心理咨询理念传递给他人，为营造良好的社会文化环境创造条件。

（三）我国心理咨询前景的展望

因为我国心理咨询真正发展的历史不到 30 年，所以存在问题在所难

---

① 赵艳丽、陈红、刘艳梅等：《澳大利亚临床心理学的培训和管理》，《中国心理卫生杂志》2008 年第 3 期；高隽、钱铭怡：《欧洲心理咨询与治疗领域的管理状况》，《中国心理卫生杂志》2008 年第 5 期；樊富珉、吉沅洪：《日本心理健康服务体系培训与管理的现状及发展趋势》，《中国心理卫生杂志》2008 年第 8 期；王丹君：《英国心理咨询及心理治疗协会的心理咨询师认证及其他》，《中国心理卫生杂志》2007 年第 10 期；姚萍、钱铭怡：《北美心理健康服务体系的培训与管理状况》，《中国心理卫生杂志》2008 年第 2 期；江光荣、夏勉：《美国心理咨询的资格认证制度》，《中国临床心理学杂志》2005 年第 1 期。

免。展望未来，我们认为我国的心理咨询行业具有十分广阔的发展前景。

1. **我国的心理咨询行业潜在需求是巨大的，随着时间的推移，这种潜在需求就会转换成现实的社会需求，这种需求能有效地推动心理咨询行业发展**

心理咨询在不到 30 年的发展历程中，从不被社会理解和接纳，到被部分人理解和接纳，这就是一种进步。目前，我国社会处于转型期，各种社会问题和社会矛盾交织在一起，要解决这些问题和矛盾，固然需要社会政治、经济政策的完善和社会管理水平的提高，但同时也需要心理咨询的参与。到目前为止，我国许多大城市的社区管理已经尝试着引进心理咨询专业人员。另外，许多企业的管理者，也认识到企业要发展，要留住员工，仅靠增加工资、提高物质待遇是不够的，这就使员工帮助计划（EAP）逐渐被企业所接纳，许多企业积极主动地邀请心理咨询师为员工进行心理辅导，引进心理咨询师定期坐诊，对员工进行心理咨询服务。这种种情况都说明了心理咨询在未来的企业管理与社区建设中具有很重要的价值。

从社会发展的角度来看，心理咨询与辅导行业在促进我国社会建设与发展上，将承担更大的作用。为了落实党的十九大报告提出的关于"加强社会心理服务体系建设，培育自尊自信、理性平和、积极向上的社会心态"的要求，2018 年 11 月国家十个部委联合印发了《全国社会心理服务体系建设试点工作方案》（国卫疾控发〔2018〕44 号），给心理咨询与辅导工作者提出了更高的要求，也给心理咨询与辅导的发展创造了广阔的空间。

从个体发展的角度来看，心理咨询业逐渐被个体所接纳。笔者近几年来几乎每年都要接待数百名由学生、亲戚、朋友介绍来进行心理咨询的人。他们就家庭关系、亲子关系、职业发展、情感困扰、人际关系、社会适应等方面的问题，向笔者进行咨询。这些来访者既包括具有较高文化知识背景的白领阶层，也包括来自农村的打工者。这就说明，在现代社会中心理咨询的社会认知程度在逐渐提高，可以说社会所有阶层都具有不同程度的心理咨询的需求。这种社会需要就是心理咨询行业发展的巨大动力。要把潜在的社会需求转化为现实的社会需要，就要求心理咨询行业的每一位专业人士和管理者都要以满足社会需求为己任，不断自我完善和自我提高，不断完善行业规范和提高心理咨询的水平，促进心理咨询业的繁荣和发展。

2. 心理咨询的专业化和职业化是我国心理咨询行业发展的重要趋势，也是促进中国心理咨询行业健康发展的必然要求

我国心理咨询职业资格考试实施以来，已经培训大量的心理咨询师，这些取得了心理咨询资格的人员，已经在不同岗位上开展心理咨询工作。心理咨询师执业资格考试的实施，为实现我国心理咨询工作的职业化和专业化作出了很大的贡献。随着我国心理咨询社会需求的不断上升，需要进一步加强心理咨询的专业化和职业化。心理咨询的职业化，就是把心理咨询作为一项职业来看待。为了实现职业化就必须建立严格的职业资格准入制度，形成一系列的对从业人员的素质考核和继续教育及培训制度，以促进这个职业的健康发展。心理咨询的专业化，就是要提升从业人员的专业水平，由专业的人员来从事心理咨询工作。

就职业化和专业化而言，到底先实现职业化还是先实现专业化？我们认为，心理咨询首先是一门专业，并且是一门特殊的、助人自助的专业，因此专业化是基础。只有实现了由专业人士从事心理咨询工作，才能促进这个行业健康发展。到目前为止，从表面上来看，我们培养的心理咨询师都是专业人才，但是这些专业人才的素质有很大的提升空间。只有严格按照心理咨询的专业要求培训人才，不断规范培训和考核的程序，才能培养出真正具有心理咨询理论素养和技术水平的专业人才，才能满足社会的需求，才能为心理咨询赢得声誉，才能促使心理咨询业健康发展。

第四节　学习心理咨询与辅导的意义和方法

心理咨询与辅导是一门应用型的学科。这门学科对个人发展和社会发展都有着十分重要的意义，要学好这门学科不但需要理性，更需要悟性。

一、学习心理咨询与辅导的意义

对现代人来说，学会自我分析、进行准确的自我定位、增强自我调适能力是一项十分重要的人生课题。心理咨询与辅导课程是帮助人们完成这项人生课题的重要抓手。

（一）增强人们的自我理解力

现代社会越来越多的人对心理学知识感兴趣，对自己心理健康的关注程度越来越高。然而，不少人通过不正规的途径了解心理学知识，尤其是心理健康的知识，但所获得的内容都存在偏差。例如，有的人喜欢通过网络上的某些心理测试和某类心理诊断方法随便给自己贴上某些不良的标签，"我得了抑郁症""我有了心理问题"，这些说法常常出现在这些人的口中。这种在不正确的知识影响下的消极心理暗示，既不利于自身的心理健康，也阻碍积极的自我心理调适。心理咨询与辅导课程可以使学习者掌握正确的心理学知识，初步掌握自我分析和自我心理鉴别的方法，有利于增强学习者的自我理解力，使学习者能够理解正常和不正常心理状况之间的界限，不再根据某些表现而给自己贴上消极标签。

（二）帮助人们明了自身的优势和不足，进行准确的自我定位

自我认知是人生的重要课题。心理咨询与辅导能帮助人们进行自我认知，促进人的自我发展。心理咨询与辅导的过程就是帮助人们认识自己，发现自己的优点、缺点，明白自己的心理困惑及产生困惑的

原因和过程。成长咨询最大的特点就是帮助人们成长，促进人的发展。

现代社会中网络的诱惑、成功学的不断鼓吹，使人们容易陷入自我膨胀或者过分自恋的境地。无论是自我膨胀还是自恋都会导致自我角色定位的错误和自我的迷失。而通过心理咨询课程的学习，人们可以初步掌握自我分析的方法，增强自我认知的准确性，有利于人们在社会生活中扮演好自己的角色，发挥出自己的优势。

（三）增强学习者正确认知他人和社会的能力，提升人们适应社会的自觉性和适应力

心理咨询与辅导课程不但分析个体的心理困惑，而且分析社会环境与个体心理、个体行为之间的关系，分析人类共同的心理特征。这些知识有利于增强个人对社会和对他人的理解，有利于增强个人适应社会的自觉性和能力。

（四）增强人们对他人的理解，提高助人的技能

心理咨询与辅导的目标就是帮助人，这个"人"既包括别人也包括自己。学习心理咨询与辅导，既可以帮助个体全面了解自己，更可以帮助个体理解他人，帮助个体提高帮助他人的能力。

心理咨询与辅导是一门关于如何理解、辅导和帮助人的课程，学习这门课程可以增强学习者对人性的认识，对他人内心世界的认识，对他人行为方式的认识，增强学习者对他人的理解力，帮助学习者掌握助人的方法和技巧，提升学习者助人的技能。

心理咨询与辅导的性质决定了学习这门课程不但可以增强学习者自身的心理素质，还可以培养学习者的助人理念、提升学习者的助人方法。

二、学习心理咨询与辅导的态度和方法

心理咨询与辅导是一门专业性和实践性很强的课程，要学好这门课程

不但要有正确的态度，还要掌握良好的方法。

（一）学习心理咨询与辅导的态度

要学好心理咨询与辅导首先应该具有一种良好的学习目标。如果抱着功利主义的目标，抱着为了指导别人的目标来学习，较难取得良好的效果。

要学好心理咨询与辅导需要有一种发自内心的对人类了解的愿望和对自己了解的愿望。只有有了这种愿望，我们才能深层次地去学习，才能更好地领会心理咨询与辅导的基本观点和基本原则，真正掌握心理咨询与辅导的原理和方法。

在现实中，人们最关心的是这门课程或者某个培训能够给"我"带来什么，这种关心是很正常的。但是如果关心的只是是否可以给自己带来经济效益，带来在别人面前炫耀的资本，就不正常了。学习心理咨询与辅导要善于接受知识、领悟知识，善于思考，掌握理论和方法，善于体会他人和体会自我。将用脑学习和用心学习相结合，学习者不但能收获知识，更能促进自我内在生命的改变。

（二）学习心理咨询与辅导的方法

学习心理咨询与辅导不但需要树立良好的用心学习的态度，还需要掌握一定的学习方法。根据我们对心理咨询与辅导课程的理解和长期的教学实践，我们认为学好心理咨询与辅导课程可以遵循以下的方法：

首先，掌握理论和知识。就是说，把心理咨询与辅导作为一门课程去学习，熟悉心理咨询与辅导的概念，初步掌握它的理论体系。这就要求学习者要运用自己的大脑去学习，理解概念，掌握知识，避免死记硬背。

其次，自我体验和领悟。心理咨询的学习，理解概念、掌握知识是基础，但最根本的目的不是学习知识，而是通过学习真正理解人性、人格的内涵，形成尊重人的价值和生活意义的意识观念，促进自己和他人生活质量的提高。要实现这个目的，就需要学习者在学习过程中能把理论知识与自己的实际相结合，加强自我体验，用心去体会自我生命的意义和价值，促进自己形成尊重人、帮助人和真诚对待每个人的观念。

最后，加强实践。这是学习心理咨询与辅导最为重要的方法。心理咨询与辅导是一门实践性很强的学科。要掌握这门学科的精髓，除了自我体验之外，还需要不断地进行临床实践。我们这里所说的临床实践是指在学习过程中，自觉地用心理咨询与辅导的原理方法进行自我分析和分析他人，自我帮助与帮助他人。心理咨询与辅导不但是一门帮助他人的学问，更是一门帮助自己、促进自我成长的学问。因此，我们所说的临床实践首先是自我成长的实践，其次才是帮助他人的实践。

理论学习、自我体验和实践应用是学好心理咨询与辅导这门课程的关键环节。只要学习者能遵循这样的步骤去学习，一定会取得良好的学习效果。

第二章 心理咨询与辅导的理论基础与一般过程

CHAPTER 2

要全面了解心理咨询与辅导的实施过程,我们首先要了解心理咨询与辅导的理论基础和一般程序。

第一节 心理咨询与辅导的理论基础

心理咨询与辅导的理论学派很多,每一个学派都有自己的人格理论基础和咨询方法。但是在关注不同理论学派特殊性的同时,我们也要关注心理咨询与辅导的基本作用原理。所谓基本作用原理,就是心理咨询与辅导在来访者身上能够发挥作用的基本理论基础和作用机理。

一、心理咨询与辅导的基本观点

心理咨询与辅导之所以能发挥作用是因为它对人具有以下几个基本认知与基本观点。

(一)人的内在心理和外在行为都是可以改变的

人的内在心理和外在行为都是可以改变的,人的成长就是一个不断学习与变化的过程。这个基本观点就是心理咨询与辅导能发挥作用的最根本的依据。如果人的内在心理或者外在行为不可以改变或者不能发展变化,那么心理咨询与辅导就没有了存在的依据和必要。正因为人的内在心理和外在行为是可以改变的,心理咨询与辅导工作者也相信这种改变的存在,所以心理咨询与辅导工作者才愿意寻求各种方法和途径促进人的改变,心理咨询与辅导这门学科才能成为帮助人改变和促进人发展的学科。

(二)每一个人都具有自我改变的能力

人的改变不是消极被动地改变,而是积极主动地改变,每个人都具有内在的自我改变的能力。这是心理咨询与辅导对人的另一个基本看法。人的适应能力在不同的社会状况下具有不同的表现,有的个体能以积极的方式适应社会，有的个体则适应不良，但无论是适应良好的个体还是适应不良的个体，都具有自我改变的能力。然而，不是每个个体都能认识到自己具有这种能力，当个体失去了对自己能力的认识时就会产生自我否定，出现消极状态。心理咨询与辅导的价值和作用就在于帮助个体认识到自己的潜力，并且教给个体一定的方法发挥自己的潜能，促进自己的改变。

（三）心理咨询与辅导发挥作用的关键是来访者是否具有自我改变的愿望

心理咨询与辅导能否发挥作用、咨询效果的好坏固然与心理咨询与辅导工作者的素质有关，但是其核心因素在于来访者是否具有自我改变的愿望。

引起人的内在心理与外在行为改变的方式具有多样性，影响人的内在心理和外在行为的因素也具有多样性。生存环境的改变、人生中的变故会引起人的心理和行为的改变；强制性的力量、外力的作用也会引起人的心理和行为的改变。例如，强制性的戒毒、对精神疾病患者的药物治疗、受到严重挫折等都会导致心理与行为的改变。但是，外力的作用带来的改变不是心理咨询与辅导的目标所指的改变，外力作用下的改变往往是被改变或者被改造的结果，这种改变是当事人不得不作出的应对，是消极行为作用下的结果。

心理咨询与辅导所希望达成的来访者的改变，是指来访者的心理和行为向积极方面的转换，是一种成长和发展的过程。这种成长和发展的目标，是促进来访者的自我内在生命的成长和人格的成长，是促进他们行为能力的提高。这种改变是一种来访者自我改变的过程，在这个过程中，心理咨询与辅导人员扮演的角色是协助者、陪伴者和支持者，而不是替代者、强迫者和主导者。这就说明，在心理咨询与辅导的过程中，来访者是否具有改变的愿望，对于咨询与辅导的效果发挥着决定性的作用。换句话说，来访者的自我改变的愿望就是咨询和辅导的着力点，缺乏这个着力点，咨询工作就失去了支点，不会发挥太大的作用。

（四）自我改变的过程是艰难的、漫长的

承认改变的艰难性与过程的漫长性是心理咨询与辅导工作的又一个基本观点。无论对咨询人员还是对来访者来说这种观念都十分重要。无论是哪种咨询与辅导，其目的就是促进来访者的改变。这种改变可能是人格的改变，也可能是行为的改变。人格的改变可能是认知观念的改变，也可能是人格特征的改变；行为的改变可能是行为习惯的改变，也可能是行为方式的改变，但无论是哪种改变都需要来访者作出很大的努力。旧有的认知观念和心智模式的消除和新的认知观念与心智模式的形成是一个痛苦的过程，旧的行为习惯的消除和新的行为方式的建立也是一个需要作出努力的过程。因此，对于任何一个希望改变自己和促进自己成长的对象来说，一定要了解这个过程的艰巨性和复杂性。因为只有完全了解自我改变过程中的艰巨性和复杂性，做好思想准备接受咨询过程中遇到的挑战，来访者才能坚持不懈地努力，最终才能取得良好的咨询效果。

以上关于心理咨询与辅导的基本观点，浓缩成一句话就是心理咨询与辅导人员相信：人是可以改变的，但不是被改变的！心理咨询与辅导的作用就是帮助人自我改变，帮助人找到最好的自我改变和发展的方式。当某一个体缺乏自我改变的愿望时，心理咨询与辅导的基本任务就是采取一定的方式，激发个体的自信心，使个体相信自己具有改变的能力，在此基础上愿意自我改变。

二、心理咨询与辅导的作用机制

心理咨询与辅导的理论很多，不同的心理咨询与辅导理论强调的原理具有一定的差异性。精神分析学派强调潜意识的挖掘与压抑的情感的释放；行为主义强调强化与模仿学习的作用；人本心理学理论强调自我的认知和存在意义的探索；理性—情绪疗法强调理性分析和情绪整合的作用。

除了不同的咨询理论派别所揭示的作用原理之外，是否存在对所有来访者的改变发挥共同作用的理论要素？心理咨询与辅导发挥作用的共同机制是什么？

美国的心理咨询与辅导学家兰伯特（Lambert）、伯金（Bergin）通过对30种不同心理咨询和治疗理论与方法进行对比研究，提出了所有心理咨询与治疗方法均具有的三种要素——情绪宣泄、治疗关系、认知学习等。[①]

而另一位心理咨询学家马然（A. R. Mahrer）把对各种心理咨询和治疗方法起作用的共同因素归结为六个，它们分别是：矫正性情绪体验、咨询者与来访者之间的关系、促进来访者转变生活态度、尝试新的有效行为、随时准备接受社会的影响、意识扩大性自我探索。他进一步指出，这六个因素不能截然分开，它们互相之间有重叠，因为它们并不是在同一层次上的抽象产物。[②] 下面我们就对这些因素进行详细分析。

（一）矫正性情绪体验

这是所有心理咨询与辅导能发挥作用的一个重要特征。所谓矫正性情绪体验，是指在咨询和辅导的过程中，咨询和辅导人员面对来访者的困惑和障碍，表现出关心、理解和发自内心的支持和鼓励，来访者能真实地感受和体验到这种情感支持。这种由咨询和辅导人员发出的，来访者感受到的积极的情感就是矫正性情绪体验。这种体验具体表现为从最普通的同情到深深打动来访者的心，从一般的安慰到给予来访者鼓舞。

许多来访者在心理困惑和心理障碍的影响下，都会产生紧张、沮丧或自责的情绪，他们对自己的困境感到无能为力。面对这种状况，各种心理咨询与辅导的方法虽然有所不同，但都在于使来访者摆脱沮丧和无力感；

[①] Lambert, Bergin A. E., *Handbook of Psychotherapy and Behavior Change*, New York: Wiley, 1994.

[②] Mahrer A. R., *How to do experiential psychotherapy*, Ottawa: University of Ottawa Press, 1989.

帮助来访者认识到自我的真实存在和体会到自己的价值。通过咨询，一方面，可以帮助来访者减轻焦虑、紧张、沮丧、自卑等心情；另一方面，可以使来访者产生新的希望、增强自信心，使他们感到轻松愉快，感到被理解和被尊重。这就有助于推动来访者的自我发展和自我改变。

（二）咨询人员与来访者之间的关系

心理咨询与辅导能发挥作用，除了来访者具有改变的愿望和作出努力之外，一个最重要的因素是咨询人员与来访者之间的关系。心理咨询与辅导具有十分强烈的人际特征，心理咨询与辅导和精神病治疗最大的区别在于：前者主要依靠咨询和辅导人员与来访者的沟通交流，后者主要依靠药物促进患者改变。因此，建立咨询人员与来访者之间的良好关系是许多心理咨询与辅导学派经常强调的一个共同因素。这种良好的关系有利于心理障碍的缓解甚至消除，有利于来访者重新树立自信心，有利于来访者树立对别人和外部世界的信任感。不同的咨询与辅导理论对咨询人员与来访者的良好关系有不同的看法，这种关系可以被称为帮助关系、工作或治疗同盟关系、促进关系、真实关系、遭遇关系、密切或亲密关系、建设性关系、双方卷入的关系。

（三）促进来访者转变生活态度

态度是人们在对事物的看法、评价基础上所形成的内在行为倾向，态度包含三种成分——认知、情感和行为倾向。许多来访者之所以存在心理困惑或者心理障碍，往往在于他们过分夸大事物的负面影响，看不到事物和自身积极的一面，他们的心理上存在理想与现实的明显的矛盾和冲突。很多有抑郁倾向和心理障碍的来访者产生抑郁的最根本的原因就是消极的自我意识和自我态度。一般来说，有明显抑郁倾向的人对自我的态度多是消极和否定的。在生活中，人们自觉或不自觉地都要问自己两个问题：一是"我又没有用"；二是"活着有没有意思"。具有抑郁倾向的人对这两个问题的回答多半是否定的，也就是觉得"我没有用"和"活着没意思"。要帮助有抑郁倾向的个体从抑郁状态彻底走出来,心理咨询与辅导最根本的方式就是促进他们改变对自己和对待生活的态度,使他们重新明白生活的意义。帮助来访者转变态度,不仅对具有抑郁倾向和抑郁障碍的来访者十分重要,对有其他困惑的来访者也同样重要。因此,心理咨询与辅导发挥作用的很重要的机理就是促进来访者态度的改变。

没有对生活态度的根本性转变,即使来访者的某些困惑或者不良的症状暂时消失了,但是一旦离开了为他提供支持力量的咨询人员或者遇到外界不良诱因的影响,他们还是经受不了生活中的波折,容易重蹈覆辙。因此,在心理咨询与辅导过程中,可以尝试各种减轻来访者痛苦的方法,但前提是这种方法至少不妨碍来访者生活态度的根本性转变。

(四) 尝试新的有效行为

尝试新的有效行为就是指,在咨询和辅导中引导来访者进行新的尝试,使他们在新的行为尝试中,获得新的经验或者心理体验,这种新的行为的尝试能有效帮助来访者走出原来的困境。例如,对具有人际关系恐惧倾向的来访者来说,打破原有的消极被动的行为模式,尝试新的人际交往,就是尝试新的有效行为。人际交往恐惧倾向的来访者如果不打破原有的不与他人接触的消极模式,不进行新的尝试,就永远走不出消极被动和恐惧的阴影。而如果咨询人员能帮助来访者去除消极被动的情绪和别人看不起自己的心理,鼓励和支持来访者进行新的尝试,走出去与别人交往,来访者就会慢慢地体会到自己的能力,从而走出心理阴影。这个过程就是尝试新的有效行为的过程。

心理咨询与辅导人员在对来访者进行咨询和辅导的过程中,启发、鼓励和支持来访者尝试新的有效行动,是多种心理咨询与治疗方法起作用的一个共同因素。这种启发、鼓励和支持可以是公开的和直截了当的,包含明确的建议和具体的指导,也可以是含蓄的、间接的或暗示性的。

如果这种新的行为对来访者能产生良好影响,那么这种尝试就能帮助来访者走出原有的不良行为模式，也能进一步激发来访者尝试新的有效行为的动机。

（五）随时准备接受社会的影响

如果来访者愿意进行咨询与辅导，那就说明来访者愿意接受心理咨询与辅导人员对他的影响。来访者的这种行动就是接受社会影响的行为。这种行为本身就是心理咨询与辅导发挥作用的前提。但是对于心理咨询与辅导来说，来访者这种只接受心理咨询与辅导人员影响的行为还远远不够。如果来访者要寻求改变就必须具有随时准备接受社会影响的能力和自觉性。我们这里所说的接受社会的影响，是指愿意接受来自不同的社会成员和群体的正面的、积极的影响，而不是消极的、不良的影响。

心理咨询与辅导的主要任务之一，就是培养来访者接受社会影响的能力和自觉性，并鼓励来访者与别人建立和发展类似其与咨询人员之间的关系，在广泛的社会生活中随时准备接受他人有益的帮助。为此，咨询与辅导者就要通过实例帮助来访者弄清楚对来访者最要紧的社会影响机制，例如，吸引、爱、厌恶、攻击等的机制，弄清楚如何处理从众、顺从、服从与保持独立自主的关系这类问题。通过这样的讨论帮助来访者正确理解人际关系的含义，掌握基本的人际吸引规律和处理人际关系的原则，增强他们对人际关系的选择能力和处理人际关系的能力，从而使他们能以积极的态度建立与他人及社会之间的关系。

（六）有意识地进行自我探索、提高自我认知的准确性

心理咨询与辅导不是咨询与辅导人员替来访者作出决定或者解决问题，而是来访者自我改变的过程。在咨询与辅导中，咨询与辅导人员依靠灌输或替来访者作出某些决定，也许可以在某些问题的解决方面发挥一定的作用，但是这种灌输或替来访者拿主意的方式，不能从根本上解决来访者的问题，不能真正促进来访者的成长。而心理咨询与辅导的最终目标是

增强来访者的自我适应能力，促进来访者人格的发展。要实现这个目标就需要来访者有意识地进行自我分析，进行自我探索。如果来访者不积极进行自我探索，不能自我提高，那么来访者就不能真正的改变。因此，在咨询和辅导中，来访者有意识地进行自我探索，不断提高自我认知的准确性是十分重要的，来访者进行积极的自我探索，也是心理咨询与辅导发挥作用的重要机制。

来访者自我探索的过程实质上就是来访者自我学习和自我认知的过程。通过自我探索，使来访者学会自我肯定和自我接纳，使来访者敢于面对真实的自己，敢于承认自己的软弱，同时也不否定自己存在的价值意义，使他们形成自信独立的人格特征和健全的自我意识。

心理咨询与辅导积极作用的发挥，一方面，离不开咨询与辅导人员对来访者的理解、关心、指导和帮助；另一方面，离不开来访者的自我努力和情感体验。这就告诉我们，心理咨询与辅导的过程是来访者和咨询与辅导人员共同努力的过程。

第二节　心理咨询与辅导的类型

按照不同的标准，可以把心理咨询与辅导分为不同的类型。按照内容，可以分为发展性咨询与辅导、生活性咨询与辅导和障碍性咨询与辅导；按照时间长短，可以分为短期咨询与辅导、长期咨询与辅导和限期咨询与辅导；按照形式，可以分为门诊咨询与辅导、电话咨询与辅导、信函咨询与辅导、专栏咨询与辅导、现场咨询与辅导和网络咨询与辅导等；按照对象多少，可以分为个体咨询与辅导、团体咨询与辅导；按照是否与来访者直接接触，可以分为直接咨询与辅导和间接咨询与辅导等。

一、发展性咨询与辅导、生活性咨询与辅导和障碍性咨询与辅导

在第一章有关心理咨询与辅导的对象及任务中,我们对这几种类型的含义作了简单的介绍。下面我们就这几种咨询与辅导类型的含义及特征进一步加以介绍。

(一) 发展性咨询与辅导

发展性咨询与辅导也被称为成长性咨询与辅导。发展性咨询与辅导,顾名思义就是指帮助来访者更好地认识自己和社会,充分开发潜能,增强来访者的适应能力,促进来访者人格的完善与人生内涵的提升的咨询与辅导活动。发展性咨询与辅导的内容十分广泛,学习、职业发展、恋爱家庭和个人生活质量提高等领域遇到的困惑等都属于发展性咨询与辅导的范围。

由于发展性咨询与辅导不是简单地帮助来访者就事论事地解决具体问题,而是帮助来访者认识自我、认识自己与社会的关系,帮助来访者进行准确地自我定位和社会定位,因而从事发展性咨询与辅导的人员除了具有扎实的心理学知识之外,还要具有哲学、社会学、教育学、文化人类学等方面的知识。只有具备广阔的知识背景,才能更有针对性地为来访者提供帮助。

发展性咨询与辅导的对象可以是个体,也可以是团体;可以是面对面的咨询,也可以是团体式的讲座和辅导。

现代社会信息的多样性使越来越多的人感受到人生选择的艰难和自我定位的艰难,因此,发展性咨询与辅导在现代社会越来越被人们所接受。越来越多的个体在自我认知、自我人生方向的确定、学习目标与专业的选择、职业生涯的规划、家庭与人生规划等方面愿意接受咨询与辅导。

(二) 生活性咨询与辅导

生活性咨询与辅导也被称为适应性咨询与辅导。这种咨询与辅导是指

来访者在新的生活环境下，缺乏适应的方式或者技能，而需要心理咨询与辅导人员的帮助。这种以帮助来访者适应新的环境和提高生活质量为目的的咨询与辅导工作就是生活性咨询与辅导。现代人为了更好地适应社会，促进自我生活质量的提高，越来越重视这种咨询与辅导活动。

生活性心理咨询与辅导活动是一种帮助人们增强适应能力和提升适应方法的工作。这种咨询与辅导工作的对象具有广泛性，涉及的内容范围也十分广阔。在人生征途中遇到适应困难和生活迷茫的人都可以进行这种咨询与辅导。大学的新生、进入新工作领域的职工、刚结婚的夫妻、刚有孩子的父母、不知道怎么与青春期子女交流的父母、与年迈的双亲相处时遇到困惑的子女等，都可以通过这种咨询与辅导获得帮助。

生活性咨询与辅导的方式是多种多样的，可以是单纯的咨询，也可以是工作坊形式的辅导训练。这种咨询与辅导可以单独进行，也可以以团体辅导和训练的方式进行。近几年，在我国逐渐兴起和流行的夫妻恳谈会和家庭系统辅导训练，就是一种以团体咨询与辅导为形式的生活性咨询与辅导。对进入大学的新生进行的入学心理辅导活动也是一种团体辅导的生活性咨询与辅导活动。

（三）障碍性咨询与辅导

障碍性咨询与辅导是指对存在程度不同的非精神病性的心理障碍、心理生理障碍者的咨询，以及对某些早期精神病人的诊断、治疗或康复期精神病人的心理辅导。这种咨询与辅导的重点是帮助来访者去除某些症状或者减轻某些困扰的影响，或者预防障碍的进一步扩大，或者预防精神疾病的复发。这类咨询与辅导对相关人员的专业性要求较高。从事这类咨询的辅导人员不但要有临床心理学知识，也要有一些精神医学训练知识。这类咨询在许多时候采用心理咨询和药物治疗相结合的方式。

障碍性咨询与辅导的地点一般为专门的心理卫生机构、综合性医院下设的心理咨询机构、社区心理卫生机构或者由专业人员开设的私人诊所等。在城市中开设的心理卫生中心所进行的心理咨询往往就是障碍性咨询与辅导。

需要说明的是，虽然从咨询的内容可以把心理咨询与辅导分为以上三种类型，但是这并不是说这几种类型的咨询是毫无关联的。首先，发展性咨询与辅导与生活性咨询与辅导是密切联系的。其次，生活性咨询与辅导和障碍性咨询与辅导也是密切联系的，心理障碍的解除自然会为适应力的增强奠定基础，同时许多心理障碍的产生都是适应不良导致的后果，因此，如果适应性咨询与辅导促进了来访者适应能力的提升，也就为心理障碍的减少和降低创造了条件。最后，在具体实施咨询与辅导的过程中，这几种咨询与辅导是密不可分的。尤其是在障碍性咨询与辅导中，解除障碍最好的方法就是促进来访者自己的成长和发展，因此，从这个意义上来说所有的心理咨询与辅导都可以称为发展性咨询与辅导。

二、长期咨询与辅导、短期咨询与辅导和限期咨询与辅导

按照心理咨询持续的时间可以把咨询分为长期咨询与辅导、短期咨询与辅导和限期咨询与辅导。这种持续时间不是指一次咨询与辅导的持续时间，而是指整个咨询与辅导过程的持续时间。

（一）长期咨询与辅导

长期咨询与辅导是指咨询的时间较长，最少三个月。这种咨询与辅导的目的，不是简单地解决来访者所遇到的具体困惑或者具体问题，也不是消失或减退来访者明显的心理症状，而是促进来访者人格的发展和成熟，使其形成新的认知模式和行为习惯。

在具体的咨询过程中，是否需要对来访者进行长期咨询与辅导，主要由来访者的意愿和个人确定的咨询目的所决定。如果在第一次咨询与辅导的时候，来访者就表达了希望得到咨询师的长期帮助，希望咨询师不但帮助他（她）解决眼前现实的问题，更能帮助他（她）建立新的思想观念

和行为习惯，促进他（她）人格素养的整体提高，那么咨询师就该与来访者一起制定合理的咨询计划，按照计划提供咨询。一般来说，长期的咨询与辅导开始是以帮助来访者解决当前遇到的困扰为主，后面就要逐渐深入来访者的心灵深处，帮助来访者进行深层次的自我分析和自我整合。因此，在长期咨询与辅导中，心理分析、心理训练和行为训练等在咨询中扮演着很重要的角色。

（二）短期咨询与辅导

短期咨询与辅导是指时间较短、次数较少的咨询与辅导。至于多长期限为短期咨询与辅导，不可一概而论。会谈次数不超过 10 次，历时一两个月的咨询都可以看成短期咨询。一般来讲，短期咨询与辅导的目标在于具体问题的解决、症状的去除和困惑的消除。因此，在进行咨询时，咨询与辅导人员一定要和来访者确定明确的咨询目标，这样才能决定是进行短期咨询与辅导还是长期咨询与辅导。如果来访者希望在短期内就结束咨询与辅导，那么咨询与辅导人员就一定要把咨询与辅导的重点弄清楚，确定具体的咨询与辅导目标，不要把咨询与辅导的范围无限制扩大，以致咨询与辅导的目标无法实现。

（三）限期咨询与辅导

限期咨询与辅导是指在咨询与辅导开始时，咨询和辅导人员就和来访者共同订立了咨询与辅导计划，对咨询与辅导的次数或期限作了约定的咨询与辅导。面对具有人际交往恐惧倾向的来访者，咨询与辅导人员在与他（她）接触的初期就应根据他（她）的情况以及时间、经济条件等因素确定了咨询与辅导的次数和持续的时间。这种在咨询与辅导初期就确定咨询期限的做法可以使咨询与辅导人员和来访者心中都有明确的计划，使双方对整个咨询与辅导持续时间都有一个总体的了解和把握，使他们在咨询与辅导中可以按照约定的期限尽量努力，以达到好的咨询与辅导效果。限期性的咨询与辅导的期限一般是按照次数计算，这种期限是双方共同决定的。

以上我们按照咨询与辅导时间的长短对咨询与辅导进行了分类。这种分类属于最基本的一种分类。在现实生活中，大多数来访者由于受时间、费用、交通条件和个人对咨询目标理解等因素的制约，一般都倾向于做短期咨询与辅导或限期咨询与辅导；往往咨询与辅导的时间不会超过3个月，次数不会超过10次。但是，也有长期咨询的来访者，这些来访者所进行的咨询与辅导开始是障碍性咨询与辅导，后来逐渐过渡到适应性咨询与辅导，最后进行的就是发展性咨询与辅导了。由障碍的消除，到适应性的提升，再到促进自我的发展和内涵的提高是一个漫长的过程，这种咨询与辅导一般持续一年左右。

三、个别咨询与辅导与团体咨询与辅导

依咨询与辅导的对象多少划分，可以把咨询与辅导分为个别咨询与辅导与团体咨询与辅导。

（一）个别咨询与辅导

个别咨询与辅导也称为个体咨询与辅导。这种咨询与辅导一般都是一对一或多对一进行的，也就是说一个咨询师面对一个来访者，或者几个咨询师面对一个来访者。个别咨询与辅导是心理咨询与辅导最常见的形式。这种咨询与辅导的最大优点就是咨询与辅导的针对性强、保密性好，有利于建立咨询与辅导人员与来访者之间的密切关系，能有效地降低来访者的心理防卫程度和心理上的紧张性。这种咨询与辅导的缺点就是咨询成本较高，需要双方投入的时间、精力较多。

（二）团体咨询与辅导

团体咨询与辅导也叫集体咨询与辅导、小组咨询与辅导或者群体咨询与辅导。它是指根据对象本人或者某些组织机构提出的问题，按问题的性质把来访者分成若干小组，咨询与辅导人员针对小组成员的共同问题进行解答和指导。这种咨询与辅导往往是以训练、辅导或讲座的形式进行的。

这是近几年来发展比较快的，具有很大发展前景的一种心理咨询与辅导形式。

团体咨询与辅导最大的优点是咨询的对象范围广阔。这种咨询与辅导对传播基本心理学知识和促进团体成员形成正确的心理观念具有十分明显的效果。对某些群体性的心理问题或心理障碍团体咨询的效果要优于个别咨询与辅导。例如，对经受地震和其他自然灾害侵扰的人们来说，团体咨询与辅导更能帮助他们从悲伤和恐惧等不良的情绪中走出来。这是因为，在团体咨询与辅导中，遭受同样灾难的团体成员之间的积极互动能营造一种相互支持和理解的氛围，团体成员之间的相互支持和"同病相怜"形成的氛围具有十分强大的治愈功能。同样，对相同年龄阶段的来访者遇到的共同问题，采用团体咨询与辅导的方式也比个别咨询与辅导的效果更优。

由于即使是同一类问题，在不同个体的心理上也会有不同的表现，不同个体也会有不同的内心体验，而团体咨询难以顾及每个个体的特殊性，针对性不强，这是团体咨询的一个缺点；因而如果在团体咨询过后，能够留有一定的时间进行个别辅导，将团体咨询和个别辅导相结合，那么效果会更好。

团体咨询与辅导在现代心理咨询与辅导中已经发展为一种专门的咨询与训练方法。例如，越来越多的心理工作坊就是一种典型的团体心理咨询与辅导形式。在这类咨询与辅导活动中，促进个体改变的主要力量不是咨询与辅导人员的作用和指导，而是团体成员之间的相互分享和诱导启发。例如，交朋友小组、"心理剧"疗法、游戏疗法、格式塔疗法、敏感训练小组等都是典型的依靠团体成员自身的相互作用促进个人成长的咨询和训练，都属于团体咨询的范畴。

四、直接咨询与辅导与间接咨询与辅导

按照咨询对象是本人还是替别人进行咨询，可以把心理咨询与辅导分

为直接咨询与辅导与间接咨询与辅导。

（一）直接咨询与辅导

直接咨询与辅导就是指来访者就本人所遇到的心理困惑问题前来寻求心理咨询师帮助的咨询方式。这是心理咨询与辅导中主要的咨询类型。这种咨询与辅导是咨询与辅导人员和来访者就来访者自己的困难、困惑和问题的直接交流，咨询人员可以从来访者的述说中，直接了解来访者的情况和心理状态。它具有明显的优势：首先，这种咨询有利于咨询人员把握和准确诊断来访者真实的情况，有利于咨询人员对来访者作出准确的指导和帮助；其次，来访者在和咨询人员的直接接触过程中，不但可以感受到咨询人员提供的言语信息，也可以感受到咨询人员的非言语信息及对来访者的态度，来访者可以直接听取咨询人员的建议和指导，可以直接模仿咨询人员的辅导示范。在非特殊情况下，我们一般提倡由当事人直接与咨询和辅导人员接触，接受直接的心理咨询与辅导。

（二）间接咨询与辅导

间接咨询与辅导是指非当事人替代当事人来寻求心理咨询人员帮助和指导的咨询方式。进行间接咨询的原因可能是多方面的：第一种情况是当事人由于年龄、知识层次和心理发育状况的限制不具备接受直接咨询的条件。例如，许多年幼的孩子遇到了心理障碍，大多数是由父母替代子女进行间接的心理咨询。第二种情况是当事人受到外在客观条件的限制不能亲自前来咨询。例如，受到经济条件和地域条件的限制而不能亲自前来接受咨询师的指导。第三种情况是当事人自身没有意识到自己的问题，没有接受咨询和辅导的意愿，或者当事人的心理防卫较强，不愿意直接面对心理咨询人员的询问和接受咨询师的指导，而身边的人意识到问题的存在，前来进行咨询。第三种情况多见于家庭夫妻关系的咨询或者职业发展的咨询中。

在间接咨询中，替代当事人前来咨询的人员可能是当事人的亲属

（父母、兄弟、姐妹、妻子或丈夫等），也可能是当事人的同事和领导。总之，替代当事人来咨询的人肯定是与当事人具有一定关系和联系的人。因此，在间接咨询中，咨询人员不但要根据替代来访者叙述的情况给当事人一定的心理与行为上的指导和帮助，由替代来访者把这种指导性的信息带给当事人，更主要的是需要对替代者就当事人的情况进行解释和说明，使他们理解当事人的情况，为改变当事人的成长发展提供一定的帮助和支持。尤其是对那些没有征得当事人同意前来咨询的替代者，咨询师一定要使他们明了当事人的心理困惑和障碍发生的原因，使他们在改变不了当事人的情况下，从自身做起，改变自己对待当事人的态度和行为，为当事人的改变创造条件或者以一种潜移默化的方式引导当事人改变。

间接咨询是一种"曲线救国"的方式，这种咨询对当事人来说效果不是最好的，但是在现实中这种方式又是十分必要和有效的。长期的心理咨询与辅导的实践表明，在我国心理咨询还不被大家完全接受和认可的情况下，有些长期受心理困惑和障碍折磨的个体心理防卫较强，他们不愿意直接面对咨询师接受咨询，在这种情况下，由他们的家人、亲属和朋友前来咨询，再由家人、亲属和朋友对他们进行疏导工作不失为一种好的方式。同时，咨询师也可以根据情况，指导他们的家人、亲属和朋友等替代者如何改变对待当事人的态度，如何在日常生活中积极主动地与当事人交往，这对当事人的改变也会发挥积极作用。

第三节 心理咨询与辅导的一般过程

心理咨询与辅导是一个过程，对于这个过程的阶段划分不同的学者具有不同的看法。有的学者把咨询分为六个阶段，例如，张人俊等就把咨询过程分为六个阶段，王玲和刘学兰也把咨询过程分为六个阶段，当然他们的六个阶段又有所不同①;有的把咨询过程分为三个阶段,例如,许又新的三阶段说②和陶慧芬等人的三阶段说③等。我们认为心理咨询与辅导的过程可以分为四个阶段:它们分别是建立咨询与辅导关系阶段,收集资料、评估诊断阶段,咨询与辅导的实施阶段,咨询与辅导结束和评估效果阶段。

一、建立咨询与辅导关系阶段

俗话说,良好的开端等于成功的一半。这句话运用在心理咨询与辅导方面是恰如其分的。良好的咨询与辅导关系的建立是心理咨询与辅导的起始阶段,也是咨询与辅导能否取得成功的前提。

(一) 咨询与辅导关系的含义

咨询与辅导关系是指咨询人员和来访者之间建立的一种心理关系。这种关系是咨询人员通过对来访者的真诚与接纳,赢得来访者的信任,是来访者心理上愿意接纳和信任咨询人员的一种关系。简单来说,在咨询中咨询人员和来访者要建立的咨询与辅导关系就是心理上的相互接纳、相互理解、相互认同的关系。心理咨询与辅导中的咨询与辅导关系必须是实质上的而不是形式上的,必须是有效的而不是表面的。用罗杰斯的话来说,关系就是人与人之间心理上的接触。如果两个人意识到他们彼此之间具有心理上的接触,就说明这两个人之间具有了心理上的关系,也就是人际关系。④

建立良好的咨询与辅导关系对于心理咨询与辅导的成功具有十分重大

---

① 对这两种六阶段的划分,参见张人俊等:《咨询心理学》,知识出版社,1987;王玲、刘学兰:《心理咨询》,暨南大学出版社,2005。
② 许又新:《心理咨询与治疗原理及实践》,北京大学医学出版社,2007。
③ 陶慧芬、李坚评、雷五明:《心理咨询的理论与方法》,华中科技大学出版社,2006。
④ Rogers, C. R., "The necessary and sufficient conditions of therapeytic personality change", in H. Kirschernbaum, V. L. Henderson (eds.) *The Carl Ppgers reader*, Boston: Houghton Mifflin, 1989, p. 222.

的价值。这种关系表明咨询人员关心来访者,并将其视为独特而值得关注的人。对于来访者来说,良好的咨询与辅导关系能帮助他们对咨询人员建立起足够的信任,以便最终能够敞开自己的内心世界。有些来访者认为能与咨询者建立起这种关系就已经足够,已经可以很好地解决自己的问题了。而对另外一些来访者来说,关系的建立只是他们在咨询与辅导中寻求各种选择和变化的必要条件,而不是充分条件。他们需要咨询人员采取进一步的治疗活动或干预措施。因此,建立良好的咨询与辅导关系往往是心理咨询与辅导的第一步,是整个咨询与辅导能否取得成功的前提。

(二)建立良好的咨询与辅导关系的方法

要建立良好、有效的咨询与辅导关系需要咨询与辅导人员的不断努力。在咨询的初期阶段,来访者对咨询人员或者咨询本身大都存在一定的疑问和心理防卫。他们开始都是抱着试探和紧张的态度来对待咨询与辅导工作的。要打消来访者的疑虑和对咨询与辅导不信任的态度,最好的方法就是咨询与辅导人员以真诚的态度对待来访者,以接纳和认同的态度接待来访者。

咨询人员对来访者的真诚是建立良好咨询与辅导关系的关键。罗杰斯认为,我们对某一个人的信任,虽然可以由其他一些因素的影响而产生,如个人守信用、不出卖朋友等,但是这些条件并不能产生完全的信任,而只有真诚才能产生完全的信任。只要当一个人把自己的本来面目和内心世界完整地暴露给对方,让对方能感觉到可以轻易地进入你的内心世界,知道你的真情实感,那么对方一定会对你产生信任。[①] 因此,要与来访者建立良好的咨询关系,其关键就是咨询人员一定要在与来访者见面的初期,就以真诚的态度对待来访者。要使来访者感受到咨询人员的真诚,促进良好咨询关系的建立,需要咨询人员做到以下几点。

[①] Rogers C. R., *Client-centered therapy: Its current practice, implications and theory*, Boston: Houghton Mifflin, 1961, p.50.

第一，咨询人员在与来访者接触的初期要以微笑的态度与来访者打招呼，请来访者坐下。一般来说，为了降低来访者的紧张情绪、降低来访者的自我心理防卫，咨询人员和来访者应尽量避免相向而坐。因为相向而坐是一种谈判的格局，最好以成 90 度夹角的方位而坐。另外，咨询场所一定要安静、整洁，为来访者的自我放松和建立良好的咨询关系创造环境和外在条件。

让来访者坐好之后，咨询人员要对来访者进行简单的自我介绍。在自我介绍时，语气一定要平和、谦逊，给来访者一种诚恳和值得信任的态度。

第二，在自我介绍之后，咨询人员要就心理咨询与辅导的性质、咨询目标，咨询中咨询辅导人员的角色和职责，需要来访者努力的程度等事项，与来访者进行沟通交流。在交流中，咨询与辅导人员一定要告诉来访者咨询与辅导人员在心理咨询中扮演的是协助者的角色、陪伴来访者成长的角色；告诉来访者心理咨询与辅导中咨询与辅导人员会保密原则。同时，也要告诉来访者在咨询与辅导中，心理咨询与辅导人员和来访者之间的关系是一种命运共同体的关系，也就是说咨询师一旦与来访者之间建立了关系，就形成了命运共同体，来访者的困惑就是来访者和咨询师要共同面对的困惑，使来访者知道要取得良好的咨询与辅导效果，就需要咨询师和来访者的共同努力。通过这些信息的传递和帮助，使来访者树立正确的观念，减少紧张和自我防卫。

第三，咨询与辅导人员在与来访者接触的初期，一定要以积极的态度对待来访者，使来访者自我认知上的消极观念得到纠正，增强来访者对咨询师和自己的信心。

许多来访者对自己的心理困惑和遇到的心理问题抱有错误的观念，往往会以一种消极和紧张的心态面对心理咨询与辅导人员。咨询与辅导人员在面对来访者的时候，一定要以一种积极的态度对待来访者，避免采用不当的言语与来访者交流。在第一次与来访者的沟通交流中,除了以温和、热情的语调对来访者介绍自己、介绍心理咨询的基本观念之外,更要注意不要用消极的词汇与来访者交流。在心理咨询中,咨询与辅导人员一定要意识到以下几种提问的方式是必须杜绝的:"你有什么问题需要我给你解决""你有哪些心理上的毛病使你前来咨询""你有什么心理障碍";而要以"我在哪些方面可以帮助你""你遇到了什么困惑""我可以为你做些什么"等语言与来访者交流。这些不带有歧视和消极心理暗示的语言,不但有利于促进来访者与咨询师之间建立良好的关系,也有利于增强来访者的信心,为后续的咨询与辅导奠定基础。

第四,咨询与辅导人员对待来访者一定要热情、礼貌。热情是一个人对他人具有吸引力的重要品质。咨询与辅导人员的热情和礼貌是建立良好咨询与辅导关系的重要途径。因此,咨询与辅导人员要以热情的态度接待来访者,并且要穿着得体,行为得当,切忌故弄玄虚与语言夸张等。

二、收集资料、评估诊断阶段

收集资料、评估诊断是心理咨询与辅导的第二个阶段。这一阶段最重要的任务就是收集来访者的各种资料,在此基础上对来访者的心理困惑或问题进行初步的评估和诊断。这个阶段的主要工作包括以下几个方面。

(一)收集和整理来访者的背景资料

这一阶段的主要任务是收集来访者有关的各种资料,通过会谈、观察、倾听和心理测量等方式了解对方的基本情况及存在的心理困惑和问题。这一阶段的具体工作包括以下两点:

第一,收集来访者的个人基本资料。需要了解的来访者的基本资料包括姓名、年龄、家庭情况、自身的生活经历、兴趣爱好、目前的生活状况和身体状况,以及对心理咨询的态度、是否有过心理咨询的经历等。通过对以上几方面情况的了解,掌握来访者的过去、现在的基本状况,分析来访者的生活方式、行为方式和人格特征。对来访者基本情况的了解，能帮助咨询和辅导人员把握来访者的心理状况和身体状况，帮助咨询和辅导人员准确掌握来访者对待心理咨询的态度，对咨询工作的顺利开展具有积极作用。

第二，了解来访者的心理困惑和心理问题。了解来访者的心理困惑或者心理问题要比了解来访者的基本情况艰难和复杂得多。虽然在第一个阶段咨询与辅导人员和来访者已经建立咨询关系，但是来访者可能在潜意识中对心理咨询与辅导还存在一定的不信任感，对心理咨询与辅导还存在很多疑虑，他们在咨询中往往不会直截了当地把自己的心理问题和困惑说出来。另外，由于心理困惑和心理问题的复杂性，一些来访者不能清晰地表达自己遇到的困惑和问题。咨询与辅导人员一定要采取察言观色、循循善诱的方式，了解来访者的心理困惑和遇到的问题。在这一阶段，咨询与辅导人员一定要避免过多地运用心理学的术语，而是采用来访者可以理解的语言引导来访者说出自己的感受。

（二）对来访者的心理问题进行初步的诊断

对来访者心理问题进行诊断的过程，与了解来访者的基本状况和了解来访者的心理困惑、心理问题密切相关。在了解来访者基本情况和心理问题的同时，咨询和辅导人员对来访者心理问题的诊断也就开始了。

对来访者心理问题的初步诊断包括以下几个方面的工作：

第一，初步确定来访者所遇到的心理问题的性质和类型。来访者所遇到的心理问题具有多样性。有的问题是每个人在成长中都会遇到的问题，属于成长与发展中的问题；有的问题是适应不良的问题；有的问题是心理障碍问题。在咨询诊断的第一步就要明确来访者遇到的问题是属于哪一类的问题。同时，也要明了问题的类型：有些问题是情感问题；有些问题是思想意识和观念问题；有些问题属于意志薄弱问题；有些问题可能已经不是心理问题而是生理性的疾病，或者是严重的精神障碍。器质性的疾病和严重的精神障碍问题不是依靠心理咨询与辅导就可以消除和解决的，如果发现这些问题就要告诉来访者或者来访者的陪伴者及时到具有资质的诊所或医院进行治疗。

第二，分析心理问题的程度。咨询诊断的第二步就是分析心理问题的程度，即使是发展与适应性的问题也有程度的差别。对不同程度的问题要采取不同的方式去解决。心理发展与成长中的困惑和生活适应中的困惑就可以通过咨询与辅导解决，通过咨询与辅导促进来访者转变某些观念，促进来访者增强自信心，教给来访者一定的处理问题的方法和技巧，从而促进他们增强处理问题的能力；障碍性的心理问题就需要通过长期的心理咨询和特殊的心理辅导与心理治疗进行处理。

第三，分析心理问题产生的原因。人的心理是不断发展变化的，影响心理发展变化的原因是多方面的。先天性的遗传因素和后天的环境因素是影响人心理发展与变化的两大因素。心理困惑和心理问题的产生同样也受这两大因素的影响。具体来说，生理因素、家庭因素、学校教育和社会环境因素和个人经历因素等都是影响和导致心理困惑与心理问题出现的因素。

一般来说，在分析心理困惑和心理问题产生的原因时，我们可以分析心理问题产生的一般原因和深层次原因。一般原因就是规律性的东西，也就是引起心理困惑和心理问题的一般因素。例如，生理与遗传因素、社会因素等。对于青春期的孩子来说，情感上的疾风暴雨、行为上的逆反与人生目标上自我的迷茫等发展过程中的特征可能会导致某些心理问题的产生。这些因素就是规律性的东西，是青春期的孩子容易出现某些心理偏差的一般因素。但并不是每个青春期的孩子都会出现心理问题，因此，在对青春期来访者的心理问题进行诊断和原因分析时，就必须先分析这些问题是否与青春期这一年龄阶段普遍容易出现的年龄心理特征有关，其次还要分析导致某些心理问题出现的其他特殊因素。例如，一个青春期的孩子不听父母的话、与老师作对，导致这种情况出现的原因可能就是年龄因素和生理因素。这两个因素就是导致青少年出现心理问题的一般原因。而有些青少年实施极端行为和产生心理问题的原因，可能就不是成长中的烦恼这么简单。例如，青少年的网瘾、自杀倾向等问题存在的原因就有深层次的心理因素。

在分析心理问题产生的原因时，不但要分析一般原因，还要分析深层次原因。对心理问题产生的深层次原因，不同心理咨询学派从不同的层面和角度进行了分析。精神分析学派关注的是潜意识的矛盾冲突，关注的是早期经历的影响；行为主义咨询理论关注的是不良的社会环境对行为学习产生的不良影响；认知学派关注的是认知与情绪的不协调、认知的冲突；人本主义理论关注的是自我不良发展的影响和自我存在意义感、价值感的丧失等因素。由于对心理问题产生的深层次原因有不同的认识，不同的心理咨询学派在同一个问题上采取的治疗方法也不同。

三、咨询与辅导的实施阶段

实施阶段是心理咨询与辅导的核心阶段。无论是建立良好的咨询关系，还是收集资料和对心理问题进行初步诊断，都是为了实施阶段的顺利进行。心理咨询与辅导的实施阶段包括制订合适的咨询与辅导目标、制订切实可行的咨询与辅导方案和计划、具体实施计划和进行有效的指导等几个步骤。

（一）制订咨询与辅导的目标

咨询与辅导的目标就是咨询与辅导追求的结果和需要达到的目的。咨询与辅导目标的制订对咨询与辅导工作的顺利开展有着十分重要的意义。同时，要制订咨询与辅导的目标，也必须坚持一定的原则。

1. 制订咨询与辅导目标的意义

首先，咨询与辅导目标的制订为咨询与辅导工作确定了方向。咨询与辅导最终的目的是帮助来访者成长和改变，使来访者得到发展。通过咨询与辅导到底要使来访者在哪些方面得到成长？得到什么样的改变？促进来访者发展到什么程度？这些都要通过咨询与辅导的目标确定下来。咨询与辅导的目标是具体的而不是抽象的，是可操作的而不是高度概括的。咨询与辅导的目标对咨询和辅导工作具有指导意义，它为咨询人员和来访者指明了共同努力的方向。

其次，咨询与辅导的目标为咨询辅导人员与来访者的积极沟通与共同合作奠定了基础。咨询与辅导工作要取得良好的效果，需要咨询与辅导人员与来访者的共同努力，尤其是来访者自身的努力更加重要。咨询与辅导目标的确定，不但为双方的共同努力确定了方向，更重要的是这个目标是在双方共同协商与反复讨论的基础上确定的，这个目标是双方共同意志的体现，是双方的共识。因此，咨询与辅导的目标为双方的积极沟通奠定了基础，为双方共同工作搭建了平台。

最后，咨询与辅导的目标是对咨询与辅导效果进行评估的依据。咨询与辅导效果的好坏是需要评估的，而评估的重要依据之一就是看咨询与辅导的目标是否实现。从这个意义上来说，制定合理的咨询与辅导目标，不但对咨询与辅导的实施过程十分重要，而且对整个咨询与辅导的工作都十分重要。

好的目标不但为来访者和当事人的共同努力提供方向，而且为双方建立良好的合作关系奠定基础，同时有利于咨询与辅导效果的评估，为进一步开展咨询与辅导工作创造了条件。

2. 制订咨询与辅导目标应注意的事项

咨询与辅导的目标对咨询与辅导工作十分重要，所以在制订这个目标时就应该抱着十分认真和严谨的态度，这样才能保证所制订的目标具有可行性和指导意义。在制订咨询与辅导的目标时应该注意以下几方面的问题：

第一，咨询与辅导的目标是由咨询与辅导人员和来访者共同制订的，而不是由咨询与辅导者单方面确定的。这就要求在制订咨询与辅导的目标之前，咨询与辅导人员必须与来访者进行深入细致的沟通，必须把自己对来访者问题诊断的情形客观准确地告诉来访者或者他们的陪伴者，在与来访者或者他们的陪伴者进行充分沟通的基础上，提出自己的看法建议。要就自己的看法建议征求来访者的意见，在此基础上，由双方共同确定咨询与辅导的目标。

第二，咨询与辅导的目标必须是心理学方面的，而不是其他方面的。来访者遇到的心理困惑或问题可能是由其他外在的环境因素或者经济因素引起的，也许改善来访者的经济状况和社会环境，有利于来访者问题的解决；但是心理咨询与辅导工作的核心任务是帮助来访者成长。

在制定心理咨询与辅导的目标时，咨询与辅导人员一定要给来访者说明什么是心理咨询与辅导关注的重点，什么是心理咨询与辅导的核心任务与核心工作，以免来访者对心理咨询与辅导产生不切实际的幻想。例如，当来访者给心理咨询与辅导人员诉说自己失业了，或者找不到工作，心理咨询与辅导的主要任务不是帮助来访者找到一份职业，而是帮助来访者分析失业或找不到工作的原因，为来访者如何求职、在求职面试时如何进行自我表达、如何与他人沟通交流提供帮助，帮助来访者增强自我意识，使他（她）能够以积极的心态对待自己所遇到的困惑。当然，如果来访者的失业，不是基于其他重要的原因而是由于上司对来访者的误解而产生的，那么在征得来访者的同意后，咨询与辅导人员可以与来访者的上司进行沟通交流，帮助来访者消除与上司之间的误会，从而使来访者重新回到工作岗位。但是，这不是咨询与辅导人员的核心工作，在这个事件的咨询中，咨询与辅导人员的核心工作还是帮助来访者分析他与上司产生误解的原因，有针对性地帮助他更好地与领导进行积极沟通，促进其沟通能力的提升。

第三，咨询与辅导的目标必须是具体的、可行的和可操作的。一般来说，咨询与辅导的目标可以分为短期目标、中期目标和长期目标。在制定咨询与辅导的目标时，首先要确定的是短期目标，其次才是中期目标和长期目标。短期目标必须是具体的，而不是抽象的；必须是可操作的，而不是概括的无法操作的；必须是可以检验评估的，而不是抽象的、概念性的和不可评估的。

在咨询与辅导中，如果遇到一位前来进行人际关系困惑咨询的来访者，咨询与辅导人员首先要通过诊断分析他的人际关系状况，其次要分析导致他人际关系不良的原因。如果咨询与辅导人员发现造成这位来访者在人际关系上出现问题的根本原因，与这位来访者错误的人际关系观念及他的自卑感有关，那么在制订咨询目标时，就需要有针对性地制订不同层次的目标。先要制订具体的短期的咨询与辅导目标，也就是说要给他提供一些人际沟通的技巧，进行具体的人际沟通训练、自我认知训练。在其基本训练的基础上，逐渐改变他的人际关系观念，促进他形成自尊自信的人格品质。自尊与自信的品质也必须有明确的、可以检验的标准，例如，使他在陌生人面前敢于说话、敢与表达自己的想法，与别人意见相左时，能坚持自己正确的意见等。只有制定的咨询与辅导目标是具体的、渐进式的，这些目标才能得以实现。这样的目标才能对咨询与辅导工作发挥积极有效的指导作用。

（二）制订咨询与辅导的方案

制订咨询与辅导方案是咨询与辅导实施阶段最重要的工作。咨询与辅导目标能否实现取决于咨询与辅导方案和计划是否有针对性、可行性与合理性。

咨询与辅导方案的内容包括咨询方法的选择和具体的咨询与辅导步骤等。由于来访者问题的多样性和差异性，对不同的来访者要采取不同的方法进行咨询与辅导，要制订不同的、具体的咨询与辅导方案。

我们知道在心理咨询与辅导中，来访者的自我领悟对咨询与辅导目标的实现十分重要。但是只有来访者的领悟是不够的，还需要咨询与辅导人员的帮助、支持和指导，也就是说还需要咨询人员的干预和行为指导。因此，咨询与辅导人员所制订的咨询与辅导方案既包含促进来访者自我领悟力提高的具体步骤和方法，也包含促进来访者行为转变的步骤和方法。

咨询与辅导方案不是咨询师单方面制订的，而是在全面诊断的基础上，根据来访者的具体情况与来访者一起制订的，因为方案实施的主体不是咨询师，而是来访者。

（三）咨询与辅导方案的具体实施

咨询与辅导方案的具体实施是心理咨询与辅导实施阶段的核心内容。咨询与辅导的目标是否能够实现、咨询与辅导的方案能否得到有效实施，都取决于咨询与辅导人员在整个咨询与辅导过程中能否切实落实咨询与辅导方案，取决于来访者能否切实执行咨询与辅导计划。这一阶段咨询与辅导人员的主要工作是执行咨询与辅导方案，按照咨询与辅导计划，为来访者提供具体的指导，帮助来访者解决问题，促进来访者的改变。改变对任何人来说都是一个艰难的过程，也是一个漫长的过程。在落实咨询与辅导方案的过程中，来访者会遇到各种困难，例如，内在心理上的不自信、自我的否定和内心的心理防卫，以及外在的各种阻力等。面对种种阻碍和困难，咨询与辅导人员一定要帮助来访者分析原因，帮助来访者正确面对阻力和寻找克服阻力的方法。例如，当来访者自信不足和意志薄弱时，咨询与辅导人员就要告诉来访者自我改变的艰难性和坚持下去的必要性，帮助来访者树立信心；当来访者具有较强的自我心理防卫意识时，咨询与辅导人员就要告诉来访者自我心理防卫的正当性和过分自我防卫的危害，使来访者有勇气面对自己的问题，有勇气自我改变；当来访者遇到外部阻力时，咨询与辅导人员要帮助来访者分析产生外部阻力的原因，寻找克服外部阻力的途径。

促进来访者改变是心理咨询与辅导的核心内容，也是咨询与辅导人员的核心工作。改变的主体是来访者，改变的主要受益人也是来访者，因此，在实施咨询与辅导方案阶段，咨询与辅导人员一定要扮演好支持者、指导者、帮助者的角色，咨询与辅导人员一定要以积极的态度支持来访者，鼓励来访者自我努力，而不是过多地干预和强势地介入来访者的改变进程，更不能揠苗助长，否则，可能导致表面的改变，而不是稳定的改变。这就要求咨询与辅导人员要充分领悟"人是可以改变的，但事实是不可以改变的"理念，要求咨询与辅导人员以这一理念为指导，帮助来访者树立信心，促进来访者的改变。

四、咨询与辅导结束和评估效果阶段

这是心理咨询与辅导的最后阶段。这一阶段的主要任务有两个：一是对咨询效果进行评估；二是对来访者进行必要的随访。

（一）咨询与辅导效果的评估

这一阶段要评估的是咨询与辅导措施的有效性和咨询目标实现的状况。这种评估会使咨询与辅导人员知道何时可以结束咨询，何时需要修补或干预行动计划。这种评估是由咨询与辅导人员和来访者共同完成的，评估可以采用心理测量法、作业法、自我分析法、系统观察法和谈话法等。

心理测量法就是采用一定的心理测量工具，看来访者某些心理指标是否得到改善或者是否到达正常的范围。例如，对具有心理恐惧、焦虑症状和抑郁症状的来访者就可以用心理卫生量表进行测量。

作业法就是要来访者完成一定的作业，看来访者是否能在既定的时间内完成，并针对作业完成的情况进行分析，以检验心理咨询与辅导的效果。以上文具有心理恐惧、焦虑和抑郁症状的来访者为例，作业法就是要求来访者参与某种团体和小组的活动，并且要他（她）在小组成员面前介绍自己的状况，分享自己参与活动的目的与期待，看他们是否能顺利完成这一作业，如果在咨询辅导之前，他们在人际交往中表现得过度紧张、焦虑和不能表达，通过咨询与辅导，这些表现有所缓解或者消失了，这就说明咨询与辅导是有效的。

自我分析法就是要来访者对自己的状态进行分析，依照来访者自我分析的材料，检验咨询和辅导的效果。运用自我分析法进行评估不是来访者没有目的的自我分析，而是在咨询与辅导人员指导与帮助下的自我分析，一般来说，可以指导来访者从四个层次进行自我分析：第一，自我症状是否消失或者得到缓解；第二，自信心是否增强了；第三，自我的开放程度与自我探索的兴趣是否扩大了；第四，自我的社会适应性是否提升了。

系统观察法就是采用综合性的方法对来访者的心理状况进行分析评估。它是咨询与辅导人员对来访者的语言表达方式、面部表情、行为举止等方面进行综合性的观察，以此作为依据评判咨询与辅导效果的方法。

谈话法就是自我分析法与系统观察法的结合，是咨询与辅导人员在咨询辅导过程中，通过与来访者的会谈与观察来访者的表现，对来访者心理状况进行综合性评判的方法。

咨询与辅导效果的评估具有两个方面的价值：一是检验咨询方法与实施过程的有效性，搞清楚是否可以结束心理咨询与辅导；二是可以及时针对咨询与辅导中出现的新问题调整咨询方案。通过评估，咨询人员如果明显感觉到咨询目标已经实现，那么就可以结束咨询了；通过评估，如果发现咨询目标还没有实现，或者发现已有的问题得到了解决，而原来被忽略的问题却表现出来了，那么就需要调整咨询方案，延长咨询时间。评估结果中具体可见的进步常常会鼓励来访者。咨询与辅导效果评估是一个过程，这个过程的实施，有利于检验咨询与辅导的目标是否实现，更重要的是能促进咨询成果的巩固和提高，有效地增强来访者自我改变的信心，促进来访者的进一步提高和发展。

效果的评估主要是对照咨询目标来实现的。我们知道咨询目标有短期的具体目标和长期的终极目标之分,在评估咨询与辅导效果时,我们首先要看短期的具体咨询目标是否得以实现,然后看长期的终极目标实现的程度。一般来说,短期具体目标是否实现是最主要的评估指标。终极目标能否实现需要长期努力,对终极目标实现程度的评估,有利于我们为来访者制定进一步改变的计划,为来访者自我长期的成长提供方向。

(二) 对来访者的随访

在咨询与辅导中,对来访者进行随访也就是追踪调查是不可或缺的,它是检验咨询与辅导是否真正有效和这种效果能否持续的最主要的方式。为了了解来访者能否运用在咨询与辅导中获得的经验来积极适应环境,最终了解整个咨询与辅导过程是否成功,咨询与辅导人员需要对来访者进行几个月或者数年的追踪调查。

对来访者进行追踪调查的方法有多种。其中,常用的方法有:一是让来访者自行填写信息反馈表;二是定期约定来访者面谈;三是访问来访者的亲属、同事等熟悉来访者的人。对来访者的信息反馈表一般是由咨询与辅导人员和机构统一制定的,由咨询与辅导人员分发给来访者填写。约谈的方式是最直接的了解咨询效果的方式,这种方式获得的信息量大,咨询与辅导人员可以对来访者的情况进行全面了解。向来访者熟悉的人了解来访者的日常生活状况、行为表现和学习工作情况也是很重要的对来访者进行追踪调查的途径。这种方法最大的优点就是了解的情况比较客观。以上介绍的三种方法,各有其优缺点,在对来访者进行追踪调查时可以单独使用,也可以共同使用。

对咨询与辅导的效果评估和追踪调查最终会有三种结果:第一,具有十分明显的效果,实现了咨询与辅导的目标,来访者的困惑消除了,来访者的问题得到了解决;第二,具有一定的效果,部分实现了咨询与辅导的目标,来访者的困惑得到了一定程度的消除,问题得到了部分的解决;第三,效果不明显,来访者的困惑基本上没有消除,问题几乎没有解决。面对第一种情况，咨询与辅导人员就可以结束咨询与辅导了；面对第二和第三种情况，就需要咨询与辅导人员和来访者进行商讨，重新制定方案和计划，使咨询与辅导持续下去。

从上面介绍的情况可以看出，心理咨询与辅导是一个过程，这个过程是由一系列有序步骤构成的。无论咨询与辅导的时间有多长，无论咨询与辅导人员受哪种咨询与辅导理论的指导、运用哪种咨询与辅导的方法进行咨询，无论来访者的情况有什么不同，一个完整有效的咨询与辅导过程都必然包含建立咨询与辅导关系、对来访者的情况进行鉴别和诊断、制订咨询与辅导方案和具体实施咨询与辅导方案、咨询过程的结束等几个基本阶段。每一个咨询与辅导阶段都有其特定的咨询内容。无论咨询与辅导人员是否意识到，这几个阶段都是或多或少、或隐或显地存在着的。要使咨询与辅导收到预期效果，咨询与辅导人员就必须认真对待每一阶段的工作，并努力使良好的咨询与辅导关系在每一个阶段都表现出来。

第三章

心理咨询与辅导的理论流派

CHAPTER 3

不同的心理学理论派别都有着自己的心理咨询与辅导的理论与方法。本章我们就对最具代表性的心理咨询与辅导理论及其主要方法进行简单介绍。

第一节　精神分析学的心理咨询理论与方法

精神分析学是由弗洛伊德创立的心理学理论流派，这个理论涉及的领域十分广阔，采用的心理咨询与辅导方法亦具有自己的特点。该理论的咨询方法和技术在心理咨询与辅导的实践中得到了广泛的运用。

一、精神分析学简介

精神分析理论形成于19世纪末20世纪初，是由奥地利精神病医生弗洛伊德立足于精神病治疗的临床实践而构建的理论，之后，精神分析理论迅速发展。但精神分析理论在发展过程中，无论在理论研究上还是在临床应用上，精神分析学家们一直存在重大分歧，学派内部不断发生分裂，弗洛伊德精神分析理论的部分追随者相继分离出来，对弗洛伊德的理论进行了修正和扩充，纷纷构建了自己的理论体系，形成了庞大的精神分析理论系统。有人把精神分析理论划分为古典精神分析理论学派和新精神分析学派，前者包括弗洛伊德的精神分析理论、荣格（Carl Gustav Jung）的分析心理学和阿德勒（Adler）的个体心理学，后者包括精神分析的自我心理学和社会文化学派。

荣格和阿德勒都曾是弗洛伊德的追随者，但由于观点分歧，又相继与弗洛伊德决裂，创立了自己的理论体系。荣格与弗洛伊德的主要分歧是对力比多（libido）的解释不同。荣格认为力比多不是性欲和攻击，而是一种能延续个人心理生长的创造力的生命力，荣格关注人性的乐观和创造的一面。荣格的心理学被称为分析心理学,他提出了"集体无意识""原形""阿尼玛"等很多与众不同的概念。① 尤其是集体无意识理论,对当代心理学、精神医学等都产生了重大影响。阿德勒的个体心理学与弗洛伊德理论存在一系列的分歧,阿德勒侧重从社会因素的角度探讨人格的形成和发展,以及神经症的成因与防治。阿德勒认为,人格的形成与人的主观因素和社会因素有关,这对社会文化学派产生了很大影响。②

精神分析理论的自我心理学代表人物为哈特曼(Hartmann)和艾里克森(Erikson),社会文化学派主要有霍尼(Horney)、沙利文(Sullivan)和弗洛姆(Fromm)。社会文化学派又称新精神分析理论,该理论强调精神分析中的社会、文化因素。

精神分析理论发展到今天,尽管与最初的弗洛伊德的精神分析理论大相径庭,但弗洛伊德的精神分析理论对社会科学各领域的影响还是十分巨大的。至今弗洛伊德的精神分析理论与其采用的临床分析方法在心理咨询与辅导中还具有不可替代的作用,很多新心理咨询和治疗方法,例如,沙盘游戏、催眠疗法等,都受到弗洛伊德理论的巨大影响。这就是我们介绍弗洛伊德理论思想的主要原因。

二、精神分析学心理咨询与治疗的理论基础

弗洛伊德(1856—1939年),奥地利精神病医生及精神分析学家,精神分析学派的创始人。

弗洛伊德自幼聪慧好学、学业优秀,17岁考入维也纳大学医学院,完成学业取得博士学位后,便致力于精神病的治疗和研究工作。在临床实践中,弗洛伊德早期尝试用催眠法、宣泄法等来治疗精神疾病,后来把宣

---

① 有关荣格的咨询理论可以参见荣格:《心理结构与心理动力学》,关群德译,国际文化出版公司,2011;荣格:《原型与集体无意识》,徐德林译,国际文化出版公司,2011;申荷永:《荣格与分析心理学》,中国人民大学出版社,2012。

② 有关阿德勒的理论与思想可以参见阿德勒:《自卑与超越》,李青霞译,沈阳出版社,2012。

泄法拓展为自由联想法。弗洛伊德一生著述丰厚，主要代表作有《癔病研究》《性学三论》《梦的解析》《图腾与禁忌》《日常生活的心理分析》《精神分析引论》等。在这些著作中，弗洛伊德不断地修订、扩充其理论，形成了完整的理论体系。弗洛伊德精神分析理论主要由本能论、潜意识理论、人格理论、焦虑和心理防御机制理论等构成。

（一）本能论

弗洛伊德的理论体系中的"本能"也翻译成"驱力"，所以本能论也称驱力理论。弗洛伊德认为，本能是人的生命和生活中的基本要求、原始冲动和内驱力。在早期的研究中，弗洛伊德把本能分为性本能和自我本能。性本能又称力比多，是个体行为的内在动力，而自我本能则是保护自我不受伤害。弗洛伊德把本能分为生的本能与死的本能。一切具有生存和建设性的能量，都属于生的本能的范畴，生的本能就包括性本能和创造的本能；而一切导致毁坏和毁灭的本能都属于死亡本能，死亡本能具体包括侵略的本能、攻击的本能、杀戮的本能和战争的本能。自杀是一种攻击本能的表现，当一个个体在攻击他人无果的情况下，就把攻击的对象指向自己，这就导致自杀。

（二）潜意识理论

潜意识理论是精神分析理论的基础。潜意识概念是精神分析的核心概念。要理解精神分析理论就必须了解潜意识的概念和潜意识的理论。在早期理论中，弗洛伊德认为人的精神活动包括无意识和意识两层结构，后来又把无意识分为前意识和潜意识，也就是说人的精神活动包括前意识、潜意识和意识三个层次。意识是指个体能察觉到的心理活动，它是人心理活动的一小部分，它感知外界现实环境和刺激，用语言来反映和概括事物的理性内容。

前意识是指人们能够从无意识中回忆起来的那部分经验，它存在于意识和潜意识之间，起着"稽查者"的作用，不允许潜意识的本能和欲望随便侵入意识。

潜意识是指个体不能觉察到的心理活动,它由原始本能(主要是性本能)和后天欲望构成,是个体一切行为的内驱力,是人类更深层、更隐秘、更原始的心理能量。这部分内容由于具有原始性和野蛮性,为社会理性所不容,被压抑在潜意识中。

意识、前意识和潜意识构成了心理活动的结构,意识属于人的心理结构的表层,潜意识在最深层,前意识位于两者之间,监管着潜意识里的欲望和本能,防止进入意识。

弗洛伊德认为潜意识里的本能和欲望不为个体所察觉,为了得到满足,潜意识里的欲望和本能"暗流涌动",力争进入意识层面,从而形成了潜意识的矛盾冲突,这些冲突是心理疾病的深层原因。这些冲突不被个体所察觉,蛰伏在潜意识里,累积到一定程度,便以伪装的形式——神经症症状、精神病症或梦的形式表现出来,引发个体不可理解的行为、紧张、焦虑、抑郁和恐惧,表现出不同类型的心理疾患,如癔病、抑郁症、强迫症、焦虑症等。

(三)人格理论

人格理论是弗洛伊德精神分析理论的核心。弗洛伊德的人格理论包括人格结构层次论和人格发展理论。

1. 人格结构层次论

人格结构层次理论是弗洛伊德在晚期的研究中不断完善形成的,在潜意识概念的基础上,他提出了人格结构层次理论。他认为人格由本我、自我和超我三层结构组成。

(1)本我是人格中最原始、最模糊和最不易把握的部分,它由一切与生俱来的本能、欲望组成。按照弗洛伊德的说法,本我是贮藏心理能量的地方,充满着本能和欲望的强烈冲动。本我是人性中最原始的欲望和能量的表现。弗洛伊德认为有机体受到外界刺激,欲望会增加,并累积出紧张和不安，引起不愉快的紧张状态。用弗洛伊德的话来说，本我就像一个不顾现实环境哭泣的婴儿，他的行动原则是"快乐原则"，不考虑现实的情况，寻求满足，以释放本能能量和紧张的解除。但由于受现实社会道德和法律等因素的约束，本我欲望不能赤裸裸地实现，唯一的出路就是通过自我来实现自己的欲望。

（2）自我是现实化了的本能，是从本我中分化出来的，具有意识结构的那一部分。个体出生伊始只有本我，本我在与现实世界交往时，必须通过现实允许的手段才可获得需要的满足，这就成长为自我。在同现实的接触过程中，自我不再遵循快乐原则行事，而是在现实原则的指导下。自我在人格结构中代表着理性的成分，一方面帮助本我的欲望获得满足；另一方面顾及与现实相适应，调节本我，节制欲望的宣泄。

（3）超我是从自我分化出来的一部分，是道德化了的自我，它按照道德准则活动，监督自我去限制本我冲动。超我包括良心和自我理想两部分。良心负责对违反道德标准的行为施行惩罚，规定自我不该做什么；自我理想是道德行为的标准，它规定自我该做什么。超我是双亲权威的内部化，执行着父母所行使的职权。

弗洛伊德认为，在人格系统中，本我、自我、超我不是静止的，是以动态的形式相互联系、相互作用的。自我在超我的监督下，按现实可能的情况，控制来自本我的冲动。健康的人格及人格的正常发展源自本我、自我和超我的平衡与协调。如果来自这三个层面的力量不能保持动态的平衡，冲突不可避免，就会引发个体的焦虑，导致神经症和人格异常。

本我、自我、超我三者的关系结构如图3－1所示。

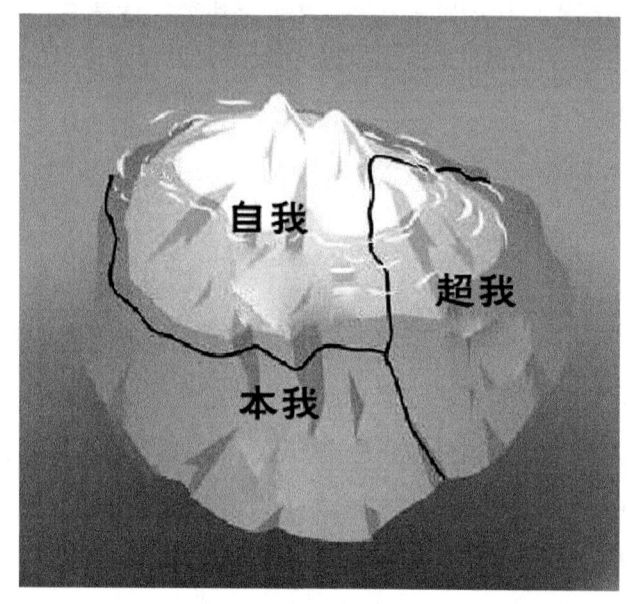

图3-1 弗洛伊德的人格理论冰山图

资料来源：罗伯特·S. 弗尔德曼：《心理学与你的生活》，梁宁建等译，机械工业出版社，2016，第169页。

2. 人格发展理论

弗洛伊德的人格发展理论是构建在他的性心理发展理论基础上的，他认为存在于潜意识中的性本能是人的心理活动的基本动力，是决定个体发展最主要的内在力量。人格的发展与本我、自我和超我的形成依赖于性心理的发展。他认为个体在发展的不同时期，本我力比多的兴奋与满足指向一个特定的区域，据此，他把性心理发展分为五个阶段，个体在各个阶段获得的经验决定其成年后的人格特征。

（1）口欲期（0~18个月）。这个时期个体的快感指向口唇区域的活动，如吸吮、咬、吞咽等活动，性本能的满足主要通过这些活动来实现。在这个时期，如果母子关系良好，个体的需要得到恰当的满足，个体长大后的性格将倾向于开放、信任、慷慨及乐观；若母子关系不健全，个体的欲望没有得到恰当的满足，那么个体成年后可能会出现口唇依赖型的人格特征，主要表现出悲观、依赖、退缩和嫉妒等特征。行为上喜欢做和各种嘴部活动有关的活动，如吸烟、吸吮手指、啃咬指甲、贪食等。

（2）肛欲期（18个月~3岁）。这个时期个体的快感指向肛门区域。按自己的意志大小便是这个时期婴儿性本能满足的最主要的方式，但这一时期个体需要进行大小便训练。排便训练是个体出生以来第一次接受外界权威的约束，这与婴儿的本能欲望产生冲突。弗洛伊德认为成人对婴儿大小便的训练，对其未来人格发展影响很大，如果训练方式得当，个体未来的人格就会表现出独立、自足、无过度羞耻感等特征；如果训练方式不当，个体可能形成肛门型人格，主要表现为过分认真、追求完美、凶暴、无秩序、过于清洁、吝啬、强迫、马虎、固执、缺乏责任感等不良的特征。

（3）性蕾期（3~6岁），也称性器期。这一时期的个体开始对自己的性器官产生兴趣，性器官成为获得快感的中心。弗洛伊德认为，这一时期的儿童出现了本能的异性爱恋的欲望，儿童对异性父母产生爱恋，即恋母情结或恋父情结。如果这两种情结不能得到解决，压抑在潜意识中，在未来个体就可能出现性方面的问题和社会适应方面的问题，如出现性别角色认同问题、同性恋等。如果这时期的爱恋情结获得解决，个体就会形成与年龄和性别相适应的人格特征。

弗洛伊德把口欲期、肛欲期和性蕾期这三个阶段归结为前生殖期，这三个阶段是人格发展的重要阶段，个体的人格实际在前生殖期已经形成。

（4）潜伏期（6~12岁）。这个阶段个体的性本能潜伏起来，埋藏在潜意识中。个体心理能量消耗转向具体活动当中去，如运动、游戏和学习活动等。这一时期的男女儿童之间，在情感上较之前疏远，团体性活动多呈男女分离趋势。

（5）生殖期（12~20岁）。这个时期，一般女孩开始于11岁或12岁，男孩开始于13岁。这个阶段性心理的发展日臻成熟，性本能开始指向生理上的繁殖方向，性的需求转向相似年龄的异性。这个时期的特征表现为社会化，如责任感、结婚、生育等。

个体生殖期的人格发展是在前几个阶段基础上形成的，如果这个时期发展顺利，个体将表现出性、心理和社会方面的成熟和完美，但这种完美状态很难实现。在发展过程中，如果在某阶段力比多过度满足或不能满足，就可能固结在某阶段，出现"固着"现象，如果力比多在寻求满足过程中受挫，就可能退回到前一发展阶段，出现"退行"现象。

（四）焦虑和心理防御机制理论

弗洛伊德十分关注焦虑与心理防御问题。在他的理论中，弗洛伊德系统分析了焦虑和心理防御产生的原因及其类型。

1. 焦虑

焦虑是精神分析理论体系中重要的概念之一。弗洛伊德为解释和治疗焦虑病人，对焦虑作了大量的研究，试图探询焦虑的根源。弗洛伊德不同时期的研究对焦虑的解释不同。早期的研究中，弗洛伊德认为焦虑是神经症的关键因素，焦虑来自对性冲动的压抑，被压抑的力比多得不到正常发泄，就转化成焦虑或以焦虑的形式求得宣泄。在后来的研究中，弗洛伊德发现本能冲动并不能直接转成焦虑，而是自我预感到某种真实的危险和潜在的危险时才引起焦虑。焦虑体验是某种危险和不愉快的信号，当焦虑体验出现时，就会引发心理防御机制。

弗洛伊德认为，人的焦虑最早来自婴儿与母体分离，由于出生前后环境的重大变化，婴儿会产生对危险无能为力的弥漫性感觉，这种体验即为出生创伤，相伴而生的焦虑体验；这是以后一切焦虑体验的基础，成年后的焦虑是早期创伤的重复出现。

弗洛伊德把焦虑分为三种，即现实性焦虑、神经性焦虑和道德性焦虑。现实性焦虑以自我对外界现实的知觉为基础，是由外界环境中真实的危险引起的情绪体验，当危险消除后，现实性焦虑也就减轻或消失。神经性焦虑是在现实性焦虑基础上产生的，它以自我对来自本我的威胁的知觉为基础，人们只有当认识到自己本能需要的满足会遭遇现实的危险时，才会恐惧自己的本能。道德性焦虑以自我对来自超我的知觉为基础，是个体知觉到自己的行为可能违反了超我的价值观时而产生的情绪体验。

焦虑有其特殊功能，它促使个体意识到危险，并避免危险的影响，若无法躲避危险，累积的焦虑会引发心理危机。

2. 心理防御机制

有关心理防御机制的理论是弗洛伊德精神分析的重要理论之一。弗洛伊德在1894年以前就使用了防御这个术语，用来描述自我对痛苦情绪的对抗。在弗洛伊德早期的观点中，压抑与防御机制是同义词。他认为压抑与焦虑有关，焦虑导致了对压抑的需要，防御机制通过阻止现实经验的回忆或重现从而阻止或延迟对痛苦情绪的体验。后来，弗洛伊德在其著作《抑制、症状和焦虑》中介绍了防御的概念，防御被认为是在本我和外部世界之间"在冲突中自我应用的所有技术的总称"。防御用来描述"躲避本能需求所引起的危险、焦虑和不愉快"。通常情况下，防御的应用与心理病理状态密切相关。防御如果持续地应用于现实中已不存在，但过去存在的危险情形中，防御就会变成一种习惯、规则和特征化的"反应模式"，会导致"自我的永久性衰弱，为神经症的爆发铺平了道路"。[1] 后来弗洛伊德的女儿安娜·弗洛伊德（A. Freud）在系统研究的基础上扩展了她父亲有关防卫机制的概念。她认为，自我的防御机制是个体摆脱不快和焦虑、控制过度的冲动行为的情感和本能欲望，以调节内部的冲突与外界现实关系的一种方式或手段，它既使个体维持内心平衡，又使个体行为表现符合外界现实的要求。她调查研究了防御的某些模式和不同形式的神经症之间的关系、防御和发展之间的相互影响，这些研究为紧随其后的心理

---

[1] S. Freud, *The Neuro - Psychoses of Defense* (1894) *in the Standard Edition of the comoletm Psychological Works of Sigmond Freud*, London: Hogarth Press, 1964, pp: 4 - 62.

分析理论的革命和对自我功能的理解奠定了重要的基础。安娜·弗洛伊德认为，压抑消耗了大量本能而为防御保留了独特的位置，她详尽地描述了其父亲提到过的几种特别的防御方法——退行、隔离、反向形成和解除，同时她又增加了其他的几种防御方法——投射、内射、反向自身、逆转和升华。她还提出了防御机制的发展年表，其中包括防御机制出现和发展的前提条件。例如，要压抑产生，区分自我和本我是必要的，要投射出现，区分自我和外部世界是很重要的。简而言之，安娜·弗洛伊德通过提升自我防御功能的意识面和以编年表的形式来说明自我防卫的发展机制。她认为当个体预感到焦虑将要发生时，就会采用一些防御措施以应付焦虑，甚至采用曲解现实的非理性方法，将焦虑压抑到潜意识中，以维持心理的平衡，这就是所谓的心理防御机制。[1] 安娜·弗洛伊德认为在人的行为中常见的心理防御机制有以下几种：

（1）压抑。压抑是把意识不能接受、超我不允许的欲望和冲动抑制到潜意识中，这是最基本的防御方式。压抑有两个重要特征：其一，压抑是一种主动性遗忘；其二，被压抑的思想观念并没有消失，而是储存在潜意识中，如果基于某种原因伴随被压抑的消极情绪体验消失，则这些思想观念还可以重返意识领域。

（2）投射。投射是把能引起焦虑的冲动、欲望归于他人身上。这是一种最原始的防御机制。被害妄想神经症患者就是把破坏性冲动投射给别人。

（3）否认。否认是指个体拒绝承认引起焦虑痛苦的事实存在，以逃避现实，减轻焦虑体验。

（4）退行。退行也称退化，是指当个体面临冲突、紧张、焦虑，特别是遭受挫折时，退回到较早年龄阶段的活动水平，以原始、幼稚的方式应对当前情境。

---

[1] A. Freud, *Ego and the Mechanisms of Defense*, London: Hogarth Press, 1973.

(5) 反向作用。反向作用是指个体为避免潜意识中不被接受的欲望和冲动进入意识层面，可能会表现出与这种欲望相反的行为，以加强压抑的力量，减轻焦虑。

(6) 置换。置换是个体的情绪反应和冲动不直接发泄到引发反应的对象上，而是转移到另一个对象；或者发泄对象不变，而是以另外一种方式来发泄。

(7) 认同。认同是把某人的特征加到自己身上以某人自居，所以也称自居作用。作为防御机制的认同，是指个体在遇到挫折不能获得成功的满足时，把自己比拟为其他成功的人物或强者，在心理上分享其成就，减轻因挫折引发的焦虑。

(8) 升华。升华是把原来不被社会接纳的冲动和欲望转化为具有建设性的活动能量表现出来。

三、精神分析学心理咨询与治疗的过程

精神分析理论认为，一切心理障碍和疾病的产生都是压抑的结果，都是潜意识的欲望没有得到满足的结果。因此，他们的咨询与治疗目标及方法都是围绕潜意识能量的释放来进行的。

（一）咨询与治疗的目标

精神分析学的咨询与治疗有两大目标：一是缓解或者消除焦虑、强迫感等来访者具有的、临床上表现出来的不良症状；二是促进来访者人格内在结构的改变，使来访者的本我、自我、超我达到平衡和协调。

在弗洛伊德和其他精神分析学者看来，心理困惑或者疾病的产生都是由于长期的压抑和潜意识欲望没有得到满足的结果。很多来访者的心理障碍和疾病的临床表现可能表现为焦虑、强迫、恐惧等。在弗洛伊德看来，这些障碍和疾病的产生的根本原因就是人格结构中本我、自我、超过的关系不协调和紊乱的结果，是自我功能瓦解的结果。在《自我与本我》这

本书里弗洛伊德写道："如果本我和超我过于强大，他们就会成功瓦解和改变自我组织，使自我与现实的协调关系受到障碍乃至终结。"① 因此，精神分析咨询与治疗的目标就是要自我能最大限度地发挥其功能，通过自我的发展把潜意识变成意识，把潜意识的能量意识化，由自我来取代或者控制本我。他断言："作为一名精神分析者，我们使病人的自我上升到正常水平，并把潜意识的压抑的内容转换成前意识资料，使这些资料重归自我所有，那我们就对病人尽了最大的努力了。"②

此观点说明了精神分析学的咨询与治疗的目的不仅在于通过使潜意识意识化的方法缓解来访者的临床症状，而最根本的目标是重整本我、自我、超我的关系，使自我能得到好的发展，用自我来控制本我的本能欲望，从而在本我与超我之间建立良好的平衡关系，使来访者能够用成熟与理性的方式享受生活。

（二）咨询与治疗的对象

精神分析学的咨询与治疗的对象范围很广。一切在精神上遇到障碍和困惑的人群都可以采用精神分析的理论与方法加以疏导。尤其对那些在成长的早期受到心灵创伤、具有某些不良心理情结的对象，采用精神分析的方法，更有助于揭示潜意识的存在。而从心理治疗的角度来看，精神分析理论在治疗癔病、强迫症、恐惧症和焦虑症等方面效果较好，而对精神分裂症、病态人格和长期人格障碍等症状的患者，精神分析的治疗效果不佳。

（三）咨询与治疗的过程

精神分析法的咨询与治疗过程一般比较长。一般来说，对较为简单的困惑可以进行简单的心理分析，使来访者明白自己的潜意识的能量如何意识化，教给来访者进行自我心理分析、心理探索的方法，要来访者采用自

---

① 车文博主编《弗洛伊德主义原著选辑（上卷）》，辽宁人民出版社，1988，第558页。
② 车文博主编《弗洛伊德主义原著选辑（上卷）》，辽宁人民出版社，1988，第565页。

我催眠和自由联想等方式进行自我治疗，过一个阶段再与咨询和辅导人员面对面进行交流。

面对比较明显的心理障碍和有着十分明显的症状表现的来访者，如明显的癔症、过分的焦虑和恐惧、过分的抑郁和具有明显的强迫症状等类型的来访者，就需要采用严格意义上的精神分析法进行治疗。这种治疗时间较长，主要是治疗师采用自由联想和催眠等方式帮助来访者自我放松和从潜意识的压抑中走出来。在精神分析法治疗的初期，每周需要 3~6 次、每次大约 1 小时，持续时间少则半年到一年，多则三四年。一般来说，在精神分析治疗的早期阶段，每周所用的时间较多，随着治疗的深入可以从每周的 3~6 次，减少到 2~3 次，然后是每周 1 次再到两周 1 次，依次递减。

（四）咨询与治疗的方法

在经典的精神分析法咨询与治疗中，弗洛伊德一般采用的是自由联想、梦的解析、阻抗与移情分析、解释这四种方法进行治疗。目前的咨询和治疗实践中，人们也大多采用这四种方法治疗。

1. 自由联想法

自由联想法是弗洛伊德进行精神分析的主要方法之一。弗洛伊德认为自由联想是整个精神分析治疗的前提。所谓自由联想，就是不要让来访者的意识指导思想，而是让来访者在放松状态下随意进行联想，自由地说出任何联想到的内容，咨询人员则坐在来访者的身边听他讲话，不要随意打断他的话，必要时可以进行适当的引导的一种治疗方法。在自由联想中，咨询与治疗人员可以鼓励来访者回忆早期创伤性的经历。然后，对来访者报告的材料进行分析和解释，发掘来访者压抑在潜意识中的矛盾冲突。自由联想法的最终目的是把被来访者所压抑的潜意识冲突带到意识层面，使来访者对此有所领悟，疗效随之就会产生。

2. 梦的解析法

梦的解析法也称释梦法。它是精神分析中应用广泛的咨询和治疗技术。在弗洛伊德看来，释梦是激发来访者进一步自由联想的过程。弗洛伊德在临床治疗中发现，梦的内容与被压抑的潜意识冲突有某种联系，梦具有心理意义，是被压抑欲望的象征性满足。出现在梦境中的内容都有象征性，潜隐着来访者内心的冲突。通常情况下，梦者能回忆起来的梦境是显梦，而梦境的潜隐内容，不被梦者知道，是隐梦。释梦就是让来访者对梦的内容进行自由联想，通过自由联想，治疗者获得梦的隐义，找出来访者的潜意识中的冲突，引导来访者领悟，从而达到疗效。

3. 阻抗与移情分析

阻抗是精神分析治疗和咨询过程中常常出现的一种现象。在精神分析过程中，来访者心理上有一种无形的力量抵抗暴露带有创伤或引发焦虑的事件。这种心理上对潜意识中的引起心理创伤和引发焦虑事件的抵抗就是阻抗。

弗洛伊德认为，精神分析面临的一个重要任务就是去掉阻抗。在精神分析中，阻抗有两种：一种是压抑引起的阻抗。这种阻抗在咨询与治疗实践中的表现是当来访者的自由联想越接近被压抑的东西时，他的自由联想就越有可能中断或消失；当咨询与治疗分析者告诉他，他已经被某种阻抗所控制时，来访者往往茫然不知。这种阻抗称为原始性的无意阻抗。另一种是持续于整个咨询与治疗过程中并随着分析的深入而不断变化的阻抗。来访者的自我会因为畏惧危险和内心的不快乐，而不愿意与咨询和治疗人员合作，他们不愿谈论某些东西，否定某些情节。这种阻抗是来访者心理上的直接抗拒，它是一种有意义的抵抗。

遇到阻抗时，心理分析与治疗人员就要和来访者一起分析阻抗的性质和导致阻抗的原因，消除阻抗对治疗的影响。阻抗分析技术要求治疗师力争消除患者不愿触及的早年创伤性经验或潜意识冲突的抵抗心理，发掘压抑在潜意识中的冲突，向来访者解释阻抗的形成和表现，并帮助来访者认识阻抗行为背后隐藏的被压抑的动机。精神分析学派一直将解决阻抗视为治疗中的重要课题，认为对阻抗的分析和解释是整个心理治疗过程中非常重要的环节。如果在精神分析的咨询和治疗中，来访者能够在咨询和治疗人员的鼓励下克服阻抗，顺着治疗人员引导的方向发展，那么来访者就会不断地进行自我探索，扩大自我的范畴与力量，来访者潜意识的能量就会得到正确的释放，不良的症状就会消失。

移情是指来访者把精神分析与治疗人员"看成是自己的童年或者过去某一个重要人物的再现或化身，结果把用于原型的情感转移到了分析者身上"[①]。来访者通常把分析与治疗人员看成自己的父亲或母亲。弗洛伊德认为，移情是来访者早期经验的反映，很大程度上反映了来访者早期与父母或养育者的关系，以及由此产生对他们的情绪体验；由于某些因素的影响，这些内心体验被压抑到潜意识中了。在精神分析的治疗过程中，分析与治疗人员促使来访者把治疗者当作其早年生活中与其相关的重要的人，把被压抑的情感投射给治疗者，诱发他们自由说出被压抑的不愉快的体验，于是，被压抑的潜意识里的内容被带到意识域，来访者潜意识中的冲突和紧张就得到缓解和释放。

心理分析中的移情可以分为正移情和负移情。正移情是指来访者对治疗者产生友爱、依恋甚至爱恋等正性情感；负移情是指来访者对治疗者产生敌对、猜疑、抵抗、拒绝甚至敌意等负性情感。在正移情的状况下，会改变分析的情境，使来访者把理性咨询与治疗目标放在一边，而取悦于分析与治疗人员，以赢得分析与治疗人员的赞扬和喜爱。这种以赢得分析与治疗人员喜爱为动力的目标在客观上促进了来访者自我的改变，对咨询与治疗具有积极作用。负移情在咨询与治疗中也常常出现，当负移情出现的时候，分析与治疗人员一定要引导来访者认清自己的潜意识与现实的关系，使他能从潜意识的不良情境中走出来。如果来访者认识到了负移情产生的根源，他也就真正地走出了潜意识对自己的控制，也就促进了来访者

---

① 车文博主编《弗洛伊德主义原著选辑（上卷）》，辽宁人民出版社，1988，第560页。

的改变。在精神分析的初期，分析与治疗人员一定要积极利用正移情的作用，激发来访者改变的动力，促进他的改变；在负移情出现的时候，分析与治疗人员一定要积极引导来访者认识到移情是潜意识的作用，帮助来访者走出潜意识的困扰。移情是精神分析的一个核心成分，无论是正移情还是负移情，如果处理成功了，都有助于提高治疗效果。

4. 解释

解释是精神分析治疗中最常用和最基本的技术。弗洛伊德认为，精神分析咨询与治疗的实质就是解释。解释是分析与治疗人员对来访者出现的症状隐含的意义或被压抑的欲望进行揭示，使来访者潜意识的相关内容进入到意识域，从而达到对自身问题进行领悟和分析的一种治疗技术。

解释就是精神分析与治疗人员根据从各种渠道收集到的信息，对来访者遇到过又被遗忘的事情和现在正遇到的又不理解的事情进行阐释的过程。解释的主要目的是揭示来访者症状的潜意识根源，使来访者领悟症状的真正隐义。如果来访者认识到了自己的症状、心理防御机制、阻抗、移情和梦的隐义，能自觉降低不必要的心理防卫和消除阻抗，那么潜意识的能量就达到了意识的层面，不良的症状就会消失。

除了弗洛伊德的精神分析方法之外，荣格发展了精神分析方法，建立了心理分析的理论框架和咨询与辅导方法，他的原型分析法和由此而来的沙盘分析法、箱体分析法在咨询与治疗中也得到了很大范围的应用。在现代的心理咨询与辅导、心理治疗的实践中，精神分析和心理分析被广泛地应用于不同的咨询和治疗领域。虽然弗洛伊德的经典的精神分析理论和方法有其局限性，但是我们不能忽略弗洛伊德精神分析方法对现代心理咨询与治疗的影响。

第二节　行为治疗的心理咨询理论与方法

建立在行为主义心理学理论基础上的行为治疗是心理咨询与辅导的主要理论和方法之一。行为治疗通过某些特殊设计的治疗程序，矫正来访者的非适应性行为，促进来访者建立新的行为反应，从而促进治疗目的的实现。行为治疗又称行为疗法、行为矫正或学习疗法。

一、行为治疗简介

行为治疗的产生可以追溯到20世纪初行为主义心理学创立之时，巴甫洛夫（Pavlov）和行为主义心理学的创始人华生（Watson）等人的实验研究，为行为治疗奠定了系统的、科学的理论基础。在20世纪五六十年代，美国心理学家斯金纳（Skinner）率先提出行为治疗，同一时期，各国心理学家、医生和其他领域的工作者在理论和临床方面对行为治疗进行了不同的研究。南非著名精神病学家沃尔普（Wolpe）把行为治疗技术系统应用于临床实践，于1958年出版了划时代的著作《交互抑制心理治疗》(*Psychotherapy by Reciprocal Inhibition*)，提出了"系统脱敏疗法"；英国心理学家艾森克（Eysenck）率先把学习理论引入病理心理学和精神治疗领域；在20世纪50年代，斯金纳及其同事依据操作性条件反射原理，研究强化在治疗中的效用。众多的研究推进了行为治疗的发展，各国行为治疗理论和技术互相渗透、整合，行为治疗的理论和技术走向成熟，形成了完整的行为治疗的心理咨询与治疗体系。

二、行为治疗的理论基础

行为治疗的主要理论基点为巴甫洛夫的经典条件作用原理、斯金纳的操作条件反射原理和班杜拉（Bandura）的社会学习理论。

（一）经典条件作用原理

巴甫洛夫以动物实验为依据，提出了条件反射学说。他在给狗食物（无条件刺激）的同时，给狗声音刺激（中性刺激，也称无关刺激），这样多次同时呈现给狗后，狗只要听到声音，即使没有食物也会出现唾液分泌（反射行为），这说明狗已经学会把声音同食物联系起来。这种后天习得的对一个无关刺激（中性刺激）的反射，巴甫洛夫称之为反射性学习，即经典条件反射。

经典条件作用原理包括以下几个方面：

（1）条件反射的形成和建立。这是条件刺激取代无条件刺激，形成特定的刺激——反应关系获得的过程。

（2）泛化。不仅条件刺激本身能够引起条件反射，而且某些与之相似的刺激也可以引起该条件反射。说明人与动物可以把习得的经验扩展到其他类似情境中去。

（3）消退。如果非条件刺激长期不与条件刺激相结合，已经建立起来的条件反射就会消退。消退是取消强化作用的结果。

此外，巴甫洛夫还试图用经典条件作用原理解释条件反射和人类异常行为的关系。他在条件反射的学习实验中观察到，如果让狗学会看见椭圆形时分泌唾液，看见圆形时不分泌唾液，然后把椭圆形逐渐变圆形，越来越接近正圆形，这时狗会出现辨认困难，并出现神经症症状。

经典条件作用原理强调环境刺激对行为反应的影响，认为任何环境刺激都可通过经典条件反射影响个体的行为，无论正常的或异常的行为都可以通过经典条件作用原理而获得。行为治疗人员用条件作用原理解释人的非适应性行为，也根据这一原理设计行为治疗方法。

（二）操作条件反射原理

操作条件反射的概念是斯金纳行为主义学习理论的核心。斯金纳关于操作条件反射作用的实验，是在他设计的具有特殊装置的箱子里，以动物为对象展开的。具体来说，斯金纳设计的箱内有一个可以控制食物的自动装置，如果触碰箱内杠杆或控制键，自动装置就会把食物呈现到食物盘中。把一只饥饿的白鼠或鸽子关进箱子，随意运动的白鼠或鸽子无意中碰到这个杠杆或控制键，食物盘中就会出现食物，它们便可以吃到食物。这样的偶然多次发生后，动物触碰杠杆或控制键的频率就会增加，甚至实验的动物刚进入箱内，就触碰与食物相连接的杠杆或控制键，这表明条件作用形成，即形成了操作条件反射。在这个实验中，行为本身（触碰杠杆或控制键的行为）是获得强化刺激（食物）的手段，强化刺激反过来又增加操作行为的强度和频率。要使一个行为保持下去，就必须不断进行强化。斯金纳用这一原理解释人的行为，认为人的行为是由操作条件反射构成的，无论适应性行为还是非适应性行为都是环境强化作用的直接结果。因此，心理咨询与治疗要运用对来访者起作用的强化物对其施加影响，以改变非适应性行为，构建新的行为模式。

（三）社会学习理论

社会学习理论的主要代表人物是美国心理学家班杜拉。班杜拉认为，人的学习行为不是简单的经典条件反射的学习，也不是纯粹的操作条件反射的学习，而是有意识的社会学习。在社会学习中，模仿是最初的方式和途径。模仿学习原理认为，个体在获得习得行为的过程中并未直接得到过强化，学习的产生是通过模仿过程获得的。班杜拉对儿童做了一系列观察学习实验，研究成人榜样对儿童行为的影响，他发现人的社会行为是通过观察学习获得的，个体只通过观察他人的行为反应就可以达到模仿学习的目的，但要保持这些行为，就必须用强化手段。他认为，观察习得的行为操作主要受三类强化的影响：一是外部强化，是指习得的行为能导致有价值的结果，如奖励或惩罚。二是替代强化，经由观察而获得的行为后果，可以影响个体的行为。也就是说，学习者的行为表现受替代性强化的影响。三是自我强化，个体对自己行为产生的自我评价的反应，也会影响其作出那些通过观察学到的反应。

社会学习理论认为，人的大多行为都是通过模仿获得的，人的非适应性行为也主要是通过模仿获得的；同样，通过模仿学习可以获得适应性行为，并能对非适应性行为进行矫正，建立新的适应性行为。

三、行为治疗的目标过程和方法

行为治疗的进行主要基于两个假设：一是人的行为都是习得的，可以由学习而改变和消除；二是奖赏或惩罚的强化方式可以控制行为增减或改变行为的方向。

（一）行为治疗的目标

行为治疗的主要目标是消除不良行为，形成新的有效行为。在治疗过程中，治疗人员可以与来访者一起制定明确而具体的目标，来访者也可以自己确定目标。

（二）行为治疗的过程

行为治疗包括以下几个步骤：

第一步，了解来访者不良和异常行为产生的原因。在这一阶段，咨询与治疗人员可以从生理、心理和社会三个方面进行分析，找出来访者的不良和异常行为产生的原因，为制订咨询方案奠定基础。

第二步，确立需要矫治的目标行为。这一阶段的主要工作是了解来访者非适应性行为的主要表现，确定要矫正的行为，即找出靶行为。

第三步，向来访者说明行为治疗的目的、意义和方法。在这个阶段，通过向来访者说明行为治疗的目的、意义和方法以消除其对咨询的疑虑和心理阻抗，使其更好地配合咨询人员的治疗。

第四步，选择适用的行为治疗技术实施咨询。在这一阶段，治疗人员要根据来访者非适应性行为的类型、程度和病因等，选取适用的行为治疗技术和方法，必要的时候也可以配合药物治疗。

第五步，根据行为治疗的技术和来访者改变情况实施强化。在这一阶段治疗人员要根据行为治疗的实际状况，选择强化的手段，给予相应的正强化（如表扬、鼓励或物质奖励等），或负强化（如批评、疼痛刺激或撤销奖励等），并且根据行为治疗过程中行为改变的具体情况适时变换强化方式。

第六步，帮助来访者将治疗效果迁移到日常生活情景中去。这一阶段的主要任务是治疗人员引导来访者把治疗的效果应用到日常生活中，在现实生活中改变旧的行为，形成新的行为习惯。

（三）行为治疗的方法

行为治疗的方法是建立在行为主义理论的基础上的，以程序性和可操作性为主要特征。在心理治疗和心理咨询与辅导过程中，行为治疗的方法已被广泛应用在行为矫正和行为塑造上。目前，较为常用的行为方法有放松训练法、系统脱敏法、厌恶疗法、冲击疗法、代币法等。

1. 放松训练法

放松训练法也称松弛疗法，主要是指在治疗人员的引导下，通过一定的程式训练方式使来访者学会躯体上放松与精神上放松的一种治疗方法。

放松训练法主要是通过放松应对焦虑引起的生理改变，从而消除症状或减轻症状。这一过程的实质是肌肉放松与焦虑状态的颉颃反应。在放松状态下，交感神经系统活动水平降低，有机体的呼吸、心率等生理指标出现与焦虑状态完全相反的变化，同时，个体焦虑和紧张感的主观体验也得到缓解。行为治疗放松训练有不同形式，主要有深呼吸放松、渐进性肌肉放松、想象放松、静默、生物反馈放松等。较常用的是渐进性肌肉放松，这种方法是逐渐的、有序的使肌肉先紧张后放松的训练方法。

在具体实施放松训练法的过程中，治疗人员要选择一个安静的环境，房间整洁、无噪声、陈设简单；来访者要舒适地靠坐在沙发或椅子上，治疗人员则运用低沉的指示语引导来访者进行放松练习。一般来讲，在实施放松训练时，首先来访者要用自己感觉到最舒服的方式坐在椅子上、双眼微闭，接着治疗人员引导来访者进行深呼吸，然后慢慢使来访者从头部放松开始，直到全身肌肉的放松。现代的瑜伽和传统的气功都具有放松的功能。

放松训练对缓解情绪紧张、调节心情具有积极作用。除了肌肉的放松和呼吸训练之外，放松训练还包含心情放松和意念放松。心情和意念放松是要来访者在达到身体放松之后，把自己的整个注意力集中到对美好事物和场景的想象上，不要被紧张和焦虑的情绪所困扰。例如，在考试前，面对过度紧张的情绪时，个体可以在一个安静的地方先做身体放松的深呼吸训练，在身体完全放松的基础上，想象美好的事情，想象自己处在一个充满鲜花的花园正呼吸着最新鲜的空气，得到别人真心的喜爱等场景或者回想在以前考试成功后得到的赞美与美好的对待。通过这种训练使自己的注意力从引起过度紧张和焦虑的情境中转移出来，达到心灵的放松。

2. 系统脱敏法

系统脱敏法又称交互抑制法，是由南非精神病学家沃尔普于20世纪50年代创立的。这种方法主要是诱导来访者缓慢地暴露导致神经症焦虑、恐惧的情境，并通过心理的放松状态来对抗这种焦虑情绪，从而消除焦虑或恐惧的一种行为疗法。

系统脱敏法的实施主要分三步：第一步是进行放松训练。在这一步，治疗人员引导来访者反复进行身体的放松练习，使来访者能十分自如地进入放松状态。第二步是建立焦虑等级表。治疗人员首先要与来访者一起找出引起焦虑的事件或情境，然后让来访者依据焦虑的程度，对引起焦虑的事件或情境分等级，并按从低到高的等级依次排列，即形成焦虑等级表。一般来说，焦虑等级分为三级：第一级是最低层次的焦虑，也就是感到紧张和轻微的焦虑；第二级是中度焦虑；第三级是严重焦虑。例如，对于一个怕蛇的来访者来说，要帮助他解决对蛇的焦虑和恐惧，就必须和他一起分析蛇引起他焦虑的等级。如果当他听到蛇这个字的读音和看到有关蛇的文字、图片就感到紧张和焦虑，那么蛇字的读音、图片和文字就是焦虑等级的第一级；如果看到蛇的标本和有关蛇的习性材料时，焦虑程度更甚，那么这就是第二级的焦虑；面对真实的蛇时，他达到十分焦虑和紧张，那么这就是最高等级的焦虑。第三步是系统脱敏的实施。在划分好焦虑等级之后，就要具体实施系统脱敏。所谓系统脱敏，就是按照焦虑等级表，遵循由小到大的顺序，给来访者依次呈现引起焦虑的刺激物或情境，使来访者对刺激物或情境的敏感性逐渐降低的过程，从而达到摆脱对某些刺激的焦虑和紧张的目的。在系统脱敏过程中，最初是让来访者想象最低等级的事件或情境，直至引起焦虑体验，停止想象，进行全身放松，反复操作这一过程，直至来访者想象时不再引起焦虑，则一级脱敏完成；接着进入二级脱敏，直到完成焦虑等级表的所有等级。系统脱敏法在矫正和治疗焦虑症、恐惧症中最为有效。

3. 厌恶疗法

厌恶疗法是指当来访者出现非适应性行为（或症状）时，对其实施能引起厌恶的心理或生理反应的刺激以减少或消除非适应性行为的治疗方法。

厌恶疗法的作用机理是强化原理的负强化。在学习过程中，正强化有利于增强刺激与反应之间的联结，而负强化可以使原本已经建立的条件反射，也就是刺激与反应之间的联结得到消除。因此，当来访者出现非适应性行为，也就是不良的行为习惯或者症状时，治疗人员实施引起厌恶反应的刺激（负强化），引起来访者厌恶反应，这样重复多次以后使不良行为与厌恶反应之间建立起条件反射，从而使原来的联结得到减弱或消除。厌恶疗法一般用于接触某些不良的嗜好和某些不良的行为习惯方面。

厌恶疗法的实施有三个步骤：

第一步，确认靶行为，也就是确定需要改变的行为。来访者的行为中，可能不止一个不良行为，那么在厌恶疗法的第一步就需要从这些不良行为中选择一个主要的需要消除的行为作为靶行为。例如，来访者可能既有吸烟的行为，也有酗酒的行为，如果咨询与治疗的目标是消除酗酒的行为，那么酗酒就是靶行为。

第二步，选取厌恶刺激。厌恶刺激必须能引起厌恶体验，否则起不到治疗效果。常用的厌恶刺激主要有电刺激、药物刺激、想象刺激。想象刺激是用语言把来访者带入想象，在想象中把靶行为和厌恶反应联系起来（这种方法又叫内隐致敏法）。

第三步，选择时机，施加厌恶刺激。厌恶体验的出现应与靶行为同步，这需要准确控制厌恶刺激施加的时间，尤其是药物刺激的时间应该慎重把握。

4. 冲击疗法

冲击疗法也叫满灌疗法。这种疗法是把来访者暴露在现实中或想象中的能唤起强烈焦虑的刺激情境中，使来访者逐渐消除对这种情境的焦虑和恐惧的一种疗法。

冲击疗法的原理是从经典条件反射中的消退抑制原理发展而来。这种疗法是把来访者置于令其感到极度焦虑或恐怖的刺激情境，引起其强烈的焦虑或恐怖体验，而不给任何强化，当预想中的危害并没有真正发生时，导致焦虑或恐惧的内在动因逐渐减弱和消失，来访者的焦虑或恐怖情绪便会逐渐消退。

冲击疗法可分为现实冲击疗法和想象冲击疗法。现实冲击疗法是让来访者在现实的情境中体验焦虑或恐怖；想象冲击疗法是治疗人员用语言引导来访者想象引起其焦虑或恐怖的情境，唤起相应体验。一般来说，现实冲击疗法的效果要好于想象冲击疗法。

冲击疗法的实施分为三个步骤：

第一步，向来访者介绍治疗原理和过程，签署治疗协议。在现实冲击疗法的实施过程中，来访者会受到焦虑或恐怖的强烈冲击，所以要在此阶段让来访者对治疗过程及其治疗原理有所了解，取得来访者的配合；同时，要让来访者进行选择，看自己是否能经受住恐惧或焦虑的考验。

第二步，选择刺激物和治疗场地。应选择引起来访者最紧张的刺激物和场地。一般来说，要对害怕黑暗的来访者进行矫正，就要选择非常黑暗的场地；要对恐高症的来访者进行矫正，就要选择具有一定高度的场地。治疗和矫正场地最好就是治疗室内或者与治疗室相近的地点，治疗最好在治疗室中进行。治疗环境的布置应力求简单，房间不要太大。同时，在治疗场所要备好救急的药物，以备不时之需。

第三步，实施冲击治疗。治疗过程中，要告诉来访者有些行为是不当的行为，例如，在治疗恐惧症的时候，某些声音刺激、强光刺激、黑暗刺激等都是治疗中必须具有的刺激，那么来访者就不要有闭眼、捂耳等逃避行为。在具体冲击过程中，如果发现来访者出现异常生理反应（如呼吸异常或休克反应等），就必须马上终止治疗。当来访者情绪反应和生理反应都达到极限，并开始减弱，直至筋疲力尽则此次治疗结束。一般来说，冲击疗法需要2～4次治疗，可连续几天完成，也可隔天一次，每次需要30～60分钟。

冲击疗法相对比较简单，见效比较快，但并不是所有来访者都适合。由于冲击疗法的刺激物都具有很大的强度，因而在具体实施前，一定要充分了解来访者的身体状况，对有严重的心血管疾病、呼吸系统疾病、神经系统疾病、内分泌疾病等的来访者就不能采用冲击疗法进行治疗，老人、儿童、孕妇和身体虚弱者也不可以使用该疗法。冲击疗法具有一定的风险性，因此，目前此种疗法在我国的应用并不普遍。

5. 代币法

代币法也称代币管制法。这里的"代币"是指咨询人员为来访者设定的有着货币功能的代币券（可以是各种形式的，如小红花、动物图片、卡片等）。来访者可以用代币券在一定范围内兑换实物或实现某种愿望，当来访者作出期望的行为时立刻发给代币券加以强化，这种构建期望行为的方法即为代币法。代币是次级强化刺激物，代币对构建来访者期望的行为具有强化作用。大量的研究表明，代币法适合用于医院、学校、监狱等领域。

代币法的实施有以下几个步骤：第一步，确定靶行为及行为的评定指标，也就是确定需要运用代币来改变的行为以及可以认定改变程度的指标。

第二步，确定代币发放办法和以代币兑换实物或实现愿望的办法。

第三步，确定治疗前靶行为的程度。

第四步，评定出现的期望行为和发放代币。

第五步，按约定进行兑换。

例如，对幼儿园具有挑食习惯的孩子，要改变这种不良状况就可以运用代币法来进行矫正。在具体实施过程中，挑食就是需要矫正的靶行为。要矫正挑食的不良行为，第一步可以采用发放小红花来强化孩子们不挑食的行为，那么小红花就是代币；第二步就是制定发放小红花的规则，也就是要明确在什么情况下可以发放小红花，发放多少小红花；第三步就是根据小朋友的情况，对挑食的程度进行评判；第四步就是根据小朋友改变的程度具体发放小红花；第五步就是兑现得到多少小红花就能得到什么样的奖励的承诺。通过这一系列的过程，以小红花作为代币，强化了不挑食的行为，而使挑食的行为得到纠正。

行为治疗在行为矫正方面应用广泛。在矫正不良行为习惯、纠正恐惧症和焦虑症、缓解紧张程度等领域，行为主义的方法都能收到良好的效果。行为治疗的各种具体方法遵循的都是学习和强化原理，每一种方法都有它的适用范围。

第三节 人本主义心理学的心理咨询理论与方法

人本主义心理学是在对精神分析学和行为主义心理学继承与批判基础上兴起的一个心理学派别。人本主义心理学在研究方向、研究内容、研究方法上都有其独到之处，自成体系。人本主义心理学思潮对心理学的发展具有十分重要的意义，所以人本主义心理学派别在心理学历史上被称为继精神分析学派和行为主义学派之后的第三势力。

一、人本主义心理学简介

人本主义心理学于20世纪五六十年代兴起于美国，主要创立者为马斯洛（Maslow），主要代表人物为罗杰斯、罗洛·梅（Rollo May）。人本主义心理学家的研究各有侧重，对问题的看法也不尽相同，但他们对人性的认识、对人类行为的看法和假设有许多共同之处。对马斯洛、罗杰斯和罗洛·梅等有关人性和人的行为理论进行分析，我们就可以发现他们有以下几个共同的看法，这些共同看法就构成了人本主义心理学的主要特征。

(一) 积极的人性论和人性观

在对人性的解释上，人本主义心理学家认为人性的显著特点是"持续不断地成长"，成长与发展是人类的天性，这种天性促使个体不断地发展和完善自我，也就是说，人类的发展是朝着自我实现的方向迈进，自我实现倾向构成了个体基本的动机驱力。人是向善的、自主的，人的本质是好的。这种性善论与弗洛伊德的潜意识的本能论显然不同。

基于此，人本主义咨询理论认为，人的所有心理问题及困扰均是社会现实对人自我实现倾向的阻滞所造成的，心理咨询与治疗的目标就是要排除人性积极发展的阻碍力量，使个体自我的动机重新在个体成长中发挥作用。人本主义心理学家还认为，所有的人都具有引导、调整、控制自己的能力，心理咨询与治疗的目标就是引导来访者向着自我调整、自我成长和逐步摆脱外部力量控制的方向迈进。心理咨询与辅导人员在咨询与辅导过程中，应避免过度地对来访者进行教育和控制来访者的倾向。

（二）强调来访者主观努力的价值与意义

强调个体的主观性和个人努力的价值是人本主义心理咨询与辅导的基本特征。人本主义心理学认为，个体的感觉是他自身对真实世界感知、翻译的结果，个体生活在他个人的主观世界中。要理解人的行为，就必须理解行为者所知觉到的世界，必须站在行为者的角度解释他的行为。强调人的主观性是人本主义心理咨询与辅导的理论内核，这使得人本主义心理咨询与辅导强调以来访者为中心，强调共情，强调对来访者的无条件的积极关注的作用。

（三）强调咨询关系的重要性

相对于治疗技术，人本主义心理咨询与辅导更为重视咨询人员与来访者的关系，强调良好咨访关系和咨询过程中心理气氛的建立。人本主义心理学强调，良好的咨询关系应建立在咨询人员对来访者共情、真诚和尊重的基础上。

总之，人本主义心理马斯洛、罗杰斯和罗洛·梅从不同的角度解释了人的本性、尊严和价值，从不同层面解释了人的自我发展对人的发展和人格发展的作用与价值，他们的理论重点虽有不同，但是其核心观点具有高度的一致性。

二、罗杰斯的以来访者为中心疗法简介

罗杰斯是人本主义心理学的代表人物，他的心理咨询与治疗理论及方法不但是人本主义心理学咨询与辅导方法的代表，并且对心理咨询与辅导理论的发展产生了很大的影响。

(一) 罗杰斯的以来访者为中心疗法的理论基础

自我理论是罗杰斯人格理论的核心。在罗杰斯的自我理论中，自我概念与自我发展是两个关键点。他认为人格发展的核心就是自我的发展，自我发展的目标就是形成完整的自我概念和建立完整的自我结构。

罗杰斯认为，自我概念的形成和自我的成长是一个过程，自我概念是在儿童与环境的互动中逐渐形成的，儿童有了完整的自我改变就预示着儿童已经有了独立的自我。要使儿童的自我得到很好的发展就需要满足他们被他人积极关注的需要。积极关注的需要就是需要别人对自己的肯定、认可和喜爱。罗杰斯认为，儿童对父母关注的需要是最强烈和最迫切的心理需要。儿童自我关注的需要得到满足，有利于儿童形成积极的自我概念和建立完整的自我结构。但是并不是每个儿童在自我成长和发展中自我积极关注的需要都能得到满足，如果儿童在自我发展中这种被他人尤其是父母积极关注的需要得不到满足，那么他们就会遇到自我发展的障碍和困难，导致自我的异化和解体。[①] 面对自我的异化和自我的解体就需要采用心理学的方法加以治疗和矫正。因此，罗杰斯的自我理论与心理咨询与治疗理论有密切的关系。

罗杰斯的心理咨询与治疗理论被称为以来访者为中心的理论。罗杰斯认为，心理咨询与治疗的目的就是促进人格改变与自我整合，促进来访者进行建设性的人格改变。所谓建设性的人格改变就是指"个人人格结构在表面层次和较深层次上的改变，其改变的方向就是更为整合，较少内部矛盾，有更多的能量可用于有效率的生活"[②]。在罗杰斯看来，心理障碍

---

① Rogers, "A theory of therapy, personality and interipersonal relationships, as developed in the client-centered framework", in S. Koch (ed.), *Psychology: a study of science*, (Vol. 3) *Formulation of the person and the social context*, New York: McGraw-Hill, 1959, pp. 228–229.

② Rogers, "The necessary and sufficient conditions of therapeutic personality change", in H. Kirschenbaum, and V. L. Henderson (eds.), *The Carl Rogers reader*, Boston: Houghton Mifflin, 1989, pp. 219–220.

和疾病产生的根源就是自我的失去和自我内在协调关系的丧失，因此，心理咨询与治疗的根本目的就是促进来访者重建自我和获得内在的自我整合。

（二）罗杰斯的以来访者为中心疗法的心理咨询与治疗的过程

罗杰斯认为心理咨询与治疗过程就是促进人格改变的过程，这一过程包括12个步骤，这些步骤是有机联系的。

第一步，来访者前来求助。这一步是咨询与治疗的最初一步。来访者有求助动机，这是以来访者为中心疗法取得咨询效果的前提条件，也是必要条件。

第二步，咨询与治疗人员向来访者说明咨询与治疗情况。咨询与治疗人员向来访者说明以来访者为中心疗法的特点、过程，让来访者了解其在咨询过程中的作用，咨询与治疗人员主要是营造有助于来访者自我成长的气氛。

第三步，咨询与治疗人员鼓励来访者自由表达自己的情感。咨询与治疗人员要以真诚的态度接纳来访者，以相应的会谈经验引导来访者自由表达其情感。

第四步，咨询与治疗人员以来访者为参照框架，接受、认识、澄清其消极情感的阶段。在这一阶段，咨询与治疗人员深入来访者内心，不仅要对来访者所提供信息的表面意思进行反应，还要明了信息背后隐含的意思、情感，并澄清这些问题，使来访者对自己有更清晰的了解。

第五步，引导来访者成长。当来访者充分暴露其消极的情感之后，模糊的、试探性的、积极的情感不断萌生，成长由此开始。

第六步，咨询与治疗人员对来访者出现的积极情感进行肯定与接纳。这一阶段的主要工作就是咨询与治疗人员在感受到来访者的积极情感之后，用清晰的语言和行为对来访者所表达的积极情感予以接受，不作任何评价，促进来访者的领悟与自我了解。

第七步，来访者开始接纳真实的自我。这一步是咨询与治疗的关键一步。在自我形成过程中，由于自我的异化，来访者往往不认识真实的自我和不接纳自己，而出现自我的否定与自我的解体。通过前面的咨询与治疗，来访者能自由表达积极的情感。而这一步的主要任务就是在咨询与治疗人员的引导下，使来访者能积极地进行自我认知，能完整地接纳真实的自己，既要认识自己的优点，也有勇气承认自己的弱点和不足。

第八步，咨询与治疗人员帮助来访者澄清可能的决定及应采取的行动。这一步的主要任务就是在咨询与治疗人员的帮助下，来访者对自我改变可能选择的途径与方法进行梳理，最后作出自我改变的选择。

第九步，实施自我改变的行动，产生初步的效果。在作出改变的选择之后，来访者就按照行动的方案积极进行自我改变，并且在行动中不断加深自我领悟，使自我改变显现积极效果。

第十步，加强领悟力，进一步扩大自我改变的成果。在上一阶段效果的基础上，帮助来访者更深、更广地领悟，只有对自我有更全面、正确的了解，来访者才能直面自我体验和经验，即认识真我，从而才能作出正确的选择。

第十一步，来访者全面成长阶段。这一阶段是咨询与治疗达到良好效果的阶段。经过以上步骤的咨询与治疗，咨询与治疗效果已经全面显现，在这一阶段来访者表现出不再惧怕选择，有较大的信心进行自我指导，并常常主动提出问题与咨询人员共同讨论。

第十二步，治疗结束。来访者感到无须再寻求治疗者的协助，治疗关系就可以结束。

罗杰斯的以来访者为中心的咨询与治疗方法虽然可以分为十二个步骤，但是在实际的咨询与治疗进程中，各个步骤之间的界限并不是十分清晰的。整个咨询与治疗进程的快慢和治疗效果明显与否取决于来访者自我领悟和积极行动的程度。

（三）罗杰斯的以来访者为中心疗法的心理咨询与治疗方法与技巧

罗杰斯在心理咨询与治疗的实践中，总结和探索出了一系列有效的方法与技巧。下面我们就对罗杰斯的以来访者为中心疗法的咨询与治疗方法与技巧进行阐述。

1. 以来访者为中心疗法的咨询与治疗的会谈方法与技巧

以来访者为中心疗法是非指导的咨询方式，重在促使来访者的自我成长。在咨询与治疗过程中，罗杰斯注重来访者心理上的独立性和保持完整心理状态的权利，而不是来访者的具体问题，他认为来访者有权为自己的生活作出选择，如果来访者对自身的问题有所领悟，那么他们更可能会作出明智的选择。

罗杰斯认为非指导的咨询与治疗人员常用的会谈技巧是：

（1）以适当的方式确认来访者提供的信息中所包含的情感与态度；

（2）确认或说明来访者的行为举止所表达的情感与态度；

（3）引出谈话的主题，让来访者自行发挥；

（4）确认来访者谈话的主题；

（5）提出非常特定的问题；

（6）讨论、说明或提供与问题或咨询相关的信息；

（7）根据来访者的情况确定会谈情境。

在非指导的咨询中，来访者的活动占据优势，咨询与治疗人员主要是引导来访者认清、理解他自己的情感、态度和行为。

以来访者为中心的咨询会谈，较为强调倾听的作用。在倾听过程中，咨询与治疗人员要通过言语和非言语方式表达出对来访者的共情、关注和理解，而对来访者的表现和表达不作价值评判，不作说明、解释，不提供信息、建议、忠告等；咨询与治疗人员的作用主要是鼓励、重复及对感情的反应。反应不是简单地应对，而是对来访者所表达的信息与其内心真实的自我体验方面有关联的内容进行重复，对模糊信息及有隐意的信息进行澄清和挖掘。

2. 咨询与治疗人员和来访者的关系

以来访者为中心疗法重视咨询态度和咨询氛围。罗杰斯认为，良好的咨访关系具有治疗的功能，咨询人员的态度影响着咨访关系的质量，而咨访关系对来访者人格的改变所产生的影响远远大于治疗技术的作用。罗杰斯认为良好咨访关系的建立依据这样几种技巧：共情、真诚、无条件积极关注。

3. Q-分类法

Q-分类法是罗杰斯临床上应用的测量自我的一种标准化方法，检验来访者概念自我和理想自我的关系。这里说的Q其实就是question的缩写。Q-分类法的具体步骤如下：第一步，由咨询与治疗人员为来访者提供100张描述各种自我概念的相关句子的卡片，如"我常常感到焦虑"等。第二步，要求来访者从这些卡片中挑选符合自己状况或者不符合自己状况的句子，进行自我分类。一般要求来访者把卡片从最符合我的状况到最不符合我的状况进行排列。处于中间位置的卡片就是说不上符合或者不符合自己状况的卡片。第三步，要求来访者对已经挑选出的符合与不符合自己状况的卡片进行详细分类，看卡片中哪些描述自己的行为和特征是自己喜欢的，哪些是自己不喜欢的，从而描述来访者希望成为哪类人即理想自我。

通过Q-分类法，咨询与治疗人员就可以清楚地了解来访者的自我概念和自我状况，了解来访者的理想自我，可以帮助来访者进行正确的自我认知，提升来访者的自我认知水平。这种方法是一种自我探索的方法，对自我认知具有十分重要的作用。

4. 交朋友小组法

交朋友小组法也称会心团体法。它是以来访者为中心疗法中团体辅导和团体训练的十分重要的方法。交朋友小组一般由咨询与治疗人员和 10～20 个成员组成，成员围坐一起，彼此进行真诚、坦率的交流。交流的题目不是咨询与治疗人员提出的，而是参与者自行确定的。一般来说，交流的题目都是参与者在现实生活中遇到的困惑。由一个参与者提出自己的困惑，其他参与者都针对这个困惑或问题介绍自己的经验，谈自己的做法和感受。

交朋友小组训练的目的是帮助成员探索自我、接纳自我，通过小组成员的互动影响，促进成员的成长。

罗杰斯作为人本主义心理学咨询与辅导的代表人物，他提出的很多方法都具有十分重要的意义。他对咨询与辅导目标的确定，他提倡的在咨询与辅导中倾听的观点，他强调的咨询与治疗人员和来访者建立咨询与治疗关系的思想，都是人本主义心理学的精华。这些思想与方法对现代心理咨询与辅导都具有十分重要的价值。

第四节　认知心理学的心理咨询理论与方法

认知心理学是 20 世纪中叶继人本主义心理学之后又一重要的心理学思潮。它兴起于 20 世纪五六十年代，70 年代成为西方心理学的一个主要流派。

一、认知心理学简介

广义的认知心理学是指以认识过程为主要研究对象的各个心理学流派和理论，主要包括：以勒温（Lewin）为代表的格式塔心理学派，主张从整体的动力结构研究人的心理现象。以皮亚杰（Piaget）为代表的新构造主义，主要研究儿童认知结构的形成和发展，皮亚杰的《认识发生论》

与《儿童心理学》就是体现这一特征的著作。信息加工认知心理学，即狭义的认知心理学，它将人看作一个信息加工系统，认为认知过程就是信息加工过程。它用信息加工的观点研究人的接受、贮存等认知活动，主要对知觉、注意、记忆、表象、思维和语言等心理活动进行研究。狭义的认知心理学的代表人物是乌尔里克·奈塞尔（Ulric Neisser）和艾伦·纽厄尔（Allen Newell）和赫伯特·亚历山大·西蒙（Herbert Alexander Simon）等。奈塞尔于1967年出版了《认知心理学》一书，标志着认知心理学已成为一个独立的流派。纽厄尔是把脑的研究与认知结合起来的专家，他开启了神经认知科学。西蒙是把人的认知与人工智能相结合的专家，他开启了人工智能的研究领域。

认知心理学各个流派虽然有所不同，但是也有共同点。认知心理学有以下几个主要特点：其一，认知心理学是以认知过程为研究对象，注重感知、思维、记忆和语言等方面的研究，尤为注重思维的研究。其二，把实验心理学和计算机技术结合起来，把计算机模拟作为探索人的认知过程的重要方法。这是认知心理学在研究方法上的一大突破。其三，认知心理学以整体论的观点理解人的认知过程，吸收了控制论、信息论的观点，以信息加工的模式研究人的认知从低级的感知到高级思维的流动过程，有助于对认知过程的整体把握。

认知心理学作为一种思潮和研究范式，对临床心理学相关领域的影响十分广泛。在认知心理学思潮的影响下，很多临床心理学家试着采用认知心理学的观点，对实践中的心理问题进行研究探索。在现代心理咨询与治疗中，不同的临床心理学家建构了相对独立的临床咨询与治疗的理论体系。虽然不同的临床心理学家建构的体系有所差异，但是又具有相同点。这种理论都十分重视认知对行为的影响，它们都可以被归结为认知-行为取向的治疗理论与方法的范畴。纵观这些理论，它们具有以下共同特点：其一，同人本主义疗法一样，强调咨询人员与来访者关系的重要；其二，假设认知障碍是心理异常的根源；其三，强调理性、认知的作用，在临床治疗上采用认知－行为取向，但更为重视认知改变，从而改变行为；其四，它是短期的教育性的治疗，主要针对具体的结构性目标问题进行咨询和治疗。

阿尔伯特·艾利斯（Albert Ellis）的理性－情绪疗法、贝克（A. T. Beck）的认知转变疗法和梅肯鲍姆（D. Meichenbaum）的认知行为矫正法等都可以归入认知心理学咨询与治疗方法。下面我们就对这几种具有代表性的理论与方法加以介绍。

二、艾利斯的理性－情绪疗法简介

理性－情绪疗法（retional-emotive therapy，简称 RET）又称合理情绪疗法，是美国心理学家艾利斯创立的一种心理咨询和治疗方法。理性－情绪疗法的核心思想是强调认知在人的生活中的作用。艾利斯认为，人的情绪和行为障碍不是由于某一事件直接引起的，而是由于个体对该事件不正确的认知和评价所引起的信念，导致了在特定情景下的情绪和行为后果。理性－情绪疗法产生于20世纪50年代，60年代逐步形成，至80年代已经发展成完善的心理咨询与治疗体系，并被广泛应用于临床实践。

（一）理性－情绪疗法的人性观

人性观是构建心理咨询的理论基础，对人性的基本观点和假设影响着对人心理异常的原因、发生机制的探索，同时也制约着咨询方法的选择。艾里斯的人性观的要点是：

（1）人既可以是有理性的、合理的，也可以是无理性的、不合理的，当人们按照理性去思维、去行动时，他们就会是愉快的、富有竞争精神以及行为有效的人。

（2）情绪是伴随着人们的思维而产生的，不合理的、不合逻辑的思维会造成情绪上或心理上的困扰。

（3）人具有双重性，既具有生物学的倾向，也具有社会学的倾向，也就是说既存在理性的合理思维，也具有非理性的不合理的思维。任何人都不可避免地具有或多或少的不合理的思维与信念。

（4）人是有语言的动物，思维借助于语言而进行。如果人们不断地用内化语言重复某种不合理的信念就会导致无法排解的情绪困扰。

（5）内化语言的持续是情绪困扰的原因。

艾利斯认为，由于人的这些先天倾向，在后天教育和环境影响下，人可能发展出非理性的生活态度，这些非理性态度是引发心理失调的根源。

（二）理性－情绪疗法的理论框架

艾利斯的理性－情绪疗法也称为艾里斯的 ABC 理论。这种理论的主要观点是：情绪不是由某一诱发事件本身引起的，而是由经历了这一事件的个体对这一事件的解释和评价所引起的。这里的 ABC 均代表不同的含义，A 是指诱发性事件；B 代表对诱发性事件的认知和信念；C 代表个体的情绪和行为反应或结果。

艾利斯便是用这一基本观点阐释来访者所产生的心理困扰的。也就是说，个体的情绪和行为 C 的产生，不是由诱发事件 A 直接引起的，而是个体对诱发事件的认知和信念 B 引发的，A 只是引发 C 的间接因素。个体作出何种情绪和行为反应，取决于个体对诱发事件认知和信念的合理性与否，理性的、合理的认知和信念引发积极的情绪和行为反应，而非理性、不合理的信念则导致消极的情绪和行为，也就是心理异常。ABC 理论的咨询模式认为，咨询与治疗人员的主要任务就是运用专业技术帮助来访者明确其认知中的非理性成分，帮助来访者放弃非理性、不合理的认知和信念，重新建构理性的、合理的认知和信念，最终使来访者达到行为改变的目标。

在理性－情绪疗法咨询过程中，完整的咨询模型为 ABCDEF 理论。这里的 A（activating events）是指诱发性事件；B（beliefs）代表对诱发性事件的认知和信念；C（consequences）是指情绪和行为反应或结果；D（debate）是指辩论，在这里专指与不合理信念进行辩论；E（effect）是指治疗效果；F（feel）是指治疗效果在情绪上的反应，即产生新的合理的情绪体验。

在艾利斯看来，不良的情绪和行为 C 不是由某一诱发事件 A 本身引起，而是由经历事件的个体对这一事件的解释和评价 B 引起的。应该通过 D 驳斥 B，取得 E，从而产生新感觉 F。

图 3-2 就很清晰地展示出艾利斯的 ABCDEF 理论观点：

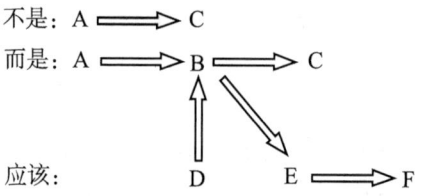

图 3-2　艾利斯理论观点

（三）不合理信念的特征及表现

理性-情绪疗法对人的信念进行了合理与不合理的区分，艾利斯认为，合理的信念会导致功能性的行为，而不合理信念则会引起负功能性行为。不合理信念具有绝对化或教条化的性质，是导致情绪和行为问题的根源，具有"必须""应当""不得不"等意思。诸如此类的不合理信念常常会导致一些消极情绪和行为，如愤怒、沮丧、失望、焦虑、负罪感等。

不合理信念具有如下几个特征：

一是绝对化要求。绝对化要求是指个体以自己的意愿为出发点，认为某一事物必定会发生或必定不会发生的信念。这是常见的不合理信念。绝对化要求是人的认知缺少弹性、客观性、过于僵化的表现，绝对化要求常常以"必须""一定""应该"等形式出现。它反映出个体以强烈的心理欲求，盲目、固执、非理性地判断事物，期望事物按照自己的愿望发展，并达到自己的预期目的。由于否认事物发展的其他的可能，当某些事物的发生与其对绝对化要求相悖时，个体固执的心理期待没有实现，个体就会有受挫感，就会产生沮丧、愤怒、抑郁等消极情绪体验。

二是过分概括化。这是一种以偏概全的不合理的思维方式。也就是说，具有过分概括化思维特征的个体往往通过极少数事件所获得的认知和体验，去评价、判断一类事物。这种认知肯定是不全面的、缺少客观性的。由于这种认知的缺陷，个体对事物的判断常常出现不准确与错误，这就使得个体产生焦虑、自责、敌意等情绪。

三是糟糕至极论。这种特征表现为个体夸大事件不良结果的影响，认为不良结果非常可怕，糟糕至极，似乎灾难就要降临。这类非理性信念常常会把个体的情绪带入焦虑、恐惧和绝望的状态。

现实生活中，人们所具有的引起情绪不良的不合理的信念有以下12种：

（1）个人绝对要获得周围的人尤其是周围重要人物的喜爱和赞许；

（2）一个人应该是全能的，只有在人生道路的每一个环节都有成就才能体现人生的价值；

（3）世界上有一些无用、可憎、邪恶的人，对他们应该歧视、排斥，并给予严厉的谴责和惩罚；

（4）当生活中出现不如意的事情时，就有大难临头的感觉；

（5）人生充满艰难困苦，人的责任和压力太重，因此必须设法逃避现实；

（6）个体的不愉快均由外在环境因素造成，因此无法克服痛苦和困扰；

（7）对危险和可怕的事情应高度警惕，时刻关注，随时防备它们的发生；

（8）个人以往的经历决定现在的行为，并且是永远无法控制、改变的；

（9）一个人需要依赖他人而生活，因此，必须有一个强有力的人让其依附；

（10）一个人应该十分投入地关心他人，为他人的问题而伤心难过，这样才能使自己的情感得到寄托；

（11）人生的每一个问题，必须要有一个精确的答案和完美的解决办法，一旦不能如此，就十分痛苦、糟糕；

（12）输的不可以是我，我必须要在竞争中赢，否则就不可以接受。

从以上内容可以看出，人们之所以产生不良的情绪就是这种非理性信念导致的结果，因此，要使不良情绪得到调节，就必须分析不合理的信念，并且与不合理的信念进行抗争，在此基础上，形成合理的信念。

（四）理性-情绪疗法的目标

理性-情绪疗法的目标主要就是通过理性分析，使来访者降低或改变非理性的信念，最终促进来访者自我认知和行为的改变，促进不良情绪和行为的消除。具体来说，理性-情绪疗法的目标表现为三个方面：

一是矫正非理性的信念、非理性的思维方式，帮助来访者构建理性信念和合理的信念，促进来访者思维方式的转变。

二是矫正不合宜的情感，帮助来访者获得合宜的情感体验。该疗法认为情感有合宜的和不合宜的两种类型。不论合宜情感还是不合宜情感都具有肯定和否定的特性。合宜的肯定性情感是人的目标、愿望达到和满足时产生的积极体验，如快乐、幸福、愉快等；合宜的否定性情感是人的目标、愿望受挫时产生的体验，如失望、愤怒等。不合宜的肯定性情感是暂时的、非真实的、个体享受的体验，却可能导致将来更大的痛苦，如自大、妄想；不合宜的否定性情感是不客观的消极的体验，可能把个体导入抑郁、焦虑、绝望等情绪状态。心理咨询和治疗的目标就是帮助来访者获得合宜的肯定性情感体验。

三是矫正不合宜的行为，增进合宜的行为。强迫冲动、不良行为、刻板反应，以及退缩、恐怖等都是不合宜的行为，艾利斯称之为自我损害行为，它们妨碍人的生活和幸福，妨碍人实现近期和远期目标。心理咨询就是要对这些行为加以矫正。

（五）理性-情绪疗法的咨询与治疗过程

理性-情绪疗法的咨询与治疗过程可以分为四个阶段。

一是心理诊断阶段。此阶段通常在第一次来访中进行。当取得来访者的信任后，咨询与治疗人员要了解来访者产生不良情绪的诱因。根据ABC理论找出它的不合理信念。来访者叙述的问题可能看上去千头万绪、十分复杂，但涉及的不合理信念数量很少，很多的问题可能只是几种不合理信念在不同情境下的反应而已。

二是领悟阶段。此阶段是治疗的准备阶段，主要任务是让来访者了解此疗法的知识，使其对理性-情绪疗法的原理及实施有思想准备。

三是修通阶段。这一阶段的主要任务是咨询与治疗人员在诊断的基础上，使用逻辑的、经验证实的方法与来访者心理上出现的不合理观念进行论辩，帮助来访者认识到困惑产生的根源。

四是建立新的合理观念阶段。这是理性-情绪疗法的最后一个阶段。在通过上述阶段的辅导使来访者原有的不合理观念产生动摇后，咨询与治疗人员就要帮助来访者及时发展和巩固新的合理信念。在这一阶段，咨询与治疗人员可以要求来访者自己解释合理信念的合理之处，并且把合理的信念总结成简单的语言文字，要来访者多次重复和诵读该语言文字，使合理信念得到巩固，以使其能更习惯地采用合理的思维方式。

一般来说，通过这四个阶段的咨询与辅导，来访者都会明白自己不良情绪和行为的产生不是外界事物引起的结果，而是自己内心不合理的信念导致的结果，他们都能学会与不合理的信念进行抗争，最终建立合理的信念，促进自我改变。

（六）理性-情绪疗法的技术

理性-情绪疗法主要有以下技术：

一是与不合理信念辩论技术。在咨询过程中，咨询与治疗人员采用多种方法对来访者不合理的信念进行质疑，从而使来访者原有的不合理信念产生动摇，进而帮助来访者放弃这些不合理信念。这是艾利斯理性-情绪疗法中最基本和最常用的咨询与辅导技术。在咨询中，咨询与治疗人员可以采用以下两种形式对来访者进行提问，以帮助来访者认识到自己某些信念的不合理性。

第一种是质疑式。咨询与治疗人员针对来访者绝对化、过分概括化和糟糕至极论的信念直接发问。例如，"你有什么理由认为你必须得到……"（针对绝对化要求），"你有什么证据认为你是最……"（针对过分概括化），"你有什么根据认为最坏的结果肯定会发生"（针对糟糕至极论）。

第二种是夸张式。咨询与治疗人员把来访者的不合理信念放大，呈现给来访者，使其觉知到荒诞之处。如咨询与治疗人员对一个对考试失败感到沮丧的来访者提问："是否以后所有的考试都会失败？""这次考试失败意味着以后所有的事情都会失败？"

上述两种提问方式犀利、针对性强，在咨询的各个阶段均可使用。这类提问往往会引起来访者的思考领悟，认识到其不合理的思维，认识到不合理思维与不良情绪和行为之间的因果关系，达到帮助来访者放弃不合理信念的目的。

二是合理情绪想象技术。合理情绪想象技术就是在咨询过程中，咨询与辅导人员引导来访者进行情绪情感的想象，通过想象体验困扰自己的情绪情感，探索引发肯定性情绪的合理信念、改变不合理的信念的咨询与辅导技术。

合理情绪想象技术主要工作包括三个步骤：首先，咨询和治疗人员引导来访者想象产生情绪和行为问题的情境，并体验这种情境下的情绪反应；其次，借助放松技术减轻来访者的情绪反应；最后要来访者停止想象，引导来访者探索哪些想法引起了情绪变化，并强化引起积极情绪体验的新的合理信念。

三是认知家庭作业。理性-情绪疗法的咨询不只局限在咨询室，也可以延伸到家庭与工作领域。家庭作业法就是一种很重要的，要求来访者在咨询时间之外进行自我探索和巩固咨询效果的方法。为了增强咨询效果，咨询和治疗人员以 ABC 理论框架为依据，为来访者设定认知家庭作业，要求其完成。认知训练的家庭作业有三种形式：理性-情绪疗法自助量表（RET self-help form）、与不合理的信念辩论（disputing irrational beliefs）、合理的自我分析（rational self-analysis，简称 RSA）等。

理性-情绪疗法自助量表是家庭作业中最常用的方法。这种作业主要是咨询与治疗人员用设计好的表格让来访者填写包含 A、B、C、D、E 五个因素的自助表格，通过这种形式引起来访者自己和自己辩论，达到咨询的效果。在咨询与辅导的实践中，笔者就常常设计下列表格作为来访者的家庭作业，要来访者完成，如表 3-1 所示。

表 3-1 情绪自助作业

A（事件）	B（不合理的信念）	C（情绪反应）	D（辩驳 B 的理由）	E（新的观点与反应）

让来访者在表格里列出 A 和 C，再找出不合理的信念 B，填写在 B 这一栏里。然后对自己所填写的 B 进行逐一分析，用合理的信念与不合理的信念进行辩驳，把辩驳的理由填写在 D 这一栏。接着找出可以替代不合理信念的合理信念，填入 E 栏中。例如，学生放学回到家，妈妈还没有把饭做好，孩子会发脾气。依照 ABC 疗法，发脾气或者其他的不良情绪反应不是由妈妈没有做好饭这一事件引起的，而是孩子心理上很多不合理的

信念引起的，要解决这一不良情绪问题，就需要孩子完成上面的记录。孩子在 A 栏里填写事件：妈妈没有做好饭；在 C 栏填写自己生气、伤心、沮丧、无奈等消极的情绪体验；在 B 栏填写引起消极情绪的理由，这些理由就是不合理的信念：我很生气，因为我都放学了，肚子饿了，你还没做好饭（你应该以我为中心，满足我的任何需要），我很伤心，说明你不爱我（你说爱我，就应该用行动表达），我很无奈的理由是别人家的妈妈每一天都会尽力围着孩子转，我们家不是（围着孩子转，满足孩子的任何需要是妈妈们都能做到的）。要消除生气、伤心、沮丧、无奈等不良情绪，孩子就需要找出以上想法不成立的理由，进行自我辩论。最终确定新的理由，形成新的信念，然后就有了新的行动，最终有了新的体验，逐渐建立与母亲的新的关系模式。

与不合理信念辩论是另一项理性－情绪疗法的家庭作业。就是让来访者完成一个规范化的作业，内容包括：（1）我打算与哪一个不合理理念辩论并放弃这一理念？（2）这个信念是否正确？（3）有什么证据能使我得出这个信念是错误的（正确的）这种结论？（4）假如我没能做到自己认为必须要做到的事情，可能产生的最坏结果是什么？（5）假如我没能做到自己认为必须做到的事情，可能产生的最好结果是什么？通过这几个问题的梳理，提升来访者对抗非合理信念的能力，促进他们的成长和自我发展。

合理的自我分析法要求来访者以报告的形式写出 A、B、C、D、E，重点完成与不合理信念辩论（即 D）的部分。

以上三种作业形式具有一定的差异性，但是其核心内容是一致的：都是通过自我练习，与不合理的信念进行辩论和抗争，建立合理的信念。

三、贝克的认知转变疗法简介

贝克的认知转变疗法是认知心理学派另一种咨询和治疗的方法。这种疗法虽然和理性-情绪疗法有相同的地方，但是也有其独特之处。

(一) 认知转变疗法的基本观点

贝克认为，认知是情绪与行为的中介和决定因素，认知歪曲是人的情绪困扰和行为问题的根源。因此，要解决不良的情绪与行为问题，最重要的任务就是促进人们认知观点的转变。如果认知转变了，情绪与行为的改善就是自然而然的事情。

在贝克看来，错误思想常以"自动思维"的形式出现，即这些错误思想常是不知不觉地、习惯地进行，因而不易被认识到，不同的心理障碍有不同内容的认知歪曲。例如，抑郁症大多对自己、对现实和将来都持消极态度，抱有偏见，认为自己是失败者，对事事都不如意，认为将来毫无希望。焦虑症则对现实中的威胁持有偏见，过分夸大事情的后果，面对问题，只强调不利因素，而忽视有利因素。因此，认知治疗重点在于矫正患者的思维歪曲。

贝克总结的认知歪曲的表现有以下几种：

第一，独断的推论。这是指人们在没有充足而相关的证据情况下就贸然对某些事件下结论的情况。

第二，选择性的偏差推论。这是指人们以整个事件中的单一细节下结论，而没有对事件进行整体的分析，没有全面地认识和分析某些事件，而忽略了事件中十分重要的内容。

第三，过度类化。这是指人们把某件意外事件产生的极端信念不恰当地应用在不相似的事件或环境中的现象。

第四，扩大与夸张。这是指过度强调负向事件的重要性。

第五，个人化。这是指一种使外在事件与自己发生关联的倾向，即使没有任何理由作这种联结。

第六，极端化的思考。这是指思考或解释事情时用全有或全无的方式，或用"不是，就是"极端地将经验分类，这种"二分法"的思考把所有事情都分为"好"或"坏"。

贝克认为，人的情绪和行为问题很多都是由于认知上的这几种歪曲所导致的。因此，心理咨询与治疗的目的就是改变和修正来访者心理上存在的这几种错误的、功能失调的认知。通过认知的改善，使来访者情绪和行为问题得到解决。

（二）认知转变疗法的咨询与治疗阶段

认知转变疗法的咨询与治疗过程可以分为三个阶段：

第一阶段是咨询与治疗人员和来访者建立关系阶段。这是认知转变疗法的起始阶段。这一阶段的主要任务是咨询与治疗人员对认知转变疗法的理念与基本步骤进行简单的介绍，使来访者明白这种方法的价值与意义，使来访者愿意配合咨询与治疗过程中的所有工作。

第二阶段是咨询与治疗的实施阶段。这是整个咨询与治疗工作的核心工作阶段。这一阶段的主要任务是在咨询与治疗人员的引导下，来访者对自己的思维和认知进行系统的梳理，使来访者认识到自己思维中的错误，促进他们形成积极正确的思维模式和认知模式，最终使来访者的认知得到转变。在这一阶段咨询与治疗人员可以运用的技术有以下几点：

一是识别自动化思维。多数来访者没有意识到习惯性思维存在的问题。在咨询过程中，咨询与治疗人员需要通过提问、指导、来访者自我演示或模仿等形式，帮助来访者学会发掘和识别这些消极的自动化思维。

二是识别认知性错误。在咨询与治疗人员的帮助下使来访者识别负性自动化思维背后的功能失调性认知假设。咨询过程中咨询与治疗人员应确认自动化思维及不同的情境和问题，然后帮助来访者辨别思维的模式，使他们认识到自己认知上存在的错误或歪曲现象。

三是验证真实性。这一步的主要工作就是对来访者存在的认识与思维情况进行全面的检验，使来访者通过自身的思考，检验自己思维与认知的正确性。主要做法是将来访者的自动化思维和错误观念视为一种假设，鼓励来访者在设计的行为模式或情境下验证这种假设，使来访者放弃错误的思维或观念，并能自觉加以改变。这是认知转变疗法的核心。

四是去中心化。很多来访者总感到自己是别人注意的中心，自己的一言一行、一举一动都会受到他人的品评。为此，他常常感到自己是无力、脆弱的。如果某个来访者认为自己的行为举止稍有改变，就会引起周围每个人的注意和非难，那么心理咨询师可以让他不像以前那样去与人交往，具体方法为：即要求来访者记录别人对来访者行为举止稍有变化的不良反应的次数，结果来访者会发现很少有人注意他言行的变化。

五是忧郁或焦虑水平的监控。多数抑郁和焦虑的来访者往往认为他们的抑郁或焦虑情绪会一成不变地持续下去，而实际上，这些情绪常常有一个开始、高峰和消退的过程。如果来访者能够对这一过程有所认识，那么他们就能比较容易地控制自身的情绪。因此，鼓励来访者对自己的忧郁或焦虑情绪加以自我监控，就可以使他们认识到这些情绪的波动特点，从而增强治疗信心。这也是认知转变疗法常用的方法。

六是苏格拉底式对话。这一工作的主要做法是咨询与治疗人员不作主观判断，通过一系列追根究底式的对话，让来访者发现自己想法中的自相矛盾之处，从而改变自己的想法。例如，面对来访者因离婚带来的痛苦和焦虑问题，咨询与治疗人员就可以通过一系列的苏格拉底式的提问来帮助来访者改变错误的观念。"你觉得离婚是很痛苦的事，是吗？""是的。""你认为这种痛苦会随着时间而改变吗？""不会的。""你的想法会改变吗？""不会。""你结婚的时候想过你未来的婚姻会如此痛苦吗？""没有。""但你现在发现婚姻其实可能是很痛苦的。""是的。""所以，你的想法可能随着时间而改变？""是的。""所以，虽然目前你觉得很痛苦，但有可能过段时间你就不再觉得痛苦了，是这样吗？"通过以上的对话，使来访者发现自我认知上的变化，从而转变认知，最终使不良的情绪和行为得到改变。

第三阶段是咨询与治疗的结束阶段。如果通过上面系列性的工作，来访者的自我认知得到了改变，自我接纳和自我肯定的程度得到了提升，那么来访者不良的情绪和行为就会相应地减少，咨询与治疗工作就进入结束阶段。在这一阶段，咨询与治疗人员和来访者一起分析咨询与治疗的效果，咨询与治疗人员对来访者提出自我提升的方法和途径，以巩固咨询与治疗的效果。

（三）认知转变疗法的技术

认知转变法在实施过程中除了上面我们介绍的六个方面的有助于认知直接转变的技术之外，还包含以下两项技术。

1. 促进认知转变的行为技术

这类技术是认知转变过程中要求来访者在日常生活中完成的工作。通过这类行为促进来访者认知的转变。具体来说，认知转变的行为技术包括以下几种：

（1）完成和愉快的评定（M 和 P 技术）。M 代表完成活动的情况，P 代表来访者参与活动感到愉快的程度。也就是说，在咨询与治疗过程中，需要来访者对自己的转变状况进行自我评价。通过来访者的自我评定，坚定来访者自我转变的态度。

（2）活动安排表。这类技术是来访者和咨询与治疗人员共同确定有助于认知转变的活动，把这些活动制成表格，按照一定的顺序来完成这些活动。

（3）等级任务练习。这是针对来访者存在的认知变差，制定能促进来访者认知转变的计划和应采取的活动，按照活动的难易程度对来访者进行应完成的任务排序，尽可能地帮助来访者能够启动行为。

（4）模仿与角色扮演练习。针对某些问题进行角色扮演的练习，使来访者能从不同的角度认识问题等。

2. 认知转变疗法中的家庭作业技术

除了在咨询中进行的行为上的练习之外，家庭作业在认知转变疗法中具有重要意义，家庭作业是认知转变疗法不可缺少的组成部分。所谓家庭作业，就是在咨询与治疗的时间之外，需要来访者在家庭里完成的各种有助于促进认知转变的工作。安排家庭作业的原则有以下几点：其一，家庭作业是由咨询与治疗人员和来访者共同商定的；其二，家庭作业要简单、明确、具体，可操作性强，易于执行；其三，在治疗的不同阶段，要根据不同的治疗目的选用不同形式的家庭作业。

认知转变疗法中常常使用的家庭作业主要有以下几种：

（1）认知转变日记。也就是要来访者根据自己的情况，记录接受认知转变咨询和治疗以来的情况，对自己认知转变的好坏与情感的变化情况进行详细的记录。这类作业的完成有两种方法：一种是要来访者坚持每天回顾发现自己的优点或长处并记录；另一种是要来访者针对自己的消极思想，提出积极的想法。

（2）转变认知的作业。这种作业是由咨询与治疗人员根据来访者的具体情况，和来访者一起为来访者设计的需要来访者在家庭生活中不断思考的作业。这类作业的形式和理性-情绪疗法的情绪自助记录法相似，记录表是由两栏或三栏组成。如果是三栏，那就是让来访者在笔记上画两条竖线分出三栏，左边一栏记录自动思维，中间一栏记录对自动思维的分析（认识歪曲），右边一栏记录理智的思维或对情况重新分析回答等。

贝克的认知转变疗法对于矫正不良情绪和不良行为具有很大的帮助。在心理咨询与治疗的实践中，这种疗法在治疗焦虑症和抑郁症中也发挥了十分积极的作用。

四、梅肯鲍姆的认知行为矫正法简介

在认知心理学的心理咨询与治疗的理论流派中，除了上述几种具有代表性的理论之外，梅肯鲍姆的认知行为矫正法（cognitive-behavioral modification，简称CBM）也扮演者十分重要的角色。

（一）认知行为矫正法的基本观点

认知行为矫正法关注的是来访者的自我言语表达的改变。梅肯鲍姆认为，一个人的自我言语表达在很大程度上能影响个体的行为。认知行为矫正的一个基本前提是来访者必须注意自己是如何想、如何感受和如何行动的，以及自己对别人的影响有哪些反应。对自己认知情况与反应情况的基本了解和把握是行为改变的先决条件。来访者需要打破行为的刻板定势，这样才能在不同的情境中评价自己的行为。

同理性-情绪认知疗法与认知转变疗法一样，认知行为矫正法也假设痛苦的情绪通常来源于适应不良的想法。然而，在它们三者也存在区别。理性-情绪认知疗法在揭露和辩论不合理想法时更直接、更具有对抗性。认知转变疗法要柔和得多，更强调认知转变的渐进性，在治疗中更强调咨询和治疗人员的循循善诱与启发性。认知行为矫正法则更多地帮助来访者察觉其自我谈话。治疗过程包括教给来访者作自我陈述，训练他们矫正表达方式及其他应对方式，从而使他们能更有效地应对所遇到的问题。咨询与治疗人员和来访者一起进行角色扮演，通过模仿来访者现实生活中的问题情境来练习自我指导和期望的行为。重要的是获得对问题情境具有实践意义的一些应对技能，其中的一些问题包括强迫和攻击行为、考试和演讲恐惧。

认知行为矫正法中认知重组起着关键的作用。梅肯鲍姆认为，认知结构是思维的组成方面，它监督和指导着人们的行为。认知结构就像一个"执行处理者"，它"掌握着思维的蓝图"，决定什么时候继续、中断或改变思维。认知行为矫正法的核心目的就是通过认知重组，使来访者建立新的认知结构，最终使不良的情绪和行为得到矫正。

（二）认知行为矫正法的咨询与治疗阶段

梅肯鲍姆认为，行为的改变是要经过一系列过程的，他把认知行为矫治过程分为三个阶段。

第一阶段是自我观察阶段。梅肯鲍姆认为改变的第一步是来访者学习如何观察自己的行为。当治疗开始时，来访者的内部对话是充满了消极的自我陈述和映像的。在这一步，关键是来访者愿意和有能力倾听自己。这个过程包括提高对自己的想法、情感、行为、生理反应和对别人的反应的敏感性。例如，如果具有抑郁倾向的来访者希望取得建设性的改变，他们就必须首先认识到他们不是消极想法和情感的"受害者"。相反，实际上是来访者通过强化消极想法和情感，使自己产生了抑郁。

尽管自我观察被视为改变的一个必需过程，但它本身并不是改变的充分条件。随着治疗的进行，来访者获得了新的认知结构。这就使得他们能够以一种新的角度来看待存在的问题。这个重新认知的过程是来访者与咨询和治疗人员的共同努力的结果。

第二阶段是新的内部对话阶段。在来访者与咨询和治疗人员接触的起始阶段，咨询与治疗人员要引导来访者学会注意自身的适应不良行为，如果咨询与治疗人员开始看到来访者不同适应性行为的存在，就要激发来访者自我改变的愿望。如果来访者希望改变，他们就必须能够产生一种新的行为链，一个完全不同于原先适应不良行为的行为链。来访者通过治疗学会改变自我内部对话，新的内部对话将作为新行为的向导。这一过程也会影响来访者的认知结构。认知重组可以帮助改变消极观念，使他们更乐于进行自己喜欢的活动。同时，来访者要继续注意告诉自己一些新的内容，并且观察和评估它们的结果。在来访者进行新的自我内部对话活动之后，他们的认知已经变得积极。

第三阶段是学习新的技能阶段。就是教给来访者一些更有效的可以在现实生活中应用的技能。

这一阶段咨询与矫正工作的核心就是要教给来访者一些新的技能，促进他们进一步的转变。新的技能能有效地提高他们解决现实问题的能力，使他们的行动更加积极有力，他们也就更能得到他人的肯定。通过内在转变和外在适应能力提高的共同作用，就可以促进来访者真正的转变。

认知行为矫正法的三个阶段是密切联系的，这三个阶段反映了认知、语言和行为之间的相互关系。

（三）认知行为矫正法的技术和方法

在运用认知行为矫正法进行咨询与治疗的实践中，最具代表性的认知行为矫正技术是应用技能学习程序和压力接种训练技术。

1. 应用技能学习程序

应用技能学习程序的基本原理是通过学习如何矫正认知"定势"来获得更有效的应对压力情境的策略。具体程序是：

（1）通过角色扮演和想象使来访者面临一种可以引发焦虑的情境；

（2）要求来访者评价自己的焦虑水平；

（3）教给来访者察觉那些他们在压力情境下产生的引发焦虑的认知；

（4）帮助来访者通过重新评价自我来检查这些认知；

（5）让来访者注意重新评价后的焦虑水平。

通过以上五个方面的训练，来访者的自我认知水平就会得到提升，自我应对焦虑和压力的自觉性就会得到提高。

2. 压力接种训练

压力接种训练是应用技能学习程序的具体化。它是一系列技术、过程的组合。包括信息给予、苏格拉底式讨论、认知重组、问题解决、放松训练、行为复述、自我监控、自我指导、自我强化和改变环境情境等。它是既可应用于应对当前问题也可应用于应对未来困难的技能。

梅肯鲍姆为压力接种训练设计了一个三阶段模型：

第一阶段是概念阶段。所谓概念阶段就是在咨询与治疗人员的帮助下，来访者要形成完整的压力概念，要对压力的本质特征有更加准确的认知，这是正确对待压力的基础。

这一阶段咨询与治疗人员的首要关注点是和来访者建立良好的工作关

系，在此基础上，咨询与治疗人员要帮助来访者对压力有本质的理解，要来访者能够用社会交互作用的观点对压力进行分析和认知。在这一阶段的早期，咨询与治疗人员要得到来访者的信任，并且与来访者一起重新思考其所遇到的问题的实质。在这一阶段的开始，咨询与治疗人员就要为来访者提供一个专门为他们设计的简单概念框架，帮助他们理解自身是如何对一系列压力情境作出反应的，帮助来访者认识到认知和情绪在造成与维持压力过程中所扮演的角色。在这一阶段咨询与治疗人员可以借助教学呈现、苏格拉底式询问和引导式的自我发现来与来访者交流，对来访者进行帮助。

在咨询的初期，来访者经常感觉自己是外部环境、想法、情感和行为的受害者，而这些都是他们无法控制的。压力接种训练的初期就是帮助来访者认识自己所面临的问题和遇到的困惑，障碍不单纯是外部环境造成的结果，也是自己没有进行良好的反应的结果。为了实现这样的目标，就需要对来访者进行必要的压力接种训练。这些训练就包括教给来访者觉察自己在压力形成中的作用，帮助来访者学会系统地观察自己的内部陈述（内部陈述就是指来访者遇到问题时，自己内在思考中不同观点、语言的交流、对话与自我内在沟通），并且观察这一内部对话带来的适应不良行为。这种自我观察贯穿了各个阶段的始终。来访者通常需要记录开放性的日记。在日记中，来访者需要系统记录自己的具体想法、情感和行为。在教授这些应对技能的过程中，咨询师与治疗人员努力做到灵活地使用各种技术，并且要对来访者的个人、文化和情境保持敏感。

第二阶段是技能获得和复述阶段。这一阶段是对形成的正确的压力概念成果的深化。咨询与治疗人员在这一阶段的主要关注点是教给来访者应对不同情境的压力的技术。这一阶段的训练包括直接行动训练和认知应对训练。例如，直接行动训练中有关减少恐惧和抗拒压力的训练就包含收集有关引起来访者恐惧的各种信息，明确找到给来访者带来压力的情境，通过身体的放松、呼吸的放松和运动使来访者压力减少。这种训练的实际目的是帮助来访者掌握一定的减少压力的技巧，使来访者养成身体放松的习惯。认知应对训练就是通过学习，使来访者认识到适应性与适应不良的行为都是与他们的内部对话相联系的，要来访者学习进行积极的自我内部对话，使来访者获得和复述一种新的自我陈述。梅肯鲍姆提供了一些积极的内部对话的问题，这些问题就可以在认知训练中反复运用：

（1）"我怎样面对和处理这个压力？"或者"用什么方法能够解决这个压力源？我怎样才能战胜这一挑战？"

（2）"我怎样能不感觉被压垮？"或者"眼下我可以做什么？我怎样才能把恐惧保持在自己的控制之下？"

（3）"我怎样强化自我陈述？"或者"我怎样可以认可自己？"

在压力接种训练中，认知应对训练和直接行动训练是密切关联的。咨询与治疗人员不但要教给来访者自我内部对话的方法，也要教给来访者行为改变的方法。完整的压力接种技能是认知应对训练技能和直接行动训练技能的结合。在梅肯鲍姆压力管理的技能训练中，放松训练、社会技能训练、时间管理指导和自我指导训练等就是认知应对训练与直接行动训练的结合。

第三阶段是压力接种的应用和完成阶段。这是压力接种技术的最后应用阶段。咨询与治疗人员在这一阶段工作的关注点是帮助来访者把在咨询与治疗情境中发生的行为与认知上的改变迁移到现实生活中，使来访者以新的行为和认知方式处理现实生活中的压力事件。

无论是行为的改变还是认知的改变都是一个过程，这个过程不是简单地在咨询中完成，而是需要来访者把在咨询与治疗中掌握的技巧运用到实际的生活情境中去，在实际情景中得到强化与检验。因此，要检验来访者是否真正掌握了压力接种技术，就需要来访在实际的生活和工作情境中运用这种技术缓解自己的压力。如果来访者真的能在压力状态下，达到自我放松的状态，并且能以积极思维看待压力，就说明来访者真正掌握了这种技能，就证明来访者在咨询与治疗过程中行为上和认知上的改变是有效的，否则还不能算作咨询与治疗目标的实现。

对于来访者来说，仅从认知上了解和知晓新的观念通常还不足以带来变化，还需要来访者不断实践这些自我陈述，并且把自己在咨询与治疗中掌握的应对压力的新技能应用到现实生活情境中去，才能引起真正有效的改变。因此，在压力接种技术的最后阶段，咨询与治疗人员一定要以家庭作业的方式要来访者把认知和行为应对技能运用在实际的生活与工作情景中。这些家庭作业不是咨询与治疗人员强迫来访者做的，而是咨询与治疗人员和来访者共同商定，由来访者完成的。布置家庭作业的原则是：由简到难，由少到多。咨询与治疗人员首先要让来访者写出他们愿意完成的家庭作业。这些作业的完成情况将在随后的会面中得到仔细的检查。如果来访者没能完成家庭作业，咨询与治疗人员将和来访者共同分析导致家庭作业没有完成的原因，在后续的咨询和治疗中，有针对性地布置新的家庭作业。

压力接种训练在心理咨询与治疗中适用的领域比较广阔。它既可以用于不良行为的矫正，也可用于不良行为的预防。它的应用领域包括愤怒控制、焦虑管理、自信心的训练、创造性思维的提高、抑郁治疗和对健康问题的处理。此外，压力接种训练也被用来治疗肥胖者、多动儿童、社会孤立者、创伤后应激受害者以及精神分裂症患者等。

我们在本章介绍了四种具有代表性的心理咨询与辅导理论。现代心理咨询与辅导领域除了以上四种具有代表性的理论之外，还包含很多其他的理论派别和疗法。例如，伯恩（Berne）提出的相互作用分析理论（transactional analysis，TA）和多拉·卡尔夫（Dora Kalff）提出的沙盘分析法（箱体疗法）等一般性的理论与方法，还包括专门运用在某些领域的理论与方法。例如，在家庭治疗领域就有萨提亚（Satir）的家庭治疗理论与方法，杰弗里·杨（Jeffreg E. Young）和珍妮特·克罗斯科（Janet Klosko）的图式治疗的理论与方法等。这些咨询与治疗理论和方法对一些心理问题、困惑的咨询与治疗很有效果。随着心理咨询与辅导的不断发展，还会有其他新的理论和方法出现。但是我们不可能对心理咨询与辅导领域的所有理论与方法都一一介绍。因此，本章我们就对最具有代表性的这四种理论及其最具有代表性的人物的思想观点、咨询方法和技术进行了介绍。在介绍中，我们并没有对每个理论及其方法进行评述，只是对各种理论的主要观点、主要方法和技术加以介绍，因为我们并不想影响读者的思考。我们认为，每一种理论和方法都具有其特点和价值，每一种理论和方法对我们的咨询与辅导的实践都具有一定的启示作用。

第四章

心理咨询与辅导的原则

CHAPTER 4

心理咨询与辅导工作是一项助人自助的工作，咨询与辅导人员和来访者建立良好的关系是做好咨询与辅导工作的重要条件，在这个咨询过程中，咨询与辅导人员要扮演好自己的角色，就必须遵守一定的工作原则和伦理原则。

第一节　心理咨询与辅导的基本原则

美国心理学家罗杰斯提出了建立良好咨询关系的一系列原则，它们是真诚一致原则、无条件的积极关注原则与同感性原则。[1] 存在主义心理学家罗洛·梅在1958年以存在主义心理学的观念为指导，认为心理治疗与咨询的目标就是通过扩展感到空虚和孤独的咨询与治疗对象的自我意识和体验，使他们能更多地找到自己的存在感、更积极主动地发挥自己的潜能，从而重新获得自我存在的价值与意义。为了实现这个目标，他提出了理解性、体验性、在场性和付诸行动四个存在主义心理咨询与治疗的原则。[2] 张日昇在他的《咨询心理学》一书中总结了前人的经验，并根据我国心理咨询与辅导的实践，从心理咨询师的条件和伦理规范角度提出了心理咨询与辅导的原则。[3]

综合以上心理学家的观点，我们认为要使心理咨询与辅导取得良好的效果，使咨询与辅导人员同来访者能建立起良好的关系，在整个咨询与辅导过程中，咨询与辅导人员就必须遵循以下原则。

一、尊重与积极关注原则

（一）尊重与积极关注原则的含义

尊重与积极关注原则也被称为无条件的积极关注原则。

---

[1] Roger, "A theory of therapy, personality and interpersonal relationships, as developed in the client-centered framework", in S. Koch (ed.), *Psychology: a study of a science*, (Vol. 3): *Formulation of the person and the social context*, New York: McGraw-Hill, 1959, pp: 184−256.

[2] May, R. *Existence, A new dimension in psychology and psychiatry*, New York: Basic Books, 1959.

[3] 张日昇：《咨询心理学》，第2版，人民教育出版社，2009。

尊重与积极关注原则是指在咨询与辅导过程中，咨询与辅导人员要绝对地、不加判断地把来访者作为一个独特的人来看待，要无条件地看重来访者，认可和肯定来访者的价值，完全接纳来访者，并完全相信他们具有改变的能力和不断成长的能力。

咨询与辅导人员对来访者的认可、肯定和接纳必须是发自内心的，不是表面上装出来的，也不是别人强迫的结果。咨询与辅导人员对来访者的尊重、接纳是把来访者作为一个完整的人来尊重和接纳，不是因为来访者身上具有某些吸引人的品质或特质，而是因为来访者是一个人，是一个活生生的人。只有这种不带条件的、完全接纳来访者的优点和缺点、接纳他们的负面情绪体验的感觉，才具有治疗作用，才能从根本上建立良好的咨询关系。

受到别人的积极关注是每一个人的心理需要。每一个人都希望被人无条件地喜爱、关心，都希望得到别人的看重和认可。许多心理困惑和心理疾病的产生都与人们的无条件地积极关注的需要没有得到满足有关，因此，在心理咨询与辅导中，尊重来访者与无条件地积极关注来访者就成为最为重要的原则。

（二）落实尊重与积极关注原则的要求

在心理咨询与辅导的实施过程中，咨询与辅导人员要充分贯彻和落实尊重与积极关注原则就必须做到以下几点：

一是无条件地接纳来访者。无条件地接纳来访者要求在心理咨询与辅导中，不管来访者是什么民族、肤色、年龄、职业和何种文化程度，咨询与辅导人员都应该接纳和友好地对待他们。咨询与辅导人员没有权利拒绝任何一个来访者。咨询与辅导人员对来访者的接纳唯一的条件就在于来访者是人，而没有其他条件，无条件地接纳是对来访者积极尊重的具体表现，也是建立良好的咨询关系的基础。

二是完整地接纳来访者。完整地接纳来访者就是把每一个来访者都当作一个完整的人来看待和接纳。它要求咨询和辅导人员不要以自己的好恶和价值对来访者的人格和行为特性进行任何判断或指责，要求咨询与辅导人员不是接纳来访者的某一部分特征而拒绝来访者的另一部分特征；不是接纳来访者人格上和行为中那些符合咨询和辅导人员自己人格理想和行为要求的部分，而拒绝来访者身上那些和咨询与辅导人员的期望不相符合的部分。只有把来访者作为一个完整的统一体来接纳才是真正的尊重来访者，只有完整地接纳来访者才能完整地倾听来访者的声音和诉说，才能降低来访者的自我防卫心理，才能真正帮助来访者成长。

三是充分信任来访者。心理咨询与辅导存在的价值和意义是建立在对人性的善充分认知和信任的基础上的。肯定和承认每个人都具有改变的愿望和改变的能力，肯定每个人的价值是心理咨询与辅导发挥作用的基本观念。充分信任来访者就是这些基本观念的体现。充分信任来访者就是相信来访者具有积极的自我改变的愿望，相信来访者具有自我改变的能力，相信来访者是带着改变的愿望来接受咨询与辅导的。

咨询与辅导人员对来访者的充分信任不但有利于来访者同咨询与辅导人员建立良好的关系，更重要的是通过咨询与辅导人员对来访者的信任可以为来访者自我价值感和自我肯定感的建立带来信心。

二、真诚原则

真诚就是真实和诚恳，真诚是一种人生态度，真诚就是表里如一，真诚就是能够在别人面前以积极的态度展现真实的自己。真诚是人际关系和人际交往中最重要的原则，也是心理咨询与辅导的重要原则之一。因为只有真诚才能赢得信任，只有真诚才能让别人打开心扉，只有真诚才能换回真诚，只有真诚才能点燃人们心中的感情。

（一）真诚原则的含义

心理咨询与辅导中真诚原则要求咨询与辅导人员以真实的态度对待每

一个来访者,要求咨询与辅导人员以认真实在的态度对待自己。在心理咨询与辅导中,真诚原则是最基本和最重要的原则。以真诚为基础,咨询与辅导人员才能真正做到无条件地接纳和欣赏来访者;以真诚为基础,咨询与辅导人员才能真正地关爱来访者;以真诚为基础,咨询与辅导人员对来访者的关心才是发自内心的,而不是刻意而为之的;以真诚为基础,来访者通过咨询与辅导才能看到真实的自己,才能找到自己的优点和不足,才能增强自我改变的信心。

(二) 落实真诚原则的要求

在咨询与辅导中要落实真诚原则需要做到以下几点:

一是对自己真诚,真实地面对自己和接纳自己,也就是自己对自己表里如一。心理咨询与辅导的工作是以好的人际关系为基础的工作,要使这项工作取得好的效果,咨询和辅导人员要对自己真诚,面对真实的自己,把自己作为人展现在来访者面前。只有咨询与辅导人员对自己真诚,真实地面对自己——既肯定自己的优点,也承认自己的弱点和不足、接纳自己,他们在与来访者接触与沟通时,在对来访者进行咨询与辅导时,才能以一种自然、平和和真实的面目出现,才不会给别人留下一种做作、装腔作势的印象,才会流露出自己的真情实感,也才能赢得来访者的信任。只有表里如一的人,才能在与别人交往时,让别人感觉到自己是值得信任的、友好的和不会对他人带来伤害的。

罗杰斯认为真诚是心理咨询、治疗和辅导能发挥作用的重要条件之一。他认为,咨询与辅导人员越不戴面具和不以专家的面目出现,就越能给来访者带来积极的影响,来访者就越有可能进行积极改变和成长。对自己真诚的态度能使咨询与辅导人员在整个咨询过程中开放自己,使他们不怕流露自己真实的感情。而这种真情实感的流露,会促进来访者同咨询与辅导人员之间信任度的提升,促进咨询效果的提升。

二是对来访者真诚,帮助来访者认识自己和接纳自己。咨询与辅导人员除了要自我真诚之外,更要对来访者真诚。具体来说就是以真诚的态度帮助来访者认识自己和接纳自己,以积极的态度引导来访者自信心的提升。对来访者真诚,要求咨询与辅导人员以积极的态度关注来访者,在来访者身上发现作为人和作为独特的人的特征;要求咨询与辅导人员能真实地接纳来访者,客观地面对来访者的一切。

三是积极表达。积极表达是以辅导和帮助别人为导向的真实的表达。真诚的目的是取得来访者的信任,为了与来访者建立一种积极的咨询与辅导关系,促进来访者的发展和提高。这就要求咨询与辅导人员把内心的真诚表达出来,使来访者能从咨询与辅导人员的语言表达中感受到积极而真实的信息,感受到含有建设性力量的信息。

积极表达不是弄虚作假,不带有欺骗性和投机取巧的成分。但是积极表达也不是一种随心所欲、不加思考的想说什么就说什么的表达。积极表达与谎言不同,也与简单地直来直去、不讲求策略的无心之言不同。积极表达是一种在用心体会自己和别人内心世界基础上,在对自己和别人的优缺点进行盘点的基础上,以帮助别人认识自己为目标的表达。这种表达带给别人的不是指责,不是伤害,而是理解、支持和真诚,还需要真诚的语言和真诚表达的方式。因此,对任何一个咨询与辅导人员来说具有积极表达的能力都十分重要。

真诚的核心是一种以帮助来访者成长、促进来访者改变为目的,坦诚地与来访者进行交流的态度,是对来访者无条件地爱和真正地关心的表达,是对来访者负责精神的表现。真诚是把来访者作为可以改变的,并且希望通过自己的努力,促进来访者发展的心情的体现。

三、同感理解原则

(一) 同感理解原则的含义

同感理解原则也称共情原则、设身处地原则或者感同身受原则。它主要是指咨询与辅导人员站在来访者的角度看待问题、分析问题和理解问题，感受来访者在某一个时期的心理感受，感受来访者在某一阶段的内心世界。罗杰斯认为同感理解就是"感受来访者的私人世界，就好像那是你自己的世界一样，但又绝未失去'好像'这一品质"[1]。同感理解就是走进来访者的内心世界，以来访者的眼光去看待问题，以来访者的心思去理解问题，以来访者的心情去感受问题，把自己的身份、角色、价值取向搁置起来，换成来访者的角度去感受。例如，面对一位失去亲人后，长期沉浸在悲伤中的来访者，咨询与辅导人员本着同感理解原则，要站在这位失去亲人的来访者的角度去思考，要理解他失去亲人后悲伤的心理和悲伤的心情，感受他失去亲人后的痛苦，而不能简单地说："人死不能复生，你已经悲伤很久，现在就要学会坚强，从悲伤中走出来。"同感理解是站在当事人的角度，理解当事人的感受，但并不意味着完全赞成当事人的行为和做法，不意味着受当事人的心情的左右和影响。认同不是赞成。所谓认同就是肯定和承认某些事情存在的理由的合理性，某些感情表达的合理性，但不是完全的、毫无保留地赞成当事人的行为与感觉，这就是罗杰斯在解释同感理解时所用的"好像"这一词语的意义。我们理解失去亲人后的来访者的悲伤，也能感受到他的悲伤，我们愿意陪同他一起哭泣，但是我们又不能完全和他一样陷入悲伤，或者除了悲伤不能做任何事。

（二）落实同感理解原则的要求

认同来访者的想法，和他一同感受某种情绪，理解他的某些行为和观念，但是又不被他的想法、情绪和某些观念所制约或左右这就是同感理解原则对咨询与辅导人员的要求。落实同感理解原则的关键在于把同感理解具体化。根据长期的心理咨询与辅导工作经验，我们认为，运用同感理解

---

[1] Rogers, "The necessary and sufficient conditions of therapeutic personality change", in H. Kirschernbaum, and V. L. Henderson (eds.), *The Carl Rogers reader*, Boston: Houghton Mifflin, 1989, p. 226.

原则要做到以下几点。

一是走出自己思考问题和看待事物的参照系，以及外界所谓客观的参照系，进入来访者的参照系。也就是说，要做到同感理解，我们就要站在来访者的立场角度去体会生活，感悟事物。只有这样，我们才能进入来访者的内心世界，做到对来访者的深入理解，也才能对来访者的心情有比较准确的把握，才能使来访者感受到我们的真诚，感受到我们与他们心灵的相通。

二是提升会谈的技巧，正确运用"感觉-事实-感觉"的公式。同感理解的关键是同感，也就是和来访者有一样的感受。在感受到来访者的心灵，理解来访者的行为之后，咨询与辅导人员还要把自己对来访者的感受与理解，运用适当的方式传递给来访者，使来访者感受到这种理解。这就要求咨询与辅导人员要熟练掌握各种会谈的技巧，例如，学会运用认真倾听、积极回应和恰当表达等方式与来访者进行沟通交流。

在恰当表达方面要善于运用"感觉-事实-感觉"的公式。通过这个公式的运用使来访者感受到理解、真诚、关心和接纳。"感觉-事实-感觉"的公式是咨询与辅导人员表达自己对来访者心理感受理解的模式。

一般来说，来访者前来咨询和接受辅导时，都会对自己的心情和导致某种心情的原因进行诉说，在来访者诉说过程中，咨询与辅导人员一定要认真倾听，并且运用体态语言和复述等方式对来访者进行积极回应。当来访者的诉说基本结束时，咨询与辅导人员就需要对来访者的困惑作出详细的、更加积极的回应。这时就需要咨询与辅导人员采用"感觉-事实-感觉"这个公式同来访者进行交流。感觉就是咨询与辅导人员按照自己的理解说出来访者的某种心理感受（感觉）；事实就是咨询与辅导人员重复或者帮助来访者理顺产生某种感觉和某种心情的事实（原因），这一阶段的事实可能不是一个事实（事件或者故事）而是许多事实；后一个感觉是来访者联系自己的实际，说出自己的内心感受。例如，就前文的因亲人去世而长期悲伤的例子来说，当事人咨询时就泣不成声，通过咨询与辅导人员的安慰，她慢慢安静了下来，并诉说了奶奶的去世引起她十分悲伤的过程。

"我小时候，爸爸妈妈在外地，我是跟着奶奶长大的，我和奶奶的感情特别深，我觉得世界上没有比奶奶更爱我的人，更了解我的人。奶奶去世后，我就有一种十分孤独的感觉，没有人像奶奶一样关心我了，回到原来的家，没有了奶奶的声音，没有了温暖，天气热了、冷了没有人给我说少穿一件衣服或者多加一件衣服了……我觉得十分独孤和悲伤。"

面对这样的诉说，如果咨询与辅导人员简单地说"人人都要去世，你该学会坚强，不要让自己一直沉浸在悲伤之中"等的言语，这不但不会让来访者觉得受到了安慰，反而会引起来访者心理上的反感。这就不会对来访者的改变产生任何效果。因为这些"大道理"违反了同感理解原则。即使在来访者诉说过程中咨询与辅导人员抱着积极倾听的态度，但是在表达过程中咨询与辅导人员并没有把同感理解原则运用好，也不会产生积极作用。如果我们运用"感觉-事实-感觉"这个公式去表达就会收到好的效果：

从你的诉说中我也深深地感受到了奶奶对你的爱，感受到了奶奶去世给你带来的悲伤，我也和你一样的难过和悲伤。

这就是"感觉-事实-感觉"的表达模式。这种模式的运用，使来访者能真真切切地感受到咨询和辅导人员与他（她）心灵的相通，感受到咨询与辅导人员对自己的理解，就很容易建立起相互的信任。

三是在运用同感理解原则时咨询与辅导人员一方面要进入来访者的内心世界，按照来访者的观点、思想和方法看待问题，体会来访者的心情和内心世界；另一方面要能够克服来访者的不良情绪和内心世界的困惑对自己的影响。在实施同感理解原则时，既要依靠正向"移情"作用，达到和来访者有效沟通的目的，又要避免"过分移情"，以免受到来访者的过分影响使咨询与辅导人员陷入来访者的不良心理和不良情绪中而对咨询与辅导产生消极影响。例如，在面对突发灾难和突发事故的受害者的时候，咨询与辅导人员一定要善于体会这些受害者的处境和他们的心情，能以他们的悲伤而悲伤，以他们的痛苦而痛苦，但是咨询与辅导人员一定要明白自己的目标——不是简单地陪伴这些受害者哭泣，不是把自己也变得痛苦不堪，而是帮助这些受害者从痛苦、悲伤和对生活的绝望中走出来。咨询与辅导人员一方面要具有走进这些受害者内心世界、感受他们的心理的能力，另一方面要具有不受他们的困惑、悲伤和绝望情绪过分影响的能力，具有帮助、指导和引导他们走出困惑、走出绝望的能力。

四是在咨询过程中，把握同感理解的度。咨询与辅导人员一定要因人而异，采用不同的方法表达自己对来访者的理解。同感理解在来访者与咨询辅导人员建立良好的关系方面具有十分重要的意义。但是在运用同感理解原则时，咨询与辅导人员一定要把握一个度，要根据来访者的年龄、性别和个性特征，根据来访者是否接受过咨询与辅导等因素，来决定在多大程度上表达自己对来访者的理解。例如，对于年龄比较小的孩子，当他们表现出悲伤的时候，咨询与辅导人员就可以采用抚摸头部或者握住他们的手的方式，表示对他们的理解和关注；面对同性的来访者也可以采用比较自然的身体接触的方式，表达自己的感受，但是面对异性就不可以采取太过亲密的身体接触的方式。另外，在来访者与咨询和辅导人员进行初步的接触时，不可以很急切地对来访者表示对他的完全理解，因为当来访者还没有完全信任咨询与辅导人员的时候，咨询与辅导人员过于积极的表达会使来访者产生心理上的不安，会引起来访者的心理防卫，反而不利于建立相互信任和稳定的关系。

四、自愿原则

自愿原则也称不强迫原则，即"来者不拒，往者不追"原则。自愿原则有两层含义：第一，来访者寻求帮助是自愿的，不是强迫的，来访者来去自由；第二，在咨询与辅导过程中，来访者是否接纳咨询与辅导人员的引导，是来访者的自由选择，不受咨询与辅导人员的强迫。

自愿原则的第一层含义告诉咨询与辅导人员，咨询与辅导者没有权利要求任何一个还没有理解心理咨询与辅导的含义，没有做好接受心理咨询与辅导准备的人来进行心理咨询与辅导。第二层含义要求咨询与辅导人员在咨询与辅导的过程中，不要太过强势和急功近利，不要强迫来访者在他们还没有做好心理准备的时候完全接受咨询与辅导人员的观点。

自愿原则告诉我们，心理咨询与辅导是一个帮助来访者、促进来访者改变和成长的过程，而不是代替来访者改变和成长的过程。这个原则要求咨询与辅导人员一定要明白每个人都是可以改变的，但是一切积极的改变都是在个体自己有了改变的愿望、愿意接受别人的帮助的时候才能实现，对于没有求助愿望和自我改变动机的人，咨询与辅导人员不能强制性地对他们进行咨询和提供指导。

在现实生活中，越来越多的父母带着并不愿意前来接受咨询与辅导的子女来接受咨询与辅导，面对这种情况，咨询与辅导人员首先要分析当事人不愿意接受咨询与辅导的原因——一般来说，当事人不愿意接受咨询与辅导是由于不了解心理咨询与辅导的性质、意义，或者由于恐惧，由于很强的自我心理封闭和心理防卫的倾向——在分析原因的基础上，要尽力做好帮助工作，这种帮助是对父母的帮助，也是对当事人的帮助。通过对当事人解释说明心理咨询与辅导的目的、意义和方法，可以打消当事人的顾虑，使当事人产生接受咨询与辅导的愿望。

还有一种情况是某些学生在学校表现不佳，班主任、辅导员或者其他任课教师带着学生或者指示学生前来进行心理咨询与辅导，面对这种情况，咨询与辅导人员也要耐心细致地做好解释、疏导和辅导工作。

对于成年人自己不愿意前来咨询与辅导，而是由其朋友、亲戚、父母或者夫妻等前来寻求帮助的情况，不管这些前来代替他人进行咨询与辅导的人是当事人自己指示来的，还是没有经过当事人的授权或同意，抑或是在当事人不知情的情况下来的，咨询与辅导人员都要认真接待这些来访者。要从两个方面对这些来访者进行指导：一是对当事人如何进行自我调节、自我改变进行指导，由来访者之口把积极的信息传递给当事人，促进当事人的改变。二是直接对这些来访者进行指导，教给他们指导当事人的一些方法技巧，或者告诉他们自己该如何改变，通过自己的改变促进当事人的改变。尤其面对亲子关系、夫妻关系的困惑或者问题时，许多来访者不但是为别人进行咨询的，他们自己也是当事人之一。因此，咨询与辅导人员要引导这些来访者，不要把自己作为局外人，仅希望别人（当事人）改变，而是首先改变自己。

以上这些情况在心理咨询与辅导的实践中大量存在，我们所提到的种种应对方法，并不违背心理咨询与辅导的自愿原则，也就是不违背"来者不拒，往者不追"原则。无论是被家长、老师强迫来的，还是替别人前来进行咨询和接受辅导的人，他们都是自己来到心理咨询与辅导人员面前的，即使有强迫也不是心理咨询与辅导人员强迫的，因此只要有人前来，咨询与辅导人员就应该以积极热情的态度和主动关爱的行为，为来访者营造一个良好的心理氛围，帮助他们准确了解心理咨询与辅导的含义，促进他们降低心理防卫，使他们感受到心理咨询与辅导的魅力。

五、限制时间原则

限定时间原则要求在心理咨询与辅导工作中，一定要对咨询与辅导时间进行约定和限定。这种约定和限定既包括对每次咨询与辅导时间的约定和限定，也包括对每周和每月等咨询与辅导频率的约定和限定。

一般来说，专业的心理咨询与辅导每次的时间是50分钟左右，最长不超过一个小时。也就是说，严格意义的心理咨询与辅导时间是以50分钟作为一个咨询与辅导单位，每周和每月的咨询辅导次数是按照咨询辅导的进展情况来确定的。对长期接受咨询与辅导的来访者来说，在咨询与辅导的初期，每周的次数会多一些，一般根据来访者的要求可以达到每周两次，随着咨询和辅导的深入，逐渐减少次数，从每周两次到每周一次，再到两周一次、一月一次，到两月一次，最后过渡到半年一次。

除了限定每次的时间和每周、每月的时间之外，这项原则还要求来访者严格遵守约定的时间前来咨询，如果到了约定的时间来访者没有前来，咨询与辅导人员就不再接待来访者，即使来访者迟到了，但是这一天咨询与辅导人员也不会给来访者安排时间接待来访者，需要来访者另外约定时间。在西方许多国家，咨询与辅导的时间都是提前电话预约的，预约时间的同时，就要顺便交纳咨询与辅导的费用，即使来访者爽约了，咨询与辅导费用也不会退还给来访者。在这种情况下，限定时间原则也就表现为过期不候原则和不退费原则。

那么为什么要限定时间呢？这是为了取得良好的咨询效果，实现促进来访者改变的咨询目标。

第一，心理咨询与辅导过程是需要来访者高度集中注意力、思维力、感悟力和全身心投入的过程。而人的心神不能长期处于高强度的思考和高度集中的状态，如果每次的咨询与辅导时间过长，就会给来访者造成心理上的负担，会使他们对心理咨询与辅导产生心理上的抗拒感，影响咨询效果。

第二，心理咨询与辅导最核心的目的是促进来访者的改变，促进来访者自我成长。心理咨询与辅导过程的核心人物不是咨询与辅导人员，而是来访者自己。来访者的改变也是一个过程，这个过程不但包含咨询与辅导进行的过程，更重要的是体现在来访者的日常生活过程。因此，限定咨询时间的目的就在于使来访者在日常生活和工作中，体会咨询与辅导人员的指导意见，完成咨询与辅导人员布置的作业和任务。如果每次的咨询与辅导时间过长或者咨询与辅导的间隔太短，都会给来访者造成心理上的负担，更重要的是如果上一次与下一次咨询与辅导的间隔时间太短，来访者没有足够的时间思考，没有完成上次的咨询与辅导作业，那紧接着的咨询与辅导就不能收到好的效果。

第三，人都具有一定的惰性和心理上的依赖性，如果不对心理咨询与辅导的时间进行限定，那么当来访者在接受第一次咨询之后，产生了心灵上的安慰感或者享受到了良好的得到信任的气氛，他就会对这种气氛产生依赖感，就不会进行自我的努力和改变，仅仅期待着从咨询与辅导人员那里得到安慰，就会滥用咨询与辅导的机会。

第四，自我改变的过程是一个需要付出努力的痛苦的过程，心理咨询与辅导就是咨询与辅导人员帮助来访者真正认识自己、解剖自己的过程。这个过程本身就充满痛苦，就会引起来访者的自我心理防卫。在心理咨询与辅导过程中，坚持提前预约和遵循过期不候、交钱不退原则的目的就是依靠外界这种强制力，使来访者不得不面对自己的弱点，不得不接受咨询与辅导。这一原则的最终目的是促进来访者鼓起勇气与自己的心理防卫和退缩倾向进行抗争，使来访者最终走向成熟和自我发展。

限定时间原则是心理咨询与辅导中的一项重要原则。这项原则对咨询辅导人员与来访者咨询与辅导关系的建立和巩固，对来访者积极有效地降低自我心理防卫和强化自我改变的动力都具有积极意义。在运用这项原则时，咨询与辅导人员一定要灵活把握，虽然原则要求预约的时间不能随意变动，在来访者迟到的情况下原则要求过期不候和费用不退，但是在实际运用过程中，不能一概而论。尤其是在人们普遍还对心理咨询与辅导没有形成正确的观念的时候，一定不能死板地遵循原则，而是要根据情况作出决定。

另外，每次时间的长短和间隔时间的长短也不是绝对的，需要根据来访者的心理发展水平、年龄大小和心理障碍的程度而定。例如，面对有严重的精神分裂症状的来访者就不强调每次 50 分钟、每周一次，而是每次时间缩短到 20~30 分钟和每周的次数增加为 2~3 次；面对夫妻双方都参与的家庭咨询这种情况，就可以适当延长每次咨询的时间；而对电话咨询的来访者，就要缩短每次的咨询时间。

在咨询与辅导过程中咨询与辅导人员要灵活运用限定时间原则，在对来访者进行咨询与辅导时，咨询与辅导人员要有意识地给来访者解释说明这项原则的含义及意义，以得到来访者的理解和支持，要避免生搬硬套这项原则而导致来访者对咨询与辅导人员的不信任甚至产生矛盾冲突等消极情况的出现。

六、限定情感原则

限定情感原则是指咨询与辅导人员既要感受和体会来访者的心理状态和情感，又不要受来访者的心理状态和情感的影响，而失去自己的独立性和专业性。限定情感原则与同感理解原则是相辅相成、密切关联的。同感理解原则要求咨询与辅导人员站在来访者的角度看待问题，并且把自己对来访者的理解进行积极的表达，使来访者感受到被理解和支持的力量，产生对咨询与辅导人员的信任感。同感理解原则是对咨询与辅导人员如何对待来访者的态度的要求，限定情感原则是对咨询与辅导人员在具体咨询与辅导过程中如何表达自己的情感、如何避免情感对咨询与辅导产生消极影响的技术要求。

张日昇在他的《咨询心理学》一书中在限定情感原则之后还提出了一个"一只脚在岸上，一只脚在水里原则"[①]。我们认为这两个原则的实质是相同的。"一只脚在岸上，一只脚在水里原则"是对情感限定原则某些内容的形象说明。

"一只脚在岸上"是对心理咨询与辅导人员在咨询与辅导过程中要保

---

① 张日昇：《咨询心理学》，第 2 版，人民教育出版社，2009，第 168-172 页。

持独立性、限定自己的情感，不要过分受来访者情绪情感的消极影响的最好写照。"一只脚在水里"是对心理咨询与辅导人员应该善于体会来访者的内心世界、应该与来访者达到心灵的共鸣、应该具有同理心提出的要求。

限定情感原则要求咨询与辅导人员在咨询与辅导过程中既要善于体会来访者的内心世界，善于把自己对来访者的情感体验积极地表达出来，又要不受来访者情感的影响，学会约束自己的情感，保持自己的独立性和客观理性的特质。在咨询与辅导中不投入情感、过分冷静理性是不对的，但是过分投入情感、失去自己的独立性和滥用情感也是不对的。

限定情感原则是心理咨询与辅导的性质和特点决定的。心理咨询与辅导工作是一项专业性特别强的工作。它主要是依靠咨询与辅导人员同来访者进行积极的沟通，依靠咨询与辅导人员对来访者施加积极的影响力发挥作用。这就要求在整个咨询与辅导过程中，咨询与辅导者扮演好主导者的角色，要求咨询与辅导者按照心理咨询与辅导的理念，运用好心理咨询的方法和技巧，给来访者自我表达创造条件，为来访者提供情感的支持和必要的指导。在整个工作中，咨询与辅导人员发挥主导作用，来访者处于主体地位。这就要求咨询与辅导人员"一只脚站在水里"，一定要用心感受来访者的内心世界，感受来自来访者的感情对自己的冲击和影响，也要适当地把这种感受表达给来访者，使来访者感觉到被理解、被关心和被接纳的温暖；同时，咨询与辅导人员要明白自己的主要职责和任务不仅是对来访者表示同情和关切，更重要的是为来访者提供帮助和指导，这就要求咨询与辅导人员必须把"另一只脚放在岸上"。

限定情感原则所要限定的情感包括两个方面：一方面，强调咨询与辅导人员要避免过分地受来访者情感的影响和左右，避免过分沉浸在来访者诉说的痛苦、悲伤、仇恨和焦虑等情感之中，使自己失去了对来访者的状况进行客观理性的分析判断能力；另一方面，提醒咨询与辅导人员一定要避免过分受自己的好恶和自我情感的影响，使自己因对来访者的某些行为的不满而有激烈的情感表现。咨询与辅导人员也是人，也有自己的喜怒哀乐，有自己的心理防卫和好恶，也有权表达自己的感情。但是当我们扮演咨询与辅导人员的角色的时候，就要尽量做到理性，尽量从工作的要求出发，不要成为别人和自己不良情绪的奴隶，而要学会自我调节。这就是限定情感原则对咨询和辅导人员提出的要求。

在心理咨询与辅导中除了以上这几项原则之外，还有限定地点原则、发现性原则、在场性原则、体验性原则等。这些原则实质上都包含在我们以上所介绍的这几项原则之中，在此不再展开论述。

第二节 心理咨询与辅导的伦理原则

心理咨询与辅导的伦理原则就是指在咨询与辅导过程中，咨询与辅导人员应该遵守的职业道德上的规范和要求。在咨询与辅导的实践中，心理咨询与辅导人员除了要遵守上一节提到的基本原则之外，还应该遵守以下伦理原则和职业道德要求。

一、价值中立原则

价值中立原则是心理咨询与辅导的最基本的伦理原则。这项原则要求在对来访者进行咨询过程中，专业人员不能对他们的人格和行为进行价值判断，咨询与辅导人员也不能按照自己的价值取向、人生信仰和个人好恶，对来访者加以判断和取舍，专业人员更不能把自己的生活态度、价值观念强加给来访者。也就是说，在心理咨询与辅导过程中，咨询与辅导人员不能强迫来访者接受自己的某些带有价值取向的观点和行为，也不能按照自己的价值观对来访者加以评判和指责。在整个咨询与辅导过程中，咨询与辅导人员不能带有价值判断的取向，歧视某些来访者，应该对所有的来访者一视同仁地接纳、爱护和耐心指导。

价值中立原则要求咨询与辅导人员不要对来访者的价值观念和行为进行判断，不能因不赞同来访者的某些观念和行为就不接待来访者。价值中立原则要求咨询与辅导人员在咨询过程中不要扮演价值的灌输者和教师的角色，即使对来访者的某些价值取向、个人好恶和行为方式不赞成，但是如果来访者没有在这些方面征求咨询与辅导人员的意见，咨询与辅导人员就不能妄加评判或以教师的身份加以指导。

价值中立原则是由心理咨询与辅导工作的性质和来访者进行咨询的目的决定的。来访者接受心理咨询与辅导的主要目的是寻求咨询与辅导人员的帮助，不管来访者对心理咨询与辅导的理解如何，没有一个来访者不希望得到咨询与辅导人员的安慰和肯定，而愿意接受咨询与辅导人员对自己的否定、指责和人格上的贬低。基于来访者的这样的心理需求和内心渴望，咨询与辅导人员的任务就是尽自己最大的努力，采用心理专业知识帮助来访者摆脱各种精神上、心灵上的困惑、磨难和痛苦，而不是用自己的价值观审视他们和批判他们，不是在分析了他们困惑形成的原因之后而鄙视他们，更不是在他们面前表现自己的优越性。

职业伦理上的价值中立原则与上一节所分析的尊重与积极关注原则、真诚原则的核心理念是一致的。价值中立原则是建立平等和友好的咨询关系的要求，也是咨询与辅导能够进行下去的要求。

心理咨询与辅导的实践告诉我们，只有遵守价值中立原则，不对来访者的心理和行为进行价值判断，才能完全接纳来访者，进而得到来访者的信任与接纳，取得良好的咨询效果。

二、保密原则

保密原则是指在心理咨询与辅导过程中，在没有经过来访者同意的情况下，咨询与辅导人员不得将来访者在咨询与辅导过程中的任何信息泄露给任何人或任何机构。另外，在咨询工作总结、讲座或其他公开活动中，进行案例分析时，也需要对资料进行处理和加工，不能泄露来访者的个人信息，更不能让他人可以通过对号入座的方式了解到来访者的真实身份。

保密原则既是来访者与咨询辅导人员建立良好关系的前提，也是咨询与辅导工作得以顺利进行的基础，是对来访者人格尊重和隐私权尊重的表现。

心理咨询与辅导中的保密原则和其他工作中的保密原则相比，更具有意义。因为心理咨询与辅导是深入人内心世界的工作，这项工作得以成功的基础就是来访者对咨询与辅导人员的完全信任，如果咨询与辅导人员把来访者的信息泄露出去，就是滥用信任，这不但违反了职业道德，更重要的是会给来访者造成心灵上的伤害。因为违反保密原则的咨询与辅导，不但不能帮助来访者走出心灵的困惑，还可能给来访者造成新的困惑，会导致来访者对世界和人类的失望，产生更极端的行为。

在保密原则中，我们强调对来访者信息的保密，同时也强调咨询与辅导人员对自己的某些信息的保密。在前文我们介绍了限定情感原则、限定时间原则，这些原则对咨询与辅导的时间、咨询与辅导人员的情感投入的程度有了限定，而在咨询与辅导地点的选择上也是有一定的限定的。也就是说，一般情况下咨询与辅导应该在心理咨询与辅导室里进行，咨询与辅导人员不提供上门服务；咨询与辅导人员除了公布咨询室的联系方式和工作中的电子邮件等正式的联系方式之外，不公布自己个人的联系方式；咨询与辅导人员在给来访者介绍自己情况时，除了介绍与自己的咨询与辅导人员身份有关的内容之外，也不给来访者公布自己的私人方面的其他信息。

完整地理解保密原则，要求咨询与辅导人员不但要注意尊重来访者的隐私，对来访者的信息保密，同时要对自己的与咨询辅导有关的信息之外的信息保密，不应该把个人的隐私吐露给来访者。这两种保密对心理咨询与辅导的效果具有十分重要的影响。

为什么在保密原则中也需要咨询与辅导人员对自己的私人信息加以保密呢？这是由两方面的原因决定的。

一是为了保护咨询与辅导人员，使他们的生活不受消极因素的影响。咨询与辅导工作是需要耗费许多心血和努力的工作，不但需要来访者的努力，也需要咨询与辅导人员的努力。正常的咨询与辅导工作按照约定的时间结束之后，需要给咨询与辅导人员留有一定的自我休整和总结反思的空间，如果咨询与辅导人员的个人信息泄露，尤其是家庭和个人电话号码随意泄露，会给他们的家庭生活或个人生活造成较大的影响，可能导致许多来访者在不适当的时间以不适当的方式与咨询与辅导人员联系。更有甚者，许多人格有障碍、行为极端的来访者会采取不正当的方式影响咨询与辅导人员的心情和对待工作的态度。

二是为了促进来访者的自我努力，保证咨询与辅导达到好的效果。我们多次强调心理咨询与辅导是促进人改变的工作，而改变是需要来访者作出自我努力、付出心血的过程。在这个过程中，咨询与辅导人员的角色是协助者、引导者和支持者，改变的主体和努力的主要对象是来访者自己。这就要求来访者不要对咨询与辅导人员产生过分的心理上的依赖和行为上的依赖，更不能把咨询与辅导人员作为消除精神痛苦的工具和在空虚无聊时期消遣的对象。如果咨询和辅导人员的个人电话等联系方式被来访者掌握，在来访者遇到困惑时，就会情不自禁地给咨询与辅导人员打电话，如果来访者随时都可以很容易地与咨询与辅导人员联系，那么咨询与辅导人员就会被来访者过分依赖，咨询与辅导人员就会沦落为来访者的"止疼片"，这就不利于来访者的自我成长和发展。

我们虽然强调在咨询与辅导中要坚持保密原则，但是并不是说在任何情况下都不能泄露来访者、咨询与辅导人员的信息，遇到紧急情况时，尤其是当来访者的某些行为与不良心理可能造成生命的伤害——无论是来访者个人生命的伤害还是伤害其他人的生命时,这时生命意义高于一切的原则就成了最高的行为原则和伦理原则,这时保密原则就该让位于这个最高原则。

例如,遇到具有强烈的自杀和杀人倾向的来访者时,我们就应该把这种情况通报给与这位来访者相关的个人或部门,希望他们做好防护和救助工作。但是在通报时一定要告诉他们如何不动声色地做好防护和救助工作,而不能直接和赤裸裸地与来访者接触。

另外,如果遇到少女怀孕、未成年人吸毒等来访者,咨询与辅导人员可以采取的方式就要灵活一些。首先要具体分析原因,分析来访者的家庭情况、学业背景和来访者前来咨询的主要动机——也就是说,要分析来访者的求助是遇到困难时寻求安慰的权宜之计,还是希望得到帮助真正自我改变。如果来访者的问题是在外界不良因素引诱下造成的,他们具有强烈的真心改变的愿望,那么咨询与辅导人员就要对来访者进行耐心的疏导,在做好来访者工作的前提下,要来访者自己或者来访者与咨询辅导人员一起把遇到的困惑告诉给家长或者那些能够帮助来访者的人。如果来访者没有强烈改变愿望,他们前来咨询是消极被动的,要求来访者同意寻求家长或者其他人的帮助就是不现实的,那么出于避免更加消极的后果出现的目的,咨询与辅导人员应该采取灵活的措施。

心理咨询中的保密原则是一个很重要的伦理原则,是任何一位心理咨询工作者均应具有的职业素养,但是在心理咨询与辅导的实践中,咨询与辅导人员在保密原则的运用上一定要具有灵活性,不能生搬硬套。

三、无害化原则

无害化是指在咨询与辅导过程中,咨询与辅导人员所采用的一切咨询方法、手段和技术,都不应该对自己和来访者的心身健康、人格发展、个人生活和家庭生活产生消极的、负面的影响;在帮助来访者的时候,咨询与辅导人员所采取的各种方法和技巧都必须充分考虑到自己和来访者的身心健康和发展。因此，在心理咨询与辅导过程中，各种方法和技术手段都可以运用，但所有方法和技术手段的运用都不能违背对咨询与辅导人员和来访者的无害化原则。

心理咨询与辅导的技术手段具有多样性。例如，在咨询与辅导过程中，角色扮演法、精神分析的潜意识挖掘法、现场模拟法、心理剧法都是常用的方法，这些方法的使用一定要考虑到咨询与辅导人员自身及来访者的实际情况，必须保证对来访者和咨询与辅导人员双方都不会带来危害。

对咨询与辅导人员来说，在心理咨询与辅导的实践中，会遇到一些有比较明显的心理障碍的来访者；会遇到从小缺乏家庭关爱的来访者；会遇到长期受到别人的歧视的来访者；会遇到具有某些先天性的身体或生理缺陷的来访者；会遇到对自己问题的严重后果没有正确认识的来访者；会遇到对心理咨询与辅导抱有种种不正常看法的来访者。这些来访者可能具有某些特殊的心理需求或心理渴望，可能有一些过分的要求和偏差的行为。面对这种情况时，咨询与辅导人员除了要尽好自己的职责、尊重和关爱这些来访者之外，也需要对自己的处境、自身的能力状况和心理承受状况进行适当的评估，不要盲目采取一些过分的、超过自己能力限度的方法，不要采用那些可能会给自己的身心、家庭和个人生活带来严重后果的措施进行咨询与辅导，做到对自己和家人的无害化。

如果咨询与辅导人员没有很好地评估自己的能力，没有评估来访者的状况，仅凭一时的热情与帮助来访者解决问题的心理，采取了超越伦理界限和自身状况的做法，也许可以暂时缓解来访者的症状，也许会对来访者某些问题的解决产生积极意义，但是对自身会带来消极的后果，那么这些做法都是违反无害化原则的做法。

在咨询与辅导中，咨询与辅导人员采取的方法和措施，要注意关注是否对自己产生不利后果和不良影响，更要注意某些咨询与辅导方法是否会对来访者产生不良影响。某些咨询与辅导方法在短期内可能很有效果，但是长期会产生消极后果，这些方法也是不可使用的。例如，音乐治疗和潜意识的分析法不是对所有的人都有积极作用，某些心灵敏感和处于长期压抑状态的来访者在这种方法使用的初期，会产生压抑得到释放后的快感和轻松感，但是离开咨询和辅导人员的引导之后，可能会产生严重的后果。

除了在咨询与辅导方法的选择和使用方面要注意对来访者的无害化之外，咨询与辅导人员在和来访者建立关系时，也应该严格要求自己，做到对来访者和自己的无害化。咨询关系是心理咨询与辅导中最重要的关系，咨询与辅导人员和来访者之间的互信、融洽和充满真诚的关系本身就具有很好的治疗作用。咨询与辅导人员和来访者互信关系的基础就是咨询与辅导人员对来访者的尊重、同感理解和真诚。咨询与辅导人员对来访者的真诚和关爱是一种无私的关爱，是职业的要求，如果这种关爱带有一定的私人情感的成分，那么这种关爱就是错误的，是不被允许的。在处理与来访者的关系时，咨询与辅导人员一定要注意自己的行为和表达方式，要避免给来访者造成对他（她）的情感已经超出咨询与辅导人员对来访者的情感的错觉，不要让他（她）产生非分之想。如果咨询与辅导人员发现某些来访者对自己的感情超出了职业范围，就该采取一定的方式抑制这种感情的发酵或者让更合适的人对来访者进行咨询与辅导。这种终止对来访者进行咨询或者把来访者介绍给其他咨询人员的做法，正是弗洛伊德当年所采取的方法。

对自己的无害化和对来访者的无害化原则要求咨询与辅导人员一定要学会扮演好自己的角色，不能过分表达自己的私人情感，更不能与来访者建立恋爱关系，不能利用来访者某一时期心理上和情感上的软弱，作出不符合身份的事情。要把握好这个原则，就需要咨询与辅导人员具有很好的自我角色定位能力，具有很好的自我情感抑制和自我掌控能力，在来访者面前，不要自我卖弄和自我表现，不要故意吸引来访者。人际的吸引力和人格的魅力是建立良好关系的很好的材料，但是咨询与辅导人员在咨询与辅导过程中应该展现的是自己的职业魅力，而不是作为异性的个人魅力。

心理咨询与辅导的基本原则和伦理原则是从不同的角度对心理咨询与辅导人员提出的规范和要求，这两方面的原则是统一的和相辅相成、相得益彰的。为了使心理咨询与辅导取得良好的效果，为了使这个行业得到发展，使这个行业的声誉和社会认可程度得到提升，心理咨询与辅导人员不但要遵循心理咨询与辅导的基本原则，也要严格遵守这个行业的伦理原则。

第五章

心理咨询与辅导人员的职业角色与核心素养

CHAPTER 5

心理咨询与辅导人员在咨询与辅导过程中，处于主导地位，而来访者居于主体地位。咨询与辅导人员只有明白自己的身份，扮演好自己的角色，才能使咨询与辅导工作取得良好的效果。咨询与辅导人员要扮演好角色，就需要具备很好的职业素养。

第一节　心理咨询与辅导人员的职业角色

心理咨询与辅导人员在咨询与辅导中扮演着十分重要的角色。具体来说，心理咨询与辅导人员在咨询与辅导中扮演着指导者、陪伴者、帮助者和支持者的角色。

一、指导者的角色

在心理咨询与辅导中，咨询与辅导人员首先是一个指导者。咨询与辅导人员要帮助来访者发现自己的优势和不足，进行自我认知，挖掘自己的潜力；同时指导来访者形成正确的观念，增强他们自己改变的动力；面对处于迷茫和陷入某种困惑中的来访者，咨询与辅导人员的职责就是帮助他们从不同的方面分析和理解困惑，最终找出解决问题、解除困惑的途径。

在心理咨询与辅导的历史上，有两种不同的咨询与辅导观：一种是强调咨询与辅导人员角色的辅助性，也就是说咨询与辅导过程中咨询与辅导人员扮演的是倾听者的角色，咨询与辅导人员的作用在于为来访者营造一个自我发现和自我成长的环境。例如，精神分析学派的咨询与辅导主要的目标就是通过自由联想、催眠等方法，使来访者的潜意识的能量得到释放，长期压抑的消极情绪情感和压力得以舒缓。另一种是强调咨询与辅导人员积极介入来访者的生活和内心世界中，教给来访者如何去做，促进来访者改变原有的模式和生活态度，促进来访者行为改变。例如，存在主义心理咨询和行为主义的心理咨询等。现代心理咨询与辅导是把以上两种倾向结合起来，既强调辅助性的角色、倾听和陪伴的作用，又强调积极引导的价值。无论是在积极的咨询与辅导中，还是在以营造气氛和倾听为主的咨询与辅导中，咨询与辅导人员最主要的角色就是来访者的指导者。

一般来说，心理咨询与辅导人员对来访者的指导工作包括以下几个方面。

（一）观念指导

这是心理咨询与辅导人员很重要的指导性工作。这项工作包括对来访者进行正确对待心理咨询与辅导的态度指导，进行正确对待自身的态度指导。通过指导使来访者形成正确的有关心理咨询与辅导的观念，形成正确的自我意识和自我观念。首先通过与来访者的交流，使来访者明确认识到心理咨询与辅导的价值，使来访者明白心理咨询与辅导是助人自助的工作，使他们明白每个人都具有改变的能力，都有成长和发展的内在动力，只要付出努力，每个人都能成长和得到发展等基本的理念。同时，使来访者全面了解心理咨询与辅导的内涵，激发他们接受咨询与辅导的内在动机，在此基础上，使他们形成对自己的积极态度，使他们在咨询过程中能扮演积极角色，愿意全身心地投入咨询与辅导过程中去。

观念指导是心理咨询与辅导中最基本的指导，是方法指导和行为指导能否发挥作用的基础。只有形成了正确的心理咨询与辅导的观念，来访者才具有参与其他咨询活动的动力，才具有自我改变的愿望和努力的动力，才能使咨询与辅导收到良好的效果。

（二）方法指导

这种指导就是对来访者在心理建设和心理调适、解决心理问题和困惑等方面进行具体的方法与途径指导，其最主要的目的就是帮助来访者掌握解决心理问题和困惑、促进自我提高的具体方法。这类指导是来访者最为关心的，也是对来访者最具帮助意义的指导。

如果说观念指导最重要的任务是给来访者说明心理咨询与辅导能发挥作用的原因，解决"为什么"的问题，那么方法指导的核心任务就是教给来访者如何进行自我改变，解决"怎么样"的问题。观念是基础，方法是关键。要使心理咨询与辅导在来访者身上真正发挥作用，就要教给来访者一定的方法，使他们掌握自我分析、自我调节、人际沟通和处理人际关系的一些具体方法与途径。

（三）行为辅导与行为训练

行为辅导与行为训练是现代心理咨询与辅导中十分重要的内容。行为辅导与行为训练主要是以养成好的行为习惯、消除不良的行为习惯为目标的心理咨询与辅导工作。

指导者的角色是心理咨询与辅导人员在咨询与辅导过程中最重要的角色，但是这个角色不同于教师和各类组织中的领导者和管理者的角色。教师和各类组织中的领导者、管理者也负有对学生和下属进行指导与辅导的责任，他们也扮演着指导者的角色，但是教师和各类组织中的领导者和管理者的指导，在某种意义上具有上级对下级进行教育的性质，这种指导或多或少具有强制性的特征。教师、领导者、管理者处于强势的一方，他们要求学生或下属必须听从他们的指导，接受他们的意见，有时他们会为学生或下属的事情作出某种决定，让学生或下属执行这种决定。但是心理咨询与辅导人员对来访者的指导是不具有任何强制性的指导，他们更不会单方面为来访者作某种决定，在来访者需要和要求咨询与辅导人员帮助他们作出某种决定时，咨询与辅导人员的价值和作用就在于，帮助来访者分析采取行动的可能性以及每一种可能性得以实现的条件、难度及结果，最终的决定权还在来访者本人手中。

二、陪伴者的角色

心理咨询与辅导人员是来访者的陪伴者，是和来访者共同面对各种问题、困难和障碍的人，是陪伴来访者成长的人。陪伴者是心理咨询与辅导人员在咨询与辅导中要扮演的很重要的角色。

在心理咨询与辅导过程中，来访者所述说的问题是多种多样的，有些问题是心理方面的，有些问题是经济、政治、社会文化方面的。即使是心理方面的问题也包含不同的类型，引起心理问题的原因也具有多样性。面对不同类型的来访者和不同方面的问题，在许多时候心理咨询与辅导人员会感到力不从心，会产生心理上的无奈感。面对超越了心理咨询与辅导范围的问题，或者超过了心理咨询与辅导人员能力极限的情况，心理咨询与辅导人员就需要扮演好陪伴者的角色。

心理咨询与辅导人员一定要知道，不是每一个来访者都渴望得到我们的指导，不是所有的心理困惑和问题的解决都需要去做些什么才有效果。爱不是仅仅可以用行动去表达，在许多时候不做什么才是行动的最高境界，不行动才是爱的最好方式。陪伴的含义就是在场。在许多时候，来访者对心理咨询与辅导人员的期待就是在场，就是和他（她）在一起，就是不让他（她）感到孤单，就是给他（她）一种你在乎他（她），愿意倾听他（她）和相信他（她）的信息和信心。例如，当来访者陷入亲人逝去的痛苦的时候，或当来访者因失恋而痛不欲生的时候，一切语言性的指导和理性的分析都是苍白无力的，这时最好的安慰就是陪伴来访者，倾听他（她）的述说和感受他（她）的痛苦。

认真倾听就是一种最好的陪伴。认真倾听就是用心去听，带着关心、理解和真诚去听。在咨询与辅导过程中，许多来访者并不渴望咨询与辅导人员告诉他（她）该做什么或者不该做什么，而是渴望得到理解和接纳，渴望在一种可以完全放松的氛围中把心中的压抑、内心的痛苦和对生命理解的感受很好地表达和释放出来。在这种情况下，倾听就是最好的咨询与辅导，倾听就是对来访者最好的爱护和帮助，因此，在咨询与辅导过程中，心理咨询与辅导人员要扮演好陪伴者的角色就一定要善于倾听来访者的声音，使来访者感受到爱与温暖。具体来说，要做好陪伴者，咨询与辅导人员要从三个方面着手：一是认真倾听；二是默默关注；三是用心表达，使心灵相通。

三、帮助者和支持者的角色

心理咨询与辅导人员在咨询与辅导中第三个角色是来访者的帮助者和支持者。在心理咨询与辅导中，无论是自我成长，还是走出困惑、克服障碍，最终达到人格的完善、变得具有独立性，都需要来访者自己去努力。没有来访者的努力，就不会有来访者的改变和成长，就不会有良好的咨询效果。在整个咨询与辅导过程中，除了必要的指导之外，咨询与辅导人员就是来访者的陪伴者和支持者。陪伴来访者经历各种困惑，陪伴他（她）经历成长中的种种烦恼和帮助他（她）走出困惑，就是心理咨询与辅导人员的职责和角色要求。

任何人的改变，尤其是摆脱长期的不良行为习惯的改变是一个艰难的过程。在改变的过程中，充满了痛苦和各种内在、外在的障碍，充满了信心丧失和放弃的念头。作为心理咨询与辅导人员不但要知道来访者如何改变，教给他（她）自我改变的方法，同时还要做好支持他（她）改变的工作，陪伴他（她）改变。

在帮助和支持方面，咨询与辅导人员要做好以下两个方面的工作。

（一）信任和鼓励来访者，增强来访者改变的信心

长期的心理咨询与辅导的实践表明，在咨询与辅导中，很多来访者对自己能否改变的信心不足，尤其是当他（她）已经接受一个阶段的咨询与辅导，也已经按照咨询与辅导人员的指导作出一些努力，但是自己还没有感觉到明显变化的时候，他（她）会产生许多疑问，会表现出明显的信心不足。面对这种情况，咨询与辅导人员就要扮演好支持者的角色，要不断地鼓励来访者坚持到底，激发他（她）的信心，不半途而废，使来

访者最终实现咨询与辅导的目标。

（二）肯定和赞美来访者，使他（她）不怀疑自己的行动

在咨询与辅导中，我们也常常遇到很多来访者已经作出某些好的选择，并且已经把某些好的理念付诸行动，但是在行动过程中，没有受到别人的肯定和赞扬，反而受到很多冷嘲热讽，这些来访者咨询与辅导的最主要的目的就是求证自己的做法是否正确，他们希望得到咨询与辅导人员的明确意见。面对这些来访者，咨询与辅导人员的主要工作就是支持来访者，支持他们的做法、支持他们的行为，并且对他们的思想和行为作出肯定和赞成，使他们坚持自己的行为而不向错误的观点和行为妥协。

在很多心理问题和困惑的咨询中，都需要咨询与辅导人员扮演肯定和赞成来访者的做法的角色。例如，在家庭教育方面，很多来访者已经知道不应过分溺爱孩子，已经采取让孩子独立和不过分迁就孩子、严格要求孩子的行动，但是当这些行为遭到其他家庭成员否定的时候，当这些做法与现实中其他父母的做法不一样的时候，就会产生自我怀疑和自我否定。面对这些情况，咨询与辅导人员就要坚定地站在来访者一边，肯定他（她）的行为，给他（她）信心，鼓励他（她）坚持下去。

在心理咨询与辅导中，指导者、陪伴者、帮助者与支持者的角色不是相互排斥的，也不是非此即彼的，而是相互联系和相辅相成的关系。在指导中，有倾听、有陪伴、有支持；在陪伴中，有鼓励、有指点和肯定；在帮助和支持中，有陪伴和指导。无论是扮演哪一种角色，最终目的都是帮助来访者，使来访者走出困境，走出误区，使来访者形成自信和独立的人格特征。

第二节　心理咨询与辅导人员的职业价值观

心理咨询与辅导是助人自助的工作，心理咨询与辅导的对象是人。

工作效果的好坏，直接关系到一个个体或者一个家庭生活得幸福与否。因此，这项工作是神圣的，是对咨询与辅导人员要求比较高的工作。在对咨询与辅导人员的素质要求中，良好的职业价值观是最基本的素养要求。根据我国社会发展的特点，以及心理咨询与辅导专业在我国发展的现状，我们认为，我国的心理咨询与辅导人员应该具备以下几个核心价值观。

一、良好的生命意识

生命意识是心理咨询与辅导人员应该具备的最基本的职业价值观念。生命意识一般包括生存意识与感受生命存在的意识、保护生命远离危险的意识和发挥生命价值的意识等。除了这些最基本的生命意识之外，我们认为，作为心理咨询与辅导人员的生命意识应该是一种高级层次的生命意识，主要是指对生命的尊重意识和热爱意识，是一种最基本的肯定生命的价值和生命存在意义的意识。对生命的尊重和热爱意识，既包含对自己生命的尊重和热爱，也包含对他人生命的尊重和热爱。心理咨询与辅导人员应该具备的生命意识就是既要尊重和热爱自己的生命，又要尊重和热爱来访者的生命。

生命意识的开端是对生命的敬畏。有了对生命的敬畏之心，才会有对生命的尊重和热爱之情。敬畏生命就是充分领会生命的价值，领会生命的脆弱和珍贵，充分领悟生命的不可逆转性的特征，而发自内心地尊重和爱护生命。施韦泽（Schweitzer）认为："善是保持生命、促进生命，使可发展的生命实现其最高的价值，恶则是毁灭生命、伤害生命，压制生命的发展。这是必然的、普遍的、绝对的伦理原则。"[1] 施韦泽的敬畏生命是指敬畏一切生物的生命，而不仅是人的生命。施韦泽认为："只有当人认为

---

[1] 阿尔贝特·施韦泽：《敬畏生命》，陈泽环译，上海社会科学院出版社，1992，第9页。

所有生命，包括人的生命和一切生物的生命都是神圣的时候，他才是伦理的。"① 他认为，对一切生命负责的根本理由是对自己负责，如果没有对所有生命的尊重，人对自己的尊重也是没有保障的。从中我们可以看出，要使心理咨询与辅导人员形成完整的生命意识就需要从学会敬畏生命开始。

为什么我们要把良好的生命意识作为心理咨询与辅导人员必须具备的基本素养提出来呢？这主要是同心理咨询与辅导的工作对象和工作目标密切相关。心理咨询与辅导人员的工作对象是社会生活中人，尤其是处于困惑和心灵需要安慰的个体或群体，是寻求帮助的人群。我国的心理咨询与辅导还没有受到广泛关注和被正确理解，许多来访者都是在做了许多尝试，在困惑等心理问题没有得到解决的情况下，才来寻求心理咨询与辅导人员的帮助。他们中的许多人既是物质生活中的弱者，也处于精神生活中的弱势地位。很多来访者既自卑又封闭，容易陷入严重的自我否定和自我批判之中。面对这些需要帮助的对象，如果心理咨询与辅导人员没有敬畏生命的观念，没有尊重自己的生命和热爱自己生命的观念，就不会有尊重来访者的生命和热爱来访者的生命的可能。

在心理咨询与辅导中，不但需要咨询与辅导人员运用自己的专业知识和专业技能为来访者提供帮助，更需要他们付出爱心、耐心和关心，付出热情和真诚。这些都离不开心理咨询与辅导人员对人的看法，离不开他们对生命的敬畏和尊重。只有敬畏和尊重生命的人，才愿意为了生命的存在和对生命的尊重而付出自己的努力，才愿意以自己积极向上的人生态度激发和感染那些需要救助的人，才能促进助人自助目标的真正实现。因此，生命意识是心理咨询与辅导人员应该具备的最基本的价值观，是心理咨询与辅导人员形成其工作价值观的基础。

心理咨询与辅导人员首先要尊重自己的生命，热爱自己的生命。这就

---

① 阿尔贝特·施韦泽：《敬畏生命》，陈泽环译，上海社会科学院出版社，1992，第9页。

要求他们以严谨、认真、负责和热情的态度，对待自己的生活和工作，活出自己的生命意义和价值。其次是尊重来访者的生命，把每位来访者都看成是最为有价值的独立的个体，并且帮助来访者挖掘自身的潜力，激发他们的自尊感。

心理咨询与辅导人员的生命意识，在咨询与辅导中一定会展现出来，咨询与辅导人员的生命意识不但能促进自己积极面对生活，激发自己对工作的热爱，激发自己的社会责任感和使命感，使自己以积极的态度鼓励来访者，更能帮助来访者树立良好的生命意识，使来访者形成自尊、自重的人格品质，促进助人自助这个心理咨询与辅导目标的实现。更重要的是，这种生命意识具有感染力，尊重生命和热爱生命，对生活充满信心和激情的态度，本身就能感染和激发来访者的生命激情，本身就具有很好的启发作用和治疗功能。

二、以人为本的理念和社会性的爱德

以人为本的理念和社会性的爱德是生命意识在咨询与辅导中的具体体现，也是心理咨询与辅导人员应该具备的核心价值观念。以人为本实质上就是以平等的思想对待人、尊重人，就是把每一个人都当作一个完整的有价值的人来看待。以人为本的核心是人，这个人是具体的人，而不是抽象的概念，是活生生的男人和女人，大人和小孩，智商高的和智商低的个体。这个人就是你、是我、是她或者他，是具体的个体而不是抽象的概念。以人为本的观念要求我们用爱心对待每一个人，要求我们关心和关注每个人。以人为本中的人既包含别人，也包含我们自己。

心理咨询与辅导工作是直接和人打交道的工作，咨询与辅导人员面对的人不是抽象的和局限在一定范围内的人，不是纯粹的服务对象，而是一个个活生生的人，是具体的遇到困难和挫折、希望得到关注和关心、需要支持和理解的人，是渴望得到陪伴与支持的人。如果心理咨询与辅导人员缺乏以人为本的观念，就不可能做好这份工作，就不可能完全遵守、尊重和接纳来访者，也就不可能真诚地关爱来访者。

对心理咨询与辅导人员来说，要做到以人为本就首先要以自己为本，形成独立、自尊、自重、自信的人格品质，形成积极向上的生活态度；其次要以来访者为本，接纳来访者，尊重来访者的人格，肯定来访者存在的意义和价值，鼓励来访者，帮助来访者，最终促进来访者的自我发展与提高。

心理咨询与辅导人员只有在以自己为本理念的指导下，才能在工作中体会到自我的价值和自我工作的价值，才能以自信的人格特征影响来访者；只有在以来访者为本的价值观念的指导下，才能以平等和尊重的态度对待来访者，才能真正建立起与来访者的密切关系；只有在以人为本理念的指导下，心理咨询与辅导人员才能真正做到无条件地接纳和真诚地对待来访者，才能得到来访者的接纳和赢得来访者的真诚与信任。

对心理咨询与辅导人员来说，除了以人为本的理念之外，社会性的爱德也十分重要。社会性的爱德是指具有对社会生活、社会事务和社会生活中的人关爱的品质与理念。

社会性的爱德是人人都具有爱的观念和爱的能力这种基本人格特质的具体表现。[1] 爱是一种观念，更是一种能力。心理咨询与辅导人员应该具备的爱不是狭隘的爱、自私的爱和消极被动的爱，而是一种积极的爱、建设性的爱和不断扩展的爱。在《爱的艺术》一书中，弗洛姆（Fromm）认为真正的爱"是一种积极的活动，而不是消极的情绪，是人内心生长的情绪，为爱不被俘虏的情绪。"爱的核心特征"是给而不是得"[2]。除了给予之外，还包含关心、责任心、尊重与相互了解。[3] 心理咨询与辅导人

---

[1] 诺斯拉特·佩塞施基安：《寻找意义：一种循序渐进的心理疗法》，万兆元、何琼辉译，社会科学文献出版社，2010，第44页。
[2] 埃里希·弗洛姆：《爱的艺术》，李健鸣译，上海译文出版社，2008，第20页。
[3] 埃里希·弗洛姆：《爱的艺术》，李健鸣译，上海译文出版社，2008，第24页。

员具备的爱德就是关心自己、关心社会、关心受助对象的爱，是愿意为受助对象尽心尽力付出的爱，是愿意负起自己社会责任的爱。这种爱是建设性的爱，是不断促进自己和他人发展的爱。

心理咨询与辅导人员良好的爱的观念包括爱自己、爱社会和爱来访者这几个方面。爱自己就是从心里接纳自己，肯定自己的价值与意义，追求自我潜能的发挥和自我实现。爱社会就是发展自己的社会性，把自己融入社会现实，建立自己与社会的良好关系。爱社会的观念是社会工作者愿意承担社会责任，形成社会使命感的动力来源。爱来访者就是能够以平等、尊重的态度对待工作对象，愿意帮助工作对象走出困境，帮助他们成长。爱的观念是心理咨询与辅导人员实现助人自助工作目标的关键。

心理咨询与辅导人员不但要具有爱的观念，更需要具备爱的能力。爱的观念和能力的结合才是社会性爱德的全部。现代社会越来越多的人追求正义和公平，但是正义和公平不是人人都幸福、人人都得到帮助的前提，也不是美好社会生活的全部，更不是弱者得到救助的动力来源。如果追求单纯的正义和公平，那么就不会有更多的人拿出自己的时间，花费自己的金钱和精力救助弱者。如果我们单纯地追求公平与正义，那么心理咨询与辅导人员也就不会全身心地投入自己的工作，更不会为那些因自身的错误导致心理疾病的来访者付出自己的心血。作为心理咨询与辅导人员，是否具备社会性的爱德，直接关系到心理咨询与辅导人员对待自己的态度、工作的态度与工作对象的态度，直接关系到心理咨询与辅导目标能否实现。

以人为本的理念与社会性的爱德是相互联系的。以人为本的理念是形成健全的爱的观念的基础，健全的爱的观念是以人为本理念的体现。没有以人为本的理念就谈不上真正的爱，没有健全的爱的观念，以人为本就是空洞的与抽象的理念。因此，心理咨询与辅导人员不但应该具备以人为本的理念，还应该具备博爱的思想。心理咨询与辅导人员应该在自己的工作实践中，把以人为本的理念与健全的爱的思想结合起来，用以人为本的理念为指导，以博大宽广的爱的胸怀对待自己、对待社会、对待工作对象，在工作中发挥自我的潜能，促进工作对象的发展，实现助人自助的工作目标。

三、对工作的热情和工作中的奉献精神

对工作的热情和工作中的奉献精神，是心理咨询与辅导人员以人为本的观念和社会性的爱德的具体体现。在以人为本的观念和良好的爱德观念的指导下，增强自我的使命感，提升工作的热情和工作中的奉献精神，是心理咨询与辅导的工作目标，也是对心理咨询与辅导人员的具体要求。对工作的热情和工作中的奉献精神是做好心理咨询与辅导工作的保证。

由于心理咨询与辅导还没有被社会完全认可，同时由于目前我国除了大城市之外，其他地方还很少有独立的心理咨询中心，许多地方的心理咨询工作都由医院来承担，这就使得心理咨询与辅导的社会影响不够，导致真正从事心理咨询与辅导工作的专业人士经济收入比较低，职业稳定性不高。面对这种情况，心理咨询与辅导人员容易心理失衡，他们的工作热情与动力会受到影响，不利于工作任务的完成。心理咨询与辅导人员地位的提高不是短期内可以解决的问题。面对目前的社会状况，要做好心理咨询与辅导工作就需要心理咨询与辅导人员具备工作热情和奉献精神。

心理咨询与辅导人员的工作热情和工作中的奉献精神，来源于他们对工作意义的理解，来源于对自己存在价值和意义的追求，来源于他们对自己社会角色的正确认知和对精神生活的追求。心理咨询与辅导的使命感是以人为本思想和博爱思想在工作中的具体体现。在对社会的爱、对自我的爱和对来访者的爱的推动下，心理咨询与辅导人员会从内心产生"安得广厦千万间，大庇天下寒士俱欢颜"的情感。这种以来访者为中心、以来访者的心理健康和生命能量得到扩展、不特别计较个人利益得失的情感体验，是心理咨询与辅导人员做好工作的内在动力和源泉。

良好的生命意识、以人为本的理念、爱的精神与能力、奉献精神和社会使命感，是我国心理咨询与辅导人员应有的价值理念的核心要素。在心理咨询与辅导队伍的建设过程中，就需要加强心理咨询与辅导人员核心价值观的培养。缺乏以上几种价值观念，即使具备再好的专业能力和专业技巧，也不能很好地完成心理咨询与辅导工作。因为心理咨询与辅导工作就是一项需要用心去完成的工作，这种职业就是与来访者建立生命共同体的职业，是一个用自己的动力和能力去激发来访者的动力和培养来访者能力的工作。

第三节　心理咨询与辅导人员的自我意识与职业意识

心理咨询与辅导人员的核心职业素养的第二个方面是良好的自我意识与职业意识。心理咨询与辅导人员的自我意识是心理咨询与辅导人员对自己的能力、使命的认识。心理咨询与辅导人员的自我意识具体表现为：在对自己充分了解和把握的基础上，在工作中充分发挥自己的长处，避免自己的不足，尽自己最大的努力完成任务的一系列活动。职业意识就是心理咨询与辅导人员对自己的工作目标的充分理解，在此基础上加强对社会特征和工作对象的充分理解的意识。对自我的理解、对社会特征的理解和对工作对象的理解，是心理咨询与辅导人员做好心理咨询与辅导工作必须具备的素养。自我意识和职业意识的关键和核心要素就是三种敏感性：自我敏感性、人际敏感性和社会敏感性。这三种敏感性是心理咨询与辅导人员的核心心理素养的重要组成部分。

一、自我敏感性

自我敏感性是对自己的能力特长、人格特征、社会角色等的认知和理解程度。心理咨询与辅导人员的良好的自我敏感性，主要是指心理咨询与辅导人员对自己的能力特长的准确认知，对自我内涵的深刻理解，对自己价值观与社会角色的准确把握。一个具有良好自我敏感性的人，是全面理解自己的追求、自己的社会使命和准确把握自己社会角色的人，是了解自己的价值意义、具有良好的自信心与独立人格的人；一个具有良好自我敏感性的人，是在挫折面前不自我否定、在成绩面前不自我膨胀的人，是把自己的内在追求放在首位、能保持内心和谐的人。概括来说，良好的自我敏感性就是知道自己的身份地位、知道自己的能力特长和局限、知道如何扮演自己的角色和在与人交往中如何展现自己的内涵的人。

具有良好的自我敏感性是心理咨询与辅导工作对咨询和辅导人员的要求。心理咨询与辅导人员对自己角色的理解和把握的程度以及发挥自己优势的程度直接关系到咨询效果的好坏。从心理咨询与辅导人员的工作特征来看，做好工作就需要心理咨询与辅导人员具备自我敏感性。只有具备了自我敏感性才能使心理咨询与辅导人员形成自信、独立和积极向上的人生态度；才能使心理咨询与辅导人员在面对工作挫折和外界诱惑时，不迷失自己的人生目标；才能使心理咨询与辅导人员始终努力扮演好自己的职业角色；才能使心理咨询与辅导人员在工作中发挥优势，避免不足；才能使心理咨询与辅导人员最大限度地挖掘自己的潜力，履行好自己的工作职责。

具体来说，心理咨询与辅导人员良好的自我敏感性表现在以下几个方面：

一是充分认识自己的优势，并且知道如何发挥自己的优势。自己的优势包括能力的优势、专业领域的优势和人格特长等多方面。全面了解自己，首先要了解自己的优势，同时要知道如何发挥优势。因此，认识自己的优势和知道发挥优势的方法是咨询与辅导人员自我敏感性的核心内容。

心理咨询与辅导的领域十分广阔，方法技巧十分繁杂。没有任何一个心理咨询与辅导人员能精通所有的心理咨询与辅导的领域，能运用所有的方法和技巧，因此，在心理咨询与辅导过程中，咨询与辅导人员面对来访者的问题，就要很清楚地知道自己的优势在哪儿，充分发挥自己的特长和人格魅力，对来访者进行最充分的指导，为来访者提供最好的帮助。

二是充分了解自己的弱点和不足，在咨询中避免弱点和不足，提升咨询与辅导的效果。就像每一个人都具有自己的特长一样，每个人也都具有自己的弱点和不足，都具有自己的局限性。咨询与辅导人员既要充分了解自己的特长和优势，也要充分了解自己的弱点和不足，在咨询与辅导过程中避免自己的弱点和不足给咨询与辅导工作造成消极影响。

三是明白优势和弱点是相对的和可以相互转换的道理，在实践中促进弱点转换成优势，避免优势变成弱点。个人的弱点和优势不是绝对的和固定不变的。具有良好的自我敏感性的心理咨询与辅导人员能充分了解哪些特质在哪种情况下可能是优势，在哪种情况下可能变成弱点，同样也能充分了解哪些特征在哪种情况下可能是弱点，在哪种情况下可能成为优势，从而能更充分地发挥自己的优势和促进弱点向优势转换。

年龄、性别和专业知识既可以是优势也可以是弱点和不足，感情丰富同样既可以是优势也可以变成弱点。年纪轻在咨询与辅导过程中可能是一个弱点，因为人们都愿意相信年龄大的人经验丰富，但是年纪轻也可以是优势。在咨询中，年轻者可以用自己的热情和活力感染来访者，他们可以很好地与年轻的来访者进行沟通交流。年龄大也可以是优势，同时也会变成弱点。年龄大可能经验丰富，但也可能变得冷漠和麻木，可能给来访者留下傲慢和缺乏情感的印象。同样，专业知识渊博、专业能力强、具有很好的洞察力是咨询中明显的优势，但是面对自我心理防卫很强的来访者的时候，这些优势可能就成为让来访者打开心扉的障碍，而一个在别人看来不强势的、不是专业权威的咨询与辅导人员可能发挥的作用就更大，更能使来访者降低心理防卫，更愿意把自己的困惑和烦恼表达出来。

心理咨询与辅导人员可以通过自我分析、深思和参加训练的方式，不断提升自己的自我敏感性。例如，通过测量自我认知了解自己的自我概念和自尊情况，通过人格测验了解自己的优势和弱点，还可以通过自我描述法等进行自我分析。在自我分析的基础上，提出发挥优势和避免弱点的方法等。

二、人际敏感性

人际敏感性是指一个人对他人的心理需求和内心世界的理解与把握程度，是指一个人对他人对待自己的态度的理解与把握的程度。人际敏感性是心理咨询与辅导人员同来访者建立良好关系、积极影响来访者的核心素质的重要方面。只有具有良好人际敏感性的心理咨询与辅导人员才能同来访者建立起良好的人际关系，才能从根本上理解和运用同理心，做好咨询和辅导工作；只有具有良好人际敏感性的心理咨询与辅导人员，才能得到来访者的完全信任，才能在工作中充分发挥自己的作用；只有具备良好人际敏感性的心理咨询与辅导人员，才能真正走进来访者的内心世界，感受到来访者内在的能量，才能帮助来访者挖掘自身的潜力，促进来访者的提高和发展。一个具有良好的人际敏感性的咨询与辅导人员，是一个比来访者自己更了解来访者心理需求的人，是一个比来访者更能感受到来访者内心世界的人，是一个比来访者自己更关注来访者内在潜力的人，是一个比来访者更知道怎样促进来访者自我提高和发展的人。

心理咨询与辅导人员的人际敏感性主要表现在以下几点：

一是了解来访者的内心世界和心理需要的能力。心理咨询与辅导人员要做好咨询与辅导工作，就需要充分了解和把握来访者的心理需求，在此基础上才能采用最有效的方式，有针对性地与来访者沟通和交流。但是，人的需要具有多样性和个体差异性，人的需要也具有隐秘性和深层次性。有的需要是浅层次的，人们很容易觉察和表达，有的需要是深层次的，或者属于潜意识的，人们很难觉察和表达。心理咨询与辅导的对象是复杂的、形形色色的人。不同的人具有不同的需要，他们进行咨询与辅导的动机也不一样。因此，要做好咨询与辅导工作，就需要心理咨询与辅导人员具有良好的洞察来访者的内心世界的能力，具有把握不同来访者心理需要的能力。这种能力就是人际敏感性的重要表现。

接受心理咨询与辅导的来访者，由于对心理咨询与辅导的认识的差异性和人格的差异性，他们中有许多人都会表现出明显的心理封闭，表现出比较强的自我保护和心理防卫意识；同时，他们对尊重与理解的需要也比较强烈。由于心理上的封闭和自我心理防卫作用的影响，由于潜意识的作用和心理上的逃避反应，在咨询与辅导进行过程中，很多来访者都不愿意直接表达自己的内心世界，不愿意承认自己的某些心理需求。面对这种情况，心理咨询与辅导人员就应该具有良好的捕捉来访者内心世界的能力，具有把握来访者没有说出来的心理需求的能力。理解来访者的心理动机、把握他们的心理需要，是满足来访者心理需要的基础。

二是以来访者乐于接受的方式与来访者进行交流和满足来访者的心理需要的能力。深入来访者的内心世界，充分了解他们心理需求的目的，是为了满足他们的心理需求，为了给他们提供必要的指导和帮助。在充分了解来访者心理需要的基础上，心理咨询与辅导人员最重要的目标就是以这种理解为依据，寻求得体的方式与来访者进行沟通交流，以来访者喜欢和愿意接受的方式满足来访者的需求。也就是说，心理咨询与辅导人员面对来访者没有提出明确的心理需求或提出了咨询与辅导人员觉得不合理的心理需求的状况下，要以得体的方式和他（她）沟通交流。

例如，在咨询中来访者明显地表现出对咨询与辅导不感兴趣，表达出自己是在其他人强迫的情况下前来咨询的，咨询与辅导人员就要以尊重他（她）的想法为前提，进一步了解他（她）对咨询与辅导不信任的原因，减少他（她）的抗拒和排斥心理，逐渐引导他（她）对咨询与辅导形成良好的态度。另外，如果来访者提出要咨询与辅导人员帮助他（她）撒谎以逃避职业、家庭或者其他社会责任等不合乎社会规范和道德规范的要求时，咨询与辅导人员也需要以得体的方式表达自己的看法。

面对来访者合理的或者来访者自己没有意识到而咨询与辅导人员已经捕捉到的心理需求，咨询与辅导人员就要以一种来访者可以接受的方式满足他们的要求，而不是一厢情愿地以咨询与辅导人员自己认为合适的方式去满足来访者的需要。

三是正确理解来访者对自己的态度，提升处理来访者与自己关系的能力。心理咨询与辅导人员同来访者相互了解的程度，以及来访者是否认可和接纳咨询与辅导人员等因素，直接影响心理咨询与辅导的效果。来访者对心理咨询与辅导人员认可的程度越高，来访者接纳咨询与辅导人员的愿望越强烈，咨询与辅导的效果越好。因此，对于心理咨询与辅导人员来说，就需要具有正确判断和理解来访者对待自己态度的能力，需要具有在不被来访者认可和接纳的情况下，及时和正确处理自己与来访者关系的能力。

人际关系是一种复杂的，受许多因素影响的关系。心理咨询与辅导人员同来访者之间的关系是逐渐建立起来的。在心理咨询与辅导中，如果咨询与辅导人员已经作出了种种努力，还是没有赢得来访者的接纳和信任，那么咨询与辅导人员就该进一步了解来访者可能接纳和信任的对象，把来访者介绍给他（她）更愿意相信的咨询与辅导人员。

另外，咨询与辅导人员同来访者之间的关系，不是静态的和固定不变的，而是动态的、变化的。即使在工作的初期，咨询与辅导人员同来访者已经建立良好的、相互接纳的关系，在工作进程中这种关系也可能发生变化。因此，在整个咨询过程中，心理咨询与辅导人员要具有捕捉来访者对待自己态度的能力，在咨询工作的每个时期和每个工作阶段，都善于捕捉受助对象的心理情况，时刻能够准确把握来访者对待自己的态度，并根据来访者的态度和心情的变化，适时调整自己的工作步骤和进程，调整自己的工作策略和工作方法，保证采取最为恰当的方式与来访者进行沟通交流。

人际敏感性是可以通过学习和训练而提高的。在现实生活和工作实践中，心理咨询与辅导人员要不断通过参加角色扮演和交朋友小组的训练，参加其他实践活动，增强自己认识他人、理解他人、感悟他人心理世界、处理与他人关系的能力，增强自我的人际敏感性。

三、社会敏感性

社会敏感性是指心理咨询与辅导人员对社会热点问题把握、对社会特征理解、对社会与个人关系理解的程度。具体来说，就是理解社会和个体关系的程度，理解社会对个人成长、发展影响的程度。心理咨询与辅导人员的社会敏感性，就是指他们具有一种把来访者放到大的社会背景和社会文化氛围中去分析认识的能力，具有从来访者个人成长和生活经历中分析来访者的心理状态和人格特征的能力。

良好的社会敏感性是心理咨询与辅导工作的任务，是心理咨询与辅导人员应该具备的十分重要的职业素养。心理咨询与辅导工作的主要任务从个体层面来分析就是帮助来访者走出困惑、提高自我，使来访者的心理问题得到解决，促进来访者的人格提升和发展；从社会层面来分析，就是促进每一个个体形成良好的、完整的自我意识和社会意识，使每个个体都能扮演好社会角色，促进个体社会责任感提高和社会公平正义；从个体和社会相结合的层面来看，就是促进个体和社会的积极互动，使社会成为一个人人都能受到尊重和得到发展机会的社会，使个体都能成为具有社会责任感和愿意为社会发展作出个人努力的社会。要完成这样的任务，不但需要心理咨询与辅导人员要对人有所了解，具有自我的敏感性和人际的敏感性，也需要他们对社会特征和社会与个体的互动关系有所了解，具有社会的敏感性。

心理咨询与辅导人员的社会敏感性主要表现为以下几个方面：

第一，了解和把握社会和时代特征，分析社会特征与心理发展关系的能力。人是社会性的人，每个人都受他所在社会和时代的影响。每个社会和时代也都具有时代特征和时代精神。每个社会和时代的特征都会对生活在各时代的人产生影响。每个生活在某一社会和时代的人的心理上、精神上都会打下这个社会和时代的印记。在某些时代，某些类型的心理障碍或心理困惑的出现就比较普遍，而在另一个时代，此类型的心理困惑或者心理障碍就不具有普遍性。因此，在心理咨询与辅导中，面对某些来访者的心理困惑和心理障碍，咨询与辅导人员不要简单地孤立地进行分析，而是需要把这些心理困惑或心理障碍与他所处的社会和时代相结合。这样才能看清导致心理困惑或障碍的因素是什么，才能分析清楚来访者自身的因素和社会因素在这些困惑或障碍中扮演的角色，也才能对心理困惑或障碍作出准确的诊断，最终才能作出具有针对性的指导和辅导。

为了分析清楚社会特征或时代特征对个人心理的影响，就需要心理咨询与辅导人员具有了解和把握社会特征、时代特征的能力，需要心理咨询与辅导人员对社会文化和某一时代普遍的社会心理有总体的了解和把握，需要他们具有对社会文化、社会心理与个体心理相互关系的认知能力，同时也需要他们具有对社会问题的认识能力，具有把社会问题和个体的心理问题结合起来分析的能力。

第二，从个体的人生经历与生活情境中捕捉影响个体心理状态因素的能力。人的发展不但受社会文化的影响，更受自我成长环境的影响。心理咨询与辅导人员在面对来访者的时候，不但要把来访者放在社会特征和时代特征的大背景下分析，放在社会文化和社会心理的背景下分析，还要把来访者放在自我独特的成长环境、成长经历的背景中进行分析，把来访者放在他（她）现实的生活情境中分析。只有把来访者放在自我成长的环境和具体的生活情境中分析，才能找到影响个体心理发展水平的因素，找到导致个体不良心理状态出现的现实因素，才能有针对性地对来访者进行指导和辅导。

在对心理咨询与辅导人员的培养方面，应该培养心理咨询与辅导人员的自我分析和自我认知的能力，增强他们的自我敏感性；培养他们对他人心理需求的分析判断能力，增强他们的人际敏感性，促进他们对工作对象的把握；培养他们对社会特征和社会热点问题的理解能力，促进他们对社会现实把握能力的提高，增强他们的社会敏感性。

第四节　心理咨询与辅导人员的主要职业能力

心理咨询与辅导人员不但应该具备良好的价值取向、健全的自我意识和工作意识，还应该具有专业知识与专业技巧。能力与技巧是一个广阔的领域，作为我国的心理咨询与辅导人员来说，到底应该具备哪些能力？通过对我国社会实际和心理咨询与辅导现状的分析，我们认为，我国的心理咨询与辅导人员必须具备三个方面的能力：人际沟通能力、自我心理调节能力、学习能力。

一、人际沟通能力

人际沟通能力是心理咨询与辅导人员应该具备的最基本的工作能力。人际关系确切来说是咨询与辅导人员与来访者的关系，在心理咨询与辅导中具有很重要的意义。咨询过程中，咨询与辅导人员和来访者的良好关系，能促进来访者的积极变化，不良的咨询关系阻碍来访者的转变。要使心理咨询与辅导取得良好的效果，就需要心理咨询与辅导人员具备人际沟通能力，要求他们在工作中能扮演好来访者陪伴者的角色，要求他们掌握一定的沟通方法和技巧。

人际沟通的过程实质上就是人与人之间相互影响的过程，是一个互动过程。人际的敏感性是提升沟通能力的关键，但是并不是具有人际敏感性的人就会自然而然地具有良好的人际沟通能力。因此，对于心理咨询与辅导人员来说，首先应该具备人际的敏感性，要充分理解人际关系在心理咨询与辅导中的价值意义，在此基础上，应该通过学习、训练提升自己的人际沟通能力。

心理咨询与辅导人员的人际沟通能力的强弱直接关系到能否与受助对象建立良好关系，能否对受助对象施加积极的影响，能否为受助对象寻求第三方帮助等。在工作实践中，心理咨询与辅导人员一定要不断提升自我的人际沟通能力，学习掌握沟通技巧，学会积极地倾听受助对象的心声，学习建设性的反馈，学习表达自己的同理心和对受助对象进行积极的心理暗示。人际关系与沟通能力是可以通用学习和练习提高的，咨询与辅导人员一定要通过学习和实践，提升自己的人际交往与沟通能力。在这方面，美国心理学家卢森堡（Rosenberg）提出的非暴力沟通理念和方法对咨询与辅导人员人际关系和沟通能力的提升具有积极意义。[1]

二、自我心理调节能力

自我心理调节能力是心理咨询与辅导人员应该具备的第二项基本能力素养。心理咨询与辅导人员肩负着依靠自己的力量，运用自己的专业知识和技巧帮助来访者的使命。要完成这项使命，就需要咨询与辅导人员付出很多努力，花费很多心血，但是即使心理咨询与辅导人员作出了很多努力，耗费了很多心血，可能还是看不出任何成绩，还是没有任何效果。在许多时候咨询与辅导人员还会受到来访者的误解。同时，心理咨询与辅导在我国还没被广泛地接纳，心理咨询与辅导人员的物质待遇还不高。面对

---

[1] 马歇尔·卢森堡：《非暴力沟通》，阮胤华译，华夏出版社，2016；马歇尔·卢森堡《用非暴力沟通化解冲突》，于娟娟、李迪译，华夏出版社，2015。

这种现实，心理咨询与辅导人员经常处于自我矛盾和内心的挣扎之中。

另外，心理咨询与辅导人员接待的来访者是形形色色的，他们的问题也是多种多样的。在工作过程中，咨询与辅导人员不可避免地会受到来访者的心情和问题的困扰，长期接触消极的负面信息，自然而然会给心理咨询与辅导人员带来心理上的负面影响，会使他们对人性和社会中善的力量产生怀疑，会使他们对良好的人际关系和真挚的爱情是否存在产生怀疑。面对社会现实的种种矛盾、面对社会和家人的不解、面对来访者的误解、面对工作中负面信息的干扰，就需要咨询与辅导人员具有良好的心理调适和情绪调节、压力管理能力。在现实生活和工作实践中，保持乐观向上的心态，具有从消极情绪中尽快恢复的能力对心理咨询与辅导人员来说是十分重要的。保持自己的心理健康、促进自己心理和谐发展的技巧和能力是心理咨询与辅导人员应该具备的素养之一。

心理咨询与辅导人员的自我调节能力和保持积极心态的能力，不但对心理咨询与辅导工作的效果十分重要，更重要的是对心理咨询与辅导人员自己的生活也具有十分重要的意义。用一个形象的比喻来说明心理咨询与辅导工作对咨询与辅导人员的影响：新进入咨询与辅导领域的人员就像一块洁白的手绢，这块手绢的作用就是每天擦拭灰尘，即使每天在擦拭灰尘之后，我们都会用水把它洗净，但是随着时间的推移，这块手绢上也会留下很多污垢和灰尘的痕迹。如果我们不注意每天清洗，那么在很短的时间内，这块洁白的手绢就会满身污垢和灰尘，失去自己的本色。为了使这块"手绢"能保持长时间的洁白和清洁，就需要我们坚持每天清洗。这就是说为了使自己尽量少地受咨询与辅导中消极信息的影响，咨询与辅导人员就要坚持不断地自我清洗和自我调节，就需要咨询与辅导人员不断地自我鼓励，进行自我心理的修正和休整。

心理咨询与辅导人员应该具备的自我调节能力主要是指，自我消极情绪化解的能力、自我积极心理暗示的能力、抗拒外界诱惑的能力和准确自我定位的能力。自我心理调节力是可以通过自我心理分析、自我心理训练等方法培养和提高的。心理咨询与辅导人员自我心理调节能力的强弱，直接和心理咨询与辅导人员的工作热情有关，与他们是否能从这份工作中寻找到自己的乐趣和自身价值的体现有关。因此，要提升心理咨询与辅导人员的自我心理调节能力，就需要把心理咨询与辅导工作的价值取向作为一项十分重要的内容，以增强咨询与辅导人员的工作热情和激情，同时也不忽略心理咨询与辅导人员自我心理调适方法和技能的训练。另外，心理咨询与辅导人员自身在咨询与辅导工作中，在以最大的努力满足来访者的心理需求的同时，也不能忽略自我心理需要的满足。心理咨询与辅导人员要保持积极乐观的心态，要不断提升自我心理调节能力和情绪管理能力：一方面，需要咨询与辅导人员不断学习；另一方面，需要咨询与辅导机构建立完善的心理咨询与辅导督导机制，定期开展集体讨论和座谈活动。

三、学习能力

学习能力是现代社会对每一个人的要求，也是个人不断成长的主要途径和方法。但是我们认为，与其他职业相比较，心理咨询与辅导人员的学习能力对他们搞好工作具有更加重要的意义。我们认为，良好的学习能力是心理咨询与辅导人员应该具备的基本能力之一，是心理咨询与辅导人员核心职业素养的重要组成部分。

学习能力之所以是心理咨询与辅导人员应该具备的核心职业能力的重要方面，这是由心理咨询与辅导的职业性质及我国心理咨询与辅导的发展水平决定的。首先，心理咨询与辅导工作是一项经验性和实践性的工作，即使有了扎实的理论基础，建立起了完整的心理咨询与辅导的知识体系和观念体系，没有扎实的实践经验，也不能很好地胜任这项工作；而经验的积累是一个过程，心理咨询与辅导的实践领域是十分广阔的，任何一个领域的问题，自己没有经过实践的摸索，就不可能有深刻的体验，这就要求心理咨询与辅导人员要具有一种不断学习的理念。其次，心理咨询与辅导的工作对象是一个个独特的个体，每个个体都具有差异性，即使掌握了与来访者交往和对来访者进行指导的理论方法，也不一定能真正在实践中收到良好的咨询与辅导效果，因为心理咨询与辅导是一种方法，更是一门艺术。要掌握这门艺术，就需要不断地实践和总结经验，更需要自我领悟和自我提高。最后，心理咨询与辅导工作是一项科学性和艺术性相结合的工作，要展现它的艺术性，就需要不断总结经验和自我反思。

心理咨询与辅导的理论方法本身就十分复杂，到目前为止已经有了不少的理论派别，而每一理论派别都有着自己的体系和不同的咨询与辅导方法，要真正掌握一种方法，就需要咨询与辅导人员花费许多心血。例如，以精神分析学派为代表，弗洛伊德的咨询和治疗方法与荣格的咨询和治疗方法就存在一定的差异性，而现在还演化出了许多针对具体问题和具体领域的咨询与治疗方法。要想成为一名心理分析学或精神分析学的专家，就需要花费很多时间去学习。其他学派也存在同样的情况。

综上，心理咨询与辅导的职业性质和工作特征，就要求咨询与辅导人员要树立终身学习的理念，具有很好的学习能力，不但学习理论更要学习实际操作的技能。

我国心理咨询与辅导的现实更给心理咨询与辅导人员提出了不断学习、勇于学习和善于学习的要求。在我国，心理咨询与辅导行业是一个新的职业领域。到目前为止，我国还没有形成完整的适合中国社会发展的心理咨询与辅导所要求的理论体系和专业特色。面对这种现实，每个心理咨询与辅导人员都承担着为中国心理咨询与辅导发展的使命，要完成这项使命，就需要我国的心理咨询与辅导人员善于不断总结工作经验，不断完善自己的工作方法。具体来说，就需要心理咨询与辅导人员在工作中善于学习，善于从个人的工作实践中学习，总结成功的经验和汲取失败的教训。

就我国目前的现实和心理咨询与辅导的专业要求来说，我们认为，心理咨询与辅导人员需要具备的学习能力表现在以下四个方面：

第一，学习理论，形成良好的心理咨询与辅导观念及知识体系的能力。这种学习能力也可称为向书本学习的能力。主要表现为心理咨询与辅导者善于学习书本知识和理论知识，不断提升自己的理论素养，并且能把所学的理论知识与自己的工作实践相结合。这是心理咨询与辅导人员需要具备的最基本的学习能力。要使这种能力得到提高，就需要心理咨询与辅导人员养成好的学习习惯，掌握好的学习方法，需要心理咨询与辅导人员善于进行知识的总结和归纳。在网络时代，也需要心理咨询与辅导人员善于运用网络，但是又不受网络对自己的消极影响。

第二，自我反思和自我总结的能力。这种能力也可以称为向自己学习的能力。在这种学习中，自己既是学习的客体，又是学习的主体。心理咨询与辅导人员要提升自己的技能，就需要不断地实践和总结，不断地把自己掌握的理论运用在咨询与辅导实践中，通过实践总结经验和汲取教训，通过自我反思和总结，积累经验，丰富自己。尤其在我国还没有建立自己的完整的理论体系和独特的咨询与辅导方法体系的时候，面对许多来源于西方的理论和方法，就更需要通过实践检验和修正这些理论方法，需要我国的心理咨询与辅导人员不断总结自己工作实践中的经验，把经验提升到理论高度，为我国自己的心理咨询与辅导理论体系的建立奠定坚实的基础。除了从经验中学习之外，心理咨询与辅导人员也要善于从自身的失败中学习，避免多次在同一个地方跌倒。

第三，学习他人工作经验和寻求他人帮助的能力。这种能力我们也称为向他人学习的能力。学习能力强的人不是闭门造车的人，不是固执和听不进他人意见的人。学习能力强的人肯定是具有开放胸怀和善于抓住各种机会学习的人，是善于与人交往和合作精神强的人。心理咨询与辅导人员应该是学习能力强的人和善于学习的人，应该是具有良好的向他人学习能力的人，应该是心灵开放的人。心理咨询与辅导人员一定要具备向他人学习的能力，要善于学习他人的长处，只有善于向他人学习，才能不断地自我成长。

第四，咨询与辅导人员要在现实生活和工作实践中不断增强向他人学习的能力。首先，要善于向有经验的心理咨询与辅导人员学习，善于向他们请教和接受他们的指点，从他们身上学习书本上学不到的经验。其次，善于参加各种专业的研讨和团体训练活动，在研讨和团体合作中感悟心理咨询与辅导的内涵，提升技巧。再其次，善于倾听来访者的声音，从来访者身上感悟人生和体会人生，增强自己的感悟力和提升自己的观察力。最后，善于向自己身边的人学习，观察生活中的大众处理心理困惑的方式和解决人生难题的方式，以丰富自己的人生经验，使自己能以更广阔的视野为基础，对来访者提供各种有益的帮助。

下面的案例就是一位培训老师在笔者的帮助下获得新的经验，使问题得到解决。这充分说明了在实际工作中寻求他人帮助的作用和价值。

【案例1】 对潘老师的帮助：如何有效维护团体团结

一个良好的团体，会因为某些细小的矛盾而分崩离析，面对这种情况，热爱团体的人往往会忧心忡忡和痛心不已。那么如何维护一个团体的团结？个人在团体建设中该扮演什么角色，就是我们要搞清楚的问题。下面的案例就是一个将要解散的团体，在咨询师的指导下找到了团结的力量和继续维持下去的力量。

一、基本情况

在一个大学生夏令营的培训中，我认识了潘老师。当时作为培训师的我为参与培训的大学生进行了两天自我认知与人际关系的培训。潘老师作为一名志愿者以培训营班主任的身份参与了这次活动。潘老师是一名社会工作者和志愿者。长期参与服刑人员子女的教育与咨询工作。从与潘老师结识之后，就常常收到潘老师的求助信件与电话。当她在工作中遇到棘手的问题时就会联系我，希望得到我的帮助。

一天下午上完了两节课我，回到办公室刚刚坐在电脑前，手机就响了起来，潘老师来电话了。寒暄了几句，潘老师就急切地说出了打电话来的真实意图。

原来最近几个月潘老师参加了一个由当地政府民政部门组织的婚姻家庭咨询师培训班。参加培训班的有20人，他们来自不同的职业与工作岗位。他们中间有法官、教师、社会工作者、社区干部和一般社区人员。年龄多在30岁以上。潘老师被大家推选为班长。培训时间为每周两天，一共持续三个月。在近三个月的共同学习中，班级的学员之间建立了十分融洽和密切的关系。用潘老师自己的话来说，他们中间80%以上的学员都具有爱心，他们曾多次在一起商讨这个培训结束后，如何运用所学的知识去帮助那些需要帮助的人，打算一同成立一个公益性的社团。

但是就在她打电话来求助的那个周末，一切美好的设想和学员之间那种十分密切和相互信任的关系，却因为一件大家都想不到的事情而消失了。他们的团体——也就是他们的班级成了一个互相猜忌的团体，团体的氛围除了抱怨、猜忌就是惋惜。

"为什么？发生了什么事？"我急切地问潘老师。潘老师带着无奈与遗憾的声音说出了整个事件的经过。

原来，这个周末就是他们培训班结业考试的日子。上周末是培训班的最后一次学习。老师为了使他们能在结业考试中取得好成绩。特地在最后一次学习时，给他们拿出了以前考试的试卷做参考。但是这些试卷属于不能公开的资料，因此辅导老师作了如下规定，拿到试卷后，可以在纸上做题，不能在试卷上留下任何痕迹，并要求他们在下课前交回所有试卷。

当天的培训结束后，辅导老师回收了模拟试卷，但是发出去了20份试卷，收上来的只有18份。两份试卷不翼而飞。当时，大家希望拿走试卷的学员能主动交出试卷，但是谁也不承认是自己拿了试卷。辅导老师当场大发脾气。他们的培训就这样结束了。原来气氛融洽的团体，由于两份不翼而飞的模拟试卷即将分崩离析，原来相互信任的团体由于两份试卷而充满了猜忌，原来希望能在培训结束后继续保持联系的学员也面临着关系破裂的威胁。

这件事发生后，参加培训的许多学员都打电话来向潘老师求助，希望潘老师能想办法挽回这个团体即将瓦解的命运，能促使这个团体继续保持良好的关系。就在潘老师打电话来求助的这个上午，几个学员与培训的主办机构取得了联系，主办机构同意在这天晚上借给他们一间教室，他们可以用这间教室做最后的复习，但是辅导老师还是拒绝为他们辅导。这几位借好教室的学员就打电话求助潘老师，希望潘老师带领大家进行最后的复习。

接到这个请求之后潘老师不知道能做什么，因为她希望的不仅是做考试前最后一次辅导，她和许多学员都希望通过这最后一次团体的见面机会，能恢复原来那种良好的关系、融洽的氛围并期待达成对未来美好的设想。他们希望周末考试的结果不是这个团体的末日，而是新的开始。但是，到底采取什么措施才能重新找回大家相互的信任？才能重新使团体充满美好的感情？这是潘老师的困惑，也是潘老师打电话求助的原因。

述说了事件的经过和心中的困惑之后，潘老师这样说："张老师，现在已经下午三点了，六点钟我们就要集合了，但是直到现在为止，我真的不知道该如何做，也不知道怎么做才起作用。"

二、与潘老师一起对团体情况进行分析

潘老师该如何做，怎么做才能起到使团体关系重归于好的作用？这是潘老师的问题也是我们要挽救一个团体需要解决的问题。要回答潘老师的问题，我们就要与潘老师一起去分析和共同面对这件事，梳理事情的起因与导致团体内部关系破裂的是是非非。

第一，我们一定要问是什么使一个美好的团体即将分崩离析。是几位

学员没有遵守辅导老师的约定私自拿走了模拟试卷，并且在老师查问时也没有交出来的这种不良的行为？是辅导老师大发雷霆与不再愿意辅导他们的"绝情"举动？是大家不知道到底是谁干了这件"缺德"事的相互猜忌？这一切都是引起这个团体内部关系不和谐的原因，但是这些原因就会永远导致这个原本关系融洽的团体分崩离析吗？如果我们不想让这个团体分崩离析，我们希望挽救这个团体该怎么办呢？

第二，相互之间的猜忌是破坏团体的重要因素，那么大家都在猜忌谁？每一个人都是被怀疑的对象吗？如果是，那就说明这个团体原来的融洽和美好关系都是表面现象，那这个团体就不值得去挽救，因为即使这次挽救回来了，下次遇到其他问题，也会破裂。当我把这个问题摆在潘老师面前时，她给出了这样的答案：并不是每一个人都是怀疑的对象，大家怀疑的是那两个经常缺课，和大家关系并不密切的人。潘老师说："这件事一发生，大家就很明确知道可能是谁拿了那两份模拟试卷。但是大家又不可能搜身，于是就没有证据。"既然大多数人都知道是谁干了不该干的事，那么还要相互猜忌吗？团体的其他成员就眼看着两个本来就没有完全融入团体的人破坏了团体的氛围，破坏了团体的密切关系而无动于衷吗？

第三，辅导老师不再愿意辅导他们的行为也是大家想不通的一个方面，很多人都在抱怨这位老师，觉得老师太不讲情面，觉得老师的做法太绝情。对老师的不满和怨恨也是导致大家心情不好的一个重要因素。但是这个因素就可以成为让所有人失望和对这个团体不再有热情的原因吗？当然不是，一个好的团体应该是在艰难的时候相互团结的团体，艰难与外部的压力是增强团体凝聚力的重要因素。

第四，在一个团体中，并不是每个成员都扮演着一样的角色，一个团体能得到发展，最根本的原因在于团体成员有共同的价值观念，在于团体具有明确的目标。而这个因为考试而结合的团体本来就是一个暂时性的团体，团体的使命在考试结束后就结束了。考试结束后这个因考试而结合的团体就没有存在的意义。但是，大家为什么还要为一个即将完成使命的团体而惋惜呢？潘老师说，这是因为大家珍惜学习中结下的友谊，大家希望这个因培训而结合的团体继续发挥它的作用。也就是说，有很多学员希望这个班级能以其他的形式和其他的使命而存在。从这个意义上来说，学员希望挽回的不是这个即将完成使命的团体，而是希望他们在培训期间商议过的社会公益性的团体能够成立，他们担心以前的计划"流产"。那么怎么才能使这个临时的班集体结束后，真正的带有公益性质的团体得以成立？怎么才能使这份友谊得以保留？这就必须依靠愿意加入新团体的人。谁是愿意为新团体成立努力的人？绝对不是那两位拿走了不该拿的试卷的人，也不是对这个即将解散的团体目前四分五裂的状况忧心忡忡的人，而是打电话来邀请潘老师晚上去辅导大家的人，是愿意辅导大家和希望通过自己的辅导使团体氛围重新融洽的潘老师。那么只要这几个人——也就是潘老师自己和给她打电话的人和晚上能前去参加辅导学习的人——之间能建立密切的关系，新的团体就会诞生。因为这些人是现在班集体的骨干，他们也会成为新的团体的骨干。在骨干的带领下，其他愿意加入新团体的人的热情也会被激发，他们也会成为新团体的成员。

分析到这儿，潘老师的忧虑慢慢地消失了，她的话语中有了热情、有了活力，她也对晚上的活动有了信心。

三、给潘老师的五条建议

虽然潘老师觉得我们共同的分析使她原来的悲观心情有了好转，但是她还是希望我能给她提出几条明确的建议，告诉她该怎么去做。应潘老师的请求我给潘老师提出了五条建议：

第一，明确自己在晚上辅导活动中的角色。在晚上的辅导开始之前，潘老师需要告诉所有前来参加辅导活动的学员，自己的身份也是一名学员。告诉他们自己既没有义务也没有责任，更担当不起这么一个角色。按照她的身份，她不愿意站在前面扮演一个辅导教师的角色。但是，她还是来了，也愿意这么做。其根本原因就在于她热爱这个即将解散的团体，她珍惜在这个团体里建立的友谊，她也愿意帮助每一个学员。以这种方式，激发大家对团体美好的回忆。

第二，依照自己原来的经验，对周末的考试进行一定的辅导。既然是考前辅导，那么就按照大家的请求，依照自己专业的经验和学识，结合上一次的模拟试卷的内容与形式，对学员进行考试的辅导，帮助大家梳理知识，对某些问题进行讲解与答疑。

第三，为重新找回良好的氛围采用说服来进行情绪疏导工作。为了实现这个目标我要求潘老师进一步强调，自己在辅导中扮演的角色不是一个教师的角色，而是一位班长的角色，更是一个十分珍惜这个团体，希望这个团体能进一步得到发展的学员的角色，说明自己晚上来的目的除了与大家一起做考前最后的复习和知识的梳理之外，就是希望与前来参加辅导学习的学员一起，找回原来美好的气氛。

那么如何找回以前的那种融洽气氛呢？最根本的方法就是采用情绪的认知分析法，帮助大家从对老师的抱怨，对私自拿走模拟试卷的学员的抱怨，从相互的猜忌中走出来。具体做法就是给每个人的行为找出一个合理的理由。这种合理不是伦理道德上的合理性，而是心理上的合理性。换一句话说，不是让我们在道德上接受私自带走模拟试卷这种行为，而是为这种行为的出现寻找一个可以说服自己的理由。也就是说，利用同理心的方式，使大家理解那些人的行为。

"那么对于带走模拟试卷的行为，我们可以找到什么样的理由呢？"潘老师这样问我。

"他们为什么要带走试卷？"我反问道。

"为了更好地复习。"潘老师这么回答。

"如果带走试卷的这两位学员对考试胸有成竹，或者他们对能否通过考试不在乎，那么他们还会带走模拟试卷吗？"我又问。

"不会。"潘老师这么说。

这就是我们可以找到的理解他们这种行为的理由。因为他们为了很好地复习，为了取得好的成绩，所以他们干了不该干的事请。我们这么理解的目的不是说他们这种行为是得当的，是符合道德的。但是我们最起码不会再对这样的行为过分地批判和义愤填膺，我们也不会因为这种行为的出现就对所有的人持怀疑态度，这样也就把这种行为对我们团体的消极影响降低到了最低程度。

潘老师理解了我的意思，也对其他人能谅解这两个人的行为持乐观态度。"我们又该如何理解辅导老师的行为呢？如何让团体的学员觉得辅导老师不是绝情的呢？"潘老师又急切地问道。

"同样的道理。我们也可以对辅导老师的生气找到合理的理由。也就是说，辅导老师生气是有道理的。因为她在发模拟试卷前，已经给班上的学员作了说明，提出了要求。但是你们并没有按照她的要求去做，她不该生气吗？当她给你们交代该如何做的时候，就是和你们建立了信任的关系，但是有两位学员的行为，违反了契约，这就直接导致了她与你们之间信任关系的破裂。那么，她的生气是十分合理的，她不再愿意给你们辅导也是有理由的。因此，你们不该批判她的行为。因为这不是她的本意，而是你们当中有人违反这种契约带来的直接结果。"听了我的解释之后，潘老师明白了。

通过对导致团体关系不和的行为的分析，为这些行为的出现寻求合理的理由，就一定可以帮助学员从那种相互抱怨、相互指责和猜忌的情绪氛围中解脱出来，这就会营造良好的气氛。

然后潘老师要做的工作就是以自己的语言和激情，引导大家向前看，而不是沉溺于过去的消极氛围中，更不要再为到底是谁拿走了那两份模拟试卷而相互猜测，翻过不光彩的这一页。这一步是使团体重归于好的关键。

第四，表明自己对建立新的团体的态度，激发大家的热情，立即采取行动，为新团体的建立热身。在把大家从消极氛围中解脱出来的基础上，表示自己对以前的设想——成立新的公益性团体的热情和向往，表示自己还愿意为这个团体的成立而努力工作，当场就让有志于加入新团体的人报名。

第五，表明自己对旧有班级的留恋和对新团体的期待，以激发大家的热情，为继续保持联系奠定基础。在辅导的最后，表达自己对参加这个培训班的无悔，表达出自己珍惜在这培训班的点点滴滴，谈自己参加这个培训班最大的收获与感悟。在这一点，一定要表达出在培训班最大的收获和体会就是认识了这么多有爱心的朋友，这明确了班上的同学就是自己未来在社会工作方面可以依靠的对象，找到了一批愿意为社会服务的知音。通过这样的表达，向参加这次辅导的学员清晰地发出信息：我在乎你们，我爱这个团体，我还愿意和你们一起一道为新的团体的建立而努力。最后要大家相互留下联系方式，约定好考完试之后见面的时间与地点。

四、咨询结果与启示

在婚姻家庭辅导咨询师的考试结束之后的当天晚上，潘老师又一次拨通了我的电话，这次她的声音是喜悦和欢快的。

她告诉我她的辅导情况及其效果："张老师，谢谢你！你教给我的方法太神奇了。那天晚上我与班上的学员见了面，那次前来参加辅导的学员包括我在内是17人。除了上次告诉你可能是拿走了模拟试卷的那两位没来之外，还有一位警察在外地出差没能来。我就按照你提议的那五点进行了辅导，收到了意想不到的效果。大家的心情完全放松了，没有了相互的指责，没有了对老师的抱怨。我们那天复习了考试的内容之后，用更多的时间讨论了我们将要建立的公益组织的情况。当时我就想给你打电话，告诉你这个好消息，但是怕打扰你。今天考试结束后，大家又见面了，都觉得考得不错，我们又商量了新的团体启动的事宜。我就赶快把这个好消息告诉你，谢谢你！"

"不用谢，听到你这个好消息，我也很高兴。希望听到你更多的消息。"

时间又过了三个月，前几天又接到了潘老师的电话。这次她告诉我，他们的公益性团体成立了，她还是这个团体的负责人。他们主要的服务对象是监狱服刑人员的子女的教育工作。他们团体中的警察、律师、医生和其他职业的成员都与她一道定期去看望和辅导这些孩子，有的孩子父母双方都在监狱，帮助他们解决问题，给他们辅导功课。大家都积极地参与这项工作。这次打电话来的目的一方面是告诉我这个好消息，另一方面是希望我能作为他们的辅导老师，在他们遇到自己没有把握解决的问题时能得到我的帮助。我一方面对他们的举动而高兴，另一方面为我能在他们需要的时候给他们提供指导而高兴。因为帮助别人是一件实现自己价值与意义的事情，是一件快乐的事情。我相信每一个社会工作者都会在自己力所能及的范围内，无条件地帮助别人！

第六章 心理咨询与辅导的操作技术

CHAPTER 6

心理咨询与辅导是一门专业，也是一门艺术。在具体的咨询与辅导过程中，咨询与辅导人员不但要有深厚的理论功底，也需要掌握一些基本的操作技术。

第一节　心理咨询与辅导的诊断技术

诊断是心理咨询与辅导必不可少的环节。没有心理诊断，心理和行为异常就无从鉴别和确认，咨询与辅导的方案就不能形成。诊断技术是心理咨询与辅导人员应该掌握的基本技术之一。

一、心理诊断概述

与辅导中的诊断是指运用心理学的方法和技术对个体或群体心理状态与行为特征进行描述、分类、鉴别及评定的过程。心理诊断可对个体或群体心理异常的性质、类型、程度、原因进行辨别和确认，同时，亦可应用多种方法获得信息，对个体或群体某些心理现象作全面、系统、深入和客观的描述。

（一）心理诊断的含义与任务

在咨询与辅导工作中，诊断是由一系列活动构成的。具体来说，心理诊断就是咨询与辅导人员通过和来访者的互动，在资料收集和资料整理分析基础上，采用定性和定量相结合的方式，对来访者心理是否异常，以及异常的性质、类型、程度、原因进行辨别和确认的过程。

在咨询与辅导中，心理诊断的任务主要包括以下三项：

第一，排除不适合进行心理咨询与辅导的对象。心理咨询的第一项任务就是对来访者进行诊断，看来访者的症状是否适合进行心理咨询与辅导。一般来说，具有轻度的心理异常、一般性的心理和行为障碍的人群是心理咨询与辅导的适宜对象，而精神病、严重人格障碍和脑器质性病变者则不适合进行心理咨询与辅导。由于这类人自我认知能力差，与外界沟通不良，采用心理咨询与辅导难以收到效果，如果处理不当，还会延误这类人群的治疗，加重原有症状。对该类来访者，应建议他们求诊精神病学家。在心理诊断中，可以通过临床心理测验、临床评定量表、物理化学检查及诊断性会谈等方式来排查心理咨询与辅导的适宜对象。

第二，对来访者的心理和行为异常进行定性和定量判定。这是心理诊断的第二项任务。这一任务要求咨询与辅导人员对来访者心理和行为异常作较为全面、具体、准确的把握，对来访者问题的性质、严重程度进行判断并分类。通过心理诊断鉴别来访者问题的类型和性质，搞清楚来访者的心理问题是属于神经症，还是属于情绪障碍、认知障碍，抑或属于行为意向障碍等。如果是神经症，还要进一步弄清楚是哪类神经症，是神经衰弱、焦虑性神经症，还是其他类型神经症等。对来访者的心理与行为异常进行定性式的诊断，在临床上常常是借助相关的心理测量量表与其他心理鉴别工具完成的。

除定性诊断之外，心理诊断也需要对异常的程度作出判断。在心理咨询与辅导中，根据心理异常的程度可以把心理和行为异常分为五类。一是一般性心理问题。所谓一般性心理问题是指正常心理活动中的局部心理异常状态，内容未泛化，常为一定的情境所诱发，具有偶发性和暂时性的特征。二是心理障碍。这种心理障碍的特征就是内容泛化、思维逻辑错误，具有持久性和特异性的特征。三是心理疾病。主要表现为多种心理障碍症候群的出现，具有稳固性和病态性的特征。四是心身障碍。主要是由心理因素引起的身体功能失调与机能紊乱。这些功能失调与机能紊乱毫无病理形态学的变化，也就是我们说的身体上的某些症状没有器质性的病变的原因。五是心身疾病。这类疾病就不是简单的功能丧失和机能紊乱，而是直接表现为躯体症状的出现，这些症状是由心理因素引起的，与不良的情绪有关。

第三，对来访者心理和行为异常的原因进行系统分析。这一诊断也称为病因诊断。病因诊断就是探寻心理和行为异常是如何发生的、诱发因素有哪些、这些因素是如何起作用的。明了心理异常的致病因素，以及心理和行为异常产生、发展的过程，有利于对来访者的问题进行深入思考和研究，找出深层原因，从而制订合理的咨询方案和策略，从根本上解决来访者的问题。

心理学的研究和心理咨询与治疗的临床实践表明，心理异常的发生与多种因素有关：生理特性、成长环境（如家庭、学校和社会环境）、个体的成长经历和心理发展状况等诸多因素交叉作用于个体，对个体心理和行为产生不同性质和不同程度的影响。面对错综复杂的影响因素，心理咨询与辅导人员就需要在心理咨询与辅导的理论框架下，对收集到的信息进行分析解释和整合，通过专业性的逻辑推导和判断，对导致心理困惑、障碍和问题的原因作出判断和解释。

（二）心理诊断的原则

心理诊断是心理咨询与辅导过程中至关重要的环节，心理诊断的准确与否直接影响到咨询目标的制定与咨询效果的好坏。心理异常表现的多样性和产生心理与行为异常原因的复杂性增加了心理诊断的难度。经过很多努力，目前在心理咨询与辅导中已经形成一些心理诊断的原则，这些原则能有效地保证心理诊断的科学性与专业性。

第一，心理反应与环境的同一性原则。这个原则是心理诊断的最基本的原则。心理反应与环境的同一性是指个体的心理活动与行为表现，无论是内容上还是形式上应与客观情境相适应，与个体所处的环境保持一致。也就是说，特定的情境引发相应的心理反应，个体的某一心理活动与特定的情境相关联。

具体来说，就是在某种环境下人们必然会出现某种心理与行为反应，如果来访者在这种情境下出现了这种反应就是正常的，没有出现这种反应就是异常的。例如，亲人去世时，人们都会悲伤而不是大笑，如果来访者在亲人去世的场合有同样的反应就属于正常的表现，否则就是异常表现。因为人的心理是对客观现实的反应，个体在与周围环境的互动过程中形成特定关联，并形成相应的反应模式，体现了个体心理活动和客观环境的同一。如果某种关联或反应模式经常出现不协调或不合理，则对其应该加以关注。例如，一位成年人走在没有任何威胁的空旷广场，如果经常性地产生无缘无故的恐慌、害怕和紧张，就是心理反应和环境的不协调，就是心理与环境没有达到同一性，这种心理反应就不合逻辑，应该引起注意。

第二，心理活动的协调性原则。心理活动的协调性是指个体的心理现象之间的协调一致。这种一致性表现为认知过程、情感过程、意志过程的协调一致，表现为认知过程内部各个成分感知、记忆、思维的协调一致。人的心理活动包括认知过程、情感过程和意志过程，即知、情、意三部分。虽然知、情、意三部分的心理功能各不相同，但三者是相互联系的整体。在个体与外界环境的互动过程中，知、情、意三部分协调一致，才能使个体对外界环境作出准确而高效的反应。心理活动协调一致的破坏，必然导致个体心理的混乱。因此，心理活动是否协调一致成为诊断个体心理与行为异常与否的一个重要原则。

第三，个性的相对稳定原则。人的心理具有可变性，也具有稳定性，可变性与稳定性是统一的。在外界环境没有重大变化的情况下，个体的心理特征是否保持一种相对的稳定，是衡量个体心理正常与否的另一项检验原则。个性是一个人整体的精神面貌，是具有一定倾向性的心理特征的综合。个性是个体在物质活动和交往活动中形成的具有社会意义的稳定的心理特征系统，个性一旦形成就具有相对稳定性，表现出跨越时间和空间的一致性。也就是说，在不同时间、地点，心理状况正常的个体都会在心理反应与行为反应中表现出自己独有的特点和风格。在现实生活中，如果个体的心理反应与行为反应出现同平时表现出来的行为不一致的情况，这可能就意味着个体自我内在的冲突和心理上的混乱，这就意味着个体心理的失衡。

二、心理诊断的过程

心理诊断是对心理咨询与辅导对象的心理状态进行分析判断的过程。心理现象的复杂性及影响心理因素的多样性使心理诊断表现出复杂性。因此，可以说心理诊断是一个复杂的决策过程。一个完整的心理诊断的过程包括信息收集、信息解读与整合分析、作出诊断、确定咨询与辅导目标等这几个环节。

（一）信息收集

信息收集是心理诊断最基础的环节，是心理诊断十分重要的步骤之一。信息收集是否全面对后续诊断的顺利进行有较大影响。信息收集工作主要是在心理咨询与辅导的初始阶段通过摄入性会谈（采集性会谈）来完成的。由于不同的来访者生理状况不同、人生经历不同，不同的来访者与他（她）周围的人和事有着错综复杂、千丝万缕的联系，这就导致不同的来访者的心理问题不同，产生心理问题的原因复杂性和多样性。面对十分繁多与复杂的信息源，咨询与辅导人员就必须明白应该收集哪些信息和如何收集这些信息。

在心理咨询与辅导的诊断中，咨询与辅导人员应该收集来访者以下几方面的资料：第一，来访者的基本个人信息，包括来访者的姓名、性别、年龄、民族、受教育情况、职业、婚姻状态等。第二，现在出现的问题的有关信息。主要包括目前心理有何不适，第一次发生的时间，之前是否有其他事情发生、何时何地常发生、频率如何，当事者如何认识发生的事件、有何感受，事件对其生活有哪些影响等。第三，与身体健康状况有关的材料。主要了解来访者的身体健康情况，具体包括既往身体疾病的历史、目前身体是否有某种疾病、睡眠与饮食状况等。第四，以往的心理咨询与治疗情况。具体了解来访者是否有过心理疾患发生，如果有则需了解发生的时间，做过哪些咨询或治疗、使用过什么药物等情况。第五，个体成长发展历史情况。主要了解来访者在个人成长中是否有重大事件发生（如离婚、父母去世），来访者的家庭成员结构、家庭氛围，以及学业与在校期间的情况等。第六，来访者目前的人际关系。这方面的内容主要是了解来访者的人际关系，包括父母、兄弟姐妹、配偶、子女、朋友、同事和其他社会关系；了解来访者与他人的人际氛围如何，如家庭教养方式、亲子关系、婚姻状况与他人的主要冲突等。

以上几个方面的信息收集主要是在咨询与辅导人员引导下，通过来访者的自我叙述和咨询与辅导人员的观察完成的。在来访者陈述过程中，咨询者不但要听来访者的话语，还要注意观察记录来访者的面部表情、身体姿势、衣着打扮等信息。这些信息在一定程度上能反映来访者的心理状态，所以它们也是心理诊断的依据。此外，与来访者的亲朋、老师、同学、同事及其他联系较密切的人进行沟通交流也是信息收集的渠道。

（二）信息解读与整合分析

信息解读与整合分析是心理诊断的第二步，这一步是心理诊断的核心工作。咨询与辅导人员在收集了大量信息之后，就要对这些信息进行解读与整合分析。所谓信息解读与整合分析就是指心理咨询与辅导人员从心理学的视角对来访者申述的事实、来访者对问题的知觉、来访者问题行为发生的背景等进行分析综合，并用心理学的理论术语进行阐释与解释。这个过程的主要目标是对来访者提供的相关信息的深层含义进行分析，揭示某些信息背后所隐藏的真实含义及其与来访者心理状况、心理问题之间的因果关系，搞清楚这些信息对来访者产生的影响等。

由于受来访者的自我认知能力、语言表达能力、潜意识、咨询人员与来访者关系等因素的影响，咨询与辅导人员从来访者那儿收集到的信息有的十分模糊、笼统，不能准确反映来访者的认知状况与真实的心理感受；有的信息是掩饰性的、虚假的，具有迷惑性与误导性。因此，在信息解读与整合阶段，就要求咨询与辅导人员把模糊的、笼统的信息具体化，要求他们准确把握来访者的认知状态和心理感受，要求咨询与辅导人员把信息中掩饰性的和虚假性的成分剥离掉，找出隐藏在背后的真实含义，并用准确的心理学术语对这些信息进行理解和阐释。在此基础上对收集到的信息进行整合，找出不同信息之间的内在联系。

（三）对心理异常作出诊断

对心理异常的性质、类型、程度和病因加以确认是诊断的重要任务。信息的收集是寻找线索，信息的解读和整合分析是对发生的事实进行分析和综合。在分析和综合信息的基础上，找出心理异常，并评估其性质、类型、程度及成因，为咨询目标确定、咨询方法的选择打下基础就是心理诊断阶段的主要任务。

心理异常的诊断包括异常的性质、类型及程度的诊断，也包括产生异常原因的诊断。一般来说，异常性质、类型和程度的诊断是在充分分析收集到的信息的基础上，运用诊断性会谈与观察法、心理测量法、作品分析法等，根据相应的诊断标准作出定性和定量结论。

心理异常原因的诊断则需要综合各种资料进行分析、判断和推导。由于来访者情况的复杂性和影响心理异常因素的复杂性，要找到产生心理异常的原因是十分困难的，但是综合各种心理咨询与辅导的理论，我们可以从下列几个方面着手寻找导致心理异常的原因。

第一，童年被压抑的欲望、心理冲突或心理创伤。精神分析理论认为，童年被压抑的欲望、心理创伤是心理疾病和心理问题的根源，这些被压抑的欲望、心理创伤在个体的成长过程中，可能会以神经症的症状影响个体的正常生活。

第二，环境中的不良刺激。行为主义理论认为人的非适应性行为是不良的环境刺激的结果，因为在行为主义者看来，无论是积极的适应性行为还是消极的非适应性行为都是习得的，并且这些行为都可以经由强化而得以巩固。

第三，不合理的信念。理性－情绪疗法理论认为，心理问题尤其是不良的情绪问题和行为问题是因为人的非理性信念导致认知的曲解而产生的。

第四，错误的自我概念导致心理问题与人格障碍的产生。人本主义治疗理论认为，自我概念是了解心理失调的关键。个体成长过程中，自我概念的扭曲会导致个体知觉和行为的分离，从而引发心理失调与心理问题的产生。

第五，生物学因素。生物医学模式强调心理异常与生物学因素有关，认为遗传因素、生理上的解剖结构、生理生化及脑与躯体损伤等可能导致人的心理异常。其中，遗传因素可能是某些心理异常产生的关键因素。

第六，社会因素。心理异常的社会模式认为社会制度与体制、社会阶层差别、社会文化变革等因素对人的心理发展会产生影响，很多来访者的心理异常是受社会文化因素影响的结果。

上述几个方面提供了诊断心理异常原因的线索。在临床实践中，导致个体心理异常的原因是复杂的，因此在具体的诊断中，就需要咨询与辅导人员多方考虑和综合分析。

(四) 确定咨询与辅导目标

这是心理诊断过程的最后一个环节。这一环节的主要任务就是在前期工作的基础上，对来访者的问题作出基本的判断，搞清楚来访者的问题是一般性心理困惑还是明显的心理偏差或者异常，根据不同的问题确定是否可以采用心理咨询与辅导的方式或者采用什么方式为来访者提供帮助。由于来访者的问题不同，因而咨询与辅导的方式和咨询与辅导的目标也不同。就像在咨询理论部分介绍的每一个心理咨询理论派别都有自己的咨询目标。

三、心理诊断的方法

心理咨询与辅导诊断的常用方法有诊断性会谈、观察法、心理测量法等。

(一) 诊断性会谈

诊断性会谈是心理诊断最常用的方法。诊断性会谈是咨询与辅导人员与来访者通过会谈、探索来访者问题的性质、程度、成因,以确认问题,并进行咨询目标定向和咨询方案的探讨过程。它是在心理咨询的起始阶段进行的。前文已经对诊断性会谈作过简单介绍,下面我们就对诊断性会谈的内容和会谈中的注意事项再作一些补充说明。

1. 诊断性会谈的内容

诊断性会谈的主要目的是收集信息,为诊断提供素材,诊断性会谈涉及的内容十分庞杂。面对来访者,诊断性会谈主要围绕如下内容展开:

首先,询问来访者目前的自我感觉情况和主要问题。主要问来访者有哪些不适的感觉、有什么样的情绪情感体验、身体感觉情况等,再询问来访者最初感到心理不适的时间、地点、情境,之后询问来访者自己认为是哪些事件对他产生了影响,述说这些事件发生的具体过程及他(她)当时的感受等。

其次,询问来访者不适问题出现的频率、强度和持续的时间。主要询问来访者自己的不适情况通常在什么情境下会出现、什么情境下不会出现。

对上述信息有了充分了解后,接下来就需要咨询与辅导人员进行信息整合,并配合其他诊断方法,鉴别来访者的问题的性质、类型和严重程度,寻找与问题有关联的影响因素,为制定咨询目标和确定咨询方法奠定基础。

2. 诊断性会谈应注意的事项

诊断性会谈是心理诊断的常用方法，运用是否得当直接影响到咨询效果的好坏。因此，在诊断性会谈中，咨询与辅导人员一定要注意下列问题：

首先，要激发来访者谈话的动机。在诊断性会谈中，咨询与辅导人员一定要通过专心倾听、无条件接纳和尊重、适时回应来访者等方式，使来访者感受到被关注和被理解，以促使来访者自我探索和自我暴露，保证会谈流畅进行。

其次，坚持价值中立原则，避免对某些事情作肯定或否定的判断，尤其避免用诸如"不好""错""不对"等类似的词作否定性判断和表述。在会谈中咨询与辅导人员一定要避免使用指责和批判性的词语。

再其次，灵活运用会谈技巧促进会谈不断深入。咨询与辅导人员一定要注意把握提问的时机，控制数量和频率，注意提问的方式，避免给来访者留下逼问和审问的印象，促进会谈不断深入。

最后，诊断性会谈的内容要有针对性，不能漫无目的地进行。

（二）观察法

观察法是指在咨询与辅导过程中，咨询与辅导人员有目的、有计划地观察来访者的心理和行为，获取相关信息，以对其心理进行评估和判断，从而作出诊断的方法。它是心理诊断中常用的获取来访者信息的重要方法。与诊断性会谈和心理测量法比较，观察法有其自身的特征和优缺点。从优点上来看，观察是咨询与辅导人员在咨询过程中对来访者进行的直接观察，因此观察到的现象相对客观、真实、可靠。从缺点上来看，由于观察是在自然状态下进行的，有些影响因素难以控制，咨询与辅导人员只能等待来访者某些问题的出现，因而比较费时，观察到的现象也具有表面性、局限性的特点，观察的资料比较难做精确分析。

根据不同的分类标准可以把诊断中的观察分为长期观察与定期观察、结构性观察与非结构性观察、直接观察与间接观察、全面观察与重点观察等类型。在具体的咨询与辅导过程中,咨询与辅导人员要根据个案特点选择适宜的观察方法,获取有价值的信息。

1. 诊断观察法运用的情境

诊断性的观察可以通过两个途径实施:其一,在现实情境中进行观察,也就是在自然条件下观察来访者的言语、表情、动作及行为表现;其二,在临床会谈中观察来访者的行为细节,如来访者的面部表情、肢体语言,以及说话的语调、语速、语流等细节。临床会谈中来访者的这些行为表现往往隐含、投射着来访者内隐的心理状态。捕捉来访者在咨询中行为的细节、解读来访者行为的含义,有利于剖析来访者心理问题的真实状况。在咨询过程中,如果来访者的肢体语言与表述的心理状态不一致或者出现十分明显的矛盾,那么咨询与辅导人员就要特别关注,从这些行为着手来分析和把握来访者真实的心理状态。

2. 观察法实施的步骤

首先,要明确观察的目的和内容。也就是说,在观察之前就要搞清楚为什么要进行观察、观察什么、观察内容的记录指标是什么。明确这些问题,可使观察更有针对性,避免盲目。

其次,要按照观察的内容,制定具体的观察计划和观察提纲。观察计划和提纲应包括观察的时间、地点、过程、步骤、具体内容等。

再其次,根据观察目的和观察内容有针对性地选择观察类型。观察目的和内容一经确立,就要根据情况选择观察类型,例如,是现场直接观察还是借助仪器进行观察,是长期观察还是短期观察,是进行结构性观察还是非结构性观察等。选择什么类型的观察,需要咨询与辅导人员根据具体情况来确定,在观察中既可以采用单一的方法,也可以采用几种方法交叉运用来实施。

最后，要做好观察记录。观察的记录内容是后续心理评估和诊断的依据。来访者在自然状态下或者在会谈中的行为表现，来访者某些特定的行为发生的时间、与某些动作出现的时机或者重复出现的频率等都可以成为观察记录的内容。通常情况下，在实施观察之前，咨询与辅导人员就应做好观察记录的准备工作，做好记录方式的选择工作，确定好记录的表格。自然状态下的观察记录是可以当场作的；如果采用临床会谈中的观察法，那就还需要作更充分的准备；会谈过程中不方便当着来访者的面作观察记录的，就需要咨询与辅导人员采用事后追记的方式进行记录。

（三）心理测量法

心理测量法是指心理咨询与辅导人员运用标准化的测验工具对来访者有关的心理特征进行客观、标准化的测量，以确定来访者是否存在心理异常的一种心理学技术。心理测量的主要特点是对测量对象的心理状态或心理品质进行定量分析，具有比较强的科学性和严谨性。在心理咨询与辅导中心理测量已经成为最为重要的诊断手段。

1. 心理诊断中常用的测量工具

在心理诊断中，常用的测量工具有智力测验、人格测验和行为倾向测验等多种工具。智力测验的主要目的是诊断来访者是否存在智力异常。目前，我国的常用智力测验工具有中国比奈测验（吴天敏等修订，用于测量儿童智力发展水平）、韦氏成人智力量表（龚耀先等修订）和瑞文图形测验等工具。

人格测验是用测量工具对个体的人格特征进行测量。心理咨询中常用的人格测量工具有：卡特尔16种人格因素问卷（16PF）、爱德华个人倾向量表（EPPS）、明尼苏达多项人格问卷（MMPI）、大五人格量表（NEO）、艾森克人格测验量表（EPQ）等。其中，明尼苏达多项人格问卷因其具有较高的信度和效度被广泛运用，该量表既适用正常人，也适用心理异常的检查。

2. 心理评估中常用的测量工具

上面我们介绍了在心理咨询与辅导中常用的测量工具，这些工具是一般性的心理状态与倾向的测量工具。而要鉴别心理发展水平、健康水平及心理是否异常或者异常程度，就需要采用综合性的心理测量工具。因此，我们把上面介绍的这些工具称为心理诊断中常用的测量工具。把检验心理发展水平、适应水平、心理是否异常和异常程度的测量工具称为心理评估中常用的测量工具。因为这些工具有助于咨询与辅导人员对来访者的心理发展水平、适应水平与异常状况作出评价。心理评估量表有诊断量表和症状量表之分，心理咨询中症状量表运用较多，包括精神病评定量表、抑郁量表、焦虑量表、恐怖量表和躁狂量表等。

表6-1中的各种量表是现代心理咨询与辅导工作实践中最常用的量表：

表6-1 心理咨询与辅导中常用的心理评估量表

心理卫生综合评定量表	康奈尔医学指数量表（CMI）、症状量表（SCL90）、自测健康量表（SRHMS）、Achenbach儿童行为量表（CBCL）等
生活质量与幸福感测查量表	生活满意度评定量表（LSR）、生活满意度指数A量表（LSIA）、生活满意度指数B量表（LSIB）、积极情感消极情感量表（PANAS）、总体幸福感量表（GWB）、生活质量综合评定问卷（GQOLI-74）等
应激及相关问题评价量表	生活事件量表（LES）、青少年生活事件量表（ASLEC）、压力应对方式问卷（CSQ）、防御方式问卷（DSQ）、医学应对问卷（MCMQ）、社会支持评定量表（SSRS）等
家庭功能与家庭关系评定量表	家庭环境量表（FES-CV）、家庭亲密度和适应性量表（FACES II-CV）、家庭功能评定（FAD）、婚姻质量问卷（ENRICH）、父母养育方式评价量表（EMBU）等

续表

抑郁及相关问题评定量表	贝克抑郁问卷（BDI）、抑郁自评量表（SDS）、汉密顿抑郁评定量表（HRSD）、认知偏差问卷（CBQ）、老年抑郁量表（GDS）等
焦虑及相关问题评定量表	焦虑自评量表（SAS）、汉密顿焦虑评定量表（HAMA）、交往焦虑量表（IAS）、状态特质焦虑问卷（STAI）、儿童社交焦虑量表（SASC）等
自我意识与自尊评定量表	自我描述问卷（SDQ）、自我同一性量表（EOM-ELS-2）、自尊量表（SES）等
心理控制源评定量表	内在外在控制源量表·(I-E量表)、婚姻心理控制源量表（MLOC）、子女教育心理控制源量表（PLOC）、精神卫生心理控制源量表（MHLC）等

我国学者对大多数量表进行了修订，在心理咨询与辅导的实践中，咨询与辅导人员可以根据实际情况选用相应的量表对来访者进行心理诊断与评估。

在心理诊断中，有关心理健康状况的诊断，最常见的量表就是《症状自评量表（SCL—90）》，其信度和效度都经得起检验。

这个量表的部分题目如下：

《症状自评量表（SCL—90）》

该量表是世界上最著名的心理健康测试量表之一，是当前使用最为广泛的精神障碍和心理疾病门诊检查量表，将协助您从十个方面来了解自己的心理健康程度。本测验适用对象为16岁以上的用户，可以检测一个人某段时间（一般为一周时间内）的症状水平。

指导语：以下列出了有些人可能会有的问题，请仔细阅读每一条，然后根据最近一周内下述情况影响您的实际感觉，在每个问题后标明该题的程度得分。其中，"没有"选1，"很轻"选2，"中等"选3，"偏重"选4，"严重"选5。

本书仅节选该量表的部分内容，供读者参考。

题目	没有	很轻	中等	偏重	严重
1. 头痛					
2. 神经过敏，心里不踏实					
3. 头脑中有不必要的想法或字句盘旋					
4. 头晕或晕倒					
5. 对异性的兴趣减退					
6. 对旁人责备求全					
7. 感到别人能控制您的思想					
8. 责怪别人制造麻烦					
9. 忘性大					
10. 担心自己的衣饰是否整齐及仪态是否端正					
11. 容易烦恼和激动					
12. 胸痛					
13. 害怕空旷的场所或街道					
14. 感到自己的精力下降，活动减慢					
15. 想结束自己的生命					
16. 听到别人听不到的声音					
17. 发抖					
18. 感到大多数人都不可信任					
19. 胃口不好					
20. 容易哭泣					
21. 同异性相处时感到害羞不自在					
22. 感到受骗、中了圈套或有人想抓住您					
23. 无缘无故地突然感到害怕					
24. 自己不能控制地大发脾气					
25. 怕单独出门					
26. 经常责怪自己					
27. 腰痛					
28. 感到难以完成任务					

续表

题目	没有	很轻	中等	偏重	严重
29. 感到孤独					
30. 感到苦闷					
31. 过分担忧					
32. 对事物不感兴趣					
33. 感到害怕					
34. 感情容易受到伤害					
35. 感到别人能知道您的内心想法					
36. 感到别人不理解您、不同情您					
37. 感到别人不喜欢您、对您不友好					

3. 对心理测量应有的态度

心理测量是心理咨询与辅导诊断的一种重要方法。对待心理测量应有正确的态度。现代社会由于网络的普及，人们可以接触到越来越多的心理测量工具，可以自行进行心理测量。面对测量结果就形成了两种截然不同的态度：一种是对心理测量十分迷恋和迷信，认为心理测量是很神奇的，把心理学测量神化与迷信化，以测量结果为依据，确定自己的人生方向，作出人生选择；另一种是对心理测量产生怀疑和抱有不信任的态度，认为心理测量是无用的，测量是胡说八道和毫无科学性可言，否定心理测量的价值。在心理咨询与辅导的诊断中，这两种态度都是需要杜绝的。心理测量作为一种方法，对于认识人的心理状况、测定人的心理发展水平是有积极意义的。心理测量工具的使用，对于诊断心理是否异常和鉴别心理发展状况具有一定的价值。因此，否定心理测量价值的观点是错误的。但是，对心理测量也不能过分迷恋。在心理咨询与辅导的诊断中，咨询与辅导人员可以运用心理测量工具对来访者的情况进行初步了解，而确切的诊断还需要咨询与辅导人员综合运用访谈、资料分析等多种方法。

第二节　心理咨询与辅导的沟通技术

沟通在心理咨询与辅导的实践中具有十分重要的作用。从某种意义上来说，心理咨询与辅导过程就是心理咨询与辅导人员运用自身的专业知识同来访者进行有效的沟通，促进来访者自我改变和发展的过程。

沟通是心理咨询与辅导的主要手段，是咨询与辅导人员同来访者相互了解、相互理解、相互影响的桥梁。不论遵循哪种咨询理论，沟通均是心理咨询与辅导最为核心的工作途径和方式，沟通贯穿于咨询关系的建立、资料的收集、评估诊断、对来访者的指导以及咨询结束等心理咨询与辅导的整个过程。

心理咨询与辅导中的沟通是建立在职业关系基础之上的，咨询与辅导人员和来访者的沟通必须在心理咨询与辅导的框架中运行和展开。为了实现心理咨询与辅导的目标，咨询与辅导中的沟通要求咨询与辅导人员必须掌握倾听与追问、面质与澄清、复述与重复、摘要与总结等技术，下面主要介绍一下前两种技术。

一、倾听与追问技术

倾听是心理咨询与辅导中最基本的沟通技术。在心理咨询与辅导中，咨询与辅导人员运用倾听技术对来访者发出的信息进行反应，促使来访者自我探索、自我暴露，把来访者的思路引向咨询预定的方向。心理咨询与辅导中的倾听和日常生活中的倾听有不同的含义。心理咨询与辅导中的倾听是积极主动的倾听，带有专业特点的倾听。

（一）心理咨询与辅导中倾听的基本要求

在心理咨询与辅导过程中，倾听作为一种专业行为和专业技术，有专业方面的要求。心理咨询与辅导中的倾听不是朋友谈话中的倾听,也不是聊天中的倾听,而是一种带有专业特点的倾听。这种倾听的目的包含三个方面:一是向来访者表明咨询与辅导人员的态度——我愿意和你进行沟通与交流;二是希望通过倾听使来访者打开心扉,收集到有效的信息;三是通过倾听中的提问、质询和澄清等技术的运用使来访者明了自己的心理状况。为了实现这样的目的,心理咨询与辅导中的倾听有以下基本要求:

一是积极关注、适时参与。心理咨询与辅导中,咨询与辅导人员的倾听行为不是被动倾听,咨询与辅导人员要保持对来访者的关注,要敏感地捕捉来访者在谈话中的各种信息,并适时、适当地参与其中,促使来访者进行自我探索和提供更多有关自己心理状况的信息。

二是尊重与接纳。尊重指认真倾听,尊重来访者陈述的事实和他们的内心体验;接纳是指以来访者的内心作为参照框架,理解来访者的描述,不加判断地接受来访者的信息,避免对来访者的人格与行为作出评价。来访者陈述的事实和内心感受可能缺乏合理性,但在来访者的主观世界里这些感受是真实存在的,咨询与辅导人员可以不赞同这种感受,但要给予理解和尊重。

三是多方接收、理解信息。咨询与辅导人员既要关注来访者的言语信息,也要关注来访者发出的非言语信息。在咨询与辅导中,言语交流是传递信息的主要方式,但非言语信息也传递着来访者心理状态方面的信息,可能非言语信息更具有真实性和可靠性。

咨询与辅导人员积极参与,尊重来访者、理解来访者,这是有效倾听的必要条件。同时,对于一个合格的心理咨询与辅导人员来说,能够掌握倾听的询问与追问、面质与澄清等技术也是十分重要的。

(二)倾听中的询问与追问技术

在倾听中,除了要求咨询与辅导人员要具有良好的态度之外,也需要咨询与辅导人员掌握询问与追问技术。

提问是心理咨询常用的技术。提问是咨询与辅导人员用询问的语句引导来访者自我探索并表述与自己相关的事实、情绪反应及看法的过程。咨询与辅导中有针对性地提问可以帮助咨询与辅导人员把握会谈的方向，能清楚来访者的真实心理状况，促进来访者的自我探索。心理咨询与辅导中的提问技术包含以下几个方面：

第一，多提开放式问题，少提封闭式问题。开放式问题是指可以引起来访者思考，使来访者从自己的参照体系出发，自主地确定回答的方向和内容的问题。这类问题通常用"如何""怎么样"等类似的形式提问。"当时发生了什么事情？""你是怎么想的？""在你的成长过程中，哪些事情对你产生过重大影响？""你有哪些事实证明你什么都不如别人？""在什么情况下，你的感觉会好些？"诸如此类的问句，来访者可以给出多种答案，这类问题就属于开放式问题。

开放式提问常常被用在咨询会谈的开始。有时咨询人员为了解更多的情况，咨询的中间也常常用开放式提问。开放式提问可以使咨询人员了解较多的信息，但由于信息提供较多，不利于准确地澄清问题。

封闭式提问是指来访者只能作肯定或否定的回应："是"或"不是"，"对"或"不对"。如"你对他的谈话方式不满意，是吗？""你觉得他不应该用这样的眼神看你，对不对？""你的痛苦都是他引起的，是吗？"

封闭式提问针对性较强，范围较为集中，有利于对特定问题的探讨。但封闭式提问是以咨询与辅导人员为参照系的，提问易产生暗示作用，影响来访者的思维，这会导致来访者的回答不符合实际情况等问题的出现。

在具体的咨询与辅导过程中要灵活运用开放式问题和封闭式问题。具体来说，咨询与辅导人员需要收集大量信息时就要用开放式提问，想确认某些信息的准确性时就要用封闭式提问。

第二，多提描述式问题，少提为什么、怎么样和是什么等问题。描述式问题是指要来访者对自己的心理状况和情感水平进行描述的问题。例如，当来访者说自己感到很累的时候，就可以问来访者能不能用语言描述一下目前的心情，而不是问来访者为什么会感到累；当来访者述说自己与母亲的关系很糟糕的时候，就要来访者用具体的事实说明一下自己与母亲的关系。咨询与辅导人员通过对来访者描述式问题的答案进行分析，可以了解来访者真实的心理状态，了解来访者想表达的真实心情，也能弄明白哪些因素是影响来访者出现某些心理特征的原因。

第三，多提积极问题，少提消极问题。积极问题就是能激发来访者进行正面思考，使来访者从积极方面进行自我认知和分析的问题；消极问题就是会导致来访者寻找借口和引起来访者自我否定、消极思考的问题。在咨询与辅导中，咨询与辅导人员要多同来访者进行积极交流，多从积极问题出发帮助来访者进行正向思考。例如，要了解来访者过去经验对心理与行为的影响，就可以这样提问："你能回忆一下在你的人生历程中，哪些人、哪些事件对你产生过积极影响，它们分别在哪些方面影响了你？"面对比较封闭和自我防卫心理比较强的来访者就可以这样提问："在你的经历中，肯定有不少让你自豪的事情，你想想，哪些事情使你引以为傲？你身上有哪些优势？"这样的提问，不但可以降低来访者的自我心理防卫，更重要的是引导来访者对自己的积极态度。

在提问中，不可避免地要涉及消极问题，涉及来访者的创伤和失败的经验等。对这些问题也要以积极的方式来提问，即使要提问，也是在建立了基本融洽的咨询关系之后才能提问。例如，要了解哪些因素导致来访者产生失眠、焦虑、抑郁等症状，不要直接问："你觉得什么因素导致你失眠和焦虑？"而应问："你能否描述一下你的睡眠状况？能否描述一下在遇到重大事件时你的心情？"在来访者描述完之后，接着问："你觉得是什么事情使你睡眠状况不理想？什么事情使你有些紧张和焦虑？"这样一步步引导式的提问，就能缓解来访者在回忆这些事件时过多的消极反应。

第四，在提问中如果要提封闭式的"为什么"类的问题和消极问题时，不可连续提问。封闭式问题既包含"是或不是"的问题，也包含"为什么"的问题。消极问题和封闭式问题都会使来访者产生一定的压力。

第五，在提问中要避免判断式提问，而要进行探索式提问。所谓判断提问就是肯定的、下结论式的提问；探索式的提问就是留有一定余地的、不会导致来访者难堪的提问。在咨询与辅导中，咨询与辅导人员通过观察和对前期资料的分析可能已经对导致来访者心理与行为异常的因素有了一定的看法，但是在提问时，不要直接作出判断，下某种结论，而是要进行探索。例如，对来自父母离异家庭或者在暴力家庭环境中成长的来访者来说，不良的家庭环境可能是造成他们自卑、自我封闭或者具有暴力倾向的主要原因。但是在提问时，就不能直接问："我觉得不良家庭环境和父母的不良行为，是造成你目前不良状况的原因，你认为是这样的吗？"而应该进行小心翼翼地探索："从我们沟通交流中你提供的信息来看，家庭因素在你的成长中扮演着很重要的角色，家庭情景和父母的某些行为对你的行为有一定的影响，你如何看待家庭情景因素和你现在行为之间的关系？"通过这样的探索，帮助来访者自己分析家庭因素对自身的影响，这不但有利于深入沟通交流，也能帮助来访者通过自身的分析弄清楚家庭对他的影响，避免来访者自我心理防卫机制的作用。

第六，在整个询问与倾听过程中，咨询与辅导人员要善于鼓励来访者进行自我表达。咨询与辅导人员对来访者的鼓励，不但能表明自己在专心致志地倾听，同时也能激发来访者自我分析和自我表达的欲望。尤其是当来访者进行深度的自我探索和自我分析时，咨询与辅导人员的鼓励与肯定，会促进来访者积极地自我探索。咨询与辅导人员对来访者鼓励的方式具有多样性，既可以用点头的方式来鼓励，也可以用眼神来鼓励，还可以用语言来鼓励。

二、面质与澄清技术

在沟通过程中，咨询与辅导人员除了要掌握倾听和追问技术，面质和澄清技术也很重要。

（一）面质技术

1. 面质的含义

面质也称质询、对峙和对立，是指咨询与辅导人员当面指出来访者在咨询与辅导过程中表现出来的言语、情感、行为等方面的矛盾，使来访者自己明白和正视这些矛盾的一种语言表达方式。心理咨询与辅导中的面质就是咨询与辅导人员面对面地与来访者交流，帮助来访者认清自己真实的心理状态和实际情况的一种技术。面质的目的不是帮助来访者"更正错误"，而是使来访者明白自己的真实处境，敢于正视自己的真实情况。

在咨询与辅导现实中，由于自我心理防卫机制和潜意识的作用，很多来访者在述说问题时会不自觉地对自己某些状况与行为进行美化和掩饰，面对这种情况，咨询与辅导人员就需要采用面质技术帮助来访者了解自己真实的心理状态和想法。

2. 面质的价值

面质在咨询与辅导中具有很重要的价值意义。首先，面质有利于澄清来访者情感、观念、行为上的矛盾，使咨询人员能够把握来访者的真实心理。能否把握来访者真实的心理，对于咨询与辅导能否取得良好的效果至关重要。在访谈中来访者给咨询与辅导人员提供的信息可能是真实的，也可能是经过美化和加工的。通过面质可以帮助咨询与辅导人员了解来访者真实的想法，有利于咨询与辅导工作的进行。其次，面质有利于来访者明白自己的真实心理与行为状态，使他们能降低自我心理防卫，为来访者自我改变创造条件。最后，面质有利于来访者明白自己认知上的偏差，消除认知上的片面性与主观性，增强来访者认知改变的自觉性与主动性。

3. 面质技术的运用场景

在下列六种情况下，咨询与辅导人员就需要在咨询与辅导中使用面质技术。

第一，言语信息与行动之间存在矛盾的时候。

例如：

来访者：我不想来咨询。

（事实上已经坐在咨询人员面前）

第二，言语信息与非言语行为之间存在矛盾的时候。

例如：

来访者：我不认为我男朋友伤害了我。

（边说边流泪）

第三，来访者述说的两个言语信息之间出现矛盾的时候。

例如：

来访者：其实他是个好人，就是经常撒谎而已。

（究竟是好人还是坏人）

第四，来访者两个非言语信息之间出现矛盾的时候。

例如：

在咨询中出现欲言又止的状况。

第五，来访者的言语信息与真实情境出现矛盾的时候。

例如：

来访者：我什么都不如别人好。

（而事实上是来访者的外在形象处于中上水准）

第六，两个人之间的矛盾。指咨询人员与来访者、父母和孩子、老师和学生、夫妻之间等想法不一致，或相冲突。

4. 提升面质效果应遵循的步骤

要提升面质的效果，咨询和辅导需要依照下面四个步骤来进行：

第一，仔细观察，识别矛盾信息。

第二，确定面质目的。面质目的是挑战来访者歪曲的认知情感和矛盾。

第三，把信息中冲突的两方面联系起来。不要排斥任何一面，通常使用"一方面，你认为……另一方面，你又认为……"等句式。

第四，评估面质效果。根据来访者的反应看面质是否有效。

5. 运用面质技术的注意事项

面质技术是心理咨询与辅导沟通中的核心技术。在运用这个技术时，一定要注意以下几点：

首先，面质技术必须以咨询与辅导人员同来访者建立了良好关系为前提。面质是咨询与辅导人员当面指出来访者语言、行为和情感反应中的矛盾与冲突的过程，如果没有良好的咨询关系，就会引起来访者的自我心理防卫，引起来访者对咨询与辅导人员质询的否定和咨询关系的紧张。

其次，面质要以事实为依据，要明确、具体。咨询与辅导中的面质一定要有根有据、具体详细，不要给来访者留下咨询与辅导人员"故意找茬"或"故意与自己过不去"的印象。

最后，面质技术要以尝试性和试探性态度为起点，避免咨询和辅导人员与来访者的相互辩解。就像上文说的提问方式一样，不要有判断性的提问，同时面质也需要留有余地，以试探方式开始，不要以完全肯定的方式对来访者的行为和心理感受下结论，避免来访者的自我辩护。

6. 运用面质技术的案例

在心理咨询与辅导的实践中，我们常常遇到来访者语言和行为上自相矛盾的情况，为了了解来访者真实的心理状态就需要运用面质技术。下面是笔者与一位具有爱心的来访者（男性）的对话，这位来访者在帮助了别人而没有得到他自己认为的感激时产生了心理矛盾。

来访者：老师，我很失望，现在人怎么都这么的没有修养，缺乏感恩之心！

笔者：是吗？能给老师说说什么事情使你感到失望和得出这样的结论吗？

来访者：我是一个喜欢做好事的人，从来不求他人的回报，但是我希望接受帮助的人能够把这种助人的行为传递下去，而在受助者之中很多人没有这么去做。我很失望！

笔者：你能否说得具体一些，到底是什么时间，发生的什么事影响了你的心情？

来访者：有一位女同学，家庭条件不是很好，有些自卑，不太喜欢与人交往。她比我低一级，我是系学生会的干部，在迎新中我接待过她。作为她的学长，我两年来一直在帮助她。我对她没有其他想法，没有希望她对我的帮助有任何回报，就是希望她能适应学校生活、过得快乐，然后以积极的态度影响感染他人。通过两年的努力，她变得活泼、开朗了。对她的进步我很高兴。但是……

笔者：但是？发生了什么事啊？

来访者：嗯，嗯，她最近交男朋友了，慢慢地疏远我了，我很失望和生气！

笔者：她交男朋友了？

来访者：对！

笔者：这不是很好吗？说明你帮助她的效果很不错，在你的帮助下她的变化和进步多大啊，不是你希望看到的吗？

来访者：是的！

笔者：她的进步带给你的不应该是喜悦吗？她变得开朗和开心了，不是你所希望的吗？她的进步怎么会使你失望呢？

来访者：……

笔者：老师明白了。你对她产生了感情！你的失望不是因为她没有帮助其他人，而是她没有明白你对她的感情！

来访者：老师，我明白了！

从上面的案例可以看出，引起来访者失望的真实原因不是来访者自己所说的受助对象没有帮助他人、受助对象缺乏感恩的心等，而是来访者在潜意识中已经对受助对象产生了男女朋友之间的感情，而这个受助对象没有满足他的心理期待，交了男朋友！面质可以使来访者了解自己真实的心理状况，使来访者有勇气面对真实的自己！

（二）澄清技术

1. 澄清的含义

澄清是咨询与辅导人员同来访者进行进一步的沟通交流，来访者对自己的话语及其含义进行进一步的解释说明，使咨询与辅导人员准确理解来访者信息和谈话意思的常用方法。澄清促使来访者对含糊、模棱两可或意思不清晰的内容加以详细叙述和说明，使来访者表达的信息更加清楚，也使咨询与辅导人员对来访者的信息了解得更准确。

2. 澄清技术的运用场景

当来访者认知混乱、情感体验模糊，对有关问题的自我认知不清晰，或者来访者语言表达能力有限，难以清晰、准确地表述真实的心理状态时，咨询与辅导人员就需要用澄清技术引导来访者整理思路、澄清事实，仔细体会并确认内心的真实感受，或用恰当的语言启发来访者描述事实和情感体验。

在咨询与辅导实践中，澄清通常以疑问的方式表达，如"你是说……""你的意思是……""你能进一步解释你刚才说的意思吗？"在咨询与辅导中，澄清的目的主要有两个：第一，使来访者表达的信息更加清楚，提高咨询与辅导人员对来访者信息知觉的准确性。当咨询与辅导人员无法确信自己是否明白来访者的信息，并需要详细叙述时，就应使用澄清技术。第二，可以检查咨询与辅导人员从来访者信息中听到的内容是否准确。特别是在咨询开始阶段，在作出任何结论之前，一定要澄清来访者的信息内容。

3. 运用澄清技术的步骤

第一，通过澄清确认来访者言语信息和非言语信息。

第二，通过澄清确认哪些信息是含混不清的。

第三，咨询与辅导人员选择适当的方式和采用恰当的语言对含混的信息和不清楚的问题进行澄清。澄清时，一般采用试探的或疑问的语气进行，如"你能否告诉我……""你是否觉得……""你是说……""我理解的没有错的话，你是想说……""你要表达的意思是否是这样的……""你能试着再具体的描述吗"等类似语句。

通过来访者的反应验证澄清效果，根据来访者对澄清的反应，决定是否需要继续澄清。

4. 运用澄清技术的案例

案例1：

来访者：生完小孩后，心情一直不好，我好怕，怕我作出傻事。（语意含糊、隐藏，需要澄清）

咨询与辅导人员：你说你担心自己作傻事，所谓的傻事，你指的是什么？能告诉我吗？

通过来访者进一步的解释和说明，咨询和辅导人员就明白了来访者所说的做傻事的含义。

案例2：

来访者：我的心情很不好，什么都不想做，不想去上课，不想和朋友一起出去玩，唉，都是因为失恋。（情绪体验模糊）

咨询与辅导人员：哦，听上去，你和女朋友分手了，这使你感到心情很糟糕，你感觉到的是失落，还是不甘心，或是其他什么感受？

来访者的解释能使咨询与辅导人员了解到失恋对他到底产生了哪些影

响，为进一步有针对性地咨询与辅导奠定基础。

第三节 心理咨询与辅导的反应与参与技术

反应与参与技术是指心理咨询与辅导人员在与来访者进行交流过程中，对来访者的问题和心理感受作出积极回应的技术。反应与参与技术包含内容反应技术、情感反应技术、共情技术和具体化与即时化技术。

一、内容反应技术

（一）内容反应技术的含义与意义

内容反应技术也称释义技术，是指咨询与辅导人员有选择地注意来访者信息中的认知部分（内容部分），并对来访者的言语和思想进行再编排，然后用咨询与辅导人员自己的语言表述出来的技术。

一般来说，在咨询和辅导活动中，来访者的信息包含内容信息和情感信息两部分。内容信息是指涉及事件、情境、人、物体或思想的信息，情感信息是指带有情绪或情感色彩的信息。内容反应技术主要是对内容部分进行反应的技术。经过咨询与辅导人员对信息的重新编排和重新表述，释义后的思路比原始陈述更为清晰，探讨的重点更为明确，引出来访者进一步阐述的内容。

内容反应技术在咨询与辅导中具有十分重要的意义。首先，该技术有助于表达咨询与辅导人员对来访者的理解，能增强咨询与辅导人员和来访者之间的关系。其次，该技术可以使咨询与辅导人员进一步了解来访者的心理状态，明确来访者遇到问题的实质。

（二）运用内容反应技术的步骤

在咨询与辅导中，运用内容反应技术一般有以下几个步骤：

第一，咨询与辅导人员在心中重复或回忆来访者的信息，弄明白来访者告诉了自己哪些信息；

第二，对来访者提供的信息进行梳理，辨别来访者信息中的内容部分；

第三，对来访者信息中最重要的部分作出反应；

第四，将来访者信息的主要内容或概念用自己的语言表达出来；

第五，通过来访者的反应评价释义效果。

（三）运用内容反应技术的注意事项

运用内容反应技术应注意以下三点：首先，释义核心内容应集中在来访者提供的内容上，即与事件相关的情境、人、物体或思想上，而不应该关注内容之外的其他信息。其次，当咨询与辅导人员对来访者提供的内容信息进行重新编排时，其表达方式应有利于把来访者的谈话导向更进一步的探索上。最后，咨询与辅导人员一定要用自己的语言或者自己对来访者语言的理解来表达，避免简单重复来访者的信息。

下面是一个运用内容反应技术的例子：

来访者：我很担心，我不敢告诉我父母，我不知道该怎么告诉他们。我不想复读，不想高考了，如果告诉他们我的想法，家里又要暴发争吵。

咨询与辅导人员运用内容反应技术的思维架构：

——来访者告诉了我什么？

他不想再参加高考，担心家里出现争吵，不敢告诉他父母。

——内容部分是什么？

不想再参加高考，但没有告诉父母。

——选择来访者陈述中代表性、重要的语句释义。

不想参加高考、放弃高考、家里争吵。

——怎样将来访者的主要内容用我自己的语言表述？

听起来你好像想放弃高考，但因为担心引发家里矛盾，你还没有告诉父母你的想法，你想找个合适的方式告诉他们，是吗？

——释义是否准确？

通过来访者反应评价释义的效果。

二、情感反应技术

（一）情感反应技术的含义与意义

情感反应技术是咨询与辅导人员对来访者的情绪情感进行分析解读和表达的技术。情感反应与内容反应很接近，其区别在于内容反应是针对来访者提供的信息的内容部分进行回应，而情感反应则是针对来访者表现出来的情感部分进行再编排和作出回应。一般来说，会谈中咨询与辅导人员对来访者表达出的情感内容和认知内容（言语信息）的再编排是同时进行的。

在咨询与辅导中，来访者情感信息的表现方式具有多样性，有的是自觉的表现，有的是非自觉的、潜意识的表现。在很多时候，来访者不知道该怎么用语言表达自己的情感，而体态语言和面部表情就显示出来访者的内心世界，因此情感反应可以帮助来访者表达出更多的情感，也可以帮助来访者准确地区分不同的情绪体验，帮助来访者把模糊的情绪、情感转化成具体的情感。情感反应技术一方面可以使来访者正确表达自己的情感，另一方面能帮助来访者学会区分和理解自己的情感。例如，当亲人去世时，来访者情感的体验就具有复杂性，来访者可能只是说出自己很难受或者心里不舒服，但是由于表达词语的有限性和对内在体验分解能力的有限性，来访者说不清楚自己的内心世界到底是一种什么样的情感体验，咨询与辅导人员通过情感反应技术就能帮助来访者正确理解自己的真实情感。

（二）运用情感反应技术的步骤

在咨询与辅导的实践中，咨询与辅导人员运用情感反应技术要遵循以下五个步骤：

第一，关注来访者表达的信息中使用的有关情绪情感的词语。情绪情感词语能直接反映来访者的情绪体验。

第二，捕捉来访者的非言语行为，包括身体姿势、面部表情，以及语音特征等。身体姿势、面部表情和语音特征等是反映人的情绪情感状态的重要指标，是分析和理解人的情绪状态的重要线索。

第三，咨询与辅导人员用自己的语言把自己对来访者情绪情感的解读反馈给来访者，使来访者理解自己的情绪情感。

第四，咨询与辅导人员在对来访者进行情绪情感反馈时，加上对情绪情感发生时情境的理解。对情境分析的内容可以从来访者提供的认知信息中寻找。

第五，评估情感反应是否有效。对情感反应效果的评估是根据来访者的反应进行的。

（三）运用情感反应技术的注意事项

为了使情感反应技术的运用能帮助来访者认识自己，而不至于引起来访者的心理防卫，在运用这项技术时一定要注意以下几点：

第一，咨询与辅导人员要准确理解来访者的情绪情感，在准确理解和把握的基础上，进行反馈。

第二，在反应过程中一定要小心选择反馈词语，选择的词语要准确反映来访者的情绪、情感体验的性质和强度。

第三，一定要把握好情感反应时机。在咨询的初期，情感反应不能频繁使用，否则，可能会引发来访者的反感；在咨询后期，则不要忽视情感反应的潜在影响和作用，此时关注来访者的情感会促进咨询的进程。

三、共情技术

共情也称神入、同感理解和同理心等。共情是指在咨询与辅导时，咨询与辅导人员从来访者的内心参照系出发，体验来访者的内心世界（认知、情感等状态），并把自己对来访者内心体验的理解通过言语准确传达给对方的过程。心理咨询与辅导中的共情一般表现为忘我的倾听、深入的理解、准确的传达。也就是说，咨询与辅导人员在咨询与辅导中运用共情时注意力要集中在来访者身上，并深入了解和理解来访者的所思、所想、所感、所悟，并把自己的理解传递给来访者。

共情不但是心理咨询与辅导的重要原则，也是心理咨询与辅导中常用的反应技术。共情技术的运用不但有利于咨询与辅导人员对来访者的深度了解、深度交流，而且有利于咨询与辅导人员准确地理解和把握来访者的心理状态；更重要的是共情能使来访者感受到被关注、被理解、被尊重，有利于良好咨访关系的建立。共情还可以促进来访者的自我探索、自我表达，有利于来访者构建完整的自我，具有积极的治疗作用。

（一）共情的等级和共情技术运用的步骤

共情运用在咨询中效果如何，取决于咨询与辅导人员对共情把握的水平与运用共情的方式。

1. 共情的等级

一般来说，可以把共情分为五个等级：

等级1：没理解，没指导。简单地否认、安慰及建议。

等级2：有理解，没指导。咨询与辅导人员只注重信息内容，忽略来访者情感。

等级3：有理解，有指导。咨询与辅导人员对信息内容、对来访者的情感均有回应。

等级4：有理解，有针对性地指导。咨询与辅导人员对来访者情感反应有回应并进行针对性的辅导。

等级5：有理解，有指导并提供行动建议。在等级4的基础上，咨询与辅导人员提供了行动建议。

在这五个等级中，第一与第二等级基本上没有共情，咨询与辅导人员对来访者的理解和指导都处于最初级的水平,指导没有针对性,属于泛泛而谈的层次。第三等级的共情是咨询与辅导人员站在来访者的立场上,理解来访者的内心世界,但是没有针对性地指导。要使咨询与辅导发挥作用,需要达到第三等级的共情,也就是说要求咨询与辅导人员能站在来访者的立场和角度思考问题。

下面这个例子说明在咨询与辅导中如何运用共情技术与来访者进行深入的交流和沟通。

来访者:

我觉得很难过,因为我从来没担心过高考成绩,只是估计自己不能取得优异成绩。唉,没想到居然名落孙山,真是越想越不服气,今年的高考其实并不难,班上成绩中等的人都考入了大学,没想到一向是佼佼者的我……我觉得考试根本就不能评估一个人的成绩,况且读书也不是为了考试,这样我就想开了,决定工作算了,但我的父母却骂了我一顿,坚持说考上大学才有出息,一定要我参加补习班,明年再考。我和他们争了几天,但没结果。

咨询与辅导人员的回应:

回应1:你为什么感到如此难过呢?

回应2:你一向成绩很好,但想不到高考却失败了。

回应3:因为高考失利,所以你感到很失望、很难过。

回应4:因为高考失利,所以你感到很失望、很难过,也不清楚前面的路该如何走,心中很混乱。

回应5:你一向成绩很好,从来没想到高考会失败,因此你感到特别失望与难过,也有点气愤。与父母商量后,似乎非读书不可,但自己实在有点不甘心,因而内心很矛盾。

在这个案例中,回应1和回应2基本上没有共情,回应3有了一些对来访者的理解,回应4的共情水平就比较高了,而只有回应5是完整的共情。

2. 运用共情技术的步骤

在咨询与辅导的实践中，共情技术的运用可以遵循以下几个步骤：

第一，深（神）入性倾听。深入性倾听也被称为神入性倾听，顾名思义就是在倾听时要特别专注与用心去体验，聚精会神。倾听时注意把握这样几个方面：其一，来访者的情况、观点、决定、意愿和建议；其二，来访者的情绪、情感和心境；其三，来访者的非言语信息，如肢体语言、面部表情、辅助言语等。

第二，对听到的信息进行自我加工。首先，确认关键信息和情感，即主要发生了什么，来访者的主要体验是什么。其次，从来访者的背景（如文化水平、生活经历、宗教态度、经济地位等）理解其经验、行为和情感。

第三，用准确的言语传达自己对来访者思想和情感的理解。

第四，验证共情是否准确。共情过程中，如果不确认对来访者内心了解是否准确，可以用试探性口吻向来访者求证和确认。

（二）运用共情技术的注意事项

在运用共情技术时，一定要注意以下几点：

第一，一定要以来访者的内心世界作为参照框架，避免以自己为参照框架。

第二，用言语把自己对来访者信息的了解和理解表述给来访者，使来访者感受到你的心和他（她）的心是相通的。

第三，把握好共情的时机和程度。共情应因人而异、适时适度，过早过多地共情会适得其反。一般来说，在咨询与辅导中，在与来访者的初次交流中，不宜使用高等级的共情，只有在完全了解来访者的信息和心理状态下，才能运用高等级的共情，否则会给来访者留下言不由衷的感觉。

第四，可借助非言语行为进行共情。共情除了采用言语的信息表达自己的理解和感同身受的心情之外,也可以用目光注视、肢体动作、语调、语气、语速等来表达对来访者的理解。

四、具体化与即时化技术

具体化和即时化技术是咨询与辅导人员针对来访者的实际情况,帮助来访者提升自我认知、消除某些含混不清的信息的技术。具体化和即时化技术在现代心理咨询与辅导中越来越得到重视,也越来越显得重要。

(一)具体化技术

具体化技术,也称具体性技术,是指咨询与辅导人员帮助来访者清楚、准确地表述自己的问题,使问题更为确切的一种复合性的反应技术。在咨询与辅导中,澄清、释义、情感反应等技术往往针对咨询中某些具体问题,而具体化是这些技术的综合运用。在咨询与辅导过程中,一些来访者或认识和体验模糊,或不会详细地自我描述,所陈述的事件、情感、行为笼统、模糊,甚至矛盾和混乱。面对这种情况,咨询与辅导人员运用具体化技术可以澄清来访者所表达的那些模糊不清的观念及问题,把握真实情况,使得咨询工作更具针对性和更有效率。

当咨询过程中出现下述情况时可考虑采用具体化技术:

第一,来访者表述的问题十分模糊、提供的信息含混不清时,可以采用具体化技术。有些来访者在陈述发生的事件、想法、行为、体验时,有些问题表达模糊不清。例如,来访者这样进行自我描述和自我分析:"这件事困扰我很久啦"(时间不具体),"当时那种情况让我很害怕"(情境模糊),"最近总是发生不顺心的事"(时间和事件模糊),"做人我太失败了"(时间和事件模糊)。以上这些表达提供的信息都是含混不清的。造成信息含混不清的原因可能是下列两种情况之一:一是来访者表达能力局限,不会详细陈述事实;二是来访者的自我知觉和体验确实笼统模糊。遇到上述情况,咨询与辅导人员就需要用具体化技术引导来访者自我探索,引导来访者详细描述事实及内心的想法和体验。来访者在咨询与辅导人员引导下，思路逐渐清晰，问题凸显。

第二，来访者描述的问题过于概括和笼统，难以确定具体问题时，可以采用具体化技术。在咨询与辅导中，有时会遇到来访者对问题的描述过于概括和笼统，使咨询与辅导人员难以明白来访者的问题到底是什么。在这种情况下也需要运用具体化技术，使问题清晰化、明了化。例如，来访者这样自我描述："我很自卑，一切都不如别人好"（过于笼统），"我感觉好郁闷啊""我怎么这么倒霉啊"（表述空泛，没有具体事件）。这些表述过于概括，听上去空泛，就需要咨询与辅导人员运用具体化技术加以引导使问题清晰化。

第三，来访者所表述的概念不清、模棱两可，难以理解其确切含义时，可以采用具体化技术。同一个概念、同一个词，不同的人有不同的理解和解释。例如，"好人"这个词，用不同的标准解释含义就不相同，可能意味着某个人讲义气，也可能是指某个人做事认真，还可能意味着这个人感情专一。类似的概念由于高度概括，难以确认准确含义。在咨询中如果出现这种情况，就会使咨询与辅导人员难以确认来访者的准确想法和感受，因此，咨询与辅导人员要引导来访者具体解释、准确表达其中的含义。

在运用具体化技术时，需要注意以下两点：

首先，咨询与辅导人员应把握好"具体"的程度。具体化的目的是明确来访者的内心对某些问题的真实想法，不是听来访者讲述个人生活中的所有事件。在具体化过程中，来访者对某些情况过于详尽地说明，甚至可能有些琐碎杂乱，这样的具体化不但不能帮助咨询与辅导人员思考，反而会影响咨询与辅导人员对来访者真实心理状况的把握。因此，把握具体的程度十分必要。当来访者诉说得过于详细与琐碎时，咨询与辅导人员就有必要采取方式，打断来访者的述说。

其次，具体化过程应该是在咨询和辅导人员的引导下进行的，咨询与辅导人员要有层次、分步引导，不可以一次给来访者提出太多问题。如果一次提问太多，可能会给来访者造成比较大的心理压力，影响来访者的语言表达。

（二）即时化技术

即时化技术，又称即时性技术、即刻性技术。它是指咨询与辅导人员在咨询中描述此时此刻发生的事情的言语反应的技术，这种技术和具体化技术一样都是综合性的反应技术。

即时化技术中的言语反应主要针对三个方面来进行：一是来访者的想法、内心体验和行为；二是咨询与辅导人员的想法、内心感受和行为；三是来访者与咨询与辅导人员之间的关系状态。即时化要求咨询与辅导人员及时把咨询中某一刻发生的事情表达出来。在咨询与辅导过程中，把对来访者的观察、理解和有些不清楚的问题，即时地提出来。例如："现在你的表情放松了很多，你似乎不那么紧张了。""你刚才提到你的母亲时迟疑了一下，能告诉我是什么让你迟疑吗？""很抱歉，从你的表述里，我还是不清楚你是否接受这件事。"即时化要求咨询与辅导人员关注"此时此刻"的事件，即时化有利于咨询与辅导人员和来访者的配合，有助于及时处理咨询中出现的问题，加速咨询进程的深化和发展，使咨询流畅地进行。

咨询与辅导人员在运用即时化技术时要注意以下几点：

首先，咨询与辅导人员即时化反应的时机把握要得当。即时化的运用应以良好的咨访关系为基础。咨询的初期不可过多应用这种技术，避免给来访者造成心理上的压力，引起来访者的紧张。

其次，即时化反应的内容应是与咨询主题相关联的事件，而不要牵扯太多与咨询主题无关的事情。例如，在咨询与辅导中，咨询与辅导人通过对来访者面部表情的观察和对来访者体态语言的观察，发现来访者具有很好的语言表达能力，但是如果这种能力与咨询主题无关，咨询与辅导人员也不能对来访者说出自己对他这种能力的感受。如果来访者是一个消极悲观的人，面部一直是一种消极的表情，但是在咨询与辅导中，来访者有了微笑，那么咨询与辅导人员就可以说："我观察到你刚才微微地笑了一下，能给我说说什么事情使你感到有了一些快乐吗？"因为这个表情和咨询与辅导的主题密切相关。

最后，咨询与辅导人员在进行即时化反应时，语言的表达应该是运用现在时态，例如，"现在我发现……""刚才你提到……""我注意到你现在的神态……""你能否用语言描述一下你此时此刻的……"这类句子。

第四节　心理咨询与辅导的影响与指导技术

影响与指导技术是指在咨询与辅导过程中，咨询与辅导人员以来访者的信息和行为为基础，根据自己的知觉、推理和假设，对来访者施加影响的方法与技巧。与反应和参与技术的目的是准确了解来访者的真实心理感受促进来访者进行自我探索和清晰的自我表达不同，影响与指导技术就是为了给来访者施加良好的影响，促进来访者的积极转化和自我改变。

影响与指导技术包括解释、指导、影响性总结、自我开放、激励等。在心理咨询与辅导过程中，咨询与辅导人员影响与指导的有效性很大程度上取决于其专业技术的水平。

一、解释技术

解释是心理咨询与辅导中最基本的影响技术。

（一）解释的含义与作用

解释在心理咨询与辅导中的含义具有广义和狭义之分。狭义的解释就是精神分析学派的治疗技术，也称阐释。在精神分析的理论部分我们已经有过讲解，它的重点在于揭示症状背后的无意识动机，使无意识的内容进入意识层面，从而达到治疗效果。广义的解释是咨询与辅导人员对来访者所表达的信息进行专业的判断和推理，用心理学的概念或理论揭示信息隐含或暗示的意义及因果关系的过程。也就是说，广义的解释是指咨询与辅导人员对来访者遭遇的事件或问题，在心理学层面给以解释。相对于精神分析的解释技术而言，广义的解释技术的对象更为广泛，不只针对无意识动机，还包括信息隐藏的意义以及信息间的因果关系。我们在此提到的解释技术是指广义的解释技术。

解释技术可以引导来访者从心理学的框架出发，审视、剖析自己的行为，对自己的行为进行新的阐释，了解行为的深层原因，从而产生自我领悟，帮助来访者对问题和改变的方向有更深入的了解。

（二）解释技术的思维路径

在不同的心理咨询理论框架下，解释的侧重点及逻辑推导不同。不同的心理咨询理论体系，给我们解释来访者的情感、认知及行为提供了不同的思维路径。在心理咨询与辅导实践中，咨询与辅导人员常用的解释思维路径主要有精神分析路径、行为主义路径、认知理论路径、人本主义路径、生物医学路径、社会文化路径等几种。下面我们就对最主要的心理学理论框架下的解释路径加以介绍。

1. 精神分析路径

从精神分析的理论出发，人们通常把心理疾病和心理问题产生的原因归根于潜意识不能得到充分释放的结果。很多心理疾病和心理困惑的根源都被认为是童年被压抑的欲望、心理冲突或心理创伤。这些被压抑的欲望、心理冲突或心理创伤被隐藏在潜意识中，不为个体所知觉，但在个体未来的生活中可能会以症状（如不可理喻的异常行为、情绪等）的形式出现。精神分析的解释技术重在找出并解释症状的潜在意义，把无意识内容提升到意识层面，促进来访者的领悟。

2. 行为主义路径

行为主义理论用非适应性行为的形成阐释心理异常的原因，认为人的非适应性行为是后天习得的，由于受到强化存续下来。行为主义的解释技术在于解释不良刺激对非适应性行为的影响。

3. 认知理论路径

认知理论关注来访者认知因素对心理异常的影响，其基本观点是，人的心理问题是因为来访者非理性信念导致认知的曲解，从而引发了情绪和行为问题。认知理论的解释技术在于找出非理性信念，并解释其对来访者情绪和行为的影响。

4. 人本主义路径

人本主义心理学重视人的价值和尊严，从来访者需要的满足、自我概念的形成等方面解释心理异常形成的原因。该理论试图解释社会文化、不良环境及经验对自我概念形成的影响。

上述四个路径来自不同的心理学理论。此外，还可借用生物医学和社会文化层面解释来访者的信息意思，前者重在解释遗传因素的影响，后者重在解释社会文化因素的影响。

在一个具体的心理咨询与辅导的案例中，咨询与辅导人员可以运用多个路径对来访者的心理、行为上的困惑和人生中的问题进行解释，而不是采用单一的理论来解释某些心理困惑的原因。

（三）解释技术应用的步骤

在咨询与辅导中，要使解释技术发挥积极的作用，咨询与辅导人员在运用这项技术时应该遵循以下步骤：第一，专注倾听，找出来访者提供的信息中的隐含内容；第二，熟悉各种心理咨询与辅导的理论路径，合理运用相关理论对隐含的内容作出解释和说明；第三，通过来访者对解释的反应，确认解释的效果。

在运用解释技术时，咨询与辅导人员一定要注意以下几点：

首先，一定要把握好解释时机。一般来说，对来访者的信息不要急于解释，在建立良好咨访关系和收集了充分的信息后，在一次会谈后期或几次会谈后进行。急于解释，一方面容易对信息产生错误的解释，另一方面易引发来访者的阻抗。

其次，解释应注意表达方式。因为是从专业角度解释，语言表述要易懂，一般要运用试探性、假设的语气进行解释，不要运用过分肯定的和下结论式的语气进行解释，以免引起来访者的反感和争执。

最后，在解释的过程中，要注意观察来访者的反应，根据来访者的反应适时调整解释的内容和方式。

二、指导技术

心理咨询与辅导的指导就是咨询和辅导人员运用心理咨询与辅导的理念，有意识、有目的地对来访者进行辅导，促进来访者有关观念和方法的改变，最终实现咨询与辅导目标的一种技术。

（一）指导技术的意义

在心理咨询与辅导中，指导技术有着十分重要的价值和意义。

首先，指导有利于来访者了解必要的心理咨询与辅导的知识，有利于他们形成某些基本的观念和方法，有利于促进来访者自我发展能力的提升。在我国，人们对心理咨询与辅导的认识还存在一定的不完整性，很多来访者对心理咨询与辅导缺乏基本的认知，通过指导可以使他们接受必要的知识，形成基本的有关咨询与辅导的观念，掌握一定的方法，最终促进他们内在自我成长和发展能力的提升。

其次，指导有利于建立良好的咨询与辅导关系。在我国，心理咨询与辅导是一门新兴行业，收费相对较高，因此很多来访者对咨询与辅导人员抱有很高的心理期待。在咨询与辅导中虽然沟通和反应技术十分重要，但是如果咨询与辅导人员对来访者没有明确的指导，就会使来访者感到不满足或者产生"这个咨询与辅导人员不认真、不负责任或者水平很低下"的想法，产生"花这么大的价钱划不来"的念头，这就不利于良好咨询关系的建立，影响咨询效果。因此，在咨询与辅导中，指导是十分重要的。

最后，指导作为一种积极干预的方法对来访者的后继行为会产生很大的影响作用。指导的方法具有多样性，作业法、自我训练法和特殊要求法等的合理运用不但在咨询与辅导的当下对来访者有一定的帮助，而且可以使来访者知道自己该如何去做，会对来访者的心理和行为产生持续性的影响。

（二）有效指导的步骤

指导是影响技术中最具有明确目标的技术，实施有效的指导，要遵循以下步骤：

第一，要明确指导的目的，明白为什么要进行指导和在哪些方面进行指导，避免指导的盲目性。指导的目的是咨询与辅导人员根据来访者的实际情况来确定的。通过前期的工作，咨询与辅导人员已经基本了解来访者的困惑及其产生困惑的原因，此时，咨询与辅导人员就可以根据来访者的实际情况，确定指导的目的。

第二，对实施指导的可能性进行心理上的评估。指导的可能性评估包括实施时机的成熟程度评估、来访者接受程度的评估和来访者自我改变的持续性的评估。在咨询与辅导中，如果发现来访者自我改变的愿望不强烈，来访者对咨询与辅导人员的信任感不强，发现来访者的自我心理防卫比较多，那么咨询与辅导人员就要认真思考是否对来访者进行指导和以什么方法实施指导。

第三，在评估的基础上，实施具体的指导。这一阶段咨询与辅导人员的任务就是根据指导目的和指导实施可能性的要求，根据来访者的实际情况,选择指导的内容和具体的指导方法,指导来访者形成积极的观念,或者使来访者通过学习和练习逐渐养成新的行为举止、学会自我放松的方法等。

(三)有效指导的注意事项

要达到有效指导,一般来说咨询与辅导人员要注意以下几点:

第一,指导必须是在与来访者建立了相互信任关系基础上进行的。建立在相互信任关系基础上的指导才能发挥作用。为了使指导发挥积极的作用,就需要咨询与辅导人员严格遵守心理咨询与辅导的原则,秉持积极的理念与来访者沟通交流。

第二,指导一定要具有针对性,避免不着边际。在咨询与辅导中,咨询与辅导人员对来访者的指导必须是针对来访者的困惑和问题而进行的,不能泛泛而谈。无论是观念指导、方法指导还是技术指导都必须是在对来访者情况充分了解和把握的基础上有针对性地进行,一定要避免来访者对自己的困惑和问题还没有诉说完成,咨询和辅导人员就表现出"我已经知道了"的神态,而打断来访者的诉说指导一番。这种没有积极倾听就进行指导的做法,会严重伤害来访者的感情,破坏来访者对咨询与辅导人员的信任。这样的指导不但不会收到良好的效果,反而会阻碍来访者的改变和提升。

第三,指导必须是具体的、可操作性的,而不是理论上正确但来访者无法完成的。心理咨询与辅导的指导除了具有针对性之外,还必须具有可操作性和现实性。在具体的指导过程中,咨询与辅导人员必须根据来访者的情况作出来访者及其家人有能力完成的指导。例如,在对具有抑郁倾向的来访者进行咨询与辅导时,可以提出要他们换一种环境的建议。如果来访者的家庭经济条件允许和有家人陪伴,那么就可以建议他们远离家乡到草原或者海滨沙滩放松心情,进行休整;如果来访者经济条件不允许或者家人无法陪伴,那么就帮助他们寻找容易操作的方式。例如,建议他们每天早上在居住地附近寻找相对清静的绿地草坪进行放松练习和呼吸训练。这种根据来访者不同条件进行的具体的可操作性的指导，才能促进来访者的改变。

第四，在指导中一定要把握好专业的严谨性和灵活性的关系。心理咨询与辅导的价值就在于其专业性，心理咨询与辅导中的指导与一般朋友间忠告的最大区别就在于，心理咨询与辅导中的指导是以一定的咨询理论和原理为依据的指导，它具有一定的严谨性。因此，在具体的指导中，咨询与辅导人员不要简单地要求来访者"做什么"，还要给来访者说明"为什么"。只有把"做什么"和"为什么"结合起来，才能增加指导的权威性和可信性，也才能使来访者以积极的态度对待咨询与辅导人员的要求。在指导中，咨询与辅导人员既要体现自己的专业性也要体现具体做法上的灵活性。咨询与辅导人员在具体的指导中，不应受某一咨询理论的过分限制，而应该根据自己的咨询与辅导经验，灵活运用心理咨询与辅导的理论进行指导。

三、自我开放技术

自我开放技术也称自我暴露或自我表露技术，是指在咨询与辅导过程中，咨询与辅导人员将自己的思想、情感、经验等有关信息分享给来访者，以影响和感染来访者的技术。

（一）自我开放技术的作用

心理咨询与辅导是以言语沟通为主要手段的活动，沟通是双向的信息传递和影响过程。在咨询与辅导中，咨询双方的自我开放程度对沟通的有效性具有很重要的影响。咨询与辅导中，不但来访者要毫无保留地把自己的内心世界开放给咨询与辅导人员，咨询与辅导人员适度的自我开放也很必要。咨询与辅导人员适度的自我开放有助于建立相互信任和开诚布公的咨询关系，有助于以个人亲身的经验和体会启发来访者从不同的角度看待问题，有助于给来访者作出示范和表率作用，使很多理论通过自己亲身的体会和经验而变得具体、灵活和通俗易懂。

（二）自我开放技术的步骤

在心理咨询与辅导的实践中，咨询与辅导人员的自我开放可以遵循下面几个步骤来进行：

第一，明确自我开放的原因，即为什么要进行自我开放。自我开放是咨询与辅导人员把自己开放给来访者的过程，这种开放必须要有明确的目的和正当的理由。自我开放的目的只能是影响来访者、感染来访者和促进咨询关系的更加密切，促进来访者的改变。任何不符合这个目的的开放都是无效或者有反作用的。

第二，对自己与来访者的关系进行评估，思考自我开放是否会促进来访者的领悟和改变。只有在建立了密切的咨询关系基础上的自我开放才具有积极意义。因此，对自己与来访者的关系进行评估是自我开放实施过程中必不可少的步骤。

第三，选择自我开放的时机与方式，向来访者适时适当地开放自己。

第四，通过观察来访者的反应，对自我开放的有效性进行评估，确定是否继续向来访者开放自己。

（三）运用自我开放技术的注意事项

为了使自我开放发挥积极作用，避免自我开放的消极影响，在运用自我开放技术时，需要咨询与辅导人员注意以下几点：

第一，良好的咨询关系是自我开放能否取得效果的基础，因此在没有建立起良好的相互信任的咨询关系时，千万别运用自我开放技术。

第二，自我开放的目的是启发来访者对某些问题的理解，为了使来访者感受到咨询与辅导人员的真诚，而不是显示自己的能耐。在运用这一技术时，咨询和辅导人员一定注意自我开放的程度，开放内容的多少和时间的长短一定要适度。内容过少或时间过短，不能启发来访者，也使来访者感觉不到真诚；内容过多和时间过长，可能造成喧宾夺主，把咨询与辅导变成了咨询与辅导人员的自我表白，会引起来访者的反感。

第三，不要让自我开放转换咨询与辅导的目标，在自我开放后，应尽快把会谈目标引向来访者。

四、潜能激发和激励技术

心理咨询与辅导人员在咨询与辅导中的一个十分重要的作用就是：帮助来访者认识自己的潜能，激发来访者的潜能，增强来访者自我改变的信心，激励来访者自我改变。

（一）潜能激发技术

潜能是指已经存在但还没有被认识到和发挥出来的能力与能量。潜能可以分为生理上的潜能和心理上的潜能。在心理咨询与辅导中，潜能激发技术既包含激发来访者的生理潜能，也包含激发来访者的心理潜能。其实，无论是生理潜能还是心理潜能的激发，都离不开来访者积极的自我认知和自我行动，激发来访者潜能的过程实际上就是激发来访者内在的生理能量和心理能量的过程。在咨询与辅导中，咨询与辅导人员要善于激发来访者的潜能，促进来访者自我信心的增长和能力的提升。

在心理咨询与辅导的实践中，咨询与辅导人员可以遵循以下几个步骤来激发来访者的潜能：

第一，给来访者介绍潜能的含义，引导来访者形成有关潜能的理念，使来访者认识到自己存在生理和心理的潜能。

第二，根据来访者的实际情况，选择潜能激发的方式，指导来访者激发自我潜能。人的潜能可以通过提高自我认知和自信心，进行系统性的思维训练、有效的放松训练和积极催眠等方式被激发出来。因此，在来访者接受了人人都具有潜能的观念、产生激发自己的潜能的愿望之后，咨询和辅导人员就应该根据来访者的实际情况，和来访者一起选择有效地激发潜能的方式，促进来访者激发自己的潜能。面对由于某些身体疾病而缺乏自信的来访者，可以通过放松性的训练，帮助来访者学会自主调节呼吸，进行身体和心灵的放松，最终使来访者的身体潜能得到挖掘，增进来访者身体机能的提升；面对思维能力较弱的来访者，可以通过系统思维训练的方式，引导来访者从不同的角度思考问题，帮助来访者扩大思维的广度和深度，最终提升来访者的思维能力；面对对催眠理论与方法有一定理解的来访者，可以教给他们简单的催眠方式，使他们通过自我催眠达到深度的自我理解，挖掘自己的潜能。

第三，对来访者是否掌握有关激发潜能的方式进行检验。让来访者对潜能的含义进行解释，检验来访者是否具备了基本的有关潜能的改变方法；让来访者简要重复咨询与辅导人员提出的激发潜能的具体方法，检验来访者对方法的掌握程度，针对来访者理解的程度进一步强化理念和方法。

（二）激励技术

在咨询与辅导中，对来访者进行激励是增强来访者自我改变的信心的重要方式。激励技术就是咨询与辅导人员帮助来访者认识自己的优势，增长来访者自我改变的信心的技术。

一般来说激励方式可以有以下几种：

第一，帮助来访者提升自我认知，挖掘自我优势。这是最重要的激励方式，也是咨询与辅导人最需要做的事情。在咨询与辅导中我们常常见到别人眼里很不错的人，自我感觉却十分糟糕，该充满自信的人却十分自卑；我们常常会见到很多不了解自己优势和没有发挥出自己优势的人。面对这些自我迷茫，不了解自己优势的来访者，咨询与辅导人员就需要帮助他们提升自我认知，挖掘自己的优势。

第二，运用行为结果分析法，使来访者认识到自己行为的特征，学会接纳自己和欣赏自己。行为结果分析法是激励中的另一种十分重要的方式，人要认知自己的优势，除了进行自我内涵分析之外，还可以进行自我行为结果分析。也就是把自己的行为结果与同伴或者其他同一层次的人进行比较，在比较中发现自己的能力特长。

第三，运用情景模拟和角色扮演法，促进来访者自我行动能力的提升。在激励中，鼓励来访者行动是十分重要的。在咨询现场，咨询与辅导人员可以采用情景模拟和角色扮演的方式促进来访者行动能力的提升。例如，在咨询与辅导中运用同理心的练习，提升来访者对他人理解的能力，运用咨询人员与来访者角色互换的演练，促进来访者沟通与交往能力的提升。在这些模拟和角色扮演活动中，咨询与辅导人员要采用鼓励和肯定的方法，激励来访者的兴趣，增强来访者的信心。

五、影响性概括与总结技术

影响性概括与总结是在咨询与辅导临近结束时，咨询与辅导人员对整个咨询过程，尤其是自己所叙述的主题、意见和对来访者指导性的建议及后继的作业进行归纳整理与表达的过程。这个概括不是简单地对整个咨询与辅导过程的重复，而是对咨询与辅导的理念思路的加工和阐述，是对来访者行为和表现的肯定，是对来访者后继行为的指导。因此，影响性的概括与总结在咨询和辅导中具有不可替代的价值意义。

（一）影响性概括与总结的步骤

第一，对整个咨询与辅导过程进行回顾和整理，明确咨询与辅导人员和来访者围绕哪些主题进行了沟通交流。

第二，对交流的主题进行整理，梳理出完整的信息，咨询与辅导人员用清晰的语言对这些主题进行表述。

第三，对来访者在咨询与辅导过程中的领悟和表现进行概括，肯定来访者的某些行为和语言表现。

第四，对来访者提出进一步的指导和要求，给来访者布置一定的后继作业，促进来访者自我提升。

第五，要求来访者自己概括和总结整个咨询过程，提醒来访者重复咨询与辅导人员总结的要点，检验来访者是否明了后继作业。

第六，如果来访者对某些要点和后继作业没有完全明了，咨询与辅导人员需要再重复前面表述的内容。

（二）影响性概括与总结的注意事项

在影响性概括与总结中，咨询与辅导人员一定要注意以下几点：

第一，概括与总结一定要围绕整个咨询与辅导过程进行，帮助来访者梳理出咨询与辅导的核心主题，主题要明确；

第二，概括与总结的内容既要包括咨询与辅导人员的感受，也要对来访者的情感与行为表现表示肯定和认可，在概括与总结中进一步表达自己对来访者的信心与肯定态度；

第三，概括与总结一定要包括对来访者后继改变的指导，一定要对来访者提出要求；

第四，在概括与总结中咨询与辅导人员一定要向来访者表达愿意帮助他（她）的想法，向来访者表达愿意陪伴来访者成长的心意。

第五节　心理咨询与辅导的非言语沟通技术

非言语沟通技术是心理咨询与辅导中十分重要的技术。在咨询与辅导过程中，咨询与辅导人员除了运用言语和来访者进行沟通交流之外，咨询与辅导场所的陈设和布置、咨询与辅导人员和来访者座位的排列及咨询与辅导人员的坐姿等因素也会对咨询与辅导产生影响。

一、非言语符号与非言语沟通技术

非言语沟通是依靠非言语符号来实现的。人与人的沟通除了言语符号之外，还包含非言语符合。

（一）非言语符号

非言语符号包括视觉符号和辅助语言两大类。视觉符号是指身体运动及姿势、面部表情、目光接触、身体接触、人际距离、仪表、时间控制、实物与环境等系统。辅助语言也称副语言或次语言，包括声音的音调、音量、节奏、变音转换、停顿、沉默等；同时还包含类语言，也就是那些有声而无固定意义的声音，如呻吟、叹息、叫喊、附加的干咳、哭或笑等。辅助语言能强化信息的语义分量，具有强调、迷惑、引诱的功能，可以弥补语言感情表达的不足。因此，辅助语言在人际交往中的价值意义是不言而喻的。

（二）非言语沟通技术

在心理咨询时，咨询与辅导人员与来访者之间的沟通，一方面需要借助语言符号，另一方面需要借助非语言符号。在咨询中，咨询与辅导人员通过非言语线索，可以更多地了解来访者，同时，有效利用非言语信息，咨询与辅导人员也会在更大程度上影响来访者。如何更加合理地布置和选择咨询与辅导的场所，如何摆放咨询与辅导人员和来访者的座位，如何读懂来访者的体态语言，如何通过自身的体态语言向来访者传递积极的信息，都是非言语沟通技术的范畴。掌握非言语沟通的技术，对提高咨询与辅导效果具有重要的意义。

二、咨询与辅导的环境和场面的准备

咨询与辅导的环境和场面，是影响咨询与辅导效果的不可忽视的非言语因素，因此咨询与辅导人员应该在环境布置和场面设置上做好准备。

（一）咨询与辅导环境的选择和布置

心理咨询与辅导可以在心理咨询与辅导的机构进行，也可以在这些机构之外的其他场所进行。如果是在心理咨询与辅导的机构进行，那么要根据咨询与辅导的形式对环境有所布置。一般来说，无论是个别咨询还是团体咨询，都要求咨询与辅导的环境整洁、安静、光线柔和，给人一种温馨的感觉。在房间色彩的运用上，要避免太多热烈和引起人们紧张的色彩，一般白色较为合适。同时，心理咨询与辅导的外部环境要避免过分嘈杂。

在心理咨询与辅导的实践中，不是所有的咨询与辅导都是在固定的咨询场所进行的，很多咨询是在其他场所进行的，要使咨询与辅导收到良好的效果，咨询机构之外的场所的选择就十分重要。一般来说，要尽量选择不受他人影响和干扰的场所。在某些特殊事件发生后，需要咨询与辅导人员积极主动地干预，咨询与辅导人员就可以在咖啡馆、第三方机构的房间、来访者熟悉的地方开展咨询与辅导工作。无论在哪一种场所开展工作，都必须保证这些场所整洁与安静，具有一定的私密性，保证咨询与辅导人员和来访者之间交流不受干扰，保证这些场所能使来访者心神放松和感到舒服。

（二）咨询与辅导场面的准备

咨询与辅导场面是指在具体实施咨询与辅导过程中，咨询与辅导人员的服饰、咨询与辅导人员和来访者的座位安排等。这些因素都会给来访者传递信息，影响来访者的心理和咨询效果。

1. 咨询与辅导人员的穿着打扮

一般来说，穿着打扮与装饰可以反映人的内心世界与对待某些事物的态度。为了给来访者传递积极有效的信息，咨询与辅导人员在穿着上一定要特别注意。如果咨询与辅导人员是一位女性，就要避免穿过于艳丽或华丽的服饰，需要穿着得体与大方的服饰，不建议化浓妆；如果咨询与辅导人员是男性，就需要穿正装，避免穿过分休闲的服装。另外，咨询与辅导人员在穿着上也需要结合自己的年龄特征来选择衣服。无论哪种性别、多大年龄，咨询与辅导人员在服饰方面都应遵循以下原则：得体、大方，显示出内心的丰富和个人的内涵，要避免过于华丽、过于时尚或陈旧。

2. 咨询与辅导中位置的安排

咨询与辅导场面的准备中，咨询与辅导人员更需要关注的问题是如何确定咨询与辅导人员和来访者的位置关系。一般来说，在咨询与辅导中，咨询与辅导人员和来访者的座位形式有面对面而坐，有并排而坐，有成90度而坐，也有成不同大小的夹角而坐。哪种座位安排有利于咨询与辅导的效果？长期的咨询与辅导实践表明，在心理咨询与辅导中，咨询与辅导人员要避免与来访者面对面而坐，面对面而坐是一种谈判的格局，不利于降低来访者的心理防卫，相反会引起来访者的心理紧张。咨询与来访者并排而坐的格局也不是最好的交流和沟通格局，在朋友和角色相同的人之间的交流中，并排坐在小桌两边的格局有利于交流和沟通，但是咨询与辅导人员的角色和来访者的角色是不同的，这种格局的座位排列，不利于咨询与辅导人员对来访者进行全面系统的观察，对咨询与辅导效果不是最有利的。最好的座位排列方式就是咨询与辅导人员和来访者成90度的角度而坐，这样的格局既能显示出咨询与辅导人员和来访者的平等与相互尊重的关系，又能保证咨询与辅导人员对来访者的观察；既不会给来访者造成很大的心理压力，又能在来访者过度紧张和焦虑时，方便咨询与辅导人员对来访者的安慰。

在咨询与辅导场面的准备中，除了穿着打扮和座位排列的准备之外，咨询与辅导人员还应该做好座椅高低与座位之间距离的安排。在咨询与辅导中，切忌座椅高度样式不一致现象的发生。这种座椅高低的区别或者样式区别的现象，会给来访者造成心理上不平等的感觉，而影响良好咨询关系的建立。

三、对来访者非言语行为的解读技术

破译来访者非言语行为是了解来访者内心世界和行为倾向的重要途径之一。一个成熟的咨询与辅导人员应能理解来访者非言语行为及隐含的意

思，并作出相应的反应。在心理咨询与辅导过程中，来访者肢体语言、面部表情、目光的移动等往往承载和传递着他们的思想、情绪、内心冲突等方面的信息。识别来访者非言语信息的含义，能帮助咨询与辅导人员更准确地把握来访者的内心状态和问题。非言语信息有时会比言语信息更有价值，来访者的许多非言语行为是潜意识的流露，它们更能反映来访者的真实心理状态。

在咨询与辅导中，来访者的以下几种非言语行为是值得咨询与辅导人员关注的。

（一）面部表情

面部表情是非言语符号系统的重要组成部分，可以表述诸多情绪状态，是情绪的主要表达者。五官的表情和活动不同程度地描述着人的心理状态。

识别和理解来访者的面部表情，可以帮助咨询与辅导人员了解、证实会谈中的其他言语和非言语信息及来访者内心的真实状态。

面部表情千变万化，含义复杂。但不论是有意还是无意，人们使用面部表情的原因不外乎以下四种：第一，强化真实情绪及内心状态；第二，减弱真实情绪及内心状态；第三，中和真实情绪及内心状态；第四，掩饰真实情绪及内心状态。

在咨询与辅导过程中，咨询与辅导人员要善于对来访者的面部表情进行捕捉和分析，要看来访者在具体情境中的面部表情表达的信息是上面的哪一种情况，最终要根据来访者表达的真实信息进行最有效的沟通。

（二）目光接触系统

目光接触系统是人际交往和沟通中最为重要的传递非言语信息的系统。俗话说："眼睛是心灵的窗户"，这说明了眼睛对传递心理信息的价值。在心理咨询与辅导过程中，咨询与辅导人员可以根据来访者与自己目光接触的情况，分析来访者的内心世界，判断来访者对心理咨询与辅导的态度。在咨询与辅导中，咨询与辅导人员要善于捕捉来访者的目光，根据来访者与自己目光接触的程度判断来访者内心世界的变化和对待咨询与辅导的态度，而对咨询与辅导的方式、谈话的内容及活动的安排作出适当的调整。

具体来说，在咨询与辅导中，如果来访者一直保持同咨询与辅导人员的目光接触，表示他对谈话很感兴趣，表示愿意积极参与咨询与辅导活动；如果来访者避免或中断同咨询与辅导人员的目光接触，通常是对咨询与辅导人员不感兴趣，或者对咨询活动心不在焉，或对谈话内容没有兴趣。如果在咨询活动中，来访者低下了头，避免同咨询与辅导人员进行正面的目光接触，这就表明来访者内心世界的波动或者感到紧张。在咨询和辅导活动中，如果来访者陈述某些事情的经过时，眯上了眼睛或者不正面同咨询与辅导人员进行目光接触，这就表明这段经历对来访者来说是痛苦的。

（三）肢体语言

肢体语言也称体态语言，是指赋予了言语意义的肢体动作，主要是躯体动作。在人际沟通过程中，体态语言具有传递信息的功能，可以帮助交流的主体传递思想、感情和愿望。在咨询过程中，来访者的肢体语言往往反映了他们的心理状态，因此，肢体语言也是了解来访者心理活动的重要线索。

现代人际关系心理学的研究表明，肢体不同部位的动作表达不同的心理活动。头部的动作表达一个人的情绪和情感的内在状态，一个人抬头从容地对着另一个人，意味着对这个人的接受，而摇头伴随腿的运动意味着愤怒。肩部动作常常表达一个人与他人交流的态度，肩部前倾表明渴望、注意和接受与之交流的对象。手臂和手的动作常常用来表达情绪状态，手臂和手的动作很少、姿势僵硬可能意味着该人正体验着焦虑、紧张或愤怒。如果手臂和手是放松状态，说明对谈话比较投入和对某个观点比较强调。腿和脚如果明显放松，表示他希望进行人际交流，用脚敲地意味着焦虑、不耐烦或准备说点什么等。

在咨询与辅导中观察来访者的肢体动作、捕捉其隐含的内在信息，是了解来访者、与来访者良好沟通的重要渠道。

（四）辅助语言及类语言

辅助性语言是指音量、音调、语速和流利性等语言内容之外的要素，也包括停顿和沉默。类语言是指类似于语言的呻吟、哼哼唧唧的声音等。在咨询与辅导中，来访者说话的音量、音调、语速和流利性等诸要素往往是其态度和情绪等心理状态的重要信息。例如，音调高且语速快有时可能意味着愤怒，有时意味着高兴；口误增加，音调低沉，且语速缓慢，则意味着情绪低落、焦虑不安或在思考问题。咨询人员应了解辅助性语言在沟通中的作用，并学会识别来访者辅助性语言的含义，以便对来访者有更全面和更准确的了解。

这里需要提出的是辅助性语言中的沉默。沉默是辅助语言中的一个重要组成部分，也是咨询与辅导中值得探究的对象。来访者在会谈过程中出现的沉默有多层含义。根据心理咨询与辅导的实践经验，我们认为心理咨询与辅导中的沉默有以下几层含义：

一是来访者正在对自己言行、情感进行思考。

二是来访者不知道该说什么。

三是来访者不知道应该对咨询人员的提问作何反应。

四是来访者正在受某种消极情绪，如愤怒、恐惧、内疚不安、抑郁、羞愧等的困扰。

在咨询与辅导中，咨询与辅导人员要善于对来访者的沉默含义进行分析，无论是哪种含义都说明咨询与辅导引起了来访者的思考，对来访者的自我反思和问题的解决都具有积极意义。有些咨询经验很少的咨询与辅导人员不希望在咨询中出现沉默，其实大可不必。来访者在会谈过程中出现的沉默现象能给咨询与辅导人员提供许多有关其内心状态的重要线索,咨询与辅导人员要准确理解其中的意义并加以妥善处理,或给来访者时间,不要急于打破沉默,应允许其思考,以便其对咨询作更好的回应。

四、咨询与辅导人员非言语行为的运用技术

在心理咨询与辅导中,咨询与辅导人员非言语信息的运用对咨询与辅导效果也具有很重要的影响。咨询与辅导人员恰当地运用非言语行为不仅可以使咨询与辅导中的沟通更加顺畅,也可以促进良好咨询关系的建立。

(一)咨询与辅导人员运用非言语行为的基本要求

非言语沟通是一门艺术。这门艺术运用得当则有利于人际关系的建立;在人际交往中,如果不注意自己的非言语行为,不但不会增进人际关系,还会对人际交往造成不良影响。心理咨询与辅导中的咨询关系是一种特殊的人际交往关系,因此咨询与辅导人员一定要学会观察和正确解读来访者的非言语信息,同时也一定要正确运用非言语信息自我表达。为了实现运用非言语信息进行沟通的目标,咨询与辅导人员必须遵守下列几点要求:

第一,咨询与辅导人员应具有对非言语行为的敏感性,既能适时、灵活地运用非言语行为与来访者沟通,又能注意观察来访者的非言语行为,并对来访者的非言语行为进行解读。

第二,在咨询与辅导中,咨询与辅导人员一定要注意自己传递的非言语信息和言语信息的一致性。非言语信息既可以强化言语信息的可靠性和有效性,也可以减弱言语信息的作用。在人际沟通中,当言语和非言语信息矛盾时,人们一般更相信非言语信息。因此,在心理咨询与辅导实践中,保持非言语信息与言语信息的一致性是提高沟通效果的基本条件。咨询与辅导人员不能仅用语言来表达自己对来访者的接纳和关爱,还要用非

言语信息来强化这种表达。

第三，在咨询与辅导中，咨询与辅导人员要注意自己的非言语行为与来访者非言语行为的和谐性，即咨询与辅导人员非言语行为要与来访者的非言语行为相配合，协调一致。当来访者的表情表明其在进行紧张的思考或者表现出内心的痛苦和悲伤的时候，咨询与辅导人员的面部表情也要传递出这种信息，表明自己与来访者一样悲伤，表明自己在关注来访者的痛苦等。

（二）咨询与辅导人员非言语行为的运用

在咨询与辅导的实践中，咨询与辅导人员在非言语信息的沟通交流上，要善于运用面部表情、体态语言和辅助性语言传递积极信息。

1. 面部表情与目光接触系统的运用

面部表情与目光接触系统是咨询与辅导人员与来访者非言语交流的主要方式。在咨询性会谈中，咨询与辅导人员在倾听来访者的谈话与叙述时，目光可直接注视对方的双眼；咨询与辅导人员在讲话解释时，视线的接触可比听对方谈话时少一些。在注意适当地与来访者进行目光接触的同时，咨询与辅导人员的面部表情变化也十分重要。在咨询与辅导过程中，咨询与辅导人员一定要保持面部表情同咨询与辅导场景的一致性，切忌在整个会谈中面无表情或始终保持一种表情，微笑、担忧、悲伤和严肃认真的表情都可以在会谈中展现。

2. 身体姿势与肢体动作的运用

在咨询与辅导过程中，咨询与辅导人员应了解肢体语言的意义，控制好自己的肢体动作，促进与来访者的沟通交流，提高咨询效率。

具体来说，在心理咨询与辅导的不同阶段，咨询与辅导人员要善于运用自己的身体姿势与肢体动作传递积极信息。在初次与来访者见面时，可以利用肢体动作配合语言，表示对来访者的接纳和欢迎，可以上前与来访者握手，用手势提示来访者坐到某个位置上；在来访者坐定开始交流时，咨询与辅导人员一定要以舒适、自如的姿势坐下来，但是不可随意前后晃动,不可跷起腿;在会谈过程中咨询与辅导人员可配合言语给以恰当手势,但不可过分夸张,同时和来访者保持一定的空间距离,过近和过远都会影响沟通效果,过近会引发来访者的心理防御,过远则易造成疏离感,一般保持一臂距离。

在心理咨询与辅导实践中,切忌左顾右盼、抓耳挠腮,切忌手指无意中敲打桌子,切忌看表。以上这些动作都会引起来访者的反感,会导致来访者的不信任。同时,在咨询与辅导中,要把手机调整到震动挡或者关机,切忌不停地接听电话等。在心理咨询与辅导实践中,要避免图6-1中的姿势出现。这些身体语言所显示的信息都要么太夸张,要么显示出心不在焉,要么显示出太过严肃或者过分呆板。

图6-1 在咨询与辅导中应避免的姿势

我们在强调身体要表现出严谨、认真和坐姿端正的同时，并不是说咨询与辅导人员在咨询与辅导过程中不能变换身体姿势，而是要求咨询与辅导人员要根据具体情况调整自己的身体姿势和作出适当的动作。最恰当的姿势和动作就是能显示出自己对来访者关心、理解，能给来访者传递积极的信号。

3. 辅助言语与类语言的运用

在咨询与辅导过程中，谈话者的音量、音调、语速、流利性、适当的沉默有助于语义和情绪的表达，运用得当可以增加言语的感染力，提高沟通效果。在咨询谈话时，咨询与辅导人员的音量过低，易使对方产生疑虑，音量过高可以唤起来访者的关注，但也易引发来访者的防御心理；音调抑扬顿挫、适时变化，可以引起来访者的共鸣，促使来访者的思考，强化来访者的内心体验；语速过慢容易导致咨询节奏拖沓，过快往往影响来访者的感知和思考。心理咨询主要是通过咨询会谈进行的，这就需要咨询与辅导人员在会谈时恰当地控制自己的音量、语调、语速，要根据会谈的情境、内容和语境适时调整语音、语调和语速，以提高会谈效果。

五、咨询与辅导人员有效与无效的非言语行为比较

非言语信息在咨询与辅导的实践中具有很重要的意义。上面我们对咨询与辅导人员应该如何运用非言语的信息加强与来访者的沟通交流，进行了具体分析。为了使咨询与辅导人员能更加系统地了解在咨询与辅导实践中哪些非言语行为是得当的，哪些非言语行为是不恰当的，我们在本章的最后对有效的非言语行为与无效的非言语行为进行整理与归纳，如表6-2所示。

表6-2 咨询与辅导人员有效和无效的非言语行为的对比

交流的非言语方式	正确的运用	不正确的运用
距离	约一臂（0.5~0.8米）	小于0.3米或大于1米

续表

交流的非言语方式	正确的运用	不正确的运用
移动	向前	离开
上身坐姿	放松但在注意、前倾	懒散、僵硬或者后仰
目光接触	有规律地回避对视	蔑视、不安与侵犯式的直视
时间	积极回应，不故意沉默	在谈话时，对来访者的问题不积极回应，故意沉默，在访谈中干自己的事情
腿和脚的坐姿	腿脚并拢或双腿适当分开	跷二郎腿、双腿过大分开或者腿伸得过长
面部表情	与自己和他人的心情一致，灵活丰富	与自己和他人的心情不一致，始终微笑、愁眉苦脸或者毫无表情
精神状态	清醒、保持警觉	冷漠、困倦、冲动、激动
行为举止	端庄、没有奇怪举动	有奇怪举动，坐卧不安，表现出明显的厌恶等
谈话的音量	清晰可闻，适中	太大或太小，大小不一致
语速	适中或者缓慢、抑扬顿挫、连贯	太快或过慢、缺少连贯性

以上技术是心理咨询与辅导中很重要的几种技术。这几种技术的掌握需要一个过程，只要不断地努力，每个有志于从事心理咨询与辅导工作的人都能掌握这些技术。

第七章

少年的心理咨询与辅导

CHAPTER 7

少年期，也称青春期，它是人生发展和成长的重要的时期之一，是儿童到成年人的过渡期，少年面临着生活各方面的挑战。[①] 这一阶段能否顺利成长，关系到人一生的发展与幸福。对少年进行心理咨询与辅导、引导少年积极健康成长、促进他们自我的同一性的建立是心理咨询与辅导的主要内容和主要目标。

第一节 少年的生理特征与心理特征

少年期是指十二三岁到十七八岁这一年龄阶段的人，这一阶段是人生最为重要的发展阶段。在心理学上，这一阶段被称为"心理上的断乳期""第二反抗期""自我同一性的建立期""行为上的逆反期"等。这些提法充分反映了这一阶段生理与心理发展的特点。要对这一阶段的孩子进行心理咨询与辅导首先要充分了解他们的生理特征与心理特征。

一、少年的生理特征

少年发展的主要特点是身心发展不平衡，独立的愿望与半成熟现状之间形成错综复杂的矛盾，这些矛盾带来了心理和行为的特殊变化。

（一）身体发育成长的高峰期

少年时期身体发展很快，身高快速增长，生理机能变化很大。少年外形的变化主要表现在三个方面：第一，身高的快速增长是青春期孩子身体外形变化最明显的特征。在少年时期，平均每年长高 6~8 厘米，甚至达到 10~12 厘米。同时，身高增长存在明显的性别差异，一般女性少年 12 岁为成长最快期，男性少年 14 岁为成长最快期。第二，体重是身体发育

[①] 罗伯特·S. 费尔德曼：《发展心理学：探索人生发展的轨迹（原书第三版）》，苏彦捷译，机械工业出版社，2017，第 220-221 页。

的另一个重要标志。青春期的孩子，体重有了很明显的变化，男孩的骨骼在这一阶段发育很快，肌肉增长也很快，女孩皮下脂肪增长较多。不管男孩还是女孩，在青春期这一阶段都是体重增长较快的时期。不过男女在这一阶段体重增长也存在一定的差异。女孩体重增加的高峰期在12~13岁，平均每年增加4.5千克；男孩体重增加的高峰期在14岁，平均每年增加5.5千克。第三，面部特征的变化。进入青春期的孩子头部的发育逐渐放缓，童年期的那种头大身小的特征逐渐向成人的体貌特征发展。同时，少年阶段的孩子面部轮廓逐渐退去了童年的稚气，更趋向于成年人。[①]

（二）性成熟与第二性征的出现

性成熟与第二性征的出现是少年阶段最为明显的生理变化。所谓青春期的划分就是以性成熟为标志的。对女孩来说，月经初潮标志着已经进入青春期；对男孩来说，出现了喉结、声带的变化致使变声等，就标志着已经进入青春期。

第二性征的变化是与内分泌的变化相关的，在青春期，男孩和女孩在脑垂体的调解下，体内的生长素与性激素的分泌水平有了较大的变化，这就使生殖器官的发育速度提高，使男女都出现了明显的第二性征。对女孩来说第二性征主要表现为乳房隆起、体毛出现、骨盆变宽和臀部变大等；对男孩来说第二性征主要表现为出现胡须、喉结突出和嗓音低沉、体毛出现等明显特征。第二性征的出现，使少年男女在体征上的差异凸显。

在少年阶段除了男孩和女孩的身体发生了很大的变化之外，他们的心理和精神上也发生了很大的变化。这些变化都是他们的体内激素作用的结果。激素很快地使他们的身体走向成熟，但是他们的心理和精神的成熟速度却远远赶不上身体的成熟，这种生理与心理发展不协调的特点就会使这一时期出现很多少年以前没有经历的事情，使他们产生很多成长的烦恼。

---

① 罗伯特·S. 费尔德曼：《发展心理学：探索人生发展的轨迹（原书第三版）》，苏彦捷译，机械工业出版社，2017，第222页。

二、少年的心理特征

少年阶段是生理成熟的时期,是身体外形和内心世界都发生急剧变化的时期,是有了恋爱意识的时期,是不断走向独立的时期,是寻找自己的未来立足点的时期,是对职业有了个人设想的时期,是最为重要的学习知识和形成个人价值取向的时期。少年心理的变化之大,绝不亚于生理的变化。在这一部分我们就来看看少年阶段心理的变化情况,分析少年的心理特征。

(一) 少年心理变化的基本特点

心理学上那些形容青春期的名词已经充分说明少年阶段最基本的心理变化的特征。第一,心理上的"断乳期"就说明了少年期是追求心理上的独立时期。童年期的孩子对父母的依赖感很强,到了少年阶段孩子有了很强的自我独立愿望,希望父母不要过分干涉自己的生活。第二,反抗期与逆反期说明少年在追求自己的独立时,会很明显地与父母及其他成人产生心理上的冲突。在大人看来,少年阶段的孩子在很多时候是故意和父母作对,他们不听父母和老师的劝告,会干很多在父母和老师看来很不合情理的事情。第三,自我同一性的建立期就说明了少年阶段是人格发展的重要阶段,这一阶段人格发展的主要目标就是学习接纳自己,形成自己人格的同一性。人格同一性在少年时期的表现就是认同自己的性别特征,接受自己作为男孩或者女孩的性别;接受自己的身体的变化情况,接受自己的心理变化特征,以积极的态度思考自己生活的意义;接受自己的社会角色,学会扮演社会角色。

少年阶段心理的变化表现在心理的很多层面。少年的思维方式与童年阶段相比发生了很大变化,少年的理性思维能力得到了一定程度的发展,但是思维与情感之间的矛盾和不平衡也很突出。少年对外界事物的看法具有理想化的特征,面对复杂的外部现实,很难作出妥协。少年情感比儿童期要丰富得多，他们的道德感、理智感和美感等高级的情感都得到很大发展，但是他们的情感也容易受外界环境的影响，情绪波动较大，情绪的稳定性较差。少年自我意识得到很大的发展，追求独立的愿望特别强烈，在许多时候和许多事情上少年既希望自己独立，希望自己独自作出决定，但又害怕独自一人面对世界、面对问题。当他们有了独立作出决定的机会，又会感到很孤独和无助。

少年阶段男孩和女孩都对自己的外表产生了浓厚的兴趣，他们第一次发现自己的外表对于自己是那么重要，他们开始对自己的穿着、打扮和发型重视起来，他们开始关注明星的生活，有了自己的偶像。男孩开始渴望自己长得高大英俊，性格坚强和果断勇敢；女孩大都希望自己外表漂亮，招人喜爱。男孩和女孩都开始有了生活的理想和心中美丽的梦。

综合以上分析，我们把少年心理的基本特点归纳为以下几点：

第一，少年自我意识得到很大的发展，对生活和自我身份产生了新的体验，开始关注周围人对他们的反应，社会交往范围不断扩大，自我活动和自我探索的空间不断扩张。

第二，少年的社会性与道德意识有了很大的发展，逐渐形成了新的价值标准。少年早期的价值和道德标准主要来自父母，他们的自尊感基本上来自父母对他们的看法。当进入中学这个较广阔的世界以后，同伴群体的价值观，以及老师和成年人的评价日益重要。

第三，少年的独立意识的增强。随着年龄的增长，少年与社会的交往越来越广泛。他们渴望独立的愿望日益变得强烈，与家庭的联系逐渐疏远，对父母的权威产生怀疑，甚至产生反抗行为。他们要摆脱家长和其他成年人的监护，摆脱由这些成年人规定的各种形式的束缚。由于价值标准受到同辈和社会的影响逐渐大于来自父母的影响，因而当与父母发生冲突时，往往会出现"摆脱家庭束缚"的倾向。①

第四，少年对家庭和父母从心理上的依赖性逐渐减少，与同伴团体的关系日益密切，容易受同伴团体的影响。同龄人、伙伴是少年在社会交往中非常重要的社会关系。进入青春期，随着活动范围的扩展，少年对家庭的依恋逐渐转向对伙伴群体的依恋。他们的言行、爱好、衣着打扮等相互影响，信任伙伴胜过信任家长和老师。在伙伴关系中，同伴之间对共同问题的讨论及反面的经验提供了大量的解决问题的技术。

第五，少年的思维与认知方式有了很大的改变，认知水平有了很大提高。按照皮亚杰（Piaget）划分的思维发展的四个阶段的理论，少年的思维水平处于形式运算阶段，形式运算阶段的出现使他们的思维更趋于完善，他们摆脱了儿童时期的单一的具体运算和简单形象思维，进入抽象思维阶段。少年已经能够通过试验、假说、推论这类形式化的思考来处理问题，能够运用理论来推想因果关系，开始懂得处理复杂的信息或资料。少年已经能够进行自我批评，已经有能力听取他人意见，他们在处理问题时已经能考虑更多的可能性。

第六，少年的心理需求更加多样，心理变得更加敏感。少年心理的发展表现在情感方面就是情感更加丰富，心理需求增多，心灵的敏感性增强。第二性征的出现和性机能的成熟使少年有了明显的对异性的好奇心，使他们在情感上有了更多的体验。除了性别意识和性意识的发展之外，少年的社会性意识的发展也促进了情感的发展，少年的激情得到了很大的发展，他们追求社会的公平与正义，富有激情和理想的情怀，但是少年由于理性与情感发展的不平衡，他们的情绪自我调节能力较差，情绪容易波动。

由于自我意识的发展和情感的发展，少年的内心世界越来越丰富，他

---

① 罗伯特·S. 费尔德曼：《发展心理学：探索人生发展的轨迹（原书第三版）》，苏彦捷译，机械工业出版社，2017，第251页。

们对尊重和理解的需要增强，他们的心理表现出一定的封闭性。

少年时期是生理上的急剧增长期和心理上的矛盾期。少年心理上的矛盾会持续一段时间，但这段时间究竟多长，没有一个确切的时段，有些少年心里矛盾持续时间会很快过去，有些会持续较长。持续时间的长短与家长和教师对待他们的方式和态度有关。

（二）少年阶段女孩的心理特征

少年阶段男孩和女孩的心理、精神面貌都发生了很大的变化。他们的心理变化除了具有上面所分析的共同特征之外，由于男性与女性的性别差异，男孩和女孩还具有各自独特的心理特征，下面我们先来看看这一阶段女孩的心理特征。

1. 对自己的关注程度增加

少年阶段的女孩最为明显的特征之一就是对自己的关注程度增加。从自己的腋下或者下体出现细小绒毛开始，女孩就开始关注自己的身体。对自己的关注程度随着少年阶段的发展而不断增强。起初只关注自己的外表，关注自己的脸面，慢慢地开始关注自己的内心世界，开始有了自己的秘密。

对身体的关注是女孩最典型的少年阶段的特征。少年阶段的女孩会长时期地关注自己的身体。这一切大都是在独处的时候或者和同伴在一起的时候进行的。对自己身体的关注往往伴随对自己身体和容貌的评价。一般而言，处于少年阶段的女孩对自己的外貌不是特别满意：有的觉得自己太胖，有的感到自己太瘦；有的觉得自己的腿太短，有的感到自己的腿太粗；有的嫌自己的胸部太小，有的感到自己的乳房太大等等。她们最为关注的身体部位是脸、头发、乳房和臀部，其次才是整个身材和各种器官的搭配。

除了对身体的关注之外，少女们对自己的衣着也特别关注。对衣着的关注和社会上流行的审美观念及服装的流行趋势有着密切的关系。

伴随着对外貌和服饰关注而来的是化妆和打扮。对外表和身体的关注，对自己行为举止是否得体的关注，就必然关注自己的服饰，注重自己的打扮。为了显出自己的美，体现出自己的与众不同，她就会注重用不同的方式装扮自己。除了衣服之外，少女们特别注意修饰自己的面部和头部。

2. 情感细腻、表现出敏感和羞怯的情感特征

除了关注自己的外表，少年阶段的女孩也开始关注自己的内心世界，在心里有了自己的秘密，有了对生活和人生新的体验，使她们的感情比童年期更丰富，情感的体验更深刻，心理世界更细腻、更敏感。

少年期不管女孩是内向性格还是外向性格，在经历月经初潮之后，她们都会变得敏感。少年期女孩的敏感主要体现为注重自己内心的体验，注重别人对自己的评价，注重自己的行为举止，注重内在的情感体验等。这个阶段是女孩"怀春"的阶段，这个阶段的少女用自己心灵的"雷达"捕捉着任何一个细小的关于自己的信息，任何一个正面的评价都会使她们心花怒放、激动不已；相反，一个负面的评价会使她们心灰意冷和悲悲切切。她们的自我评价也是不稳定的，会随外界事物而变化，一个好的考试成绩能使她们感到自己有能力，一次失败的考试又会使她们对自己产生怀疑。

少年阶段女孩的飘忽不定的感情会使她们时而自信，时而自卑；时而情绪高涨，时而情绪低沉。会使她们充满对人、对事的敏感，一件美好的事会让她们觉得生活充满乐趣，而一件可悲的事会使她们感受到人世的痛苦。

除了敏感之外，少年阶段女孩另一个十分突出的情感特点就是羞怯。少女的羞怯主要表现为对自己内心世界的羞于表达，也就是我们通常说的有了自己的心事，并且不说出来。少女阶段是喜欢做梦和幻想的阶段，是敏感的阶段。在这一年龄阶段，她们有了自己的秘密，这种秘密仅仅是属

于她一个人的，最多也仅属于她和她的知心朋友。她们喜欢在内心编制自己的梦，但是这些梦是不能说出来的。如果谁窥探到了她的梦，说中了她的心事，她会感到很不好意思。少女往往都有些自我心理封闭，她们严守自己的秘密，她们把注意的重心从外部世界转向自己的内心，但她们不允许别人侵入她们的内心。不管是父母，还是老师，如果在少女不知情的情况下，通过看她们的私人信件或者日记窥探到了她们的秘密，还以此作为批评她们、教训她们的材料，那么这个成年人从此就失去了少女对其的信任。

此外，少女的羞怯还表现在内向和羞于表达自己的意见方面。童年时期，儿童是无忧无虑的，很少关注行为举止对个人形象的影响。到了少年阶段情况发生了很大变化，少年阶段的少女已经注意到自己的外表、行为举止和语言对自己形象的影响。她们在表达自己的意见之前，会想到这样做会不会对形象带来什么损害，在她们对许多事情还没有确切的看法时，还没有十分的把握时，她们往往选择沉默。有时即使她们已经有对某个问题的正确看法，她们也不会在大庭广众之下表达自己的见解，而是选择和几个人私下交换意见。

（三）少年阶段男孩的心理特征

少年阶段的男孩主要有以下心理特征：

1. 男性意识的觉醒

男性意识是一种对自己性别的认同意识。与少年阶段的女孩不愿意接受自己的性别相反，少年阶段的男孩很愿意认同自己的性别，他会为自己的性别感到骄傲和自豪。到了少年阶段，男孩就要努力成为一个男子汉，并且寻求一切机会想证明自己是男子汉。

那么到底什么是男子汉？少年阶段的男孩认为，男子汉首先要独立自主，其次就是要坚强和身体强壮，男子汉还要有发达的肌肉和长得帅气（用少男少女的语言来说，就是要"酷"）。少年阶段几乎所有的男孩都在寻求着别人对自己的认可和肯定，如果得不到正面的肯定，他们就要从其他方面寻求这种肯定，以证明自己的存在和能力。同伴团体的认同和接纳，对少年，尤其是男孩子来说有着至关重要的意义。①

少年阶段男孩的男性意识的觉醒主要表现在以下几点：

第一，独立意识。少年阶段的男孩身体的成长一般都很快，在体型上他们很快就超过了父母。由于体形的变化，他们就有一种长大成人的感觉，在思想上也就追求独立自主，愿意独自承担自己的任务。他们不仅追求行为上的独立，更追求思想上的独立。他们已经有自己对问题的独立的看法，要说服他们放弃某种观点，必须要有强有力的证明材料。他们在这一年龄阶段还特别倾向于坚持自己的观点，甚至表现为固执己见的特点。

第二，寻求肯定和证明自己能力的意识。男孩对自己角色的认同比较强烈，在经过自我角色认同之后，也希望得到别人的肯定与接纳。而要别人肯定与接纳自己，男孩就需要自我证明，这就走进了一个角色认同的循环。这个循环的起点就是少年阶段开始阶段性的男性角色认同，在自我认同以后，就寻求外部认同和外部赞许。外部的认同和赞许会进一步加强自我的认同和肯定，自我的认同和肯定又强化自己的某种行为，以便更能表现出男子的气概。这就进一步加强了他与外界的联系。因此，男性意识对于少年阶段的男孩来说就是不断地寻求外界和自我肯定的意识。为了显出自己的男子汉气概，表现自己的男性意识，男孩子会用种种方法来达到这一点。有时候仅仅为了表现自己，证明自己的能力，男孩会作出许多大人想不到的举动。例如，一个温顺的男孩会突然之间变得暴躁；一个遵守纪律的男孩会突然之间故意破坏纪律；一个从不缺席的男孩会逃课。而这一切都仅仅是为了证明自己的独立。

在这个时期，男孩的团体对他有着十分重要的影响。归属于某个团

---

① 罗伯特·S. 费尔德曼：《发展心理学：探索人生发展的轨迹（原书第三版）》，苏彦捷译，机械工业出版社，2017，第253-257页。

体,就证明了他被这个团体所接纳。而有的男孩为了被一个团体接纳也就作出一些不计后果和自己也不想做的事情。许多男性少年的犯罪都是团伙犯罪,这就是一个很重要的原因。

第三,男子汉意识的又一表现就是男子汉气概。对于少年阶段的男孩来说,男子汉气概就是"酷"。就是要长得有男子汉的样儿,穿得特别、能吸引人、能体现出自己的个性,做事有些与众不同等。和女孩在少年阶段羞于表达自己的见解相反,少年阶段的男孩有着强烈地表现自己见解的欲望。他们很喜欢发表自己的看法和意见,并且开始学习引经据典,尤其是青春期后期的男孩这一点表现得更为突出,因为这也是他们独立意识、男子汉气概的一种表现。在取得了效果之后,他们会认为这也是一件特别"酷"的事情。

2. 对自己身体的关注程度增加,容易形成对外表的不满

少年阶段的男孩也十分关注自己的外表。他们主要关注的是自己是否强壮、是否伟岸。少年阶段的大多数男孩都或多或少缺乏对自己身体发育状况和外表的满意感。少年阶段男孩对自己身体发育的不满,直接与社会和教育中树立起来的理想男子汉的形象有关。在文化媒体和教育中,理想的男子汉都是风度翩翩和坚强有力。他们有发达的肌肉、结实的身体、棱角分明的脸型。在家庭教育中,父母也常常以此来塑造自己的孩子,无论孩子的具体情况如何,社会的潜移默化、家庭的熏陶和同伴团体的相互影响更加强化了这一现象。

3. 羞于表达自己的感情

少年阶段的男孩也慢慢地脱离了童年的天真,变得敏感和羞怯。但与女孩的敏感和羞怯不同,男孩的羞怯主要表现为羞于表达自己的感情,羞于表现自己的软弱,面对困难和自己解决不了的问题,往往装出自己可以应付一切和对什么都不在乎的样子。与女孩相比,男孩也关注自己的身体,关注自己的内心世界和感情的变化,但他们关注的不是自己是否漂亮,更

为关注自己是否有男子汉形象。他们既关注感情，又羞于表达感情。

（四）少年阶段男孩和女孩性心理发展的特点

"哪个少年不钟情，哪个少女不怀春？""窈窕淑女，君子好逑！"这些语句真实地刻画了少男少女的心理。随着性生理的成熟，少年阶段的男孩和女孩性心理也得到了发展。少年阶段性心理的发展主要表现为以下几个特点：与异性关系疏远、对异性的好奇和盼望得到异性的关注，以及探索异性身体的愿望和性幻想。

1. 与异性关系的疏远

童年时期男孩与女孩之间的关系十分密切，性别因素对男孩、女孩的影响很小，他们能无拘无束地玩儿，但到了少年阶段男孩和女孩的关系就变得特别微妙，表面上是一种相互疏远，还有一些相互敌视的关系。其实，少年阶段男孩、女孩关系的疏远仅仅是一个表面现象，而真相却是对异性的关注和盼望得到异性的关注。

2. 对异性的好奇和盼望得到异性的关注

对异性的好奇是少年阶段男孩和女孩共同的心理特征。少年阶段的男孩和女孩都感到自己与另一性别不同。男孩对女孩充满了好奇，女孩同样对男孩充满了好奇。男孩希望了解女孩的心理和身体特征，女孩也同样希望了解男孩的心理和身体特征。在这一年龄阶段，对少男少女来说比较困难的就是怎么和异性打交道。少年阶段男孩和女孩的好奇心理是微妙的，他们靠自己的幻想和同性朋友间的交谈来满足好奇心。在此基础上就形成了男孩与女孩彼此之间的看法。

盼望得到异性的关注是少年阶段男孩和女孩共同的心理。我们知道，每个人都希望得到别人的认可和关注。就少年阶段的男孩女孩来说，这种认可和关注如果来自异性那就更为重要。在班集体的活动中，如果有异性存在，那么作为主角的男孩或女孩就会特别认真，他们都想给异性留下一个好印象。

3. 探索异性身体的愿望和性幻想

少年阶段男孩女孩不仅有了对异性的好奇，还充满了探索异性身体的愿望。在少年阶段的男孩由于生理的变化使他们有了成熟的性能力，他们就对女性的身体充满好奇，想知道女性的身体结构和男性有什么不同，想了解女性的性心理和男性有什么不同。

和男孩相比，女孩的性生理特征决定了女孩在性行为上是被动的。但是这并不能说明女孩性心理的发展就落后于男孩。和男孩一样，到了少年阶段的女孩同样对男孩的身体充满了好奇，她们也想了解男孩的身体结构，同样对性有所期待。但和男孩不同的是，女孩更期待一种精神上的爱恋，期待被人保护和被人拥抱，期待一种全心全意的精神投入，而对于具体的性行为不像男孩那样急切。

在少年阶段，男孩和女孩的性幻想对象往往是自己认为的"公主"或者"白马王子"。因此，少年阶段的男孩和女孩都有一种追星的倾向。追星对于女孩更为普遍。少年阶段的女孩往往把一些歌星、影星作为自己的梦中情人和性幻想的对象。

在性幻想的同时，少年阶段的男孩女孩都多多少少有了性行为的期待。在少年阶段当男孩的性成熟期完成之后，性的欲望就很难被遏制住了，所以男孩在少年阶段常常幻想和一个异性相互抚摸、相互达到能量的释放。对性的要求和期望是一种本能行为，这种愿望是会表现出来的。因此，对于自己的性幻想不要紧张，不要把性幻想和道德联系在一起，这种行为和性幻想是性心理发展的表现，随着心理发展和精神发展的成熟，少年期的男孩和女孩就学会了控制和调节自己的感情。

通过网络进行性探索的心理。现代少男少女另外一个共同的性心理就是接触网络上的性。性文化在现实生活中还是一个禁忌的话题，网络的虚拟世界正好填补了这方面的空白，所以许多少男少女就走进网络，走进了各种感情和成人的聊天室，自己参与或者看别人谈爱情、谈性经验。这种通过网络了解性、了解爱的行为是正常的，这种行为也是好奇心驱使下的行为。当人的好奇心和求知欲通过正常的途径无法得到满足时，他（她）就会寻求其他途径。少年处于要求独立的时期，他们愿意探索外部世界，探索身体与性的奥秘，当这种探索在现实生活中缺乏正当的途径时，他们就走向网络。网络虽然可以帮助少年获取一些知识，但是我们也应该认识到网络的危害性，成年人要积极引导少年避免沉溺于网络，引导他们避免靠网络幻想性和寻求爱情。

第二节 少年的主要心理困惑

少年时期注定是人生不平静的时期，少年要经历许多心理上的困惑、矛盾、挫折以及内心的交战。少年阶段男孩和女孩容易出现对自己身体的不满意与过度减肥导致的厌食症与贪食症、学习障碍与厌学、抑郁自杀等情感问题、与家长的关系紧张、校园凌霸等反社会行为问题。

一、神经性厌食症与贪食症

少年时期是身体快速发育的时期，合理的饮食和足够的食物攫取是保证他们身体发育的前提。少年的年龄特征与心理特征使得他们十分在乎自己的身材与体型，如果不能正确对待自己的身体发育状况，会导致一些少年出现过度减肥而形成神经性厌食症，另一些少年出现贪食症。

（一）神经性厌食症

少年心灵比较敏感，很在乎他人评价。这种心理特征使很多少年为了保持身材的好看、增强吸引力，而盲目减肥。而很多少年，尤其是女孩子的减肥都是从严格控制饮食和热量的摄取量开始的。很多女孩子每一天都详细列出食物的分量与卡路里，对于超过分量与热量标准的食物就拒绝吃。时间一长，体重下降了，但是也造成了身体上的伤害，严重的就会引起神经性的厌食症。

神经性厌食症是一种拒绝吃食物的严重的进食障碍。厌食症最初往往以节食和减肥为目标的少吃食物或者不吃食物，由于长期的过度节食和不吃主食，导致身体机构与禁食功能的紊乱，从而形成神经性的厌食症。厌食症是一种危险的心理障碍，在少年期女性的厌食症多于男性。近年来，由于很多男孩对自己身材和体型的过度关注，男性少年的厌食症比率也有上升的趋势。美国的一项研究发现，来自较好家庭背景的，对成功有着明显的追求愿望，渴望得到他人肯定的女孩，出现厌食症的可能性比较大，同时研究者还发现大约有15%的厌食症患者最后绝食而死。[1]

（二）贪食症

贪食症是另一项少年时期容易出现的心理障碍。与厌食症相反，贪食症是无节制地暴食暴饮、消耗大量的食物。但是在吃过之后，内心又会不安和内疚，采用吃泻药和呕吐等方式，把吃进去的食物清除出来。贪食症患者的体重相对正常，但是这种暴食后又通过呕吐和腹泻清除食物的方式会破坏身体的平衡。

无论是厌食症还是贪食症都是少年阶段容易出现的心理偏差。导致这种偏差出现的原因是复杂的。既有生物学因素，也有社会文化和个体的自我认知因素。因此，在治疗中要采用饮食调节与心理治疗相结合的方式。

二、少年的认知与学习困惑

少年阶段正是在初中和高中接受教育的阶段。少年的一项重要人生课题就是完成中学阶段的学业，为进入社会或者为升入大学作最后的准备。学习对少年来说是一项应该努力完成的任务。由于受不同因素的影响，少

---

[1] 罗伯特·S. 费尔德曼：《发展心理学：探索人生发展的轨迹（原书第三版）》，苏彦捷译，机械工业出版社，2017，第225-227页。

年会出现不同的学习问题,有的甚至出现学习障碍。

(一) 少年的厌学与辍学

厌学是现代少年中最为常见的学习问题。厌学最为明显的特征就是学习动力的缺乏,具有厌学倾向的少年缺乏学习积极性与主动性,具有厌学倾向的少年把学习看作一件很痛苦的事情,他们没有学习的乐趣和信心,也没有良好的学习习惯。在课堂上他们不能集中注意力,不认真听讲,也不进行思考,对待作业马马虎虎,应付了事。由于学习兴趣的缺乏和学习努力程度的不足,这些少年的学习成绩一般比较差,大多成为学习上的困难生。

厌学的结果不但是学习成绩差,更加不愿意学习,还可能导致逃学与辍学。具有厌学倾向的少年如果受到外界不良因素的引诱,就会出现逃学行为,最后很多少年就辍学了。一般来说,在少年具有厌学倾向的初期,他们每天会去学校,会坐在教室里上课,对于作业会抱着完成任务的心态去做。但是厌学倾向没有受到父母和老师及时关注与正面引导,他们的学习成绩会越来越差,就会出现逃学或辍学行为。很多逃学的少年都去网吧玩游戏、上网聊天或者看网络小说。

(二) 少年使用现代媒体与网络的问题

现代少年能接触到大量的现代媒体和技术,网络、移动手机、随身听与各种播放器等都是现代少年常常使用的现代媒体工具。各种网络信息、社交平台和游戏软件等对很多少年产生较大的消极影响。中国互联网络信息中心2019年8月发布的数据表明,截至2019年6月中国网民数量达到(每天上互联网一小时以上的人群)8.54亿人,其中10~19岁的群体占18.2%,人数超过1.5亿人。[①] 这一数据表明,中学生成为使用互联网的主力军之一。其中,玩网络游戏、看视频和其他娱乐成为上网的主要目

[①] 中国互联网络信息中心:《第44次中国互联网络发展状况统计报告》,http://www.cac.gov.cn/2019-08/30/c_1124938750.htm,访问日期:2019年8月30日。

的。美国的一家基金会对 8~18 岁的男孩和女孩的调查表明,这一年龄段的儿童和少年平均每天上网 6.5 小时。① 美国和中国的数据都表明,现代互联网成为少年娱乐、社交和获取信息的重要方式。这种互联网使用的普及和使用时间的不断增长,给少年的成长带来了很大的消极影响。网络上霸凌视频、网红直播、赌博等不良信息造成很多少年认知的混乱,碎片化的知识、泛滥的鸡汤文、各类恶搞信息造成了不少少年对系统学习的厌倦而沉溺于游戏与娱乐活动。

(三) 考试焦虑

考试焦虑是少年阶段容易出现的另一种学习困扰。很多平时学习认真、被家长和老师寄予很高期望的学生,如果在某一次考试时的成绩不理想,而没有得到及时的安慰与辅导,就容易形成对考试的焦虑,甚至恐惧。

考试焦虑是一种由于对考试结果的过分关注而引起的在考试中不能正常发挥自己实力的情绪,这种焦虑在关系命运的重大考试中表现得更为明显。例如,在中考和高考等升学考试中,很多少年就受到焦虑情绪的影响。考试焦虑一般有三个方面的表现:第一,生理上表现为失眠、口干和消化机能的紊乱;第二,情绪上表现为情绪不稳定、过分的紧张;第三,思维上表现为注意力不集中、思维混乱等。这种压力很多时候是来源于老师和家长过高的期望。

考试焦虑症如果得不到很好的疏导和引导,就会发展成为考试恐惧症。考试恐惧症是一种比焦虑更为明显的对考试发自内心的拒绝与排斥。具有考试恐惧症的少年不但对重大的考试表现出一定的排斥和不自信,并且在所有的考试面前,或者能决定出胜负和成绩高低的活动面前都表现出紧张、焦虑和害怕。

---

① 罗伯特·S. 费尔德曼:《发展心理学:探索人生发展的轨迹(原书第三版)》,苏彦捷译,机械工业出版社,2017,第 246 页。

无论是考试焦虑症还是考试恐惧症都会影响少年正常水平的发挥，影响少年的思维水平和心身的正常发展。这种心理障碍如果没有及时进行辅导和引导，会对少年的自我意识和自信心造成比较大的消极影响。

三、少年的情绪问题

少年时期最容易出现的心理障碍是情绪障碍。有关研究发现，我国17岁以下的少年具有情绪性精神障碍的有3000万人以上。[①] 情绪障碍最主要的表现为抑郁症、精神分裂症等。

（一）抑郁

少年阶段是比较容易出现抑郁情绪和抑郁症的年龄阶段。抑郁是一种消极的情绪体验。一段关系的结束、重要任务的受挫、心爱的人的离世等负面刺激都会使人伤心、失落和悲伤。如果这种消极的体验长期存在就会导致人们对自己能力和人生价值的怀疑，这就是抑郁症。

少年期的抑郁分为两种：一是年龄阶段正常的抑郁情绪，二是由年龄特征发展而来的抑郁症。年龄阶段的抑郁是指少年对外界消极刺激比较敏感而导致心灵上的抑郁。这种抑郁随着年龄的增长和少年社会性的增强，会逐渐消失。而这种敏感的心理特征作用下的抑郁，如果得不到正确地对待与疏导，会发展成为一种持续性的抑郁倾向，重度的抑郁会成为抑郁症，严重的抑郁症会导致少年的自杀。美国的一项调查研究表明，大约有60%的少年诉说自己有过在某一阶段情绪低落和特别悲伤的经历，25%的少年报告他们有连续两周以上的悲伤与绝望，以至于停止了正常日常活动的经历。[②]

我国对于少年抑郁的人数没有全国性的统计，但是就笔者近十年心理

[①] 静进：《我国儿童青少年面临的主要心理卫生问题及其对策》，《中国心理卫生杂志》2010年第5期，第321-324页。

[②] 罗伯特·S.费尔德曼：《发展心理学：探索人生发展的轨迹（原书第三版）》，苏彦捷译，机械工业出版社，2017，第248页。

咨询的经验来看，我国少年处于抑郁状态的人数也不在少数。从笔者的实践经验来看，少年的抑郁存在性别与个人成长环境的差异性。一般来说，少年中的女性具有抑郁倾向的人数及严重程度比男性多，家庭生活出现变故和孤独、没有朋友的少年抑郁的人数较多。在少年抑郁情绪的治疗上，面对一般性的成长和发展中的抑郁，不需要进行药物治疗。家长和教师多关注他们，多与他们进行沟通交流就行。对于长时期处于悲伤、自我否定和绝望状态的少年，一定要采用药物治疗和心理治疗相结合的方式进行干预。在少年抑郁症的治疗上，心理分析疗法与理性-情绪疗法是最常用的和行之有效的方法。笔者在心理咨询与治疗的实践中，就曾经采用心理分析、自我探索和理性-情绪疗法治疗过十几位少年，其中心理分析法中用创造力治愈心灵的理念与方法对于治疗少年的抑郁具有十分积极的作用。[①]

（二）麻木与冷漠

麻木与冷漠是现代少年中常见的情绪障碍之一。人与动物的区别不仅在于人是理性的动物，还在于人具有动物所没有的情感体验。人的情感具有很明显的社会性，理智感、美感和道德感等就是人所具有的情感。这些基本的情感在社会生活中有着多样化的表现：自尊感、羞耻感、正义感、罪恶感、同情心等。少年处于血气方刚、充满激情、疾恶如仇、争胜心比较强烈的年龄阶段。人格发展良好的少年对未来充满理想，憧憬着未来美好的生活，具有很丰富的情感体验。但是在现代生活中，有些少年却表现出麻木和冷漠，对外部世界不关心，对自己未来前途冷漠，对家庭成员生老病死冷漠，对自己生活的好坏冷漠。这种冷漠和麻木不但阻碍少年心灵世界的发展，同时也不利于社会健康的发展。

对于少年来说，缺乏对生活的热情和激情，过分冷漠和麻木必然使他

---

① 戴维·H. 罗森：《转化抑郁——用创造力治愈心灵》，张敏、高彬、米卫文译，中国人民大学出版社，2015。

们在自己的学业和人生道路的选择上抱着无所谓的态度，对社会生活中的很多事物无动于衷和缺乏积极性，必然会影响到他们未来的发展和整个人生。

（三）应激性情绪障碍与精神分裂症

应激性情绪障碍和精神分裂症是少年期容易出现的心理障碍。所谓应激性情绪障碍是指，少年在没有丝毫心理准备的情况下，受到了比较大的消极事件的刺激，而出现的极端的情绪反应。一般的应激性情绪障碍表现为极度恐惧、极度紧张、精神错乱、暴力倾向、攻击性行为等。一般来说，追求完美的少年，重要考试的失败会导致他们出现愤怒、焦虑和摔东西等行为，在这些行为之后，往往会出现自我否定、自我封闭、不想见人等行为。这就是这类少年的应激性情绪障碍。另外一种容易出现应激性情绪障碍的情形是一些比较内向、乖巧和性格柔弱的少年在校园生活中，与他人发生冲突时，会受到他人身体上的攻击或者群体的围攻，面对他人的霸凌与欺侮，这些少年一般采取躲避、忍耐和不还手等消极方式应对。这些事件发生之后，他们会出现做噩梦、惊恐不安、精神恍惚、精神错乱等情形。这就是突如其来的欺凌与攻击导致的应激性情绪障碍。

应激性情绪障碍是少年成长中常见的情绪障碍，这种障碍往往会被家长忽视。笔者在咨询与辅导中，就遇到过一位高一在篮球场上遭到他人殴打而出现应激性情绪障碍的来访者。这位来访者的母亲已经去世，他与父亲生活在一起，当他把自己受到不公平对待的事件诉说给父亲时，非但没有得到父亲的安慰，反而遭到了父亲的训斥。这两方面的消极刺激，就导致他产生了对学校的恐惧、睡梦中常常被噩梦惊醒、情绪极度不稳定等症状。经过笔者三个月的治疗，这些不良的症状才逐渐消失。因此，对少年的应激性情绪障碍，无论是家长还是老师一定要认真对待，否则这种应激性情绪障碍会转化成少年的精神分裂症。

精神分裂症是少年期容易出现的另一种心理障碍。精神分裂症是一种对少年身心发展具有比较大的消极影响的一种情绪障碍。发病的原因目前还不清楚。少年期的很多精神分裂症是由应激性的情绪障碍转化而来的。少年期的精神分裂症称为早发性精神分裂症，一般发病年龄在17~21岁，国外的研究发现，1/3 的患者是在 19 岁之前首次发病。[1] 我国的有些学者认为精神分裂症多半在青春期的早期发病，也就是 12~16 岁。[2] 精神分裂症的致病原因至今还不是十分清楚，但一般都认为是生理因素和环境文化因素共同作用的结果。少年精神分裂症的主要表现为认知与思维上的模糊和不清、情绪情感的异常，表现为视幻觉和听幻觉，幻想与现实的混乱。精神分裂症在情绪上的主要表现有情感平淡、对亲人冷漠、缺乏亲和力、情绪不稳定，会出现自发性的情绪反应，例如，在没有外界刺激的情况下傻笑、哭泣和发脾气等，还表现为对外部世界缺乏兴趣，缺乏好奇心、易怒等。

少年的精神分裂症对少年的成长具有很大的消极影响，在少年的心理咨询和辅导中，咨询和辅导人员遇到具有精神分裂症状的少年时，需要特别仔细和小心进行诊断和评估，要及时采用心理治疗的方式及时干预，避免精神分裂症对少年的成长造成永久性的伤害。

四、少年的行为问题

行为问题是少年心理问题在行为上的表现。少年的行为问题包含一般偏差行为与极端偏差行为两种。所谓一般偏差行为是指在少年成长过程中容易出现的不符合一般社会要求和少年成长目标的行为，例如，逃学、说谎、小偷小摸、抽烟、喝酒、不遵守学校纪律和不顺从家长管教等一系列的行为。极端偏差行为是指在少年中出现的严重的暴力犯罪和杀人、自杀

---

[1] Armenteros JL, Davies M., "Antipsychotics in early onset Schizophrenia: Systematic review and meta-analysis", European child & Adolescent psychiatry, 2006, 15 (3): 141-148.

[2] 李雪荣:《现代儿童精神医学》，湖南科学技术出版社，1994，第 274 页。

等行为。现代社会中少年的极端偏差行为有增多的趋势，有的少年由于学业上的挫折而自杀，有的少年由于觉得受到了别人（老师及社会上的其他成员）不公正的对待而杀人，有的少年由于对生活的失望而选择以暴力手段报复、伤害别人，有的少年加入不良团体而实施抢劫等暴力犯罪。一般来说，现代少年遇到的行为问题主要表现在以下几个方面。

(一) 人际交往与人际关系问题

人际交往与人际关系问题是少年阶段常常出现的问题。由于少年心理发展的特点，很多少年在人际交往和人际关系方面过度自卑和自我封闭，他们就会出现明显的社交恐惧和对人际关系的过度敏感。

人际交往障碍和人际关系问题主要表现为两种情形：一是人际交往的恐惧，即不愿意和他人进行交往、自我封闭，在与他人交往中表现得手足无措和过度紧张，语无伦次和不会表达自己的想法，如果这种情形发展下去就容易形成真正的社会交往恐惧症；二是人际交往和处理人际关系问题时，行为不得体或交不到朋友，也就是不会与别人交往，不会处理人际关系，在生活中感到孤独，从而对别人和外部世界表现出怨恨和不接纳，这种情形发展下去就可能导致过分孤独。无论是恐惧还是孤独，都会影响少年的自我发展和心灵成长。

(二) 过分依赖与过度逆反行为

行为上的过分依赖和过度逆反是在少年阶段容易出现的另一类行为问题。过度依赖的少年主要表现为，无论在生活上还是学习上都是长不大的孩子。表现在学习上，从小要求家长陪读，不愿意动脑子；在生活上，他们自理能力差，饭来张口，衣来伸手，缺乏生活的自理能力和独立意识。

过度逆反的少年表现为过分任性和反抗别人，不听从任何人的意见和建议，与他人交往过程中表现出过度情绪化与不理性。任性的少年大多以自我为中心，想要什么就要得到什么，不管这种需要是否合理；达不到目的，就大吵大闹，纠缠不休，直到达到目的为止。还会无端发脾气，情绪起伏很大，情绪好时春风满面，情绪差时暴风骤雨。过度逆反的少年主要表现为把所有大人提出的要求都当作与自己过不去而加以反抗，他们拒绝服从教师或家长提出的任何要求，他们对父母的教育和学校的校规校纪都抱着无所谓的态度，不去执行，甚至故意违反。

这两种行为的出现都与少年的亲子关系有关。

（三）不良的社会行为

自我发展良好和成长顺利的少年会形成基本的符合社会要求和社会规范的人格特征和行为特征。如果发展不好，就会出现人格上的障碍与行为上的不良表现。现代少年的不良社会行为主要表现为逃学、打架、破坏社会公物、无缘无故地对他人进行攻击与伤害、早恋、离家出走、违反社会秩序和学校纪律等。很多少年不愿意学习，不愿意待在学校，不愿意完成作业，就选择逃学；还有的少年年龄不大就离开学校，辍学在家，他们没有正当的职业，往往和其他一些同样辍学的少年结成团伙，打架斗殴；有的少年没有完成社会化，没有形成基本的社会道德观念，无缘无故地破坏社会公物仅仅是为了获得一种破坏的快乐；有的少年通过网络涉猎情色领域，有的女孩开始从事色情业，有的男孩逼迫别人卖淫等。这些行为都是不符合社会道德规范，不符合少年人格发展水平和发展目标的行为，都属于不良社会行为的范畴，也是在心理咨询与辅导中需要矫正和治疗的行为。

（四）网络成瘾行为

不良的网络行为是现代少年中比较常见的一种问题行为。很多少年长期沉溺于网络，沉溺于游戏而不思学习，这种行为使很多家长苦不堪言，作为信息传播学校的老师也不知所措。网络作为现代社会科学技术发展的成果，使人们获取信息方式更加便捷和多样化，但是同时也给人们带来很大挑战。少年由于自控能力较差，面对网络提供的各种信息和网络游戏的诱惑，缺乏免疫力，这就使得他们出现了有家不回、长期待在网吧打游戏和浏览色情信息等不良行为。目前，网瘾问题已经成为发生在少年身上的行为问题。

（五）极端偏差行为

少年阶段除了可能会产生的一般的不良社会行为之外，还会出现极端的偏差行为。现代社会少年的极端偏差行为主要表现为自杀、杀人和各种暴力性的反社会行为。导致少年出现自杀、杀人等极端偏差行为的原因是多方面的。不良社会文化的影响、少年人格发展出现的偏差、家庭和学校教育中生命意识教育的缺失等因素都是少年极端偏差行为出现的原因。[1]

自杀与校园霸凌是少年期危害性比较大的不良行为。研究发现，从20世纪80年代至今，美国少年的自杀率上升了三倍，在美国每90分钟就有一名少年自杀。青春期的女孩比男孩尝试自杀的概率更高，但男孩自杀的成功人数多于女孩。女孩多半采用割手腕儿、吃安定药等方式自杀，男孩子多采用暴力的方式自杀。导致现代少年自杀的原因是多方面的，学业压力的增大、焦虑和抑郁、家庭冲突、同伴的自杀等都有可能导致少年自杀。[2] 虽然我国没有确切的少年自杀的数据，但是从媒体的报道和心理咨询的实践中，我们也可以知道，近三十年来我国少年自杀人数也存在不断上升的趋势。少年的自杀问题是值得关注的。

校园霸凌是一种少年期容易出现的暴力行为，它的社会危害性也比较大。校园霸凌是指一个学生长期的被团伙侮辱、欺凌、压制和虐待，使这位学生身心受到严重伤害的情形。[3] 校园霸凌可以分为物质霸凌、精神霸凌、性霸凌等。近年来，我国的校园霸凌出现低龄化、女性化的倾向。[4] 一些调查研究表明，初中阶段的校园霸凌比高中阶段要多，男生比女生要

---

[1] 张可创：《青少年极端偏差行为的心理分析与教育策略》，《教育科学》2009年第2期。
[2] 罗伯特·S. 费尔德曼：《发展心理学：探索人生发展的轨迹（原书第三版）》，苏彦捷译，机械工业出版社，2017，第249-250页。
[3] 许育典：《校园霸凌的法律分析》，《月旦法学杂志》2011年第5期。
[4] 于阳、史晓前：《校园霸凌的行为特征与社会预防对策研究——基于50起校园霸凌典型事例分析》，《青少年犯罪问题》2019年第5期，第5-15页。

多，校园霸凌对少年的身心发展与人格成长会产生持续性的消极影响。① 校园霸凌会导致霸凌对象学业兴趣缺失，情绪紧张、抑郁、焦虑和网络成因等。② 在少年的心理咨询和辅导中，不能忽略校园霸凌事件，这种带有暴力倾向的团伙对一个对象的不良社会行为，不但会对霸凌对象产生不良的身心影响，也对霸凌者自己的成长不利。

少年阶段可能出现的心理困惑和心理障碍是多方面与多层次的。有些困惑和心理矛盾具有普遍性，例如，学习动机和兴趣的缺乏等现象就具有一定的普遍性，情感的冷漠在很多单亲家庭和长期与父母分离的少年身上就具有普遍性；有的心理障碍和极端行为不具有普遍性，但是它们对少年自身成长与社会的发展具有十分明显的危害性，例如，自杀与杀人事件、极端的报复社会事件，虽然在少年的心理与行为障碍中所占比例并不高，但是这些事件受社会与媒体的关注度较高，它们对社会的稳定和少年的发展具有十分明显的消极影响。因此，面对少年的心理困惑和心理障碍时，我们不但要关注那些普遍性的困惑，也要关注这些不具有普遍性但是影响较大的极端行为。

少年的各种心理困惑、障碍与不良行为之间是相互联系的，一些心理困惑会导致另一些心理困惑和不良行为的出现，一些障碍是另一些障碍的原因。例如，过分依赖和过分逆反可能就会导致人际交往的障碍，而人际交往的不良可能就是他们杀人或自杀的原因。因此，对存在心理困惑和障碍的少年进行咨询与辅导时，咨询与辅导人员及家长就应该本着全面分析的思想，把各种心理困惑和障碍联系起来进行分析，而不应该用孤立的眼光看待问题。例如，面对少年的逃学和厌学问题，就需要从少年的人际关系和个性心理特征、情绪、家庭关系等多方面分析原

---

① 黄亮、赵德成：《中学校园欺凌：现状、后果及应对策略——基于中国四省（市）与OECD国家数据的研究》，《现代教育管理》2018年第12期。

② 何怀金、钟冬梅、龚春燕：《初中校园欺凌的危害及成因分析》，《重庆三峡学院学报》2017年第5期。

因。一般来说，逃学和厌学的少年都有与家长关系、与老师关系和学校里的同学关系不良的行为，有着不被老师和同学接纳的心理感受；自杀的同学一般都具有较为敏感的性格特征，他们的思维模式大都较为极端。

少年心理困惑、心理障碍和行为障碍存在的原因是多方面的。在少年阶段很多心理困惑是少年成长阶段的必然，例如，逆反行为和情感上的敏感性等。面对这些心理发展阶段的必然趋势，心理咨询与辅导人员要有正确的认识，也要引导家长和老师有一个正确的认识，不要把少年阶段出现的心理困惑都归结为心理问题。面对少年发展过程中出现的心理困惑，心理咨询与辅导的主要目标就是引导少年和他们的家长、老师能正确认识这种困惑的积极意义，帮助少年以积极的态度应对这种困惑，帮助少年的父母和老师以正确的方式与少年进行沟通和交流，使少年在父母与老师的帮助下走出困惑，促进他们人格的发展和健康成长。面对阻碍少年发展的心理障碍和消极的情绪和行为，心理咨询与辅导人员的作用就在于分析这些不良心理与行为产生的原因，针对不同的情况，采取不同的咨询与辅导方法，帮助青少年走出心理障碍的阴影，重新找到自己的人生坐标，积极地改变自己，重新建立自我。

第三节　家长与教师在少年成长中的角色与作用

少年的心理敏感性决定了少年自己很少积极主动地进行心理咨询与辅导，很多少年期的心理咨询与辅导活动都是家长或者教师前来进行的。在少年成长过程中，最好的咨询与辅导人员不是别人而是家长和教师。在这一部分我们就谈谈家长和教师在少年成长中的作用，以及在少年的成长和对少年进行辅导过程中家长和教师应该扮演什么角色、如何扮演好自己角色的问题。

一、家长与教师在少年成长中的角色

在少年阶段往往存在家长、教师和少年之间的矛盾。因为少年要求独立,但家长和教师还没有做好允许少年独立的心理准备,很多家长和教师还希望少年听从自己的话。无论是在学习方面、穿着打扮方面,还是在兴趣爱好方面,家长和教师都会给少年提出许多要求,而少年希望自己作主安排自己的学习生活,希望按照自己的兴趣爱好去生活,希望摆脱家长和教师对自己的过分干预。

由于少年一方有着自我独立的愿望,家长和教师一方却希望少年服从和接受他们的指导,这就导致了少年与家长、教师之间的矛盾。面对成长中的少年,家长和教师需要调整自己的心态,形成良好的角色意识,积极扮演好自己的角色。

(一)少年成长的引导者

在少年整个成长过程中,家长和教师最重要的角色就是引导者。在少年阶段这一人生成长的重要时期,家长和教师虽然不能代替他们经历一切,但是家长和教师可以以正确的态度扮演好少年引导者的角色,引导少年学会积极适应环境、避免社会不良环境的影响,使他们健康成长。要扮演好少年引导者的角色,就需要家长和教师不但要了解现代少年的心理特点,也要了解少年成长的社会环境,能够分析少年成长过程中面临的各种挑战。

少年时期最重要的人生课题就是建立自我的同一性,学会扮演社会角色和性别角色。但是现代社会各种不良影响和不确定性的增大,使少年在自我同一性的建立、社会角色的扮演和性别角色的扮演方面面临着越来越多的挑战和困惑,家长和教师在现代社会就要引导少年学会选择信息、正确理解学校生活的价值与意义,引导少年正确面对学业方面的压力、正确处理好各种人际关系。

（二）少年成长的帮助者

家长和教师除了要扮演好少年成长过程中的引导者的角色，还要扮演好少年成长过程中帮助者的角色，为少年的健康成长提供各种有效的帮助，做少年健康成长的助手。成长的过程是一个不断否定过去的自己、塑造新的自己的过程。少年阶段是人的成长与发展的关键阶段，在少年成长的过程中，家长和教师一定要扮演好帮助者的角色。帮助与指导不同：指导是家长和教师按照自己对社会的理解、依照自己对少年心理特征的了解与把握，在少年成长中积极主动地出击，对他们的某些不良的观念和行为予以有效干预，使少年在成长中不要走向歧途；帮助是在少年自己有所需要的时候，在他们寻求家长和教师指导的时候予以支持和鼓励。

人生是一个面临问题和解决问题的过程。个体不解决问题，就会成为一个问题。[1] 问题能启发人智慧、激发人勇气。[2] 少年成长中会遇到很多问题，家长和教师扮演的角色是帮助少年解决问题，而不是替他们解决问题。在为少年提供帮助时，要注意两点：第一，把握帮助的时机。在少年提出需要时，提供帮助，不要在少年没有发出求助信号时就提供帮助。第二，把握帮助的程度。家长和教师给少年提供的任何帮助都是为了促进他们的成长，这就要求家长和教师对少年提供的帮助要有一个限度，不要过分替代他们完成他们自己该完成和通过努力能完成的任务，不要帮助他们自己该解决和通过行动能解决的问题。

（三）少年成长的陪伴者

在少年的成长中，家长和教师自然而然扮演着少年心理咨询与辅导者

---

[1] 斯科特·派克：《少有人走的路2：勇敢地面对谎言》，尧俊芳译，吉林文史出版社，2011，第25-41页。

[2] 斯科特·派克：《少有人走的路：心智成熟的旅程》，于海生译，吉林文史出版社，2011，第4页。

的角色，扮演着少年成长过程中陪伴者的角色。

陪伴就是用自己的情感和行为向陪伴对象表明你对他（她）的态度，表明你就在他（她）身边，愿意随时随地为他（她）付出心血，为他（她）提供帮助的心意，从而使陪伴对象具有心理上的安全感。在少年的成长过程中，他们会犯很多错误，会遇到很多挫折，会遭受很多成长中的烦恼。面对少年的错误和遇到的挫折，家长和老师除了予以必要的指导和引导外，还应该学会做一个陪伴者。为了促进少年的成长，家长和老师一定要有耐心，要有一颗敏感的心，关注孩子成长过程中的每一步，在孩子没有做好思想准备和家长、教师一起谈论他遇到的问题的时候，家长和教师不要急于给他（她）出主意和进行指导，但是一定要用行为和情感向他（她）表明，自己明白他（她）遇到的一切，也愿意与他（她）一起面对困难和挫折，向他（她）表明作为家长和教师充分信任他（她）有能力做好一切。做一个好的陪伴者并不容易，尤其是在孩子遭受挫折、经受苦痛磨难的时候。当孩子犯了错误的时候，无论是家长还是教师都希望对孩子予以指导和提供帮助，但是在少年没有做好思想准备的时候，一切说教、指点和安慰都不会发挥很大的作用，而默默地关心和理解却能使少年感受到爱的存在和温暖。

家长和教师在少年成长的三种角色之间是相互联系和相互融合的关系，在与少年的交往和沟通中三种角色是可以相互转换的，也是可能同时存在。指导与引导不仅是语言上的说教，也包含行为上的帮助。同时，信息的提供也是一种帮助，在提供信息的时候，可以教给少年收集信息的方法，这也就是一种引导和指导。在引导和提供帮助之后，等待少年自我领悟和自我提高的过程，就是陪伴的过程。在少年成长过程中，如果家长和教师能满怀爱心地引导、帮助和陪伴，扮演好自己的角色，那么少年一定能健康成长。如何扮演好这几种角色，积极心理学之父塞利格曼

（Seligman）这样说："不要为孩子解决任何问题""一旦要孩子自己解决问题，你就不能对他解决问题的方式过分苛求""你自己要先示范灵活性的问题解决策略。"①

二、家长与教师在少年成长中如何扮演好自己的角色

家长和教师在少年成长中的作用是巨大的。家长和教师对待少年的态度、家长和教师与少年关系的密切程度直接影响着少年对待人生的态度，影响着少年的心理发展水平和人格特征。要扮演好引导者、帮助者和陪伴者的角色，就需要家长和教师在与少年交往和引导少年成长中做到以下几点。

（一）尊重和信任少年，把少年作为平等对话的伙伴看待

少年阶段是从童年走向成人的重要阶段。在这个过程中，身体各种激素的增多和生理上的成熟必然引起心理、精神上的变化。少年在这种变化中，有了个人独立的强烈愿望。面对他们的独立愿望，家长和教师要学会尊重他们的想法，给他们一定的独立空间，并且在家庭和学校事务中要把他们当作成人看待，尊重他们的选择和行为，用行动向少年表明对他们的爱。家长和教师也要以欣赏的眼光看待少年的成长，甚至欣赏他们的烦恼和恶作剧，并且为他们的成长而高兴。

（二）把握少年心理和感情的特点，做好少年成长中的参谋

少年的心理是非常敏感的，是让人难以捉摸的。他们正处于由不成熟到成熟的发展变化期。家长和教师要善于观察他们的行为，理解他们的需要。当他们遇到困难和困惑而又不愿意直接说出时，不要逼迫他们说出来，而是应通过耐心、细致的体贴关怀使他们得到安慰；在他们没有决定说出自己的秘密时，即使家长和教师已经知道也要替他们保守秘密，绝不

---

① 马丁·塞利格曼等：《教出乐观的孩子》，洪莉译，北京联合出版公司，2017，第185页。

能把秘密作为教训他们的材料。在他们需要帮助并直接向家长和教师提出要求时，要热心地帮助他们，向他们说出自己对这件事的看法和态度。

（三）尊重少年的兴趣和个人选择，不要对少年的行为过多干预

在对待孩子的问题上，家长和教师往往会有这样的态度和想法：我们成人比孩子懂得多，也知道什么好什么不好。在这种"我过的桥比你走的路都多"的思想支配下，在"我所做的一切都是为了你好"的观点的影响下，很多家长和教师就会大张旗鼓地对少年的选择和行为加以干预，对少年的生活方式指手画脚，对少年作出的决定加以否定或评判。这样做的结果不是使少年受到了教育，不是让他们更加成熟和健康成长了，而是使少年与家长和教师更加疏远了，使少年不愿意与家长和教师进行沟通交流。

少年阶段是追求个人独立和寻找自我同一性的阶段，是探索和冒险精神大发展的阶段，行为上的逆反是少年心理发展的自然表现。面对处于探索和敢于冒险阶段的少年，家长和教师一定要学会尊重他们的兴趣爱好和个人选择，不要对他们的某些行为与选择过多干预。如果家长和教师没有尊重他们，没有给他们的独立发展和独立选择提供应有的空间，而是对他们进行指责与限制，那么必然会受到少年的反抗。

（四）允许少年犯错误，避免给少年贴上道德标签，给他们提供改正的机会

少年阶段是容易迷茫和犯错误的人生阶段。由于心理的不成熟和人生经验的不足，少年会犯许多幼稚的错误，还可能误入歧途，少年的有些错误还可能会给自己及家人甚至其他家庭带来麻烦和不幸。有的少年可能由于冲动而打架，由于好强而不顾后果地去冒险，由于哥们义气而加入偷窃团伙；有的少年可能为了证明自己而故意与家长和老师作对，为了得到关心而离家出走。这种种行为都会使家长和教师痛心不已和难以理解。但是，面对少年的这些不良行为，家长和教师一定要冷静和理性，一定要从

他们的角度分析这些行为产生的原因，理解他们和关心他们，避免情绪化的语言和行为。

如果在少年犯了错误之后，家长和教师没有原谅他们，而是过分指责和惩罚他们，就有可能使孩子逃离家庭和学校，受到不良群体的影响而走上犯罪道路。因此，面对少年的错误，一定不要给他们贴上"道德败坏""不可救药"等标签，要给他们改正错误的机会。

（五）耐心开导和帮助少年，促进其性心理的健康发展

在少年的心理发展中最重要的就是性别角色的发展和性心理的发展。性意识的觉醒和对异性充满好奇心，有了性的冲动和恋爱的冲动，是少年心理发展的重要表现。青春期的激素变化不仅促进了性器官的成熟，也使少年有了新的感受。有关性的想法与性行为的向往是少年关心的核心问题，几乎所有的少年都会花很多时间去遐想。[①] 青春期的约会、性冲动、同性性行为、未婚先孕问题都会出现，也都会对少年产生困扰。面对这些问题就需要家长和教师耐心细致的工作，积极的陪伴和帮助，使少年度过这一艰难的情感萌发期。

第四节　少年的心理咨询与辅导的特点和方法

在少年的成长中，家长和教师扮演着很重要的角色，但并不是每一位家长和每一个教师都能扮演好这种角色，很多少年在遇到人生的困惑和心理障碍时，仍需要接受心理咨询与辅导。少年的年龄特点和心理发展的特点决定了少年心理咨询与辅导呈现自己的特点。

[①] 罗伯特·S. 费尔德曼：《发展心理学：探索人生发展的轨迹（原书第三版）》，苏彦捷译，机械工业出版社，2017，第260页。

一、少年心理咨询与辅导的特点

少年心理发展的特征决定了少年的心理咨询与辅导呈现不同于其他年龄阶段的特点。

（一）发展性咨询与辅导是少年最主要的咨询与辅导

在少年时期，发展性咨询与辅导是最主要的咨询与辅导。对少年进行咨询与辅导的核心目标就是促进少年的成长和发展。从表面上看，很多少年的咨询与辅导都是帮助少年解决问题，属于问题咨询，例如，网瘾问题、逃学问题和情感上的困惑与挫折，但是实质上这些问题都是少年成长和发展过程中遇到的问题，这些问题的解决最终的目标还是促进少年的发展和人格的成熟。因此，少年的咨询与辅导都可以归结为发展性咨询与辅导。只有把少年的咨询与辅导都归结为发展性咨询与辅导，才能抱着积极态度帮助少年解决遇到的问题。

为了有效地促进少年的发展，在少年的心理咨询与辅导过程中，就要求咨询与辅导人员在咨询过程中，不管面对何种问题，都要以积极的态度对待来访者。要求心理咨询与辅导人员时刻牢记帮助少年的成长是咨询的主要目标，也是自己的职责所在，无论来访者的问题有多大、障碍有多严重，咨询与辅导人员都需要从专业的角度对问题进行系统地诊断分析，然后以积极鼓励的方式与少年进行交流，帮助少年正确看待自己的困惑或问题，而不是给他们贴上消极的标签。同时，要对陪同少年前来咨询与辅导的父母、教师或者其他人员进行专业上的指导，教给他们与少年进行沟通的方法，帮助他们扮演好少年成长道路上的引导者、陪伴者和帮助者的角色。

很多少年长期生活在父母和学校生活的压力下，生活在家长和教师的指责与批评中，面对长期的消极的心理暗示，这些少年已经失去自我接纳和自我肯定的能力。他们自己也会给自己贴上没有用和没有前途的标签，他们对自己很多的行为都持消极否定的态度，或者为了达到心理的平衡而变得麻木和冷漠，变得对任何事情都无动于衷。面对这些被社会、家长和教师否定的少年，咨询与辅导人员更要从积极方面引导这些孩子，使他们认识到自己虽然犯了错误、走了弯路，但是他们并不是一无是处，他们的人生也不是注定没有前途，引导这些孩子认识到他们心理上存在的一些障碍或者行为上的一些偏差是这一年龄阶段的孩子都可能出现的问题，只要他们能以积极的态度，重新自我认识和重新寻求自己的发展方向，确定自我的发展目标，他们依然具有光明的前途。

（二）少年心理咨询与辅导中情感体验和情感表达的重要性

少年自我中心主义的思维特征与追求自我独立性的人格特征决定了少年的心理咨询与辅导工作讲大道理与空洞说教的无效性[1]，决定了少年心理咨询与辅导要避免理论说教，要采用表达内在情感的方式进行。

要做好少年的心理咨询与辅导工作，咨询与辅导人员就需要以少年的语言或者以少年愿意接受的语言表达自己的想法，以充满爱的语言和真诚的态度与少年沟通交流。要建立良好的咨询关系，咨询与辅导人员真诚、热情和充分的信任，丰富的语言，以及对少年文化的了解是十分必要的。如果咨询与辅导人员能用少年的语言同他们进行交流，能了解少年的兴趣爱好、少年的文化，那么就很容易得到少年的信任。

丰富的情感表达不但有利于与少年来访者建立良好的咨询关系，而且有利于使整个咨询与辅导过程都充满友好的氛围，有利于激发少年自我改变的热情和活力。在对少年进行心理咨询与辅导时，咨询与辅导人员一定要避免过分的理性表达与理性分析，而要多采用讲故事和举例子的方式灵活表达自己的想法，一定要避免强势地建议和生硬地提出要求，而是要以鼓励和期望的方式给来访者提出要求和布置作业。在面对来访者提出问题

---

[1] 罗伯特·S. 费尔德曼：《发展心理学：探索人生发展的轨迹（原书第三版）》，苏彦捷译，机械工业出版社，2017，第 237–253 页。

和想法时，不管这些问题在咨询与辅导者看来是多么幼稚和可笑，不管这些问题和想法是多么的没有道理，咨询与辅导人员都应该以真诚的态度予以解答和分析，而不是指责和批评。咨询与辅导人员的耐心、爱心、细心、热情和关心在以少年为对象的咨询与辅导中更具有意义。

（三）帮助少年建立自我人格的同一性是少年心理咨询与辅导的主要任务

少年的心理问题，实质上都是自我同一性没有建立的问题，都是少年自我迷失的问题。少年人格发展的核心任务就是建立自我同一性。发展良好的少年是喜爱自己的性别、愿意扮演好自己性别角色的人；发展良好的少年是明白自己的职责和义务并愿意为了完成义务而承担责任的人；发展良好的少年是对未来充满梦想、愿意为自己的梦想付出努力的人；发展良好的少年是追求独立、逐渐形成自信的特征的人；发展良好的少年是具有乐观精神和积极向上的人生态度的人。乐观、自信、独立、责任是少年人格发展的目标，这个目标的实现需要付出努力。少年阶段心理咨询与辅导的主要任务就是要促进每一个少年成为具有以上特征的人。

少年的心理咨询与辅导具有一定的特殊性，要做好少年的心理咨询与辅导工作，就需要咨询与辅导人员充分了解少年的心理特点，付出更多的心血，具备更丰富的情感体验与情感表达方式。

二、少年心理咨询与辅导的方法

对少年进行心理咨询与辅导的方法多种多样。一般来说，个别咨询与辅导、团体咨询与辅导训练、团体心理辅导是少年阶段最常用的咨询与辅导方法。

（一）个别咨询与辅导法

个别咨询与辅导是来访者个人为了解决某些问题、澄清某些观念而寻求帮助的一种咨询，是咨询与辅导人员针对某一个来访者的困惑、障碍或者遇到的问题，为来访者提供指导、帮助和支持的咨询与辅导活动。在少年的心理咨询与辅导中，个别咨询与辅导是最常用的方法。处于成长关键期的少年会遇到很多心理困惑和障碍，对于这些少年来说，他们很少有人自觉地寻求咨询与辅导人员的帮助，但当家长和学校的老师认为有寻求心理咨询与辅导人员帮助的需要时，就会建议少年自己或者会带着少年来接受心理咨询与辅导。无论是在家长和老师的带领下，还是遵照家长和老师的建议前来咨询的少年，都希望单独同咨询与辅导人员进行沟通交流，而不愿意有其他人的参与。因此，对少年进行"一对一"咨询与辅导就成了少年心理咨询与辅导中最主要的方式。

根据少年的心理发展特点，在对少年进行个别咨询与辅导时，咨询与辅导人员必须注意以下几方面的问题。

第一，以平等的态度对待少年以取得少年的信任。和其他咨询与辅导对象相比，少年心理更为敏感，心理防卫更强，他们更容易受情绪的影响，更在乎咨询与辅导人员对待自己的态度。如果咨询与辅导人员能让少年感受到温暖、理解和尊重，那么良好的咨询关系就能建立，咨询与辅导就会收到良好的效果。

第二，多采用少年熟悉和感兴趣的语言与少年交流。心理咨询与辅导人员是具有一定生活经验和专业知识的人，但是由于少年的人生阅历和个人成长阶段等因素的特殊性，他们不能有效地理解很多专业术语，同时对这些专业术语也不感兴趣；因此，在个别咨询与辅导时，咨询与辅导人员千万不要以太专业的术语和抽象的语言同少年进行交流，而是要用这一年龄阶段的咨询对象感兴趣和熟悉的语言对他们进行疏导。例如，面对少年对学习不感兴趣和觉得上学没意思的状况，就不要过分地说学习的意义和学习对于他们人生发展的价值等话语来疏导，而是从他们感兴趣的小说、网络游戏等着手，引导他们理解学习在个人能力提升、技术提升和在个人交往中的作用，从而以积极的态度对待自己的学业。

第三，多采用形象的、行动演练的方式来引导少年，少用抽象的建议和指导。咨询与辅导的内容包括观念辅导、方法辅导和技巧辅导等几个方面。观念的形成是最重要的，但是观念形成是需要时间的，对于少年阶段的来访者来说，咨询与辅导的重点在于进行方法和技巧的指导。面对人际关系处理方面的困惑，咨询与辅导人员就需要针对少年的实际，切切实实地与少年一起探讨增强他们人际关系处理能力的具体方法，而不是简单地告诉少年该积极主动。面对具有一定程度人际交往恐惧心理的少年，就要切切实实地和他们探讨如何具体地克服这种恐惧心理等。

第四，在少年心理咨询与辅导的最后阶段，一定要积极鼓励和进行心理暗示。少年阶段是人生的关键阶段，在解决这一阶段出现的心理困惑和问题时，咨询与辅导人员不但要关注当下，还要从少年健康成长的角度关注未来。因此，在咨询与辅导的最后阶段，咨询与辅导人员要给少年以积极的语言暗示和鼓励，激发他们自我改变的信心，促进他们以积极的心态面对现在和未来。

（二）团体咨询与辅导训练法

团体咨询与辅导训练法是心理咨询与辅导常用的方法之一。在少年的心理咨询与辅导中，团体咨询与辅导训练法的适用范围是比较广阔的。少年如何交友，如何与异性和陌生人交往，如何积极地表达自己的情感等都可以运用团体咨询与辅导训练法来进行。

团体咨询与辅导训练法，顾名思义就是一种以少年团体为对象的心理咨询与辅导方法，这种方法具体的实施表现在两个方面：一是针对少年普遍的心理特点和容易出现的心理困惑进行讲解，使少年对自己的生理和心理变化有一个基本的了解，帮助少年消除不必要的焦虑和担心；二是组织少年参加团体性的活动，促进少年人格的成长和积极发展。

对少年进行有关生理和心理发展知识的培训是少年团体心理咨询与辅导训练法的基本任务。少年的生理变化与心理变化是人生发展过程中最为明显的阶段。面对急剧变化的生理和心理特征，很多少年都产生了迷茫和无所适从感。少年的很多困惑都是在不理解自己生理和心理特征的状态下产生的，面对这种由于知识的缺乏和对自身状况不了解所带来的困扰，最好的方法就是对少年进行团体性的咨询与辅导，向他们进行自身发展知识和心理特征的讲解，使他们明白这一年龄阶段的任务和可能遇到的困惑，做好应对这种困扰的心理准备；同时也教他们应对挫折的方法，培养他们应对挫折和处理困惑的能力。

对少年进行应对挫折和处理各种简单心理困惑的方法和技巧训练，是少年团体咨询与辅导训练法的另一项任务。在少年团体咨询与辅导中，对少年进行团体训练是十分重要的。咨询与辅导人员不仅要讲解基本的心理学知识，还应该教给少年处理问题的方法，使他们灵活运用掌握的知识。这种训练和演练一般是咨询与辅导人员同少年共同完成的活动。这种训练和演练要收到良好的效果，必须事先做好最充分的准备。任何一个活动都要有一个主题和活动目标，要有完整的活动方案。一般来说，针对少年心理发展的活动涉及的主题包括少年的人际交往活动、少年良好学习习惯的养成活动、少年自我意识和自信心的培养活动。例如，针对少年的自卑和人际交往中的羞怯感比较重等问题，就可以设计一项自我表扬与表扬他人的活动。在这项活动中，先让每个参加者认真思考自己有哪些优点和优势，然后在团体面前进行三分钟的自我表扬。每一个成员自我表扬结束后，团体中的成员针对这位成员的自我表扬分别对这位成员进行表扬和鼓励，最后团体中的所有成员都相互鼓励和拥抱。活动的最后阶段，每一位成员就活动的过程发表自己的感受，谈自己的体会。这种自我表扬和表扬他人的活动，不但可以增强每一位参加者的自信心，也可以使其他成员学会倾听和学会发表自己的观点。

还有一项在少年团体训练中较多采用的训练法是交朋友小组法。为了使少年学会在陌生的团体中与他人交往，发表自己的见解，增强自己的适应能力，就可以采用交朋友小组法对少年进行训练。交朋友小组法是把团体成员按照某一方法（如抓阄、报数或出生的相同月份等）分成不同的小组，分组完毕之后，每个小组成员进行自我介绍，然后由小组成员共同选举出小组负责人，组织本小组的活动。交朋友小组的活动一般是针对某一热点话题进行小组分享和讨论，每个成员都要发表自己的意见和看法。在小组讨论之后，每个小组指派一名成员作为本小组的发言人，就本小组的讨论情况对整个团体进行汇报。其他成员可以就本小组成员的汇报情况进行补充。交朋友小组讨论的话题，可以由培训师确定，也可以由培训师先给定范围再由小组成员确定。一般来说，讨论的话题都与少年的成长和发展有关，与少年的困惑及如何处理困惑的方法有关。

　　少年心理咨询与辅导的方法除了个别咨询与辅导法、团体咨询与辅导训练法之外，还有少年所在的家庭成员集体进行咨询、老师和学生一起咨询的方法等。无论哪种方法其目的都是促进少年的健康成长和促进其人格的成熟与发展。

第八章

青年的心理咨询与辅导

CHAPTER 8

青年时期是度过了青春期的迷茫和青涩、逐渐走向心理成熟的人生稳定时期，是人生的黄金阶段。与追求独立而不知道什么是真正独立的少年相比，青年更加独立和成熟；与成熟稳定而逐渐缺乏激情的中年相比，青年更充满活力和富有激情。但是，一些青年在成长、发展和社会适应过程中会遇到困惑和问题，需要接受心理咨询与辅导。

第一节　青年的生理特征与心理特征

要对青年进行心理咨询与辅导就需要了解青年的生理特征和心理特征。

一、青年的生理特征

青年阶段是指从 18 岁到 30 岁的这一人生阶段。按照青年生理与心理发展的特点来划分，青年期可以分为青年早期、青年中期和青年晚期。青年早期主要是指从 18 岁到 22 岁，青年中期是指从 23 岁到 26 岁，青年晚期是指从 27 岁到 30 岁。从年龄上来看，青年阶段是人生中最佳的年龄阶段，生理上的成熟和精力旺盛是青年阶段最主要的特征。

（一）生理上的成熟

青春期是人生从不成熟走向成熟的过渡期，而青年期就是人生走向成熟和达到成熟的时期。这种成熟既是生理上的成熟，也是心理上的成熟。心理成熟是以生理成熟为基础的。

青年人的生理成熟表现为身体结构的成熟和生理机能的成熟。从结构上来看，青年人的身高、体重和大脑容量的增长都达到了成熟阶段；从机能上来看，生理机能达到最高阶段。具体来说，就是青年的身高基本定型，到了青年中期就不再增长，身体肌肉的力量增强，耐力和爆发力增强，运动能力增强，达到巅峰状态。①

除了外在形体上的成熟之外，内在的各个系统的机能的成熟更加明显。无论是呼吸系统还是消化系统，无论是神经系统还是内分泌系统等的机能都在青年阶段达到了巅峰。

(二) 精力旺盛与充满活力

青年生理结构的成熟与身体机能的成熟使青年人有着十分充沛的体力与十分旺盛的精力。青年人能不知疲倦地长期工作，能抵抗很多身体疾病的侵扰。青年人的坚韧性与复原力较强，容易从外界不良刺激和压力下中恢复过来。青年人活力四射，充满激情；青年人头脑灵活，思维活跃；青年敢于做梦，善于想象；青年人对未来充满希望，敢于实践和敢于行动，富有创造性。②

二、青年的心理发展的一般特征与目标

青年阶段是人生发展的重要阶段，这一阶段心理发展表现出一些明显的特征，同时青年阶段也具有与其他阶段不同的发展目标。

(一) 青年心理发展的一般特征

首先，青年的自我意识与社会意识得到了很大发展，自我社会化的主题已经完成，成为一个成熟的社会成员。

青年阶段是完成学业、走向工作岗位的阶段，是逐渐建立家庭的阶段。随着年龄的增长和受教育程度的增加，随着生活方式的变化与接触面的不断扩大，青年更加明白自己的使命和社会角色。在青年阶段，心理发展的最主要的表现就是自我意识与自我角色的发展。青年的价值取向与自

---

① 罗伯特·S. 费尔德曼：《发展心理学：探索人生发展的轨迹（原书第三版）》，苏彦捷译，机械工业出版社，2017，第266-267页。
② 罗伯特·S. 费尔德曼：《发展心理学：探索人生发展的轨迹（原书第三版）》，苏彦捷译，机械工业出版社，2017，第269-275页。

我认知更加明确,他们更加成熟,更加了解自己的使命与社会角色,也有能力扮演好自己的社会角色。

其次,青年的人格独立性得到了很大发展,已经成长为完全独立的人,成为有能力独立承担家庭责任和社会责任、富有创造力的人。

随着年龄的增长和社会角色的变化,青年逐渐摆脱了家长和教师的约束,需要独立地应对社会生活和工作中的许多问题。这种角色的转化和社会身份的转化,不但能促进青年自我意识与社会意识的发展,而且能促进青年人格独立性的发展和创造力的提高。青年人格的独立性主要表现为思维的独立、行为的独立和解决问题的独立等方面。

发展心理学家基斯菈·拉博维-费夫(Giesela Labouvie-Vief)认为,青年的思维与少年相比,在本质上已经发生变化,青年的思维已经超越形式运算思维的阶段,因为青年面对的社会现实越来越复杂,他们要寻找自己的出路,这就要求青年的思维要超越逻辑,考虑实际经验、道德判断和价值观。这种超越逻辑的思维被称为后形式逻辑思维。[①]

青年越来越有自己独立的想法,越来越表现出独立判断与独立思考的倾向;在行动上,青年越来越具有自我的行动力;在解决问题方面,青年越来越能够承担独立解决问题的责任,具备了独立解决问题的能力;在创造性上,青年越来越具有冒险精神和探索精神,越来越具有创新的意识和实践精神。

再其次,青年的心理需求更加多样和广泛,表现出心理需要的多样性、广泛性和层次性。

与青春期的少年相比,青年的社会角色有了很大的变化,青年已经完成中学阶段的学习,他们的主要社会角色不再是单纯学习学科知识的学生,而是通过各种方式学习知识与提高能力、为职业和未来做准备的成年

[①] 罗伯特·S. 费尔德曼:《发展心理学:探索人生发展的轨迹(第三版)》,苏彦捷译,机械工业出版社,2017,第 276-277 页。

人。这种社会角色的变化，促进了青年心理需要的发展。他们既具有对社会和他人认可的需要，也具有要社会和他人认可自己的需要；既具有自我发展的需要，也具有通过自身努力促进社会进步发展的需要；既具有取得学业与职业成功的需要，也具有恋爱与建立家庭的需要；既具有保持个人独立性的需要，也具有融入社会的需要；既具有追求外在成功的需要，也具有提升自己内涵的需要。需要的多样性、广泛性和层次性使青年的需要得到满足的难度加大，容易导致心理上矛盾的出现。

最后，青年心理呈现多重矛盾，表现在以下几个方面：

1. 理性与感性的矛盾是青年心理矛盾的最直接表现

人既是理性的动物，又是感性的动物。理性与感性的矛盾伴随着所有人的一生，理想的状态就是在理性与感性之间寻找平衡。而作为人生发展十分重要阶段的青年期，理性与感性的矛盾表现得更为突出。青年阶段的理性思维能力对自我行为的调节能力虽然与少年阶段相比，已经有了一定程度的发展，但是无论是在行为上还是思想上，理性与感性的矛盾还比较突出。无论是对待学习还是对待社会事物的态度上，理性告诉青年很多事情的存在有其合理的理由，但是在感性上，青年还是接受不了很多实际的结果。面对社会生活中的黑暗面和社会生活中的不公事件，理性告诉青年这些现象的存在虽然不是社会的主流，但具有一定的存在土壤，而感性上他们却容易受这些现象的影响，表现出失望和无法接受的心情。在就业和选择职业方面，理性告诉青年第一份职业是十分重要的积累经验的过程，要扎扎实实去做，不可挑三拣四；但实际情况是当第一份职业不理想时，他们会在感性的影响下放弃努力。面对恋爱与婚姻中的问题，理性告诉青年恋爱的关键是真诚和付出，婚姻是一份责任和相互担待，但是他们的实际行动却受感性的影响，在爱情与婚姻中常常出现不理性与冲动的情况。

2. 理想与现实的矛盾是青年阶段容易出现的第二种心理矛盾

青年阶段是富有理想的阶段，青年人敢于幻想，敢于做梦，他们也具有梦想成真的勇气与信心。青年阶段理想与现实的矛盾具体表现在职业选择、生活选择和恋爱婚姻选择等方面，青年人容易把爱情和家庭生活理想化，忽略爱情中的矛盾，忽略家庭生活中的各种琐碎的小事；青年人容易把职业理想化，把自己的能力理想化，而忽略职业的艰辛与自己能力上的不足；青年人容易把社会生活理想化，忽略社会生活中的种种不如意。当理想与现实产生矛盾时，青年就容易产生抱怨和消极的心态。当理想与现实的差距十分明显的时候，青年人容易放弃理想而向现实妥协，青年人容易变得失去激情与过度社会化。

3. 认知与行为的矛盾是青年心理矛盾的第三种表现

青年阶段是思想活跃的阶段，但是青年阶段十分明显的一个矛盾就是认知与行动的矛盾。青年想得多，而行动少；思考得多，而付诸实践得少。很多青年无论是对自己的未来还是对国家社会的发展走向，都作过很多思考，也表达过很多想法，但是这些想法大多都停留在思考的阶段，没有付诸实践。如果仅有思考，而缺乏把思考的内容付诸行动的能力，再好的想法也就只能是停留在空想阶段的、不结果实的智慧之花。

青年心理的矛盾是青年心理发展十分重要的特征之一，在青年的成长和发展中，这些矛盾的存在具有必然性。青年的人格与能力就是在不断解决这些矛盾冲突中发展的。如果青年能抱着积极的态度面对这些矛盾，以积极的心态解决这些矛盾，那么青年就能走向真正的成熟与独立。

(二) 青年心理发展的目标

美国心理学家艾瑞克·埃里克森（Erik Erikson）在他著名的人生发展八个阶段理论中认为，青年阶段人生发展的最主要任务和心理发展的目标就是建立密切关系。具体来说，青年阶段要建立的密切关系包括三个方面：

一是建立自己与自己的密切关系。青年阶段第一个心理发展目标往往是认识自己，接纳自己，形成独立、自信与自尊的人格特征，建立起自己和自己的密切关系。青年阶段是人生从不成熟走向成熟的黄金阶段。青年有很多生理与心理上的优势，青年阶段心理发展的一个重要任务，就是形成正确的自我概念，对自己有一个准确地把握，既能认识到自己的优势，也能了解自己的弱点与不足；既对自己有信心又不自高自大，能以积极的心态对待自己的成长和发展。

二是建立自己与他人的密切关系。青年阶段第二个心理发展目标是正确认识他人，形成正确的人际交往与人际沟通理念，学会和他人建立密切关系。人既具有个体性的特征，又具有群体性的特征。追求个人的独立性和追求与他人的和谐是每个人的发展目标。青年发展的重要目标之一就是建立良好的人际关系。由于社会交往范围的扩大和社会角色的转变，青年的人际关系与少年相比更加多样与复杂，人际关系对青年的影响也比少年更加广泛。无论是升学还是就业，无论是建立家庭还是促进职业的发展，都需要良好的人际关系作为支撑。面对越来越大的人际交往范围，面对越来越复杂的人际交往情境，青年的主要任务就是形成良好的人际交往理念，掌握人际交往和沟通的方法，展现自己的内涵与人格特征，具有良好的人际交往与处理人际关系的能力。

三是建立自己与社会的密切关系。青年阶段第三个心理发展目标就是增强对社会的认识，增强社会的适应性，以积极的态度融入社会和适应社会。青年被看成是社会的未来和国家的未来，青年的发展水平直接关系到国家未来的发展水平。从青年的社会使命来说，青年的人格发展和心理发展过程中一项十分重要的任务就是与社会建立密切关系。青年具有很多优势，在青年的成长和发展中，就需要利用好这些优势，增强自我的使命感，学会扮演好社会角色，在社会中以积极的心态适应社会和建设社会。

青年阶段心理咨询与辅导的主要任务就是帮助青年认识到自己所在年龄阶段的特点，认识自己的优势，使青年在自我意识、思维能力、情绪情感和人际关系等领域得到很好的发展。

第二节　青年自我发展的咨询与辅导

自我认知既是自我意识的一部分，也是完整的自我意识建立的基础。自我认知是指自己对自己的认知，对人我关系的认知和对自己与社会关系的认知。而自我意识是个体在自我认知基础上形成的自我评价与自我调节和控制的总和。也就是说，完整的自我意识包括自我认知、自我评价与自我行为的调节与控制等内容。自我意识是知、情、意、行的统一。青年自我意识发展是心理发展最重要的方面。对青年自我意识发展的特点、自我意识发展面临的问题等进行梳理，帮助青年在自我发展方面成长，是对青年进行心理咨询与辅导的重要内容。

一、青年自我意识发展的特点

青年自我意识发展呈现三个特点。

（一）青年自我意识发展是自我认知、自我情感体验和自我行为调节能力的全面发展

青年的自我意识发展不是认知、情感和行为某一部分的发展，而是三者的整体发展。青年自我意识的发展既是自我意识心理结构的发展，也是自我意识内容的发展。在青年阶段，青年的自我认知更加清晰，自我体验更加深刻，自我行为的内在动机更加强烈。如果说青春期的少年对自己未来的目标还不确定，自我情感体验与自我认知之间还存在比较大的差异，自我行为的内在动力还不足，那么青年阶段这几个方面都得到了发展。

（二）青年自我意识发展的不平衡

虽然青年在自我意识的三个方面都得到了发展，青年在自我发展过程中努力寻求认知、情感体验与行为调节之间的平衡，但是在事实上，青年

阶段自我意识发展的不平衡却是大量存在的。这种不平衡最主要的表现就是自我认知与自我行为调节之间的不平衡、自我情感体验与自我认知之间的不平衡。这种不平衡是青年阶段心理矛盾在自我意识方面的表现。

（三）青年自我意识发展的目标——实现四个梦

青年阶段自我意识十分重要的表现就是确定人生目标，进行自我人生规划。人活着不断会追问人生的意义，追寻人生目标。青年的第一个梦就是寻求人生的意义，青年的第二个梦是寻找良师益友，青年的第三个梦是寻找终身的职业或事业，青年的第四个梦是寻找友谊和爱情。青年阶段的四个梦能否实现，直接关系到青年的未来与人生的走向。因此，青年的四个梦是青年阶段自我意识的重要内容。①

二、青年自我发展的困惑与问题

美国心理学家阿奈尔特（Arnett）把青年阶段称为成人初显期，他认为这一时期青年表现出自身定位的迷茫感、对社会角色的不适应和不安全感、不稳定感以及具有各种可能性等特征。② 成年初显期容易出现自我的迷茫或迷失的观点已经得到很多研究的证实。一项以中国青年为对象的调查研究表明，大约三分之一的青年对自己的成人身份不确定，他们不知道成人角色对自己意味着什么。③ 一些文章对我国青年的心理做了分析发现：这一阶段的青年面临心理压力大、自我迷茫等很多困境。④ 所以说自我迷失是青年阶段遇到的最大的心理障碍。自我意识发展不良和自我迷失的主要特征表现为自我身份与角色的迷失，自我评价的不良和自我对行为

---

① 吴静吉：《青年人的四个大梦》，台湾远流出版股份有限公司，1994。
② Arnett J. J., "Emerging adulthood: A theory of development from the late teens through the twenties", *The American Psychologist*, 2000 (5), pp. 469 – 480.
③ Nelson L. J., Chen X. Y., "Emerging Adulthood in China: The Role of Social and Cultural Factors", *Child Development Perspectives*, 2007 (2), pp. 87 – 91.
④ 王樱洁、潘彦霖：《婚姻成本：中国青年初显成人期的出现之因》，《中国青年研究》2018 年第 11 期。

调节力量的不足等方面。具体来说，青年群体的自我迷失主要表现在以下几个方面。

（一）自我人生目标与人生意义的迷失

青年阶段最重要的人生课题就是寻求人生的意义。每个人都希望自己在社会生活中扮演重要的角色，都希望自己能做一个有用的人，过一种有价值与意义的生活。每个人在很小的时候都有过未来成为什么样的人的理想，有的人希望成为科学家，有的人希望成为企业家，有的人希望成为艺术家，有的人希望成为官员。这些理想在小时候的作文中都有所表现。在人生的进程中，有的人持之以恒地为了自己的理想而努力，有的人却放弃了早期的理想，陷入迷茫。青年阶段最大的自我迷失就是对人生理想的放弃、人生目标的迷失和人生意义感的丧失。

很多研究发现，现代青年群体受"丧文化"的影响比较多，青年群体中"佛系"心态者增多，缺乏人生目标者增多。"佛系"心态是一种失去理想的心态，是价值沉沦的表现，是消极遁世的人生态度，是目标感丧失和生活意义感丧失的表现。①

（二）自我角色的迷失

角色是指人所处的社会地位及这个地位所规定的社会责任、义务和权利的总和。每个人都扮演着不同的社会角色，人的社会角色具有多重性与复杂性。在不同年龄阶段个人扮演的角色不同。

青年阶段最重要的两个社会角色就是学习者角色和建设者角色。青年期学习者的角色具有两个方面的含义：一是指青年是学校教育的学习者。青年的主要的任务之一就是完成中学学业和大学学业，为未来进入社会生活，扮演好职场人的角色做准备。二是指青年是社会生活的学习者。无论是中学毕业进入社会还是大学毕业进入社会，青年都面临着社会适应与角

---

① 刘波：《"佛系青年"的信仰心态与文化治理策略》，《北京青年研究》2019 年第 4 期。

色转变的问题。要积极适应社会、成为一个成熟的社会人,青年就需要全面了解社会生活,了解职场形态,扮演好学习者的角色,以开放的心态向社会中的长者学习、向职场中的师傅学习、向社会现实学习。

与此同时,青年阶段是人生的黄金阶段,无论是在体力上还是在智力上,无论是知识结构还是心智模式都得到了很好的发展。青年人的使命之一就是促进自身的进一步发展,承担更多的社会责任和家庭责任。从这个意义上来说,青年阶段的重要角色就是家庭的建设者与社会建设者。

现代青年的自我迷失就是这两种角色的迷失。很多青年既不明白自己的人生目标,又没有做好承担社会责任和家庭责任的心理准备;既没有以积极的态度对待学校学习,又没有做好虚心向长者学习、向社会生活学习的心理准备;很多青年既不知道自身的优势,又不了解社会的需要,既不能以积极的心态适应社会,又不能以积极的态度承担家庭责任。

在婚恋领域,青年以结婚压力大为由而选择不结婚或者推迟结婚的人数不断增多,① 在职场领域青年不稳定就业和不断换工作,不愿意固定就业的人数在不断增多。② 这些特征就是青年自我角色迷失的现实表现。

三、青年自我发展的咨询与辅导

帮助青年形成健全的自我意识是青年心理咨询与辅导的主要工作,其具体包括帮助青年自我认知、角色定位、形成积极价值观与独立自信的人格特征。

(一) 帮助青年自我认知

自我迷失本质上就是自我认知不清的结果。帮助青年人提高自我认知的自觉性、准确性与进行自我定位是对青年进行心理咨询与辅导的最基本

---

① 王樱洁、潘彦霖:《婚姻成本:中国青年初显成人期的出现之因》,《中国青年研究》2018年第11期。
② 蔡玲:《青年过渡中的个体选择与结构限制——对当今青年从学校到职场过渡过程中"悠悠球"现象的质性分析》,《中国青年研究》2018年第1期。

的工作。

1. 建立良好的咨询关系是帮助青年准确自我认知的前提

心理咨询与辅导人员要帮助青年人进行自我认知，首先需要按照青年的心理特点对青年表示尊重和理解。在对青年进行心理咨询与辅导的时候，不管来访者如何自我迷失、如何失去自信和独立性、如何焦虑，咨询与辅导人员首先都必须以积极的态度面对来访者，以积极的语言激励他们，与他们形成良好的咨询与辅导关系。

2. 教给青年人进行积极自我探索是帮助青年人准确认知的重要方法

自我探索是一项十分重要的自我认知方法。自我探索的途径是多样的。在心理咨询与辅导中我们常用的方法包括系统自我分析法、Q分类法等。

（1）系统自我分析法。顾名思义，就是指青年在咨询与辅导人员的指导下，对自身状况进行系统而全面的分析。系统自我分析法包括四个基本的步骤：第一步，分析自己的优势；第二步，分析自己的弱点与不足；第三步，分析自己的心理需要；第四步，分析自己的现状。优势的分析是其中的关键。很多前来进行咨询与辅导的青年都会认为自己毫无优势，或多或少有一些自卑的心理。因此，要使咨询与辅导对象形成准确的自我认知，首先就要从自我优势的分析着手。

无论是自我优势分析还是自我弱点和不足的分析，都可以从以下几个方面来进行：首先是能力特长；其次是人格特征；再其次是人际关系；最后是行为方式。每一个人都是独特的，通过优势与弱点的分析，可以帮助青年找出自己的独特性。面对自己认为毫无优势和特长的青年，咨询与辅导人员一定要帮助他们找出自己的优势。

心理需求分析就是帮助青年充分了解自己的心理需要，系统分析自己的心理需要，然后按心理需要重要程度进行排序，最重要的心理需要就是核心心理需求。一般来说，进行这项分析时需要青年人自己思考两个问题：自己最想得到什么？最害怕失去什么？最想得到的就是未来发展的目标，最害怕失去的就是目前最珍贵的东西。进行心理需求的分析，就能帮助青年人明白自己的内心世界，帮助他们从迷茫和对自己的不了解中走出来。

最后一项分析是对自己的现状进行分析，就是对自己目前的生活状况、心理状况进行系统的分析。主要分析对生活的满意度、心理需求的满足程度、自我优势的发挥程度等。进行现状分析的最主要的目的是帮助青年明白自己的心理状态和生活状态，明白自我优势发挥的程度，为下一步的自我调整做好准备。

（2）Q分类法。Q分类法是人本主义心理学大师罗杰斯在心理咨询中创立的，现在得到广泛运用的自我探索的方法。这种方法就是要来访者通过分类，认识到理想自我与现实自我之间的差距，找到自己的优势和弱点，认识到真实的自己与接纳自己。具体做法是给来访者一百张描述个人特征的卡片，例如，"我是乐观积极的人""我是能说会道的人""我是聪明的人""我是消极悲观的人""我对自己具有自己的态度"。把这些卡片放到一个盒子里，要来访者从中进行选择，把符合自己特征的卡片放在一起，把不符合自己特征而是自己希望成为的人的卡片放到另外一边。把不符合自己特征，也不是自己希望成为的人的卡片留在原来的盒子里。在选择完毕之后，要来访者对所选择的卡片进行分析，看现实的自己有哪些特征，理想的自己是什么特征的人，然后把现实的自己与理想的自己进行比较，找到差距，并找到发挥优势与自我成长的方法。

虽然这两种方法被称为自我探索法，但不是说在使用中，咨询人员对来访者的探索不闻不问，而是要引导来访者进行积极探索。在具体的咨询与辅导实践中，咨询与辅导人员不但要教给来访者进行自我探索的方法，也要帮助来访者做好自我分析和自我总结，启发来访者发现优势和找到发挥优势的方法。在心理咨询与辅导的实践中这两种方法是笔者使用频率最高的帮助青年准确认知自我的方法,这两种方法的使用都收到了良好效果。

(二) 帮助青年自我定位

自我定位是自我意识的重要内容,是扮演好自我角色的关键。自我认知与自我定位是紧密联系的。如果说自我认知是明白自己有能力干什么和无能力干什么、自己想干什么和不想干什么的话,那么自我定位就是搞清楚自己应该干什么和必须干什么,以及自己可以干什么和不可以干什么的问题。自我认知是对自己能力与心理需求的盘点,自我定位就是对自己社会地位、社会身份和社会角色的盘点。

1. 青年自我定位的内容

青年时期是人生的黄金时期,这不仅是指青年具有优势,更是指青年具有很广阔的发展空间,无论是家庭还是社会组织群体都对青年有很多心理上的期待,也给青年提供了广阔的发展舞台。如果青年能进行准确的自我定位,愿意承担家庭责任和社会责任,那么青年的人格内涵就能得到很大的提升,青年的人生价值就会得到实现。

心理咨询与辅导人员在咨询与辅导过程中,要帮助青年进行以下几个方面的定位:首先,引导青年思考自己的社会角色。人格的发展具有层次性。最原始的人格层次是本性层次,这一层次的特征受本能欲望的支配。第二层次是社会性层次,这一层次是在本能本性基础上发展起来的社会化的结果,也称德性层次,主要包括社会地位的认识、社会角色的扮演和社会责任与义务的承担、社会权利的享受。第三层次是内在生命意识的层次,也就是潜能的层次,主要包括对自由、独立的追求和爱的能力的扩展。有关青年社会角色思考的引导就是引导青年思考自己人格社会性层次的发展内涵,引导青年思考自己的社会角色,使青年认识到自己既是独立的个体,又是社会生活中的一员,引导青年认识自己的家庭角色、社会角色和职业角色,促进他们思考自我关系、人际关系和社会关系等问题,通过对社会角色的思考使他们进行自我定位。

青年的自我定位包括自我角色定位、自我职业定位和自我内在成长目标定位等方面。如果青年认识到自己在家庭扮演着儿子或女儿的角色，在学校或工作岗位上扮演着学生或员工的角色，在社会生活中扮演着公民的角色，在人际交往中扮演着朋友或交往对象的角色，在恋爱中扮演着恋人的角色，他们就会有意识地按照他人的角色期待塑造自己，积极扮演好这种角色。

除了扮演好社会角色进行社会定位之外，青年的另一项定位就是职业定位与自我发展目标定位。这两项定位的准确性是建立在准确的自我认知与准确的自我社会角色定位基础上的，是以自己的人格特点、心理需求以及社会角色为依据的。

2. 青年自我定位的方法

自我定位是一个艰难的过程，在心理咨询与辅导的实践中，咨询与辅导人员可以运用两种方式帮助青年进行自我定位：第一种是SWOT分析法，第二种是多种期待融合法。

（1）SWOT分析法。这种方法是心理学领域进行自我定位与人生规划最常用的方法。S（strengths）是指个人的优势，W（weaknesses）是指个人的弱点或者劣势，O（opportunities）是指人人面临的机会，T（threats）是指个人面临的挑战与威胁。这种分析在自我职业角色定位方面和在家庭角色定位方面都有价值意义。

在分析自我优势、弱点、机会和挑战的基础上，就可以进行SWOT策略分析。这一分析就是具体的定位过程。策略方面包含SO策略与WO策略，ST策略与WT策略。SO策略就是指发挥优势抓住机会的选择，WO就是避免弱点珍惜机会的选择；ST策略就是发挥优势积极应对挑战，WT策略就是避免弱点积极应对挑战。

（2）多种期待融合法。从上面的SWOT分析法中，可以看出要进行准确自我定位不但要考虑自身因素还要思考社会文化与外界环境因素。多种期待融合法就是一种个体把自己放在复杂的社会环境、人际环境中进行系统分析的方法。存在主义心理学家罗洛·梅把人的存在分为三种模式：一是存在于周围世界，二是存在于人际世界，三是存在于自我世界。我们要保持心理健康，形成积极的人格，就需要处理好这三种存在之间的关系。① 要进行准确自我定位不但需要分析自己的心理特征和满足自己的心理需要，还需要思考自己与他人、自己与环境的关系。只有把自己放在个人、人际和社会环境这个框架中进行分析，自我定位才是准确的。

多种期待融合法就是一种在咨询与辅导中，引导青年人从自我存在的三个方面对自己进行综合分析，进行准确自我定位的方法。在心理咨询与辅导中，咨询与辅导人员要帮助来访者对自己的社会角色进行分析，然后分析社会和他人对这一角色的期待，自我对这角色的期待，然后把社会期待、他人期待和自我期待融合起来，形成对这一角色的整体看法。例如，青年考上大学之后，就扮演着大学生的角色。但是如何做一个好的大学生，这就要对大学生这一角色进行系统分析。不同的人对好的大学生具有不同的理解，也就是对大学生角色具有不同的期待。例如，社会大众、大学教师、家长、学生群体、个体心目中对好大学生有着不同的认定标准。社会大众心目中好大学生的形象代表着社会群体对大学生的角色期待，教师、家长和学生群体心目中好大学生的标准代表着不同人群对大学生的角色期待，个体心目中好大学生的标准就是大学生自我的角色期待。这三个方面的角色期待有的是相同的，有的是不同的。那么大学生要进行准确自我角色定位，就需要对这个三方面的期待进行综合分析，然后形成一个既能满足大众期待、群体期待，又符合自己理念的好的大学生的标准。这个标准就是自我塑造的目标，是自我行动的目标。

---

① 罗洛·梅恩斯特·安杰尔、亨利·F. 艾伦伯格主编：《存在：精神病学和心理学的新方向》，郭本禹等译，中国人民大学出版社，2012，第78-83页。

(三) 帮助青年形成积极的价值观与独立自信的人格特征

青年发展的最终目标是建立完整的自我意识,形成独立、自尊、自信的人格特征。价值取向与价值观是人格的核心,要形成独立、自尊、自信的人格特征就必须首先形成独立的价值观,建立积极的生活态度与自我态度。价值观是人对事物是否具有价值的判断与认知,是人对待自己、他人与生活态度的反映。价值观在生活、学习、工作和人生的各个方面都有所体现。

1. 塑造积极的价值观和独立自信的人格特征是青年心理咨询与辅导的人格发展目标

青年价值观的塑造是青年人生建设和自我发展中最重要的课题。具有明确的人生目标和内在精神追求,愿意过一种有意义和负责任的生活,认识到自身的存在意义,就是青年价值观的核心内涵。存在心理学家罗洛·梅把人生目标和人生价值意义感的丧失看成是现代社会人类最大的困境,他认为青年自我价值感和人生意义感的丧失不但是青年自我迷茫的根本原因,也是导致青年出现各种心理疾病的原因。[①] 现实生活中,很多青年在生活中看不到自身的优势,看不到自己承担的任务,看不到生活的希望,就会生活在悲观失望和自我失落之中。心理咨询与辅导人员的主要目标就是帮助青年形成积极的价值观和独立自信的人格特征。

在帮助青年形成健全的自我意识过程中,就要引导青年认识到自己的价值和生存的意义,帮助青年认识到年龄的优势和心理特征的优势,帮助他们认识到自己的社会地位和社会角色,认识到自己的存在对家庭、对父母和对爱他的人的意义,从而激发青年内在的价值感和使命感,促进青年内在生命意识和内在价值意识的觉醒,激发青年独立的愿望,促进青年自尊心与自信心的增长。

[①] 罗洛·梅:《心理学与人类困境》,郭本禹、方红译,中国人民大学出版社,2010,第34-50页。

2. 帮助青年形成积极的价值观和独立自信人格的方法

在青年心理咨询与辅导的实践中，可以采用积极心理学的方法、存在心理学的方法帮助青年形成积极的价值观和独立自信的人格。

（1）积极心理学的方法。积极心理学之父塞利格曼认为悲观主义和乐观主义的思维方式都是可以学习的。他通过25年的研究对悲观的人的特征与乐观的人的特征做了研究，他认为："悲观的人的特征是，他相信坏事都是因为自己的错"，而"乐观的人在遇到同样的厄运时，会认为现在的失败是暂时的，每个失败都有它的原因，不是自己的错""乐观的人不会被失败击倒。在面对恶劣环境时，他们会把它看成一种挑战，更努力地克服它。"[1] 塞利格曼认为悲观会带来四个消极后果：很容易抑郁、不能发挥自己的潜能、身体的免疫力比较差、生活缺乏乐趣。[2] 塞利格曼认为悲观的人生态度与乐观的人生态度都是习得的结果，积极心理学的目标就是教给人掌握获得人生幸福的方法。用塞利格曼的话来说"积极心理学的目标是蓬勃人生"，蓬勃的人生有七个特征："积极情绪，投入、兴趣，意义、目的，自尊，乐观，复原力，积极关系"[3]，这七个特征是可以通过学习获得的。

在帮助青年形成积极的价值观念与独立自信人格的咨询中，就可以以积极心理学的观念为指导，采用塞利格曼的三件好事练习、感恩拜访练习和突出优势练习等方法，帮助青年形成积极的价值观念，获得持久的幸福。[4]

（2）存在心理学的方法。存在心理学家罗洛·梅认为，心理咨询与治疗的首要目标并不在于症状的消除，而是使来访者重新发现并体认自己的存在。心理咨询与辅导人员并不是帮助来访者认清现实，采用与现实相

---

[1] 马丁·塞利格曼：《活出最乐观的自己》，洪兰译，万卷出版公司，2010，第5页。
[2] 马丁·塞利格曼：《活出最乐观的自己》，洪兰译，万卷出版公司，2010，第51-52页。
[3] 马丁·塞利格曼：《持续的幸福》，赵昱鲲译，浙江人民出版社，2012，第24-25页。
[4] 马丁·塞利格曼：《活出最乐观的自己》，洪兰译，万卷出版公司，2010，第27-41页。

适应的行为,而是加强来访者的自我意识,与来访者一起挖掘来访者的世界,帮助来访者认清自我存在的结构与意义。心理治疗的目标就是帮助来访者实现他的潜能。实现过程中所获得的快乐比释放能量的快乐更重要。①

为了实现心理咨询和治疗的目标,存在心理治疗强调两点:第一,来访者通过提高觉知水平,增进对自身存在境况的把握,从而作出改变。这一点是在咨询与辅导人员的指导下完成的,咨询与辅导人员要为来访者提供自我觉知的方法途径,使来访者能够理解自己的生活,进入他们生活中遇到的问题。第二,咨询与辅导人员要帮助来访者提高自由选择的能力并承担责任,使来访者能充分觉知自己的潜能,并在此基础上敢于行动。

罗洛·梅把存在心理学咨询和治疗的原则归纳为四个:一是理解性原则,咨询与辅导人员要理解来访者的世界,这是建立良好咨询关系的基础;二是体验性原则,咨询与辅导人员要促进来访者体验自己的存在,这是咨询取得效果的关键;三是在场性原则,咨询与辅导人员要排除先入之见,要进入与来访者的关系场中;四是行动原则,来访者在选择的基础上要投入自我改变的现实行动。存在心理学把咨询过程分为三个阶段:第一阶段是愿望阶段。主要是咨询师帮助来访者拥有产生愿望的能力、以获得情感上的活力和真诚。第二阶段是意识阶段,发生在自我意识层面,心理咨询与辅导人员促进来访者在觉知的基础上产生自我意识的意向,在觉知阶段看到蔚蓝的天空和绿油油的草坪,就感受到自己是生活在这样的自然环境之中,生活在这个美好世界之中。第三阶段是决心与责任感阶段。咨询与辅导人员促使来访者在前两个阶段创造出行动模式和生存模式,从而承担责任,走向自我实现、整合和成熟。

存在心理学咨询与辅导的理念和方法对青年寻找到人生的价值意义、

---

① 罗洛·梅:《心理学与人类困境》,郭本禹、方红译,中国人民大学出版社,2010,第126 - 127页。

促进青年内在生命意义的提升与形成积极的人生态度与独立的人格是很实用的办法。独立、自信、自尊的人格特征的形成是一个长期的过程。只有追求内在生命意义的人，只有感觉到活着是有价值的人，才能真正独立和自信，才能建立起自尊；所以，对青年进行价值观与价值取向的引导是十分重要的。心理咨询与辅导人员在这个过程中最重要的角色就是引导者和指导者的角色，在这个过程中切忌空洞说教，而是应当和青年一起探讨人生的意义、生活的意义，引导青年认识到年龄的优势，使他们感受到年轻的价值。然后，逐渐引导青年从现实的消极思维中走出来，使他们认识到未来广阔的发展前景和自我发展的空间，激发青年人的激情，点燃他们内在的生命之火，使青年感受到自己的内在力量。

第三节　青年学习生活与社会适应的咨询与辅导

作为成人初显期的青年，最重要的人生课题就是完成学业做好未来职业的准备、找到爱情做好建立家庭的准备、走出学校适应职场与社会生活的要求。在完成这些人生课题、建立密切关系过程中，青年会遇到很多困惑：上了大学的青年会遇到大学学习生活适应上的困惑，进入职场领域的青年会遇到职场适应上的困惑，除了这两个不同生活领域遇到的困惑之外，青年人还会遇到人际关系上的困惑。无论是学习生活的困惑，职场领域的困惑还是人际关系上的困惑都属于社会适应性困惑的范畴，都是青年的心理咨询与辅导应关注的范畴。

一、青年在大学学习与生活适应的咨询与辅导

在我国上大学是一件很值得骄傲的事情，在我国能考上大学的学生还不多。对青年来说，上大学是一件伟大的成就，但并不是每个考上大学的

学生都能顺利地完成大学学业，都能获得学位，很多青年在大学生活中都遇到了学习与生活的适应问题。帮助大学青年适应大学生活，使他们能顺利毕业并学有所成是大学青年心理咨询与辅导的重要任务。

（一）大学青年学习生活的困惑与障碍

青年人的学习困惑主要表现为学习动力的缺失，手机依赖程度较高，深层次阅读兴趣缺失、浅层次阅读盛行等，这些都是大学生学习适应上遇到的困难。

1. 学习内在动力与自主学习意识的缺失

大学生主要的社会角色是学习者，提升能力，完成学业是大学青年的根本任务，也是大学青年的主要职责。但事实上，很多青年在考上大学之后，却丧失了内在的学习动力。混日子、玩手机和从事其他与学习无关活动的人却在增多。很多大学生学习的主动性、积极性较差，自律精神不强，学习缺乏明确的目标与内在的动机，浅层次的学习动机较多，学习目的功利化倾向比较明显。[1]

大学青年学习出现的第二个问题是自主学习意识的缺乏。自主学习是积极主动把握学习整个进程的学习，是个体主动地确定学习目标、制订学习计划、选择学习策略、调解学习过程的活动。[2] 大学学习已经是一种以未来职业为目标、以自身能力与人格内涵提升为目标的学习，这种学习更多的应该是一种自主学习。但是现实情况并不如此。在大学生活中，自主学习能力与意识的缺失是普遍现象。这种缺失表现为以下几点：第一，积极主动的探索精神的缺失，缺乏自主安排学习时间、选择学习内容的能力；第二，功利化的学习动机，缺乏内在的求知欲和深层次的学习目标。[3]

---

[1] 陈雪飞：《应试教育背景下大学生学习心理分析》，《校园心理》2019年第3期，第210—212页。

[2] 李子建、邱德峰：《学生自主学习：教学条件与策略》，《全球教育展望》2017年第1期。

[3] 张俊超、任丽辉：《大学教育力视角下大学生类型的分布变化及其影响因素——基于H大学本科生学习与发展调查的追踪研究》，《高等教育研究》2018年第12期。

2. 浅层次阅读的盛行与追求内在精神生活动力的缺失

学习的最主要目标是自我能力的提升和内涵的增长，是为了使自己精神世界更加丰富和精神生活更加饱满。阅读是十分重要的学习方式，有深度的阅读不但可以使人掌握丰富的知识，更重要的是可以陶冶人的情操，使人变得大气与心胸开阔。青年是精力充沛和理解力最好的年龄，这样的年龄特征与心理特征为青年掌握更多的知识创造了条件。但是网络的盛行和社会文化的物质化、娱乐化等使现代青年——无论是在校大学生还是职场青年在学习上表现出碎片化和浅层次阅读不断增多的倾向。碎片化的阅读呈现不求甚解、浅尝辄止的心理特征和信息需求点到为止的肤浅化、表面化倾向。[①] 碎片化阅读和浅阅读的盛行对青年的身心发展会产生消极影响。碎片化的阅读不利于形成完整的知识结构与认知结构，不利于思维深度和层次性的提升，不利于专注力的形成。长期碎片化的阅读会导致人形成思维的惰性和思维的碎片化，会导致精神生活层次的肤浅化和降低内心世界的丰富程度，大学生碎片化阅读会使大学生形成对网络的依赖心理，日益脱离社会现实，性格变得孤僻，兴趣日益狭窄，严重者形成人格障碍等。[②]

3. 大学青年认知上的偏差

大学青年在学习生活适应方面容易出现的是认识领域和思维上的偏差。这种偏差主要表现为归因偏差、思维与解决问题能力与方法的偏差。

第一，归因偏差。归因是人对外界事物的结果原因的分析与认知过程。当一件事结束之后，事物的结果可能是积极的，也可能是消极的。这就需要人们对产生结果的原因进行分析，这个过程就是归因。大学生的归因偏差主要表现在学业成绩和人际关系上。学业上遇到的困难或者考试不及格，很少从自身寻找原因，而是归结老师教得不好或者自己运气不好；

---

① 林凌：《网络传播媒介导论》，军事谊文出版社，2006，第52页。
② 张培琼：《新媒体时代的大学生碎片化阅读及社会影响》，《新媒体研究》2016年第1期。

人际关系不好的原因,归结为自己同学不好或者运气不好没有遇到好的室友;把不上课而玩游戏的原因归结为课程缺乏新意、缺乏价值或者大家都不好好上课而玩游戏等。这种外部归因方式在面对失败时,表现得更为突出。

第二,思维与解决问题能力与方法的偏差。大学青年思维与解决问题方法能力的偏差主要表现为思维灵活性、独立性不足,缺乏思维的批判性,在解决问题过程中以同化的方式解决熟悉的问题比较多,而以顺应的方式解决复杂问题的能力弱。对待社会问题和人生问题缺少系统性的思考,消极被动地等待他人帮助自己解决问题。在人生的选择上,从众性比较强,而缺少独立的选择能力。这种特征主要表现在很多大学青年直到毕业都不知道自己有哪些能力,不知道自己真正喜欢的是什么,缺少明确的职业选择目标,更缺少系统的职业生涯规划等。

(二)大学青年学习生活的咨询与辅导的内容及注意事项

学习动力的缺乏、内在精神生活探索精神的缺失、思维上的惰性和系统解决问题方式的欠缺等不良的倾向会对大学青年的学生生活、职业发展和人格成长产生消极影响。有关大学青年学习生活咨询的目标就是帮助大学生积极适应大学生活,促进青年认识到自己的社会角色、年龄特征与心理优势,帮助他们形成积极的学习观念,强化内在学习动机,促进大学青年思维与解决问题能力的提升。

1. 大学青年学习生活咨询与辅导的内容

大学青年学生生活咨询与辅导是一种适应性的咨询与辅导,其内容包含三个方面:

第一,帮助大学生形成正确的学习观念,激发他们内在的学习动机。学习是一种广阔的活动,内在学习动机是促进人不断学习与努力的力量。帮助大学生形成积极的学习动机,是大学青年心理咨询与辅导的重要内容。在具体的咨询与辅导过程中,可以采用理性分析与自我暴露法帮助大学生认识到学习对自身发展的意义，帮助他们形成积极的学习观。同时，通过团体训练法与头脑风暴法，促进大学生自主学习能力的提升。

第二，帮助大学生认识到自己的年龄优势与认知上的优势，促进大学生思维能力的提升，帮助他们建立积极的归因模式。青年人在认知方面和学习方面具有十分明显的优势：一是年龄优势，年轻人有着广阔的发展潜力和不断提高的可能性。二是感觉优势，青年人的感知敏感性比较高，对新事物的感受性与接受程度较高。三是思维优势，青年人的思维广度和深度有了一定程度的增加，思维的开放性与灵活性十分明显。在青年大学生的学习和认知咨询与辅导中，咨询与辅导人员要与青年人一起分析他们在思维和认知领域的优势，使青年人清楚认识到自身的认知特征，在学习与工作中学会发挥自己的优势，促进自身思维能力和认知能力的发展。

在这方面咨询与辅导人员要做好以下几个方面的工作：一是帮助青年人提升思维的独立性，使青年人敢于质询和敢于独立发表自己的见解；二是帮助青年人提升思维自觉性，使他们克服思维惰性，善于动脑子；三是帮助青年人提升系统思维力，使他们形成积极的思维方式；四是帮助青年人在学习和工作中解决情感与理智的矛盾，使他们在遇到问题的时候，学会理性思考而不是简单的情感发泄。理性与感性的平衡发展对青年人来说是十分重要的，这种平衡能帮助青年人走出思维的误区，走出情感的误区，走出自我发展的误区。

第三，帮助大学生不断提升学习理念，促进他们综合学习能力的提高。每个人都有独特的一面，每个人也都有自己的兴趣爱好和最佳的学习方式。很多青年人之所以学习兴趣缺乏、学习效果不佳，就在于没有找到最适合自己的学习方法，缺乏综合性的学习能力。因此，在青年人的认知和学习领域的咨询与辅导中，引导青年人树立完整的学习理念，促进青年人综合学习能力的提升就有着十分重要的意义。

学习是一个广阔的概念，所有的获得知识经验的活动都是学习。在青年人的咨询与辅导中，咨询与辅导人员要引导青年人扩展对学习的理解，使他们明白学习不但是书本知识的获得，更重要的是在工作、生活和人际交往中获取知识，在实践中获取自己的经验，使青年人发挥自己的智力优势，不断掌握好的学习方法，促进自己学习能力的提高和智慧的增长。

2. 大学青年学习生活咨询与辅导的注意事项

大学青年的心理咨询的承担者一般都是高校心理咨询中心的咨询师和老师。高校心理咨询是我国十分重要的心理咨询力量。要使大学心理咨询工作在学生学习生活中发挥积极作用，使高校心理咨询取得好的效果，咨询师就需要注意几下几点：

第一，明白高校心理咨询的特点，扮演好咨询师与老师的双重角色。高校心理咨询的对象是学生，高校心理咨询队伍属于教师队伍中十分重要的力量。高校心理咨询既承担着帮助学生解决问题的责任，也承担着对学生进行心理教育，引导学生的责任。与收费的心理咨询相比，高校心理咨询老师既要遵守心理咨询的专业原则，也要遵守教书育人原则。在大学青年的学习适应咨询中，咨询师必须明白高校心理咨询的特征，扮演好咨询师与教师的双重角色。[①]

第二，采取多样化的方式开展心理咨询与辅导活动，促进大学青年学习动机与能力的提升。对大学青年开展心理咨询与辅导活动的方法是多样的与多层次的，有些同学遇到学习的困难与适应上的困扰会专门到心理咨询中心寻求帮助，面对这些同学就要采用个体咨询与辅导的方式提供帮助；而对大学学习生活中遇到的普遍问题，心理咨询中心的专业人员就可以通过举办大学生心理健康与心理调适类的讲座，帮助学生转变角色适应大学生活，对那些有渴望得到帮助但自我心理防卫比较强的同学，就可以通过招募的方式组建团队，进行团体心理训练等。在面对大学青年学习生

---

① 张可创：《复合育人视野下的高校心理咨询与辅导实践模式探索》，《澳门理工学报》2015年第1期。

活适应的困惑时，这种咨询、辅导、讲座和教育引导相结合的方式，可以最大程度地帮助大学青年度过学习生活的难关，使他们以积极健康的心理状态顺利完成大学学业。

二、青年职业适应的咨询与辅导

大学青年最重要的适应是大学学习生活的适应，社会青年和大学毕业的青年最重要的适应是职业生活的适应。现代社会竞争越来越激烈，职业领域面临的挑战越来越多，很多青年学子进入职场后，会遇到很多职业困惑和难题，会出现职业适应的困难。帮助青年以积极态度应对职场的挑战，就成为青年心理咨询与辅导的重要内容。

(一) 青年职业领域的困惑和问题

青年在职业适应上遇到的困惑有两个：一是缺乏清晰的职业规划与职业选择能力，二是应对职业压力的能力与方法不足。

1. 缺乏清晰的职业规划与职业选择能力

进入职业领域是青年进入成人世界的必由之路，是青年的重要人生课题。从学生角色转变成职场人的角色是青年职业适应很重要的课题，在完成这一课题过程中，青年遇到的一个难题就是不知道什么样的职业是适合自己的职业，不知道那些自己喜欢的职业对员工素质有什么要求，这会导致在求职过程中，抱着有什么就干什么，干不了就走人的态度进入职业领域，最终的结果就是不断地尝试职业，不断地辞职和不断地找工作。发生这种情况最重要的原因就是青年没有做好进入职场的准备，缺乏自我职业生涯规划和职业选择能力。

职业规划能力和职业选择能力对于顺利进入职场，适应职业要求具有举足轻重的作用。职业规划的过程就是知己、知彼和选择的过程。知己就是进行自我能力、兴趣、特长与弱点分析，知彼就是对外部职业环境、职业素质要求和职业能力要求进行分析。在知己知彼的基础上才能作出更加符合自己能力与兴趣爱好的选择。

现代青年在职业选择上呈现盲目性与随意性、随大流和从众的特征。这种缺乏职业规划与职业选择能力,盲目进入职业领域的行为就导致很多青年不能很好地适应职业的要求、不能积极扮演职业角色、不能面对职业生活中遇到的困难,可能因遇到很小的挫折就辞职。有关青年的一项调查研究发现,"95 后"员工一言不合就辞职的现象比较严重。[①] 这种不断辞职不断试错的行为,不但会增加自己的时间成本,也会增加企业的人力资源成本。

2. 应对职业压力的能力与方法不足

现代社会压力重重,学生期间面临着升学的压力,学校生活结束面临着就业的压力,有了职业之后面临着职业压力。现代社会职场的竞争越来越激烈,工作领域对于速度、精确度的要求越来越高,满足职业要求们需要付出的努力和代价越来越大,现代人普遍面临着职业压力。与已经具有一定经验的成熟的成年人相比,青年人由于职场经验不足和应对挑战的能力不足,会感受到越来越大的职业压力,产生心理上的不安与焦虑。大量的研究发现,青年普遍感受到工作压力,[②] 感受到自己应对压力的能力不足。[③]

人们在面对职业压力时会作出反应与调整,如果以积极心态应对压力,就会把压力转变成动力,压力会成为促进自己成长的力量。如果应对压力的理念与方法不当,压力就会导致身体与心理上的消极反应,甚至会造成心理疾病。在职业压力面前,青年由于缺少积极的观念与方法,往往采用消极的方法应对,这就导致了很多青年出现心理和情绪上的障碍,很多青年面对工作表现出紧张、焦虑、无助,表现出工作兴趣降低、缺乏工作热情,产生身体上的疲惫与心理上的疲劳,产生职业倦怠。不断地辞

---

① 杜园春、李丹妮:《一言不合就辞职 职场新人"秒辞"现象说明了什么》,《中国青年报》2019 年 10 月 31 日,第 8 版。

② 张华:《青年压力来源与社会支持系统优化策略》,《当代青年研究》2012 年第 3 期。

③ 贾子若、吴祖平:《职业青年工作压力及应对方式研究》,《中国青年研究》2013 年第 6 期。

职、跳槽甚至不愿意再找工作就是这种职业倦怠和不能积极应对职业压力的行为反应。

(二) 青年职业适应的心理咨询与辅导方法

帮助青年顺利进入职业领域是青年心理咨询与辅导的一项重要工作。面对青年职业规划与选择能力缺失和职业压力应对能力不足的困境，心理咨询与辅导人员可以通过个别咨询、团体训练、减压辅导与教育引导等多种方式为青年人提供帮助。

1. 职业生涯规划与职业选择能力提升的咨询与辅导

对青年来说有一个清晰的自我定位和一份清晰的职业规划是很重要的。职业规划是个体在对自己与职业关系认知的基础上，进行有关职业方向把握与职业发展目标的定位及实现目标路径与手段方法的选择。我们在上面已经提到职业生涯规划是知己、知彼与选择的过程。职业生涯规划辅导实质上就是心理咨询与辅导人员帮助青年认知自己、认识职业领域、认识社会与职业对青年的要求，依照自己的能力、兴趣作出正确的职业选择。

在介绍青年自我认知咨询与辅导途径时，我们已经介绍了SWOT分析法，这种方法也可以直接运用在青年职业生涯规划与职业选择能力提升的咨询与辅导活动中。

2. 职业压力应对与舒缓的咨询与辅导

有关职业压力的咨询与辅导是实现社会职场领域很重要的咨询辅导活动。不同的心理学理论派别运用不同的方法帮助职场人事减压和自我调节。下面我们介绍三种积极自我调节与应对压力的方法。

(1) 理性评估与减压行动法。这是英国心理学布鲁斯·霍维德（Bruce Hoverd）在他的重要著作《超级复原力：简单有效的抗压行动法》中提出的方法。霍维德认为人们"完全有可能战胜不健康的压力"，当人们意识到自己有很多选择，而且愿意作出明智的选择，愿意积极、乐观的生活和工作时,管理压力就会变得更加容易。① 在这种思想与理念的指导下,他提出了应对压力的具体方法和步骤:第一,进行系统性评估;第二,积极管理时间;第三,开发有效的压力应对策略;第四,在压力下保持积极乐观的态度;第五,学会处理人际关系;第六,寻求他人帮助与建立必要的支持网络等。对青年来说,这些应对压力的理念和具体方法都具有积极意义,尤其是时间管理的方法、建立良好人际网络的方法,均具有十分明显的可操作性。

(2)积极心理学的压力管理法。积极心理学认为,每个人都具有解决问题的能力,每个人都具有内在成长的力量,面对压力每个人都具有抗拒压力,在压力中成长的内在力量——复原力。复原力是"面对逆境、困难或沉重的压力时,自我适应的精神力和心理过程"②。如果在压力面前,人们能够发挥自身所具有的复原力,那么一切工作中的困难都能得到克服。

复原力是一种精神力量。这种力量是可以通过学习获得和不断提升的。日本积极心理学学校校长久世浩司对英国积极心理家伊洛娜·博尼韦尔(Ilona Boniwell)博士提出的复原力进行归纳并提出了如下复原力技巧:③

①必须控制精神消沉的原因——消极情绪。

②要处理不安等消极情绪发生的契机——"主观臆断",这样就能触底反弹,不至于一直消极下去。

③相信任何人都具有复原力。即使偶尔消沉,我们也拥有使精神状态恢复原样的力量。

④这种恢复力会被每天的压力,工作、家庭问题消耗掉,所以我们必

---

① 布鲁斯·霍维德:《超级复原力:简单有效的抗压行动法》,傅婧瑛译,人民邮电出版社,2017,序言。
② 久世浩司:《复原力》,程亮译,北京联合图书出版公司,2018,第5页。
③ 久世浩司:《复原力》,程亮译,北京联合图书出版公司,2018,第17-18页。

须在工作与生活中锻炼出重新振作的心理肌肉——"复原力肌肉"。

⑤锻炼"复原力肌肉"是一个过程,就是要有意识提升自己的效能感、意识到自己的优势和社会支持的力量,学会感恩。如果坚持这样的练习,复原力肌肉的力量就能增强。遇到工作和生活中的挫折与压力时,这种力量就能发挥作用,帮助我们重新振作。

⑥要不断总结跨越障碍的经验,通过重温逆境体验吸取教训,获得继往开来的智慧。

上面提出的增强复原力的技巧,可用图8-1来表示:

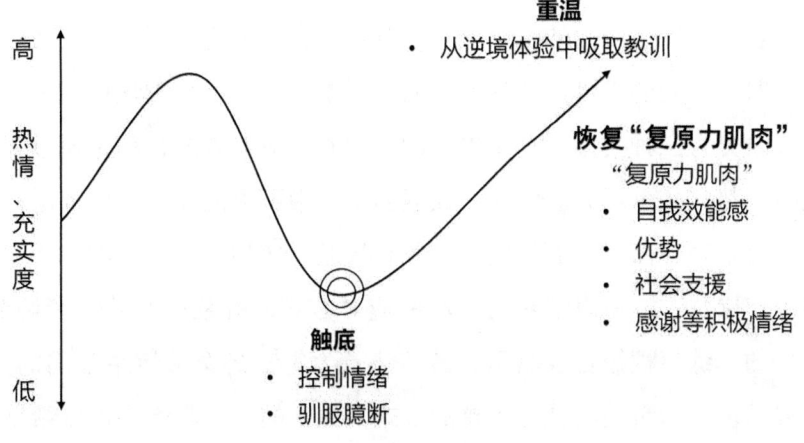

图8-1 复原力的主要技巧

资料来源:久世浩司:《复原力》,程亮译,北京联合图书出版公司,2018,第18页。

除了可以通过不断练习增强个体的复原力之外,久世浩司以积极心理学为指导,在压力管理与消极情绪调节上还提出了很多具体的应对方法。例如,正念呼吸法与身体放松扫描法等。① 这些具体的方法技巧,对青年进行自我压力管理与消极情绪调节都具有指导意义。

(3)压力系统分析调节法。压力系统分析调解法是一种最直接的应

---

① 久世浩司:《复原力》,程亮译,北京联合图书出版公司,2018,第25-53页。

对压力的方法技术,是指在咨询与辅导人员的指导下,青年对自己的压力状况与压力下的心理状态进行系统分析,然后找到适合自己应对压力的方法。

压力系统分析调节法的步骤有以下四个:第一,分析压力源。压力源指的是引起压力的外部事物。工作中的压力源就是引起人们感受到压力的工作任务。压力源就是回答"什么事情和哪些工作任务使我感到有压力"。第二,压力感受和应对资源的评估。这一评估就是回答"我能否处理这一事件"这个问题。如果事件比较棘手,资源有限,那么个体就会感受到很大的压力。第三,选择合理的应对压力的方法。这是应对压力的核心内容。在评估压力的基础上,就要寻找合适的应对压力的方法。在应对压力时,不同的人可以选择不同的应对策略。现代心理学把积极应对压力的策略分为三种类型:一是以问题为中心的应对方式,就是通过直接改变危机局势来减少压力。例如,在遇到工作中不可能完成的任务时,不是一个人抗下来,而是直面问题,与领导沟通,增加解决问题的人手,或者调换工作岗位。二是以情绪为中心的应对方式,就是积极的情绪调节法。放松性的训练、积极自我暗示、转移注意力等都是调节情绪常用的方法。三是寻求他人的帮助与社会支持的方式。他人的支持与鼓励可以帮助处理压力状态的个体提高应对压力的能力与信心。他人的支持可以是情感上的,也可以是信息上的,还可以是实实在在的物质上的。不管哪种支持方式,对处于压力状态的个体来说都是有益的。第四,行动。这是压力系统分析调节法的最后一个环节,也是最重要的环节。任何应对压力的策略要真正发挥作用,都需要用行动来检验。

上面我们介绍了心理咨询与辅导中最为有效的三种化解压力、调节情绪的方法。在具体的咨询与辅导实践中,这三种方法是可以综合运用的。

三、青年人际关系困惑的咨询与辅导

无论是大学青年还是职场青年遇到的第三个适应困惑就是人际关系的

适应困惑。人际关系是人与人之间的心理关系与心理距离。要处理好人际关系需要具有积极的观念、基本的沟通与交往能力和正确的方法。很多青年在这三个方面都存在一定的偏差，就导致他们在人际适应上存在困惑和偏差。于是，青年心理咨询与辅导中，人际适应咨询与辅导就十分必要。

（一）青年人际关系的困惑与问题

现代社会网络的盛行，给人们带来了人际交往的便捷性，也带来了很多困扰。无论是大学青年还是职场青年都存在人际关系方面的困惑。

1. 人际交往的动机与意愿缺失

这是现代青年表现出来的最为明显的人际关系困惑。现代青年普遍缺少和他人交往的愿望与内在动力。不少青年表现出，能不和他人打交道的绝不和他人打交道，能通过网络交流的，绝不面对面交流的心态，不少青年沉浸在自己的世界或者虚拟的网络世界不能自拔。这种缺乏交往愿望的消极心态，导致青年在实际生活中缺乏与他人交往的积极性和主动性，在人际交往中表现出紧张、焦虑和恐惧，造成青年适应社会的困难。

2. 人际交往的能力与积极沟通的方法不足

这是青年人际关系适应中容易出现的第二种困惑。人际交往与人际沟通是建立人际关系的基础。人际交往包含一次性交往与多次交往。要建立稳定的人际关系就需要多次交往。稳定的人际关系的建立包含交往对象的选择、探索性的表达、相互理解与接纳、稳定的关系这四个阶段。不论是一次性交往还是多次交往，建立稳定的关系都需要对交往对象进行分析，在分析的基础上进行信息交流和自我表达、自我暴露，面对不用的交往对象，自我表达与自我暴露水平有一定的差别。因此，人际交往能力包含对交往对象的选择与认知能力、语言表达与沟通能力、自我情感暴露和自我展现能力。现代青年人际交往能力的不足是全方位的，不少青年缺乏对交往对象的认知与选择能力，缺乏语言表达能力和自我暴露和自我展现能力。

由于这些能力的不足，不少青年无论是与同学的非正式交往还是在工作时的正式交往，都表现出不会沟通、不会积极自我表达、不会肯定与赞美他人等。

现代媒体和网络的广泛使用是导致青年人际交往能力的不足和积极人际沟通方法缺失的重要原因。网络成为青年最重要的娱乐方式与人际交往方式，这种娱乐方式与交往方式的变化，表面上扩大了青年人际交往的范围，实际上却导致青年在真实情景中人际交往能力下降①，使青年在面对实际生活与工作情景中的交往对象时不知所措。②

3. 解决人际冲突的能力与化解人际矛盾的方法缺失

人际矛盾与人际冲突在人际交往中是不可避免的。解决人际冲突和化解人际矛盾能力是现代人处理人际关系问题的基本能力。社会心理学把人们解决冲突的模式归纳为五种类型，它们是竞争模式、逃避模式、妥协模式、合作模式、迁就模式。③ 解决冲突的最佳模式是合作和相互礼让妥协模式。现代青年在人际交往与处理人际关系问题时，既没有形成积极应对人际冲突的观念，也没有积极应对冲突、解决矛盾的能力，很多青年在遇到人际冲突时，不会妥协、不会合作，而是采用竞争的方式应对。他们的竞争不是正面的积极竞争，而是采用"斗狠"和背后报复的方式打倒别人、伤害别人。近年来发生在大学中的投毒案件和杀人案件就是这种人际关系错误模式的表现。这种错误的方法不但会造成人际冲突的扩大和人际关系的恶化，也会给自己的学习职业与生活带来消极后果。

（二）青年人际适应的咨询与辅导

在青年的心理咨询与辅导中，以恰当的方式帮助青年形成正确的人际关系理念，帮助青年提高人际交往和处理人际关系的能力是十分重要的。

---

① 屈勇：《网络人际交往对中国人际关系模式的影响》，《社会心理科学》2008 年第 5 期。
② 周静：《论全媒体时代人际交往的新表征》，《新疆社会科学》2019 年第 2 期。
③ Cupach W. R., *Competence in Interpersonal Conflict*, NewYork: McGraw-Hill, 1996, pp. 48 – 49.

1. 青年人际适应咨询与辅导的内容

根据青年在人际交往与人际关系方面存在的困惑，青年人际适应方面的咨询与辅导主要围绕以下几个方面展开：

（1）帮助青年形成积极的人际交往和人际关系理念。错误的观念是导致青年出现人际关系困惑和人际关系问题的主要原因之一。面对青年心理上存在不愿交往和不能正确对待冲突等不正确的观念，心理咨询与辅导人员就要帮助青年树立人际交往和冲突是不可避免的观念，引导青年人认识人际交往中的矛盾是正常的，面对矛盾和冲突时，躲避和无原则地退让既不能解决矛盾，又不能赢得别人的尊重；认识到人际关系总是处于变化发展之中，无论多密切的人际关系，也会因环境与时间的变化而变化；认识到维护人际关系的重要性等。在破除错误人际关系观念的基础上，使青年形成积极自信的人格特征，使他们能以开放的心灵与人交往，帮助青年走出人际交往和人际关系的误区。

（2）帮助青年人提升人际交往的能力。人际交往和处理人际关系能力的提升，对青年人来说是十分重要的，人际交往能力是一项综合能力，它包含人际认知能力、沟通表达能力与人际吸引力等多种能力。在帮助青年提升人际交往能力上，需要做的工作包括以下几个方面：

第一，帮助青年人提升人际认知能力。在人际交往和处理人际关系过程中，对他人的认知是人际敏感性的重要表现，如果人们具有良好的人际认知能力，就能在交往中处于积极主动的地位。人际认知能力包括察言观色能力、了解他人心理需要的能力和了解他人对待自己态度的能力。在心理咨询与辅导中，心理咨询与辅导人员需要帮助青年提升人际认知能力，使青年认识到人际认知能力对人际交往和处理人际关系的重要性，使他们在日常生活中学会观察他人的言谈举止、行为方式和各种表情动作等外部特征，从这些外部特征了解他人的内心需要和人格特征。

第二，帮助青年提升沟通表达能力。沟通表达能力是人际交往能力的主要组成部分。要建立良好的人际关系，不但需要了解他人的心理需要，更需要积极沟通与表达。积极沟通是一种传递积极信息的沟通，是带有真情实感的建设性的沟通。表达自己真情实感，表达自己对他人的理解、支持、赞美与鼓励等积极信息是十分重要的。因此，帮助青年提升沟通能力是青年人际适应咨询与辅导的重要内容。

第三，帮助青年提升人际吸引力。在人际交往中，由于人的性格的差异性，有些人很容易建立人际关系，有些人建立人际关系的能力较弱，有些人能很好地维护人际关系，有些人维护人际关系的能力较弱。要建立稳定的人际关系就需要不断自我更新，提升自我的人格内涵，以吸引他人。在人际吸引中，最重要的吸引是人格吸引，而具有以下人格特征的人对他人更有吸引力，即热情、真诚、宽容与幽默。① 人们都喜欢热情的人、真诚的人、宽容的人和幽默的人。那些在他人看来缺乏内涵的人，恰恰在人际交往中展现了自己的热情，显示了语言的幽默，更能营造一种轻松、和谐的气氛，所以容易受到他人的喜爱。另外，外向的人更喜欢自我表达，在交往中更积极主动，更能抓住表达情感的机会，这就使这些在熟悉人眼里不被看好的青年，在交往中更具有吸引力。

在青年的心理咨询与辅导中，咨询与辅导人员一定要帮助青年人明白人际交往的规律，使他们在人际交往中积极主动，学会展现自己的优势，增强人际的吸引力。尤其对具有一定的内在品质的青年来说，转变心态，学会在人际交往和处理人际关系中进行自我优势的展现，学会积极表达更具有意义。

（3）帮助青年人提升解决人际矛盾与冲突的能力。咨询与辅导人员要帮助青年人全面理解人际冲突的意义，使青年人认识到人际冲突的不可避免性，使他们在面对冲突时以积极的态度去应对，应对冲突的积极态

---

① Anderson, Norman N., "Likableness Ratings of 555 Personality – trait Words", *Journal of Personality and Social Psychology*, 1968, 9 (3), pp. 272 – 279.

度是不无端地挑起冲突,但是也不回避冲突,冲突来临时选择积极的方式解决冲突。对青年来说,在解决冲突时一定要冷静和理性,不要不顾后果、感情用事。对青年来说,更要用理性约束自己的行为,避免冲动。

在上文我们提到解决人际冲突的方法有逃避、妥协、竞争(对抗)、协作和退让等。在这些解决冲突的方法中,最好的方法就是妥协与合作,而最不好的方法就是对抗与逃避。在具体的冲突中,采用哪种方法去解决,需要分析具体情境。如果人际冲突是非原则性的,那么采取退让的方法也未尝不可;如果人际冲突是原则性的,那么就不能采取这种方法。同时,采取哪种方法解决冲突也要分析与之发生冲突的对象的特点:如果对方是与自己关系密切的人,那么就采取妥协的方式加以解决;如果对方是缺乏理性和脾气暴虐的人,那么采取退让的方式也未尝不可。总之,在面对冲突时,青年一定要理性对待和采取合理的方法加以解决,一定要避免逞一时之强而不计后果的情况出现。

2. 青年人际适应咨询与辅导的方法

帮助青年建立积极人际交往的愿望、提升人际交往能力与人际吸引力的方法是多样的。在具体咨询与辅导实践中,咨询与辅导人员可以采用个别咨询与辅导的方法,可以采用团体咨询与训练的方法,也可以采用心理教育培训和举办有关人际关系与人际沟通讲座的方法进行。下面我们就介绍两种青年人际适应咨询与辅导中常用的方法。

(1) 敏感性训练。敏感性训练是提升人际交往能力最常用的训练方法。敏感性训练是由美国心理学家库尔特·勒温(Kurt Lewin)于 1946 年在大学生中建立的小组训练发展而来的,人本心理学家卡尔·罗杰斯完善了这种训练方法。敏感性训练是一种团体训练,它要求每个团体成员都能开诚布公地与他人交流,通过团体活动,学会聆听他人、察觉自己,积极表达。敏感性训练能否取得效果取决于团体活动的参与者能否坦诚、开放地与他人互动。参与团体活动的过程就是心灵相通的过程,所以敏感性训练也被称为会心团体(encounter groups)训练法。

敏感性训练是一种团体训练,训练团体人数由三四个人到十几个人不等,不超过20人,团体有一位辅导员或者组长。活动时间每次两小时,每周一次。整个团体训练小组的活动持续十几次或者几十次,具体次数由团体成员决定。敏感性训练的主要内容是通过这种形式的心理小组活动,让每一个小组成员学会如何有效地与他人沟通交流,如何有效地倾听和了解他人的感受。敏感性训练是一种心理实践活动,它能使参与者学会感受自己的内心世界、表达自己的情感;使参与者学会感受他人的内心世界,学会聆听与表达自己对他人的感受。

作为一种团体心理咨询与辅导的方法,敏感性训练从20世纪五六十年代在美国创立以来,就一直受到欢迎。在青年的人际适应咨询与辅导中,这种方法也能发挥积极作用。

(2)非暴力沟通训练法。非暴力沟通是美国心理学家马歇尔·卢森堡博士提出的改善人际关系的沟通理论。马歇尔·卢森堡是美国人本主义心理学家卡尔·罗杰斯的学生。他把人本主义的观念,运用在人际关系和沟通领域,提出了非暴力沟通(nonviolent communication,NVC)理论。

马歇尔·卢森堡认为,在人际交往和人际关系中,一些语言常常引起自己与他人的痛苦,虽然很多人表达的是爱,并致力于满足自己与他人的某种愿望,却倾向于忽略自己与他人的感受与需要,这种沟通模式就给自己与他人带来伤害与关系的破坏。如果人们在交流和沟通时,少使用评价式的语言,而直接表达自己的感受,那么人际关系就会得到改善。在对暴力式的沟通模式分析的基础上,卢森堡建立了非暴力沟通的模式。非暴力沟通的理念与技巧如图8-2所示:

非暴力沟通	四个沟通技巧
·以爱为出发点的沟通模式 ·一种有效的沟通方式 ·彼此尊重，相互理解 ·满足需求，达到共赢	·观察事实和表达事实 ·体会和表达感受 ·发现和体会需求 ·提出明确的请求
应对他人暴力语言	**停止对自己的暴力语言**
·管理好自己的情绪 ·聆听对方的感受和需求 ·引导对方说出明确需求，达成共识	·不过分苛责自己 ·获取积极主动的力量 ·理解自己的动机和深层次的需求

图 8-2　非暴力沟通的理念与技巧

非暴露沟通的核心理念就是以爱为出发点，建立与他人的关系，所以非暴力沟通模式也被称为爱的语言沟通模式。这个模式要求在沟通过程中，要爱自己、爱他人，不要对自己使用暴力（自我否定、自我批判和不接纳自己），不要对他人使用暴力（评判他人、指责他人和否定他人），而是以接纳的态度、尊重的态度和建设性的态度对待自己与他人。在人际沟通的技巧上，非暴力沟通指导人们把事实与评论分开、把观察与判断分开，学会表达事实，而不是作出批判与评价，学会表达自己的情感，学会倾听与赞美他人，学会发出对他人的请求与感谢等。[①] 在处理自己与自己、自己与他人的冲突时，学会把冲突以非暴力的方式与非相互攻击的方式解决，学会在观察的基础上，说出自己的感受，接着学会理解自己与他人的需要，向他人发出请求等。只要当我们以建设性的方式与他人沟通的时候，矛盾才会得到化解，冲突才会得到好的解决。[②]

非暴力沟通的理念与方法在世界各地越来越多地得到运用。卢森堡于

---

① 马歇尔·卢森堡：《非暴力沟通》，阮胤华译，华夏出版社，2016。
② 马歇尔·卢森堡：《用非暴力沟通化解冲突》，于娟娟、李迪译，华夏出版社，2015。

1984 年在美国创立了非暴力沟通中心（CNVC）以来已经培养大量的非暴力沟通专业人员，每年在世界各地开办非暴力沟通训练工作坊（NVC-workshop），参加人数大约有 25 万人。①

非暴力沟通作为一种以爱为中心理念的沟通模式，在解决矛盾、化解冲突和改善人际关系上有着十分显著的效果。因此，在青年人际适应的咨询与辅导中，咨询和辅导人员可以团体训练的方式对青年开展非暴力沟通训练。

青年时期是成人初显期，他们会遇到很多人生适应方面的问题，在青年的心理咨询与辅导中，适应性的咨询与辅导具有很重要的价值。上文我们分析了学习生活适应、职业适应和人际适应上的困惑及解决困惑的方法。除了以上几方面适应的困惑之外，青年还存在其他适应上的困惑，例如，成家后的家庭角色适应、家庭与职业关系适应等的困惑。这些适应上的困惑也是青年心理咨询与辅导工作者不可忽视的内容。

第四节 青年情绪障碍的咨询与辅导

青年时期是人生阳光四射的时期，是充满活力与对未来美好生活追求的时期。青年期很少出现身体上的疾病与心理上的障碍。但是现代社会很多身体的疾病与心理的异常，也常常出现在青年身上。青年心理障碍包括情绪障碍、人际障碍、人格障碍等多方面。上一节我们已经就青年的认知与学习适应、职业适应、人际适应等内容做了分析，本节我们将重点介绍和分析青年的情绪障碍，这是因为：第一，情绪问题是青年阶段出现的最多的问题；第二，其他心理障碍的产生都与情绪障碍有关；第三，情绪问题的解决对于青年其他心理学问题的解决和青年身心灵的整合具有基础性的作用。

---

① 马歇尔·卢森堡：《用非暴力沟通化解冲突》，于娟娟、李迪译，华夏出版社，2015，第 155 页。

一、青年情绪障碍的主要表现

青年期情绪障碍主要表现为三种：焦虑与抑郁、自卑与孤独、冷漠与麻木。

(一) 焦虑与抑郁

青年期是成人初显期，青年需要解决很多人生课题：完成学业、寻找工作、恋爱结婚等。这些课题的解决会遇到困难、经受挫折，如果不能积极应对困难，经受挫折，青年就会产生消极的情绪体验。而焦虑与抑郁就是现代青年最常见的情绪障碍。

焦虑障碍（generalized anxiety disorder，简称GAD）是一种以无明确指向、产生过分担忧、紧张为特点的情绪障碍，其焦虑的核心是生活中各种琐碎的小事，严重时个体会产生精神障碍，极大影响个体的日常生活。焦虑的表现主要有恐惧、紧张、坐卧不安、失眠等。在大学生群体中，焦虑比较普遍，并存在明显的性别差异与家庭差异。与男性相比，女大学生在学习、就业、恋爱与人际关系等方面的焦虑程度普遍较高；与父母关系不融洽的大学生焦虑程度较高。[①]

在大学青年群体中，焦虑主要是由学业、未来职业和人际关系等方面的压力引起的。而职业青年群体的焦虑主要是由工作压力、恋爱与婚姻压力导致的。尤其是在现代社会，就业的难度越来越大，竞争越来越激烈，不少青年都处于职业的焦虑中。

抑郁是另一种在青年期容易出现的消极情绪障碍。这种情绪障碍比焦虑更具有危害性与破坏性，更需要心理咨询与辅导用心和关注。抑郁是一种消极的情绪体验。心理学把抑郁分为三类：一是一般性的抑郁，它是人面对挫折时的消极心理体验，是生活中失落和痛苦的反应。这种抑郁是一

---

① 王家湛：《大学生焦虑和抑郁情况调查分析》，《社会心理科学》2016年第12期。

般性的抑郁情绪,而不是抑郁症,这种情绪不需要过分关注与专门进行咨询与辅导。这种抑郁被形象地称为"情绪的小感冒"。而另两种抑郁是需要专门接受心理咨询与辅导的,它们统称为抑郁症(depressive disorder)。抑郁症分为单项抑郁症与双向情感障碍。单项抑郁症的表现就是持续的情绪低落,悲伤与无助,感受到生活意义感的缺失,产生活不下的想法。双向情感障碍又被称为躁郁症。

社会生活方式的多样化,职业竞争的激烈程度与外在成功的追求等外界环境因素导致现代青年长期处于压力状态,这就使青年期出现抑郁症的可能大大增加。抑郁症的后果是十分严重的,重度抑郁症会导致自杀。

(二) 自卑与孤独

自卑与孤独是青年期容易出现的另一种情绪障碍。自卑是一种对自己不满意的消极体验。自卑是消极的自我评价与自我否定的结果。自卑情绪是青年期容易出现的消极情绪。青年的自卑有三种表现:第一,自我评价过低,认为自己在长相、学业、家庭、工作、生活的各个方面都不如别人。第二,概括性的自我贬低,无限夸大自己某一个方面的缺点,并且因这一点而否定自己。例如,一些女青年对自己身材不满意,就否定自己的一切,觉得自己在别人眼中就是一个没有价值和地位的人。第三,过度敏感与自我心理防卫过强。自卑的人往往过度敏感,他们很在乎别人对自己的评价和看法,会掩饰自己的弱点与不足。

自卑作为一种消极的情绪体验,会对个人的生活与人际关系产生极大的消极影响,过度敏感与过度自我心理防卫会导致社会交往的减少,严重的会出现社会交往恐惧与自我封闭,此外,自卑会导致内心孤独。

不良情绪中的孤独是与自卑关系十分密切的。孤独是一种由于自卑,否定自己的能力出现的不敢和不会与他人交往的消极情绪体验。人际需要是人最基本的心理需要。人际需要不能得到满足就会出现内心的空虚与孤独。作为不良情绪的孤独不是找不到满足人际需要的对象,而是由于自己的自卑与自我否定缺乏与人交往的动力。

从年龄特征与心理特征来看，青年是充满激情与活力四射的年龄，是自信满满的年龄。但是现实生活中，由于缺乏正确的自我认知与不恰当的比较，不少青年处于自卑与孤独之中。

(三) 冷漠与麻木

善的敌人不是恶，而是冷漠与麻木。跌倒的老人没有人扶，在坏人行凶时，人们做了旁观者或者做了匆匆而过的过客，这些冷漠的现象在现实生活中越来越多。这种冷漠是一种社会人情的冷漠，是个体冷漠与麻木情感的表现。

冷漠和麻木是一种情绪反应强度不足，对外界刺激缺乏内在情绪体验与作出合适的反应的消极情绪状态。青年期是充满激情与正义感的时期，是对外界事物具有比较强烈的情绪反应的时期，但是现实生活中，却有很多青年出现冷漠和麻木的情绪。处于冷漠与麻木情绪状态的青年表现出对什么东西都缺乏兴趣，对生活缺乏热情，对工作、学生缺乏动力，不愿意与他人交流，表现出"佛系"的心态。被冷漠与麻木情绪困扰的青年，被称为"三无青年"：无欲望、无人生目标、无生活动力。冷漠与麻木这种消极的情绪状态在大学青年与社会青年身上都有所表现，在大学青年群体中表现为对学习兴趣热情的缺失、对同学关系与社团活动缺乏热情、对未来的职业生涯缺乏规划，过着消极被动与无欲无求的日子。这种消极情绪，无论是对青年自身的成长发展，还是青年家庭的和谐与社会的进步都会产生消极影响。

二、青年情绪障碍的咨询与辅导

在青年的心理咨询与辅导中，针对青年的情绪障碍已经有不少行之有效的咨询与辅导方法，例如，沙盘游戏治疗、理性认知行为疗法、人际关系疗法等在青年情绪障碍的治疗上都具有显著疗效。

（一）沙盘游戏治疗

沙盘游戏治疗是近几年来在治疗焦虑、抑郁和人际关系障碍中运用的越来越多的方法。其基本原理就是让来访者通过自己构建沙盘作品与自己的潜意识进行对话，表达自己的内心世界，从而缓解自己的情绪，找到自我。操作沙具，制作沙盘作品的过程，不但是与自己的潜意识对话、沟通交流，舒缓自己情绪的过程，也是进行自我心灵整合和构建新的自我的过程。因此，沙盘游戏治疗对于焦虑、抑郁和人际关系障碍的克服，对重新建构内在的自我都具有积极作用。

沙盘游戏治疗之所以在青年的心理治疗，尤其是情绪障碍治疗上能发挥积极的作用，是因为青年具有比较强的理解力，具有内在的活力，青年动手的愿望与通过构建作品来表达自己内心世界的愿望比较强烈。这种治疗比一般的会商法更符合青年的生理特征与心理特征。

作为一种建立在荣格的心理分析与东方文化基础上的一种心理治疗方法，沙盘游戏疗法要对青年情绪障碍的解决发挥作用，需要治疗师严格遵守沙盘游戏治疗的规范操作，同时需要治疗师能够在沙盘作品的解读上充分与来访者进行对话、交流，发挥专业作用，引导来访者形成积极的观念，促进来访者的改变。

（二）理性认知行为疗法

认知理论认为，个体对事物发展的不确定性、对可能面对的危险过度放大以及对周边环境错误的加工方式都会使个体长时间持续保持高度的警惕，导致其长期处于弥散性的焦虑与紧张状态，过度焦虑会导致自我否定，会产生抑郁。要降低焦虑和抑郁很重要的方面就是促进来访者改变自己的认知方式，最终使焦虑与抑郁情绪消失。

认知行为疗法（cognitive-behavior therapy，CBT）是20世纪60年代美国心理学贝克和艾利斯提出的治疗情绪情感问题的方法。该疗法基于认知行为理论，结合学习理论与心理动力学理论，认为人们的思维和行动应当建立起联系。个体情绪与行为绝大部分都由其认知过程决定，而这些情绪和行为又由个体对自身所暴露于环境的认知产生。因此，在对心理障碍治疗的过程中，不仅要控制、矫正患者外在行为的转变，也应当关注其在治疗过程中内心状态所发生的变化。这种心理治疗的方法可以看作认知治疗与行为治疗的结合，强调通过认知调节行为的过程。[①] 认知疗法就是通过分析让来访者知道自己的不良情绪和不良行为是由内在的不合理信念引起的，通过与个体说理、辩论来促进个体改变原有的不合理的信念，形成新的观点与信念，使情绪障碍消失。

认知行为疗法在治疗焦虑与抑郁情绪障碍时，咨询与辅导人员主要采用与来访者讨论认知过程、教会来访者放松技术、重建来访者的认知的方式，帮助来访者学会应对焦虑、减少焦虑体验，以此达到治疗的目的。

在采用认知行为疗法对青年的焦虑与抑郁障碍进行干预治疗时，咨询与辅导人员要做好下列五个方面的工作：

第一，引导来访者学会辨认自己潜意识的想法。很多消极的潜意识的想法是导致人们焦虑、无助与抑郁的原因。辨认这些想法是消除这些潜意识想法消极影响的前提。

一位青年在工作中常常犯某种错误，他就会在潜意识里面形成"我没有用，我什么事情都干不成，我真不配活在世界上的观念"。在采用认知疗法进行治疗时，就要他识别这是潜意识的想法。

第二，引导来访者学会用相反的证据来反驳那些消极的潜意识中的想法。

这位青年要反复提醒自己是依靠自己的力量完成大学学业的，在从事这份工作之前，干了不少工作，并且都取得了好的成绩。用这些事实和证据来反驳自己潜意识里认为自己是什么都干不好的人的念头。

---

① 叶建国、陈军、史琼等：《森田疗法与认知行为疗法的比较分析》，《医学与哲学（人文社会医学版）》2007年第3期。

第三，引导来访者学会用不同的解释方法来解释自己的行为，也就是对自己的行为进行重新归因。这也是用来驳斥错误的信念的步骤。

这位青年要学会给自己说，我不是什么事情都不会干和什么事情都干不好，而是最近承担的工作任务，对我来说有些陌生，我只是经验不足和没有做好准备而已。

这位青年通过寻找其他证据与进行重新归因的方式，就把自己从"我真没有用，我什么事情都干不成，我不配活在世界上"的错误想法中解救出来。他对自己说"这些想法真不合逻辑，我只是对这些工作还不熟悉，而不是什么事情都干不好和不会干的人，我为什么不配活在世界上呢？"

第四，引导来访者学会把自己从焦虑、抑郁的想法中解救出来。停留在消极悲观与错误的情绪状态对一个人身心都会产生比较大的消极影响。面对消极事件，除了采取理性分析的方法与消极观念进行抗争之外，还需要转移注意力，把自己从消极事件中解救出来。在认知行为疗法中，个体不但要学会控制思考的内容，还要学会控制思考的时间。

第五，引导来访者学会质疑那些引起自己焦虑、自卑、自我否定、抑郁的假设。

在学习、生活和工作中，很多青年之所以会存在自卑、孤独、焦虑与抑郁的情绪障碍，主要原因就在于心理上有很多不良的假设束缚了自己。要使自己走出自卑、孤独、焦虑和抑郁的情绪，就需要学会质疑和摆脱这些假设的影响。一般来说下列假设是影响青年最深、最常见的消极观念：

——"没有爱我就活不下去。"

——"我是一个人生中的失败者，我什么也做不了。"

——"人应该追求完美，恨我自己，为什么做不到完美？"

——"我是一个失败者，因为我没有成为让大家都喜欢的人。"

——"只有那些在群体里，让人喜欢的人，才配参加群体活动。"

具有追求完美、害怕失败、自我否定与过度顺服这四种人格特征的人很容易产生焦虑、自卑、孤独和抑郁等消极情绪,因此,在理性认知行为治疗中,咨询与辅导人员要帮助青年从这些消极的观念与人格特征中走出来。

理性认知行为疗法对改善青年的情绪障碍十分有效。笔者在对存在情绪障碍的大学青年开展心理咨询与辅导中,就常用这种方法。总结经验,笔者有三点认知:第一,理性认知行为疗法对中度焦虑和抑郁状态的改善,效果良好,对重度抑郁状态的改善效果不佳,面对重度抑郁的来访者先要进行药物治疗,然后采用理性认知行为疗法会有很好的效果;第二,理性认知行为疗法对具有一定文化水平、理解力强的来访者的作用要好于文化程度较低、缺乏理解力的来访者;第三,理性认知行为疗法是一个过程,一般要取得好的效果,需要二到三个月的时间,同时将理性认知行为疗法与放松行为训练相结合,对改善情绪状态效果会更好。

(三) 人际关系疗法

人际关系治疗是一种缓解焦虑、抑郁症状,改善自我认知与消除孤独很重要的心理治疗方法。人际关系疗法认为,情绪障碍形成的原因既有生物因素,又有社会与环境因素。这些原因中,最重要的就是人际关系。不良的人际关系和缺乏人际支持,是导致焦虑、自卑和抑郁的重要原因,要使情绪障碍得到改善,就需要分析来访者人际关系现状,提升来访者的自尊,帮助来访者发展更为有效的人际关系,以获得社会与他人的支持。

人际关系治疗把治疗的焦点放在人际关系问题处理、人际关系改善上。争吵、挫折、焦虑与失望是人际关系不良的最核心问题,因此,要促进不良情绪的消除就需要帮助来访者处理好生活中的四个方面的问题:悲伤、矛盾、角色转换与人际交往。[①]

---

① 马丁·塞利格曼:《认知自己,接纳自己》,任俊译,万卷出版公司,2010,第95-96页。

1. 帮助来访者走出悲伤

悲伤的情绪是导致焦虑与抑郁的原因，长期处于悲伤之中不利于身心健康，因此，人际关系治疗十分关注来访者的悲伤情绪。面对悲伤情绪，人际关系治疗关注的是异常的悲伤反应。咨询与辅导人员帮助来访者，找到延续时间最长的悲伤，并且分析导致这种悲伤的原因，然后帮助来访者用新的社会关系来弥补这种损失。

2. 帮助来访者处理人际关系中的矛盾

人际矛盾是造成焦虑、抑郁和孤独的重要原因，所以帮助来访者提升解决人际关系矛盾的能力与技巧，就是这种咨询的重要任务。总的来说，在咨询与辅导中，咨询与辅导人员要帮助来访者找到产生矛盾的根源，分析这种矛盾是否可以协调，是否可以缓解与修补关系，帮助来访者掌握沟通、协调关系与作出决定的技巧。

3. 帮助来访者进行角色评估，促进他们进行角色转换

当人们进入一个新的生活与工作领域之后，就会失去以前既有的角色，需要适应新的角色。很多人沉浸在旧有角色之中，而没有及时进行角色转换，就陷入焦虑、孤独与自我否定之中，就容易产生消极的情绪体验。在人际关系治疗中，咨询与辅导人员要引导来访者就已经失去的角色进行评估，给来访者提供表达对失去角色不舍、对新角色无所适从等情感的机会，在此基础上与来访者一起分析新角色的特征及适应新的角色所需要的条件，教给来访者适应新角色的技巧，帮助来访者建立新的社会关系与人际网络。

人一生都需要不断地适应与转换角色，一位青年从学校毕业走上职场之路，他的学生角色就失去了，他学生时代所建立的人际关系网络在新的社会关系中的作用也就会降低，他要适应职场对他的要求，就需要建立新的人际关系网络。如果这种角色转换能顺利进行，那么这位青年就不会出现焦虑、无助、抑郁、自我否定等消极情绪，如果不能积极适应这种转换，

就会出现情绪障碍。面对这种情况，人际关系治疗就能发挥积极作用。

4. 帮助来访者分析与反思旧有的不良人际关系与社会交往模式，建立新的积极的社会交往模式

咨询与辅导人员在这部分的主要任务是引导来访者对自己人际关系与社会交往的历史进行回顾，找到他们人际交往的模式，分析他们在人际交往中的优势与劣势。面对来访者自己找到的劣势与不足，采用角色扮演的方式让来访者体会这种交往方式或者表达方式的危害，然后让来访者自己找到改进的方法。

人际关系治疗对情绪障碍中的焦虑、抑郁、孤独与冷漠等都具有一定的积极作用。在笔者面对大学青年情绪障碍的咨询与辅导中，使用过这种方法，也收到了良好的效果。

除了上面详细介绍的三种疗法外，在青年情绪障碍的治疗、咨询与辅导中，罗洛·梅的存在心理学方法、维克多·弗兰克的生命意义疗法、罗杰斯的交朋友小组与敏感性训练法等也都具有价值和作用。这些方法在本章的其他部分已经作了介绍，在此不再详述。

【案例2】 咨询师帮助她走出了失恋后的绝望

本案的主角是一个十分优秀的女孩子，在恋爱受挫后，她几次采取不良方式面对失恋，在咨询师的帮助下，她走出了以自我为中心的误区，摆脱了不良情绪的影响。

一、基本情况

虹是一位感到被抛弃的优秀女孩。她外表漂亮，穿着打扮给人一种富有内涵的感觉。虹的家庭背景良好，父母均受过高等教育，她是父母的掌上明珠。父母对虹寄予殷切的期望，期望虹能在学业与未来的职业领域取得成绩。虹确实也没有辜负爸爸妈妈的期望，她17岁就考上了一所全国闻名的高等院校的热门专业。在完成了四年的本科学业之后，虹没有考

研，也没有找工作，而是继续在这所著名高校读第二学位。在学业上和与同学的关系上，虹表现的都不错。她是父母的骄傲和亲戚朋友眼里的优秀女孩。虹美丽的外表和有内涵的气质，使虹得到了许多男孩子的青睐与追求。但是在读第二学位的前两年，虹一直和异性同学保持着友好而不过分的亲密关系。因为她不想过早涉猎感情，她说当她感到自己还不成熟的时候，不愿意谈恋爱。

在读第二学位的第三年，虹开始恋爱了。虹告诉咨询师她的男朋友是四年前在一个同学聚会上认识的。他比她大两岁。她认识他的时候，他已经职业中学毕业，参加了工作。他学的专业是摄像。目前，他在一家电视台工作。他们恋爱的初期，这段恋情不被大家看好，因为她是名牌大学的学生，而男友却是职业学校毕业的。但是她不顾别人的反对，与男友认真交往，后来他们的感情得到了双方家长的认同与肯定。两年前她搬到男友家里去住，开始把男友的父母称为爸爸妈妈，他们对她都很好。但是在三个月前，男友突然告诉她，她的行为让他受不了，他们没有共同语言，他们的恋爱该终止了。她对自己的行为进行了反思，就某些不当的行为对男友道歉，但是男友还是坚持要与她分手。

当男友提出分手的时候，虹有一种强烈的被抛弃的感觉。虹说她想不通，她觉得一段美好的恋情就这么完结了，实在超出了她的承受范围。当男友提出和她分手之后，她哭过、闹过、恳求过，但是男友却没有丝毫的原谅她和继续这段恋情的想法。在这段感情毫无挽回余地的情况下，她甚至不惜三次割腕自杀，希望以此换回男友的同情和爱。但是到目前为止，一切还好像是无可挽回的样子。

虹诉说到这儿，不断地问咨询师：为什么他要提出分手？他到底还爱不爱她？虹反复强调，她的条件很不错，他与她恋爱应该感到满足，他为什么会提出和她分手？她该怎么做才能使这段恋情得以保持，如何才能使她的男友回心转意。

二、咨询师的分析

面对虹心中的疑问,咨询师对她的男友坚决分手的心理及虹自身心里的困惑进行了分析。

(一) 他为什么要和她分手

与一个相恋四年的男子分手,确实是一件令人痛苦的事情。但是到底是什么事情促使虹的男友毫不妥协地要与虹分手?是什么力量使虹的男友在虹扼腕自杀的情况下也毫不回心转意?当咨询师询问虹导致他们分手的原因时,虹显得有些犹豫。虹喃喃地说,是我的错,我都已经向他道歉了。咨询师告诉虹,只有完整地说出他们产生矛盾的事件的经过,才能使咨询师对他们的矛盾有一个正确的判断,也才能有利于问题的解决。这时虹才慢慢地说出了导致分手的原因。

事情发生在半年前。一个周末的晚上,虹和往常一样从学校回到男友的家(用虹自己的话说,"从学校回到家",虹已经把这儿看成了自己的家)和男友的爸爸妈妈(虹口中的"婆婆"与"公公")吃过晚饭就等着男友回来。她看了一会儿书,看了会儿电视,但是直到11点半还不见男友的影子,虹就准备睡觉。但是,虹说从她与男友同居以来,她就养成了一个习惯,男友不回来,她就睡不踏实。虽然躺在床上,但她一直就没有睡着,心里希望男友快点回来。等到了12点,男友还没有回来,她就越想越生气,就想,等他回来了,要好好教训教训他。男友凌晨1点左右醉醺醺地回来了。虹充满了怒气,就不让他直接上床,告诉他冲完澡了才能睡觉。这时,男友喊叫很累了,让他休息吧。虹坚持着自己的要求。男友不断地向她求情。虹毫不心动,仍然坚持着自己的要求。男友几次往床上爬,虹都一遍遍地推下去。最后,她打了他两个耳光。在她的坚持下,男友那一晚上没有在床上睡觉。

这事发生之后,虹并没有感到自己有错,也就没有向男友道歉。在接下来的一个月中,他们之间就不断争吵,后来虹还打过男友两次。再后来男友就提出了分手。

从虹诉说的过程来看,男友提出分手的理由是充分的。爱情是双方的相互担待和相互理解,而不是一方对另一方的指责与过分的要求。婚姻是去做一个合适的人而不是找一个合适的人。虹在还没有与男友结婚的时候,就表现出了过分的强势,使男友感受不到爱情给自己带来的快乐,而感受到的是压力与不被理解的痛苦,那么他对未来的婚姻就失去了信心,就不愿意迁就和谅解虹的极端行为。

(二) 以自我为中心与情感的迷离——心理障碍的根源

在与虹的谈话中,虹反复强调在感情中她受到伤害,反复谈到的是她对他的爱。虹说,她之所以打男友,是她在乎男友的表现。虹反复表达这样的想法:我一个长相漂亮,知识层次比你高的大学生能与你一个中专毕业的谈恋爱就是我的下嫁,你该感到高兴。我不提和你分手就是你的福分,你还提出和我分手,我就受不了。虹最感到不可理解的,不是她的情感受到了冲击,不是男友对她的感情的冷淡使她难以接受,而是男友提出和她分手的现实使她感到很大的失落。虹告诉咨询师,她有一种被抛弃的感觉。她这样表达自己的想法:即使男友感到和她没有感情了,但是也应该向她负责。她和他在一起四年了,难道这四年就这么结束了?哪怕他和她先结婚,一个月后就离婚都行。而现在他和她分手了,这种被男友抛弃的感觉是她所接受不了的。

从虹的诉说中,咨询师发现,虹在乎的不是感情,虹不能割舍的不是对男友的爱,虹要挽回的不是恋爱关系,虹在乎的是自己的面子,虹受不了的是被一个不如她的男子所抛弃的感受。虹的自杀也不是殉情的表现,而是要挟对方的手段。虹的以自我为中心使自己陷入了自我的迷失和感情的迷茫之中。

虹的以自我为中心的观念表现在两个方面:第一,直到咨询时,虹并没有就她对男友造成的伤害进行过任何反省。她反复强调的是男友的绝情，而没有发自内心感受到她的行为对男友的伤害。第二，虹所期望的不是真正的和男友建立相互尊重和平等的关系，她所维护的不是一种真正的感情，而是自己的形象。在她的潜意识里，她有着强烈地瞧不起男友的想法。她所期待的是她有机会提出和男友分手，而没有真的打算和男友发自内心的重归于好。

虹的感情的迷茫表现在两个方面：第一，虹所体会到的不是纯粹的爱情，而是一种被宠的感觉。虹的父母在外地，但是自从她和男友同居以来，她就过起了和家在外地的女孩子不一样的学校生活。虹不住学生宿舍而是住在男友家里，虹不用洗衣服、不用做家务、不用做饭。这一切都由男友的妈妈做。虹也不用花自己父母的钱来交学费，而是由男友家里给交。这一切都使虹感到舒服。她被爱着、被宠着。由于虹是这个家庭学历最高的人，她也取得了参与家庭决策的权利。而这一切都使虹感到了自己的优越，她对这个家庭无论是从精神上还是从物质上都有了很大的依赖感。第二，虹害怕失去的也不是爱情，而是自己的依赖对象。如果虹和男友分手了，那么虹现在所享受的一切都将失去。她就得搬到学校去住宿舍，她就需要自己想办法挣零花钱。而这一切都是虹所不愿意失去的。因此，虹采用了极端的方式所要捍卫的不是感情，更不是爱情，而是自己的面子，是自己的物质利益。

咨询师与虹进行了深入的交流，帮助虹分析了自己的潜意识和困惑的深层次根源。虹陷入了深思，她很难直面这样的分析，但是最后虹还是认同了咨询师的观点。

三、咨询师的建议

在搞清楚自己的心理困惑与极端行为产生的根源之后，虹给咨询师提出了这个问题：你说我该怎么办？

虹该怎么办？该继续采取各种办法促使男友回心转意，继续他们的恋爱关系还是该搬离男友的家，寻找自己真正的感情和幸福？是该改变自己的思维观念和行为方式，还是该继续自己的苦肉计，想方设法改善与男友的关系？作为咨询师很难给出回答，咨询师也不能代替虹做决定。咨询的主要作用是帮助当事人分析问题，帮助当事人成长，最后使当事人自己找到解决问题的途径。基于这种理念，咨询师为虹制定了改变的方案。

（一）帮助虹认清自己的心理困惑的实质

虹的困惑从表面看来，似乎是由于男友要和她结束恋情导致的情感问题。她希望采取极端的方式挽救这段感情。而实际上，真正原因不是虹在乎这段感情，而是虹过分的自尊和形成错误的自我认知导致虹出现了极端的行为。由于这种认知偏差，从而导致她采取极端的方式逼迫男友就范。虹的认知模式是"我比你优秀，我能与你建立长期关系就是对你的抬举，而只有我提出和你分手才是理所当然的，如果你提出和我分手就是对不起我，那么我就有采取极端方式的权利，我采取了极端方式就会收到好的效果。"基于此，咨询的第一个目标就是使虹认识到自己这种思维模式的存在。使虹明白这种思维模式以及支配这种思维模式存在的以自我为中心的观念才是导致她出现极端行为（割腕自杀）的根本原因。

（二）帮助虹建立以合理的思维方式代替不合理的思维方式，以合理的信念代替不合理的信念，从根本上帮助虹走出情绪的困扰，促进自我的完善

在帮助虹认识到心理困惑的实质之后，咨询师接着运用认知转变和合理情绪疗法，帮助虹对自己进行系统地自我分析和自我情绪调节。在自我分析与自我认知方面，咨询师引导虹学会对自己的思想进行检查，使她认识到自己某些想法的错误性与逻辑上的不合理性。例如："我比你强，只有我提出和你分手才是合适的，你提出和我分手就是对不起我""我之所以割腕自杀，是我爱他的表现。"接着帮助虹分析自己不合理的认知对行为与情绪的消极影响。最后帮助虹分析自己的优势，增强虹自我改变的愿望。

（三）帮助虹建立合理的信念，促进虹形成良好的自尊与自信，从根本上促进虹行为方式的改变

在这个过程中，咨询师扮演一个失恋后希望采取极端方式（自杀、威胁别人）挽回恋爱关系的角色，让虹扮演说服者与劝说者的角色对咨询师进行劝说与指导，从而使虹体会自己以前的想法的不合理性与行为的错误性，最后咨询师与虹一起讨论形成如下的建设性的信念：（1）失恋是人生挫折的一部分，失恋会导致痛苦，但是并不是不可以接受的事情，不应该用极端的方式解决问题；（2）自尊是自我意识的重要内容，但是为了面子不是自尊，而是不自信的表现；（3）人不可以为了面子而毁灭自己，为了一段逝去的爱情，毁灭自己是错误的；（4）我是优秀的，我该发挥自己的特长，寻求新的爱情，只要我愿意，我也确实可以获得新的爱情；（5）一个青年最大的优势和最好的品质就是自信、独立、乐观和责任。

（四）咨询师要求虹把以前不合理的思想观念与现在这些建设性的信念进行比较。并且要求虹在实际生活中，实践新的信念，采用新的模式解决问题

在这一阶段咨询师要求虹对自己与男友的关系进行彻底的分析，要求虹忠于自己的感情和对自己的行为负责，以严谨、认真与负责的态度面对自己的未来。通过认真的自我分析，虹觉得，她和男友已经不可能重归于好，她认识到自己以前行为的偏差。虹愿意以积极的态度直接面对男友和男友的家人。后来虹搬出了男友的家，住到了学校，用行动实践了自己的诺言——真正的自我改变。

四、咨询结果与启示

在两个月内，虹先后三次与咨询师进行了交流。在最后一次的交流中虹这样表达自己的心态："我的情绪已经基本平静下来了，能面对失恋这个现实了""我不会再做残害自己的傻事了""我觉得自己是优秀的，我

一定会得到自己的幸福"。在后来的半年中,当虹遇到心灵上的困惑时,还会与咨询师进行交流。每一次咨询师都会对她进行疏导与支持。半年后当咨询师再次见到虹时,虹已经彻底摆脱恋爱关系破裂的阴影,虹的认知趋于合理,她对自己的未来充满了自信,她不但很好地继续着学业,同时还开始了创业的尝试,当时她已经与一位男同学合伙创办了一家物流公司。

看到虹充满阳光的笑脸,咨询师开心地笑了,虹也开心地笑了。在那次见面的第二天,虹给咨询师发来了一条短信:"还记得这条短信么?'很不错。你在不断地成长、成熟。在不断地体验生活、感受人生。真的为你的努力而高兴。记住努力绝不会白费。老师永远是你生活中的陪伴者。'这是您在三个月前发给我的。我一直珍藏在手机里。要知道,在我每一次丧失信心的时候都会拿出来看看,补充能量。真的谢谢您!"

这是咨询师发给虹的,是在虹刚开始改变但信心不足的时候发给她的。接到虹的这一短信时,咨询师为虹能够从这条短信中汲取力量而高兴,也为虹今天的阳光焕发而高兴,更感觉到了自己职业责任的重大,也享受到了帮助人的快乐!

回顾这段咨询与辅导经历,在初期,虹的改变是很有限的,她陷入以前的感情的阴影中不能自拔,她似乎不会谈恋爱了,似乎不会爱了,但是最终的结果却是虹改变了自己,虹变得自信、独立,她不但走出了情感的阴影,并且对未来——无论是事业还是婚姻都充满了信心。

这一案例很生动地说明了心理咨询与辅导的真谛,也说明了咨询师在整个咨询过程中所应扮演的角色,即指导者、陪伴者和帮助支持者。在对虹进行辅导的过程中,咨询与辅导人员不但帮助虹分析男朋友离开他的理由,并且帮助虹认识到自己行为的不足。但是咨询师一定要知道,要让来访者认识自己的不足,是一个艰难的过程,那么在这个过程中,咨询与辅导人员要善于等待,要给来访者的改变留有时间。在来访者改变的过程中，咨询与辅导人员还必须以积极鼓励的态度陪伴来访者的改变行为。在心理咨询与辅导活动中，命运共同体的理念是十分重要的。在本案例中，咨询与辅导人员就把虹的命运与自己的行为联系在一起，不但在咨询与辅导时关心虹并理解和支持虹，还通过短信在日常生活中对虹加以鼓励。这种日常生活中的鼓励更能使虹体会到咨询师的真诚与关爱，更能促进虹的转变！

第九章 家庭心理咨询与辅导

CHAPTER 9

家庭是每个人人生启航之地，是最具亲密关系的地方，是心灵的港湾。随着社会的发展，家庭受到各方面的冲击越来越大，家庭的传统功能逐渐丧失，家庭出现了越来越多的问题、面临越来越多的困扰。如何帮助现代家庭成员走出困扰，增强解决问题的能力就成了心理咨询与辅导需要关注的重要课题。

第一节　家庭心理咨询与辅导的含义与特征

家庭心理咨询与辅导是心理咨询与辅导的重要领域。家庭问题，尤其是家庭的人际关系问题会影响到家庭的稳定甚至社会的稳定。家庭心理咨询与辅导在现代心理咨询与辅导中的地位越来越强，在现代心理咨询与辅导中也越来越具有价值和意义。

一、家庭心理咨询与辅导的含义

家庭心理咨询与辅导是以家庭成员为对象，以促进家庭人际关系和谐发展为目标的咨询与辅导。家庭心理咨询与辅导具有广义和狭义之分。

（一）广义的家庭心理咨询与辅导

广义的家庭心理咨询与辅导是指心理咨询与辅导的专业理念、专业知识和方法在家庭领域的具体运用。从这个意义上来说，所有的与家庭有关的问题和困惑都应该是家庭心理咨询与辅导关注的对象。在这种广义的家庭心理咨询与辅导中，咨询与辅导的对象具有多样性和灵活性。这种咨询与辅导可以是以特定的个体为对象的咨询与辅导，也可以是以整个家庭成员为对象的咨询与辅导；既可以是面对个体或家庭成员的个别咨询与辅导，也可以是以某一群体为对象的团体咨询和团体训练团。

虽然从遇到问题的情况和接受咨询的对象上来分析，可以将家庭心理咨询与辅导分为个别咨询与辅导与团体咨询与训练，但是我们一定要明白，在实际的咨询与辅导活动中，咨询与辅导的对象、咨询与辅导的形式都是可以变化的。例如，在有关家庭夫妻关系和亲子关系问题的咨询与辅导中，一般来说首选家庭成员的整体咨询与辅导，但当家庭成员之间就咨询与辅导没有达成共识，有些成员对心理咨询与辅导还存在偏见时，就可以采取先对那些愿意接受帮助的个体进行咨询与辅导，促进这些个体的转变和发展，然后等条件和时机成熟之后，再进行以所有家庭成员为对象的咨询与辅导。而针对与青春期子女沟通的家长所进行的团体咨询与辅导，也可以转换成"一对一"的对某个特定的家长进行的咨询与辅导，或者面对个别家长和他们的子女进行咨询与辅导。无论是以家庭所有成员为对象的咨询与辅导，还是以个体为对象的咨询与辅导，最根本的目的都在于帮助人们在处理家庭关系、解决家庭问题时，形成正确的理念，采用正确的方法，使问题得到真正的解决，最终促进家庭内部各种关系的良好发展，使家庭能体现出密切关系和爱的团体的本质特征。

在家庭心理咨询与辅导的实践中也常常出现这样的情况：一些参加家庭心理咨询与辅导讲座和团体训练的成员，在参加了一般性的讲座与辅导训练之后，会就自己家庭和个人的困惑与问题寻求咨询与辅导人员的帮助。这就从一般的团体咨询与训练向特定的个体转变。

（二）狭义的家庭心理咨询与辅导

除了广义的家庭心理咨询与辅导之外，还有狭义的以所有家庭成员为对象、采用专门的咨询方法的家庭咨询与辅导。这种专门的家庭心理咨询与辅导，往往是以某种心理咨询与辅导的理论为依据，把这些理论和方法运用到家庭问题的解决中的特殊咨询与辅导方式，这种家庭的心理咨询与辅导，通常被称为家庭心理治疗。家庭治疗的理论与模式是多样的。目前，在家庭心理咨询与辅导领域应用比较广泛的咨询与辅导方法有两种：萨提亚家庭治疗模式和积极家庭心理治疗模式。

萨提亚家庭治疗模式是由美国的心理咨询与治疗专家萨提亚创立的一种针对家庭关系的障碍和个人心理障碍的，以建立良好的家庭关系，通过良好的关系促进家庭整体成长发展，促进家庭成员个体发展的心理咨询与治疗模式。萨提亚家庭治疗模式又叫联合家庭治疗，它是从家庭、社会等系统方面着手，所以能更全面地处理个人身上所背负的问题。萨提亚建立的心理治疗方法的最大特点是着重提高个人的自尊、改善沟通及帮助人活得更"人性化"，而不只求消除"症状"，治疗的最终目标是个人达致"身心整合，内外一致"。[①] 这种治疗是以挖掘每个人的特点和促进每个人的发展为目的，以促进成长为导向，认为心理治疗的过程就是促进家庭成长的学习过程。

另一个被广泛接受的家庭心理咨询与治疗模式是积极家庭心理治疗模式。这是由德国的积极心理学理论和方法的提出者诺斯拉特·佩塞施基安（Nossrat Peseschkian）提出来的。这种积极的心理治疗理论强调的是每个个体的积极发展和成长。这种理念运用在家庭心理咨询与辅导领域，就表现为以促进个体从悲惨的家庭经历中解脱出来的积极家庭心理治疗的理论和方法。[②] 在德国，这种积极的家庭心理咨询与治疗的理论和方法被广泛地运用在针对家庭暴力、家庭冲突等问题的辅导和训练方面。

无论是萨提亚模式还佩塞施基安的积极家庭心理治疗方法，在现代的家庭心理咨询与辅导中都具有一定的意义和作用。但是，我们必须明白这两种模式都属于狭义的家庭心理咨询与辅导的范畴，他们的一些具体做法在美国或者德国等国家可能是行之有效的，但是在我国的家庭心理的解决方面可能其效果就不十分明显。因此，在我国家庭心理咨询与辅导的实践过程中，不但要关注这些独特的、具体的模式的作用，更需要站在广义的

[①] 维吉尼亚·萨提亚、简·格伯、玛丽亚·葛莫莉等：《萨提亚家庭治疗模式》，聂晶译，世界图书出版公司北京公司，2007，第5页。

[②] 诺斯拉特·佩塞施基安：《天堂与地狱：积极家庭心理治疗》，杨华渝等译，社会科学文献出版社，2000。

家庭心理咨询与辅导的立场上，广泛掌握各种心理咨询与辅导的理论和方法，为家庭心理问题的解决提供帮助。

除了以上这两种在家庭心理咨询与辅导中影响比较大的模式之外，美国家庭治疗专家米纽庆（Minuchin）的结构式家庭治疗[①]和德国心理治疗师海灵格（Hellinger）的家庭系统排列模式[②]等方法在世界上也都受到了重视，他们提出的家庭治疗理念与方法也在家庭心理咨询与辅导的实践中得到了一定的应用。

二、家庭心理咨询与辅导的意义

家庭心理咨询与辅导对家庭建设和社会发展都具有很重要的意义。家庭是最基本的社会单位。家庭生活的稳定与幸福，关系到社会的稳定与社会发展水平的高低；家庭内部的关系是最亲近、最紧密的人际关系，家庭人际关系的和谐和亲密程度，关系到社会生活中的人际关系的好坏；家庭夫妻关系和亲子关系的密切与否，关系到下一代的健康成长；家庭文化心理氛围的好坏，关系到家庭成员人格发展水平的高低。因此，无论是从个体生活幸福的角度来看还是从社会群体生活的幸福和美满的角度来看，无论是从下一代健康成长的角度来看还是从家庭所有成员人格健全发展的角度来看，和睦温暖的家庭氛围与和谐美好的人际关系都是十分重要的。良好的家庭氛围、温暖的家庭环境和建设性的家庭人际关系都不是自然得来的，而是需要家庭每一个成员的共同努力和积极实践。家庭心理咨询与辅导的作用和价值就是促进每一个家庭成员扮演好自己的角色，教给每一个家庭成员必要的知识和正确的理念，使每一个成员都能以积极的态度对待

---

① 有关结构式家庭治疗理论与方法请参见萨尔瓦多·米纽庆、李维榕、乔治·西蒙：《掌握家庭治疗：家庭的成长与转变之路（第二版）》，高隽译，世界图书出版公司，2010。

② 有关海灵格的家庭系统排列模式的理论与方法请参见伯特·海灵格、根达·韦伯、亨特·博蒙特：《谁在我家：海灵格新家庭系统排列》，元义译，世界图书出版有限公司北京分公司，2018；伯特·海灵格：《爱的序位：家庭系统排列个案集》，霍宝莲译，世界图书出版北京公司，2005。

家庭生活中的每件事，使每个家庭成员都为其他家庭成员创造良好的生活和发展的条件，而不是成为其他成员的负担。当家庭出现心理问题和障碍时，心理咨询与辅导能够教给家庭成员一定的方式，使他们积极应对家庭问题，克服障碍。

现代社会是急剧变化的社会，社会生活中的各种心理矛盾和心理问题在家庭生活中都有一定的表现。家庭人际关系的疏离化和冷漠化倾向越来越明显。亲子关系的疏远，夫妻关系的外在物质化倾向，都危害着家庭的稳定和家庭正向功能的发挥，面对这些不良因素的影响，家庭心理咨询与辅导就显得尤为重要和更具积极意义。

三、家庭心理咨询与辅导的特点

家庭心理咨询与辅导的领域十分广阔。家庭在不同的生命周期所遇到的困惑和问题不同，不同类型的家庭寻求的帮助也不一样。由于家庭类型的多样性和家庭问题及困扰的多样性，在家庭心理咨询与辅导的临床治疗领域出现了很多理论和不同的实际操作的方法。结构式家庭治疗的创始人米纽庆在他和其他作者合著的《掌握家庭治疗：家庭的成长与转变之路》中，把后现代社会家庭治疗模式称为"循证取向"的模式。[1] 他把这种取向的治疗类型归纳为"针对重症精神疾病的家庭心理教育""针对关系困扰的以情绪为中心的治疗""针对儿童行为障碍和情绪障碍的父母行为训练""针对儿童品行障碍的功能性家庭治疗及多重系统治疗"等几种类型。[2] 这些类型的治疗关注的要点不一样，也不是以某一种心理咨询与辅导的理论为依据的咨询与训练，而是对家庭所遇到的困惑进行系统性的分析，在此基础上采用综合性的方法促进问题的解决。在对这几种模式进行

---

[1] 萨尔瓦多·米纽庆、李维榕、乔治·西蒙：《掌握家庭治疗：家庭的成长与转变之路（第二版）》，高隽译，世界图书出版公司，2010，第81页。
[2] 萨尔瓦多·米纽庆、李维榕、乔治·西蒙：《掌握家庭治疗：家庭的成长与转变之路（第二版）》，高隽译，世界图书出版公司，2010，第81-92页。

分析之后，米纽庆总结道：家庭治疗系统是一个开放的系统，"家庭治疗最重要的特点是它用相当激进的关系视角来看待人类"。① 家庭治疗不是针对某一个个体的治疗，而是针对整个家庭进行的系统性的治疗，在治疗中，需要几乎所有家庭成员的参与。因此，家庭治疗实质上就是一种系统性的辅导和训练。

萨提亚的家庭心理咨询和治疗同样强调关系特征。在萨提亚看来，家庭心理功能主要表现在三个方面：一是建立自尊和形成自我的价值感；二是家庭沟通；三是建立行为规则。② 她认为要进行家庭治疗和训练，首先要考察这几项功能是否得到了发挥。在一个沟通正常和行为规则正常的家庭，是不会出现家庭问题的。例如，在家庭沟通中，有的沟通模式是错误的，这些错误的模式就会导致家庭问题的产生。在《萨提亚家庭治疗模式》一书中，她提出了四种功能不良的沟通模式：讨好、指责、超理智和打岔。③ 她认为这几种沟通模式都是典型的对自己和他人隐藏感情的模式，这就会导致家庭问题产生。

德国的积极心理学和积极心理治疗理论的提出者诺斯拉特·佩塞施基安同样认为，人际关系特征和情感特征是家庭治疗中的重要特征。佩塞施基安的积极心理治疗理论认为，治疗的最根本目的就是帮助别人寻找生活的意义。在寻找意义过程中可以促进人的基本能力的发展。他认为认知能力和爱的能力是人的两种最基本的能力。④ 如果在家庭生活中，人的这两种能力能得到发展，那么就不会出现家庭问题。因此，在家庭治疗中，就是通过治疗使人们体验到家庭的良好关系，最终达到"由地狱到天堂"

---

① 萨尔瓦多·米纽庆、李维榕、乔治·西蒙：《掌握家庭治疗：家庭的成长与转变之路（第二版）》，高隽译，世界图书出版公司，2010，第93页。
② 维吉尼亚·萨提亚、米凯莱·鲍德温：《萨提亚治疗实录》，章晓云、聂晶译，世界图书出版公司北京公司，2006，第137-145页。
③ 维吉尼亚·萨提亚、简·格伯、玛丽亚·葛莫莉等：《萨提亚家庭治疗模式》，聂晶译，世界图书出版公司北京公司，2007，第29-57页。
④ 诺斯拉特·佩塞施基安：《寻找意义——一种循序渐进的心理疗法》，万兆元、何琼辉译，社会科学文献出版社，2010，第43-53页。

的转变。

通过对不同的家庭心理咨询和治疗观点的梳理，我们可以看出，家庭心理咨询与辅导具有以下几个特点。

(一) 家庭心理咨询与辅导系统的开放性

家庭心理咨询与辅导的思考方式就是把个体存在的问题和遇到的障碍放在一个大的家庭关系背景中去分析，在解决问题时，也不是仅仅针对某个个体存在的问题本身来思考解决方案，而是针对某个问题和困惑加以消解，是从家庭这个系统的整体改变着手。这种思考问题角度的广阔性和系统性的特征，就决定了家庭心理咨询与辅导的系统是开放的而不是封闭的。

家庭心理咨询与辅导的开放性具体表现为：一是针对问题的理论与分析方式是开放的，而不是封闭的。在家庭心理咨询与辅导中，可以运用不同的心理咨询理论和方法对问题进行梳理与分析。二是来访者（咨询对象）是开放的，而不是封闭的。家庭心理咨询与辅导是家庭的所有成员都可以参与的开放性的系统，它不是针对个别家庭成员的咨询，而是针对所有家庭成员的咨询与辅导。在实际操作中，有些家庭成员没有接受咨询和辅导的愿望，那么就可以先从那些愿意接受的人着手，如果其他成员有了参与的愿望，他们随时都可以参与到咨询与辅导过程中来。家庭心理咨询与辅导的开放性还体现在家庭心理咨询与辅导的目标是开放的，而不是封闭的。家庭心理咨询与辅导的目标不是仅以某个成员的改变为目标，也不是仅以整个家庭氛围和整个家庭内部的关系改变为目标，而是既要促进具体目标和个体目标的实现，也要促进整体目标的实现。

(二) 家庭心理咨询与辅导目标的整体性和能力导向性

家庭心理咨询与辅导目标具有开放性的特征，也具有整体性的特征。在确定家庭心理咨询与辅导的目标时，咨询与辅导人员和来访者共同商讨的咨询与辅导目标是一个系统的、开放式的目标，而不是固定的和封闭的目标，是整体目标而不是个别目标。一般来说，这个目标系统是由许多具体目标和系统的最高目标组成。具体目标是以某些个体的心理困惑和行为障碍的消除为目标，最高目标是以整体家庭的和谐和家庭心理氛围的构建为目标。

家庭心理咨询与辅导的目标除了具有系统整体性和开放性的特点之外，还具有能力导向性的特点。萨提亚认为，一个家庭前来治疗，是因为有一个让他们感到沮丧、绝望和痛苦的问题，而他们自己无法处理，而家庭治疗的第一个目标是使家庭产生新的希望，帮助其重新唤起曾经的梦想或者产生新的梦想。第二个目标就是教给每个家庭成员用新的方式来看待和处理问题，强化和提高他们的应对技能，因此治疗的重点就在于应对的过程，而不是具体的问题。基于此，治疗师的治疗目的不是如何应对具体的问题，而是提升他们应对问题的能力，即使每个家庭成员在遇到问题时都有能力应对这些问题。因此，萨提亚把"使人们清楚地意识到自己具有作出选择的能力"也作为一个治疗的目标。[①]

从以上的分析就可以看出，萨提亚的三个治疗目标都是围着家庭成员的意识和能力展开的。这种以能力导向的思想在其他家庭心理咨询与辅导的理论和实践中也有充分的体现。积极心理治疗的根本目标就是促进人的爱的能力和认知能力的发展，在此基础上促进人们寻找生活意义能力的提升。

在家庭心理咨询与辅导中，咨询与辅导人员一定要把能力提升作为咨询与辅导的核心目标，在这种思想的指导下，促进来访者从具体问题的解决出发，最终发展到整体家庭成员能力的提高上来。

（三）家庭心理咨询与辅导的人际性和情感性

家庭是一个初级社会群体。初级社会群体的特点就是关系的紧密性、

[①] 维吉尼亚·萨提亚、米凯莱·鲍德温：《萨提亚治疗实录》，章晓云、聂晶译，世界图书出版公司北京公司，2006，第131－133页。

角色的相对固定性和不可替代性，初级群体的人际关系是以感情为纽带的，容易形成密切的关系等。家庭就是具有这些特点的典型的初级群体。家庭生活的这种特征就决定了家庭心理咨询与辅导具有十分明显的人际性特征和情感性特征。

家庭心理咨询与辅导的人际性特征是指家庭的心理咨询十分重视家庭成员的互动关系，家庭心理咨询与辅导是通过对家庭内部人际互动情况进行系统分析，寻找导致家庭问题和困惑出现的原因，然后通过训练和疏导的方式，使人际关系得到改善，从而使家庭的问题得到根本的解决。

家庭心理咨询与辅导的情感性特征是指要解决家庭的人际问题和互动关系不良的问题，具体而言，分析原因是重要的，但是要使问题得到解决需要依靠情感的力量而不是依靠理性的力量。在家庭心理咨询与辅导中，任何仅仅依靠理性分析就希望使问题得到化解的想法都是行不通的。家庭本身就不是依靠理性分析所建立和组建起来的。家庭的所有关系都是以感情为纽带的。父母与子女之间、兄弟姐妹之间的关系是依靠亲情维系的，夫妻之间是依靠爱情维系的。家庭的人际关系带有十分明显的密切关系和共享关系的特征。而密切关系和共享关系就是超越了你我界限的关系，在这种关系中成员与成员之间是不分彼此的，是不讲求谁吃亏和谁占便宜的。正是这种爱的情感才使家庭结合成为充满温暖和温馨气氛的、使人可以彻底放松的场所，才使家庭成为心灵的港湾。因此，在家庭的心理咨询与辅导中，咨询与辅导人员的任务就是帮助每一个家庭成员扮演好释放感情和接受感情的角色，引导来访者不要简单地从理性出发争谁对谁错，而是帮助家庭成员学会原谅和宽容。在整个咨询过程中，咨询与辅导人员一定要强调家庭的情感特征，激发来访者对家庭的感情，引导来访者从感情的角度去体验和理解家庭关系。

家庭心理咨询与辅导的以上几个特征是相互联系的。在家庭心理咨询与辅导中，咨询与辅导人员首先要有思想上的开放性，对家庭关系和影响家庭发展及导致家庭问题产生的各种因素进行系统的分析；其次在确定家庭心理咨询与辅导的目标时，一定要以家庭内部关系改善、家庭成员个人能力的提升和家庭整体氛围的发展为目标；在咨询过程中，要从感情出发激发每个来访者对家庭的爱和情感，促进来访者在家庭生活中与其他成员的积极互动和交流，最终使家庭成为被爱的情感所充满的港湾。

第二节　家庭心理咨询与辅导的内容与原则

家庭心理咨询与辅导的领域十分广阔，内容包含家庭生活的方方面面。同时，由于家庭关系的特殊性，咨询与辅导人员在工作实践中，除了要遵循心理咨询与辅导的原则之外，也要遵循家庭心理咨询与辅导的特有原则。

一、家庭心理咨询与辅导的内容

家庭心理咨询与辅导有着十分广阔的内容。家庭伴随着每个人生命周期的所有阶段，在人生的每个阶段，家庭对个体的含义以及个体承担的家庭义务与可以享受到的家庭权利都不同，在家庭生命周期的每个阶段，个体扮演的角色和应该遵守的行为规范也都不同。按照家庭生命周期可以把家庭心理咨询与辅导的内容归纳为以下几个方面。

（一）恋爱心理咨询与辅导婚前心理咨询与辅导

1. 恋爱心理咨询与辅导

恋爱是走向婚姻的第一步，在恋爱过程中人们会遇到许多想不到的问题和困惑。例如，择偶的标准是以物质条件为首选标准还是以人品为首选标准？面对各有特色和各有吸引力的两个交往对象时，是选择张三还是选择李四？父母的选择和自己的选择发生矛盾时，该如何说服父母？当自己选择了别人，但别人却没有选择自己时，如何进行自我心理调适？被一个自己没有看上的异性追求，该如何拒绝？如何从单相思中走出来？见了异性就脸红，遇到自己喜欢的异性缺乏表达的勇气如何改进？这些问题都是恋爱中常见的问题。这些问题处理不当可能错过属于自己的幸福，更有可能给自己或者别人造成一生的伤害，给生活留下抹不去的阴影。有些问题处理不当，心理没有调适好，也会导致自己或者引起别人作出极端的举动，从而危害自己或者别人的生命。面对以上种种问题，心理咨询与辅导人员就可以为处于困惑中的男男女女提供一定的帮助。

2. 婚前心理咨询与辅导

除了在恋爱过程中的问题之外，家庭心理咨询与辅导还要关注即将走进婚姻殿堂的新人之间可能出现的心理问题，也就是说对即将结婚的新人进行心理咨询和进行婚前心理辅导也是家庭心理咨询与辅导的重要内容。婚前心理咨询与辅导主要涉及的内容包括对待婚姻的态度、结婚后的角色转变和结婚后的心理调适等。这方面的咨询与辅导对现代社会的青年男女是十分重要的，只有做好了承担婚姻家庭责任的心理准备，才能在婚后顺利实现个人家庭角色的转变，才能积极适应婚后的夫妻生活和家庭生活。

在现代社会，恋爱心理咨询与辅导和婚前心理咨询与辅导对维护婚后家庭的稳定、促进爱情和婚姻生活的健康发展的作用越来越重要。现代人的婚姻生活不和谐、离婚率越来越高的重要原因就与对待爱情和婚姻过于轻率，在婚前没有从思想上弄清楚家庭与婚姻对自己发展的价值与意义，没有做好承担婚姻生活中的责任的心理准备有关。在心理咨询与辅导实践中，我们越来越多地遇到即将走进婚姻神圣殿堂的男女青年还再追问"我到底爱不爱他（她）"和"结婚到底对我有什么好处"的问题，遇到很多自己不想结婚而是为了物质上的稳定、为了父母的安心而不得不结婚的来访者。面对这些来访者，我们一方面要帮助他们全面了解婚姻的意义，另一方面要鼓励他们对自己的婚姻和未来要抱有信心，激发他们建立家庭的热情和对婚姻生活的热情。

（二）新婚心理适应与生育计划的咨询与辅导

婚姻生活的适应和婚后的生育计划辅导是家庭心理咨询与辅导中很重要的方面。

1. 新婚心理适应的咨询与辅导

即使接受了婚前的心理咨询与辅导，做好了结婚的心理准备，但是真正进入婚姻生活后，新婚夫妇还会遇到没有办法提前准备和预知的矛盾及障碍。例如，由谁承担哪些家务劳动、与双方父母如何交往、节假日与哪一家的父母团聚、业余生活如何安排等。这些问题都是十分细小的，在恋爱阶段绝对不会成为问题，从理性上分析也绝对不会成为夫妻生活中的问题，但是在真实的婚姻生活中这些细小的、"不会成为问题"的问题却实实在在地影响着夫妻对婚姻和家庭生活的感受，影响着他们的关系的密切程度。许多看起来不值一提的小事，却会对婚姻生活带来冲击。新婚夫妇为了尽快适应婚姻生活，建立新的关系模式，就需要接受这方面的咨询与辅导。

2. 生育子女的咨询与辅导

除了上面提到的各种小事，在新婚阶段会引起新婚夫妇产生矛盾冲突的另一个问题就是是否要孩子或者什么时间要孩子的生育计划问题。这个问题也是新婚夫妇心理咨询与辅导的重要内容。通过和咨询与辅导人员进行交流，聆听咨询与辅导人员的理性分析，有利于自己走向理性和成熟，促进自己对婚姻和家庭生活的进一步理解，从而能平稳地度过新婚生活的适应期，享受婚姻和家庭生活的乐趣。这类咨询在现代社会，尤其是现代青年人组建的家庭中越来越重要。这类咨询与辅导对维护家庭的稳定、离婚率的降低具有很重要的意义。

（三）父母角色扮演与子女养育的咨询与辅导

这是家庭婚姻生命周期中第三阶段的咨询与辅导工作。有了孩子之后，如何扮演好父母的角色，如何养育下一代，对现代人来说是一个越来越重要的人生课题。每个人有了孩子之后就自然而然成了父亲或母亲。但是并不是说成了父亲和母亲的男女，就自然而然地会做一个好父亲和好母亲。做父母是需要学习的，在现代社会学习做父母，学习扮演好父母的角色更加重要。现在很多做父母的人都是独生子女，要扮演好父母的角色，使他们理解父母的责任是有困难的。在这些方面，家庭心理咨询与辅导就发挥着很重要的作用。

家庭心理咨询与辅导在这一阶段的作用和价值就是帮助年轻的父母形成正确的父母观，使他们学会扮演父母的角色。要他们理解父母最核心的素养就是对孩子无私的爱；最好的喂养方式就是母乳喂养；最好的教养方式就是以自己的行动彰显对孩子和家庭的爱；最重要的行为就是陪伴子女成长，满足孩子对父母的依恋需要和孩子安全感的需要。

（四）亲子关系和子女教育的咨询与辅导

亲子关系和子女教育方面的咨询与辅导是家庭心理咨询与辅导中最重要的内容之一。现代社会越来越多的家庭在子女的教育方面遇到了困难和挫折。子女教育和亲子关系的问题在现代社会具有普遍性，解决起来的难度也比较大。有关这方面的咨询与辅导我们将在后面专门设章节分析和论述。

（五）夫妻关系的心理调适

夫妻关系和亲子关系一样，是现代家庭心理咨询与辅导中很重要的内容之一。现代社会夫妻关系遇到的挑战越来越多，如何建立良好的夫妻关系和保持良好的夫妻关系，是现代家庭都必须面对的人生课题。这方面的内容，我们在下面的章节作专门介绍。

（六）职业与家庭角色的冲突和调节

现代家庭关系受着职业关系和工作性质的影响。许多职业角色和家庭角色具有一定的冲突，要做好工作就需要投入很多的时间和精力，但是在职业上投入的精力越多，在家庭生活中投入的时间和精力就越少，就会产生职业与家庭生活的冲突。这种职业角色与家庭角色的冲突，不但影响着夫妻关系，也影响着亲子关系。面对职业角色与家庭角色的冲突，如何进行调节，如何解决夫妻双方在职业和家庭角色定位上的矛盾是现代家庭心理咨询与辅导要关注的主要内容。

面对这一类的困惑，咨询与辅导人员要通过咨询与辅导使来访者认识到自己的职业角色和家庭角色的区别与联系，使丈夫认识到工作和赚钱虽然重要，但是赚钱的目的之一是过上幸福的家庭生活；使妻子认识到做一个事业上的强者固然可以获得成功的体验，但是做一个好母亲和好妻子，同样能展现女性的魅力和获得心灵上的愉悦感。在树立这种观念的基础上使丈夫和妻子都能做一些行为上的改变，使他们不但能扮演好职业角色，也尽量地扮演好家庭的角色，使夫妻双方能达到心灵的融合。

（七）空巢家庭的关系调适

现代家庭大多都是独生子女家庭，孩子成年后就离开了父母，父母的家庭就成了空巢。即使是非独生子女家庭，空巢的现象也很普遍。空巢问题已经是我国现代家庭中的一个普遍性的问题。以前的空巢是老年空巢，现在的家庭空巢是从中年就开始了，可以说，现代家庭空巢现象是从中年空巢一直到老年空巢。面对空巢，许多父母无法接受，无法很好地适应。因此，空巢家庭的关系调适是家庭心理咨询与辅导的重要内容之一。

（八）老年时期的心理适应和养老咨询

老年是人生的收获季节。美好的老年生活是衣食无忧、精神充实和享受人生最后时光的生活。但是老年人由于身体上的衰老和各种疾病的侵扰，要享受真正美好的生活越来越难。面对日益衰老的身体，许多老年人都需要别人的照顾，但是我国老年化社会的提前到来，使社会和家庭都没有做好照顾老人日常物质生活和精神生活的准备。目前，许多老人都处在一种精神的孤独和物质生活的无助状态，尤其是那些子女不在身边的、老伴去世的孤寡老人更是经受着物质生活的困顿和精神上的孤独的双重影响。除了养老和现实生活中的困扰，老年人心灵上的孤独和面对死亡、疾病时的无助及恐惧感，也影响着老年人的生活质量和生活感受。面对老年人家庭的心理困扰和内心世界的孤独，心理咨询与辅导应该扮演一种积极的角色。基于此，在家庭的心理咨询与辅导中，老年时期的心理适应和养老问题是家庭心理咨询与辅导的重要内容。

一般来说，在老年人的心理适应和养老问题的咨询与辅导中，咨询与辅导的对象包括两类人：一是老年人本身；二是老年人的照顾者和赡养人。在咨询与辅导中，最直接的方法就是对老年人自己进行咨询与辅导，使他们形成良好的养老观念，能接受人生衰老的现实，逐渐学会以积极的态度面对现实生活中的种种不如意，使他们以一种安然的神态和欣赏的眼光看待每一天的生活。但是在现实中，许多老人由于受疾病的折磨和智力的衰退，他们没有办法直接接受或者由于固执和思维的僵化而不愿意直接接受心理咨询与辅导，而是间接地由其子女或者保姆前来咨询与接受辅导。面对这种状况，咨询与辅导人员的核心作用就是帮助来访者分析老年人的一般年龄特征和心理特征，分析他们照顾的或者赡养的对象的特殊心理特征及其原因，指导这些来访者形成正确的照顾老人的观念，掌握与老人进行沟通交流的方法和技巧。这一类咨询与辅导的主要目的不是促进老年人的改变，而是促进这些照顾和赡养老人的对象进行行为和心理上的调整，使他们通过自己的努力，为老人安度晚年创造一个良好的生活环境和心理氛围。

（九）综合性的家庭关系的处理与心理调适

家庭是一个人际关系最为密切也最为复杂的社会群体。在家庭关系中，除了夫妻关系、亲子关系之外，还包括其他的亲属关系、亲戚关系和家族关系。婆媳关系就是一种特殊的家庭关系，就属于综合性的家庭关系的范畴。除了婆媳关系之外，兄弟姐妹的关系、妯娌关系、亲家关系、表亲关系也可以纳入家庭关系的范畴。从这一点可以看出家庭关系牵涉到人生的整个过程，要处理好家庭关系需要所有家庭成员都作出相应的努力。

在心理咨询与辅导中常见的家庭关系的困扰是婆媳关系和亲家关系的困扰。

面对复杂的婆媳关系和特殊的亲家关系，心理咨询与辅导的作用就是对这两种关系的复杂性进行分析，说明这种关系中既没有血缘的纽带，也没有夫妻关系中体现出来的亲情和责任感的约束，而是一种以夫妻关系为中介的关系。在婆媳关系中，对婆婆来说另一个女性的介入，使她感受到可能会失去儿子的威胁，自然而然就产生一种心理上的防卫和对媳妇的不信任。这种潜在的敌视和缺乏信任在单亲的母亲身上，表现得更加明显。

从外在的形式来看，综合性的家庭关系涉及的人际关系比较多，但是实质的关系和核心的关系还是核心家庭的关系，也就是两代人之间的关系。家族关系、表亲关系和亲家关系都是夫妻和父母关系派生出来的关系。要解决综合性的家庭关系的矛盾，最根本的还是要促进夫妻关系和婆媳关系的良好发展，所以在综合性的家庭关系的心理咨询与辅导中，咨询与辅导人员最根本的任务就是促进夫妻关系的和谐发展，在此基础上促进婆媳的相互接纳和相互理解，促进家庭两代人之间的感情融合和积极互动。

（十）特殊婚姻和家庭关系问题的咨询与辅导

特殊婚姻和家庭关系是指再婚家庭、离婚家庭、非婚同居家庭和单亲家庭等类型的家庭关系。现代社会离婚率的升高使单亲家庭和再婚家庭的数量急剧增多，还出现了一些特殊的家庭组合——有的家庭男女双方都没离婚，但是男的或者女的和其他男女生活在一起，这些家庭关系也属于特殊的家庭关系。以上所提到的这几种特殊的家庭或多或少都会遇到很多人际关系问题、子女教育问题和感情障碍问题。特殊婚姻和特殊家庭之所以会遇到许多人际关系方面的问题，最大的原因是这类家庭内部的人际关系复杂程度远高于我们前面分析那些家庭的人际关系。

除了上面分析的这种重组家庭的心理咨询与辅导之外，还有一种重组家庭是老年人的重组家庭，这类家庭的矛盾多半发生在原来两个家庭的成年子女之间和重组的男女双方对待成年子女的态度方面。这类家庭关系的调适最核心的内容就是要成年子女体会到老人的难处，要他们扮演好儿子和女儿的角色，不要因为情感上的不接受而导致过激行为和不理性的举动。

另外一种特殊家庭就是夫妻已经离婚，但是双方都没有再婚的状况。这类家庭的困惑就在于是否能重归于好，重新生活在一起，为孩子的健康成长提供一个完整的家庭氛围。在咨询与辅导实践中，面对这种情况时咨询与辅导人员的任务不是直接告诉来访者可以复婚或者不能复婚，而是要倾听来访者以前离婚时的想法和现在的感受，和来访者一起分析导致原来离婚的因素是否消失了，引导来访者清楚地感受他们之间是否还有感情和爱，是否还有基本的信任和相互的理解。在梳理以上几个问题之后，和来访者一起分析复婚后的生活前景和可能存在的消极后果，最后由来访者自己作出选择。

以上我们列举了在现实生活中常见的特殊家庭关系和问题咨询的类型。不管哪种情况的咨询与辅导都可以是个体咨询，也可以是家庭夫妻双方的咨询，还可以是所有和这个家庭有关的成员团体参与的咨询。一般来说，参与的人越多，花费的时间和精力越多。不过，如果每个人都是主动的参与者，那么咨询效果会更好。

二、家庭心理咨询与辅导的原则

为了提升家庭心理咨询与辅导的有效性，提高家庭心理咨询与辅导在家庭建设中的作用，心理咨询与辅导人员在咨询与辅导工作中除了需要遵守心理咨询与辅导的一般原则，还需要遵守下列原则。

（一）注重情感培养、淡化理性分析原则

这是家庭心理咨询与辅导最为重要的原则。在前面我们已经对家庭心理咨询与辅导的特征进行了说明。其中最重要的特征就是以情感培养为核心，而不是以理性分析和辨析对错为核心。这个特征是由家庭的人际关系特征和家庭的内部角色所决定的。在整个心理咨询与辅导过程中，咨询与辅导人员一定要牢牢抓住家庭心理咨询与辅导的这个特征，把培养家庭成员之间的情感关系作为咨询的核心任务。在整个咨询过程中，咨询与辅导人员在分析家庭人际关系的时候，不要强调谁对谁错，不要使家庭成员之间在对错方面分出胜负和高低，如果家庭成员在咨询与辅导中陷入分辨对错和相互指责的状况时，咨询与辅导人员就需要毫不犹豫地打断他们，把他们的注意力引导到相互宽容、相互理解和对爱的体会以及对亲情的感受上来。

在运用这个原则时，要引导参加咨询与辅导的所有成员，多想想别人对自己的好，多想想自己对别人的亏欠，多作自我批评和自我反思。

（二）淡化过去、立足现在、面向未来原则

进行家庭心理咨询与辅导的最重要的目的是解决家庭问题，促进家庭的成长和发展。虽然来访者的早期经历可以帮助治疗师了解其行为的来龙去脉，但从家庭心理咨询与辅导的立场来说，更应注重家庭目前所遭遇的困难与问题，关注家庭当前出现的新变化以及如何调整、改善、适应现在所面对的情况。

这项原则要求家庭心理咨询与辅导人员不要过分纠缠于来访者的过去，而应该把目前来访者所遇到的问题和家庭状况作为关注的要点加以分析。分析家庭关系的状况，分析家庭问题和困惑的表现，分析造成家庭问题的现实原因和现实因素，然后提出解决这些问题的技能和方法，并且为家庭发展描述一个光明的前景和未来，激励所有家庭成员朝着这个未来的目标而努力。

（三）忽略缺点、强化优点原则

一般来说，前来进行家庭心理咨询与辅导的人员都是遇到了家庭问题却不知道如何解决的人员。在家庭心理咨询与辅导中，几乎所有的来访者都受消极情绪的影响，在心理上都聚集了许多紧张、焦虑和对其他人的不满情绪。而当人们心情不好、情绪恶劣时，所想所讲的多是别人的缺点和短处，往往忽视其优点和长处。

在家庭心理咨询与辅导过程中，来访者往往会述说自己的委屈和不满，夸大别人的弱点和短处，忽略别人对待自己的好的行为而抓住别人对自己不好的行为。如果一个人长期抓住别人的短处不放，而忽略别人的长处，就会导致人际关系不断恶化，还可能形成恶性循环。

因此，在家庭心理咨询与辅导过程中，咨询与辅导人员一定要以促进家庭成长发展为目标，引导来访者从不断指责家庭成员的消极思维模式和情绪模式中走出来，引导他们多发现对方身上的优点，并且把自己的发现用清晰的语言表达出来，通过自己心态和思维方式的改变，促进整个家庭关系的改变。

（四）重视创造氛围、遵循自决原则

自决原则是心理咨询与辅导中的一个重要原则。这个原则在家庭心理咨询与辅导中具有特殊的意义。一般来说，家庭心理咨询与辅导的对象希望解决的是家庭问题。家庭问题具有复杂性和广泛的影响性。当家庭心理咨询与辅导的来访者是一家人时，通过咨询与辅导使一家人就某个问题或某种行为达成共识，最后作出全家人都赞成的决定，才是咨询与辅导的最佳效果。因此，在家庭心理咨询与辅导中，咨询与辅导人员的作用和职责在于帮助来访者理清思路，增加他们对某些问题的感知和认识能力，为他们提出解决问题的各种途径和方法，为最终达成问题解决的方案，创造条件和营造良好的思考、讨论的氛围，而不是帮助他们拿主意、作决定。

第三节　家庭心理咨询与辅导的方法与技巧

家庭心理咨询与辅导已经发展成为专门的领域，在这个领域中目前已具有许多不同的咨询与治疗方法。本节仅以萨提亚家庭治疗方法为主作一介绍，因为这一治疗方法在家庭治疗中得到的应用较为广泛，其他很多家庭治疗方法也都受到了该方法的影响。

一、萨提亚家庭治疗的基本观点和目标

（一）萨提亚家庭治疗的基本观点

萨提亚家庭治疗是一种心理治疗的新方法，它跳脱了以往治疗时只针对个人问题加以解决的方式，而以"系统"的观点看待问题。也就是说，家庭治疗学派在面对前来求助的病人时，并不认为案主是个"有问题的人"，而是个"背负问题的人"。病人所背负的问题，不单是出于自己本身，有些是出自社会、家庭（也就是"系统"）的影响。人在系统中，必然受到这个系统的制约，与整个系统互动。当系统出了问题，个人也会出现问题，他就变成背负问题的人。因此，家庭治疗的目的就是从系统方面着手，更全面地处理这个人身上所背负的问题。

萨提亚是最早提出在人际关系与治疗关系中"人人平等，人皆有价值"的观点的。她所建立的心理治疗方法，最大的特点是着重提高个人的自尊、改善沟通及帮助人活得更"人性化"，而不只求消除"症状"，治疗的最终目标是个人达致"身心整合，内外一致"等。

（二）萨提亚家庭治疗的目标

萨提亚家庭治疗的目标是提升个体潜能，使个体发展得更完善。在家庭治疗中，萨提亚的治疗目标和治疗艺术是将每个家庭成员独立成长的需

要与家庭系统统一起来。作为治疗师,萨提亚提出的最为重要的治疗目标是使家庭产生希望,帮助家庭重新唤起曾经的梦想。治疗师在治疗之初一定要强调家庭仍有希望,从而使家庭成员带着积极的情感进入治疗进程。治疗的第二个目标是教育每个家庭成员用新的方式来看待和处理问题,强化和提高他们应对问题的技巧。在这个目标中,萨提亚强调:治疗的重点在于应对的过程,而不是具体的问题。在生命过程中,每个人都会遇到各种问题,这些问题都是对个人应对能力的挑战。作为治疗师,我们的主要任务不是帮助别人应对具体的问题,而是提升他们应对问题的能力。有关这一点萨提亚在《萨提亚治疗实录》一书中这样表达:"我希望每天一次会谈都会为个体打开一扇窗户,使他或她自己感觉更好,并获得更具创造性地与其他家庭成员合作的能力。"在咨询与治疗中"我处理的是应对的过程,而不是问题解决的过程……我不去解决一个具体的问题,例如他们是否应该离婚或者应该生个孩子。我的工作是帮助人们寻找一个与以往不同的应对过程。我的任务是帮助每一个人使用他(她)自己的应对技能,从而他(她)能够作出有效的决定"。[①] 家庭咨询与治疗的第三个目标是使人们意识到自己有作出选择的能力。这一个目标和应对问题的技能的目标相联系,个体意识到需要作出选择,并乐于选择,有助于个体应对能力和处理问题能力的提高。

(三) 原生态家庭对个体的影响

为了实现咨询与治疗的这些目标,在整个咨询与治疗过程中,萨提亚治疗法特别重视对影响个体的因素和家庭内部的关系的分析。在分析影响个体的因素时,萨提亚提出了原生态家庭对个体影响的概念。原生家庭指个人出生、成长的家庭,一般由父母、兄弟姐妹等家庭成员组成,通常父母对个人的影响最大、最长久。父母的人格特征是个体原生态家庭影响的

[①] 维吉尼亚·萨提亚、米凯莱·鲍德温:《萨提亚治疗实录》,章晓云、聂晶译,世界图书出版公司北京公司,2006,第132页。

重要因素。如果这些因素是好的影响，那么在子女自己的成长中就发挥积极作用，如果这些因素是不好的，就会在子女的成长和建立自己的家庭过程中，产生消极影响。家庭中父母的关系对孩子的影响是巨大的。这就要求父母为了子女的健康成长，应该为子女提供一个很好的原生态家庭的成长环境。由于原生态家庭对人的影响比较大，因此在萨提亚的咨询与治疗方法中，家庭重塑主要就是恢复原生态家庭内部的关系。

二、萨提亚家庭治疗的主要领域

根据长期的家庭咨询与治疗的经验，萨提亚在进行家庭咨询与治疗时主要关注三个领域：个体家庭成员的自我价值感、家庭内部的沟通模式和家庭规则。

（一）家庭成员自我价值感的提升

萨提亚认为自我价值感是一个人赋予自己的价值，是他对自己的爱和自尊，相对于别人对他的看法。低自尊的人容易焦虑，对自己不确定、过度关心别人的看法。她认为低自尊在家庭中是非常容易传染的，在低自尊家庭环境下成长的孩子也容易形成较低的自我价值感的人格特征。

积极的自我价值感是个体和家庭保持心理健康的基础。具有高自我价值感的个体尊重生活的所有方面，这就使他能够为自己和他人建设性地使用能量。在家庭问题中，几乎所有的问题都与低自尊和自我价值感的丧失有关。因此，在家庭的心理咨询与治疗中，对家庭成员进行自我价值感与自尊的评估是十分重要的，提高家庭成员的自尊也就是解决家庭问题十分重要的方面。

（二）家庭内部沟通模式的重建

对家庭内部的沟通模式进行评估和促进家庭内部沟通模式的改变，是萨提亚家庭心理咨询与治疗的另一个重要领域。在萨提亚看来，建立良好的沟通模式是家庭功能的重要方面。在功能不良的家庭中沟通是模糊的、间接的。这种不良的沟通不利于建立良好的家庭关系，许多家庭问题的产生都是沟通不良的结果。因此，在家庭的心理咨询与治疗中，对家庭的沟通方式进行评估，然后指导家庭成员建立良好的家庭沟通模式是十分重要的。

在萨提亚看来，不良的家庭沟通模式有以下四种：讨好型、指责型、超理智型、打岔型等。① **讨好型的人忽略自己，内在价值感比较低**。言语中经常流露出"这都是我的错""我想要让你高兴"之类的话。行为上则过度和善，习惯于道歉和乞怜。**指责型的人则常常忽略他人，习惯于攻击和批判，将责任推给别人**。"都是你的错""你到底怎么搞的"是他们的口头语。究其内在经历，指责型的人通常孤单且失败，但他们宁愿与别人隔绝而保持权威。**超理智型的人极端客观，只关心事情合不合规定、是否正确，总是逃避与个人或情绪相关的话题**。他们告诫自己："人一定要有理智""不论代价，一定保持冷静、沉着，决不慌乱"。这类人表面上很优越，举动合理化，而实际上内心很敏感，有一种空虚和疏离感。**打岔型的人则永远抓不着重点，习惯于插嘴和干扰，不直接回答问题或根本文不对题**。他们内心焦虑、哀伤，精神状态混乱，没有归属感。

萨提亚提倡的沟通模式是**表里一致型**。这也是家庭心理咨询与治疗在家庭沟通模式改变方面的目标。这种模式建立在高自我价值的基础之上，达到自我、他人和情境三者的和谐互动。这种模式的人言语中表现出一种内在的觉察，表情流露和言语一致，内心和谐平衡，自我价值感比较高。

萨提亚认为四种不良的沟通模式不是与生俱来的，而是早期家庭环境和教育中不良因素影响的结果。在对家庭沟通模式进行分析评估之后，还需要家庭心理咨询与辅导人员分析造成这些不良家庭沟通模式的原因。在评估家庭沟通模式的基础上，家庭心理咨询与治疗人员就要根据具体情况

---

① 维吉尼亚·萨提亚：《新家庭如何塑造人》，易春丽、叶冬梅等译，世界图书出版公司北京公司，2006，第29-57页。

对家庭成员予以指导。为了帮助家庭建立最好的，也就是表里一致的沟通，家庭心理咨询和治疗人员要鼓励每个家庭成员认识到自己的情绪和想法，然后把自己的情绪和想发都作为自己人格的一部分予以尊重，选择积极的方式去表达它们。

（三）家庭规则的建构

家庭规则是家庭成员应该遵守的一整套行为规范。萨提亚认为，家庭系统的重要特征就是支配家庭成员的行为规则。家庭规则包括在特定的情境下家庭成员共同认定的该做和不该做的行为。任何家庭都有一套行为规范，在家庭规则中既有显在规则，也有潜在规则。不是所有的家庭规则都是正确的。因此，在家庭心理咨询与治疗中，咨询与治疗人员也要对家庭的规则进行评估，盘点出哪些规则是正确的，哪些规则是错误的、需要矫正的。尤其是对情绪表达的规则，咨询与治疗人员一定要特别关注。在家庭的情绪表达规则中有两类家庭：一类是每一个家庭成员都可以清晰地表达自己的内心世界，可以表达自己的情绪，尤其是可以表达自己的消极情绪，如愤怒。另一类家庭成员则不能完全表达自己的情绪，如有的家长不许孩子哭或者生气。这种压抑孩子表达情绪的家庭规则就是错误的、不良的规则。这不但不利于孩子的成长，也不利于孩子今后建立的家庭的成长。面对这些错误的家庭规则，心理咨询与治疗人员就要进行干预和指导，使家庭形成良好的规则。在家庭规则领域，咨询与治疗人员的角色就是帮助家庭成员意识到家庭规则的存在，帮助家庭成员检讨自己的家庭规则，并帮助他们消除那些错误的、不利于家庭沟通和家庭成员自我意义感建立的家庭规则，建立新的积极的家庭规则。

三、萨提亚家庭治疗的过程

萨提亚的家庭心理咨询与治疗过程分为接触期、蜕变期和巩固期三个阶段。[1]

（一）接触期

接触期是咨询与辅导人员同来访者建立关系和对来访者的家庭问题进行初步诊断的过程。这个时期最重要的任务就是建立与来访者家庭的相互信任的关系。良好的咨询与辅导关系是咨询与辅导工作能否取得良好效果的关键。接触期的第二项任务是通过观察，了解来访者家庭的人际关系和互动沟通方式，并且把观察到的信息返回给来访者家庭。第三项任务是和来访者家庭就进行的辅导与治疗工作进行沟通，达成共识。为了完成以上几项任务，在接触期咨询与辅导人员要做以下几个方面的工作：第一，邀请来访者家庭的每个成员讲解自己在家庭中的感受和他自己最关心的事情；第二，通过观察每个成员的反应、分析每个家庭成员讲解的内容，了解来访者家庭的人际关系和人际沟通模式，对这个家庭存在的问题作出初步的判断；第三，进一步分析来访者家庭沟通模式的现状和分析产生这种互动与沟通模式的原因；第四，了解每个家庭成员的期望与对理想的家庭模式的看法；第五，在梳理家庭关系和了解家庭状况的基础上，挖掘有利于家庭改变的资源。

在第一个阶段最重要的工作就是引导家庭每一个成员讲解自己的家庭感受和对家庭的期望。在这个过程中，咨询与辅导人员一定要履行的职责就是引导家庭成员在讲述过程中不要停留在问题本身的层次上，而是要让他们讲解自己希望看到的家庭的变化。这种从固着于问题本身向解决问题思考模式的变化，有利于每个家庭成员从积极方面看待家庭，而不是停留在抱怨和相互指责的层面。

为了实现以上目标，在每个当事人讲解前，咨询与辅导人员要引导来访者注意以下几点：第一，每个人讲述时要用第一人称，使用主观的语言

---

[1] 维吉尼亚·萨提亚、米凯莱·鲍德温：《萨提亚治疗实录》，章晓云、聂晶译，世界图书出版公司北京公司，2006，第147－158页。

"我觉得……我感到……"第二，引导每个讲解的人描述自己的经验而不是分析自己的经验。例如，向讲解者提出这样的问题"当你愤怒时，你看到……听到……想到……"而不是要讲解者说明他为什么愤怒。第三，咨询与辅导人员向来访者作出讲解示范，使来访者明白如何表达。第四，咨询与辅导人员要鼓励不同的观点，不限制任何一个人的讲述。

(二) 蜕变期

蜕变期也称改变期，这是家庭心理咨询与辅导最为重要的阶段。这一阶段最重要的任务就是促进来访者家庭每个成员的转变。这一时期是矛盾交织和每个人痛苦思索、不断探索和改进的时期。

在这一时期，咨询与辅导人员采取的辅导要分三步走：第一步是促进来访者的觉醒，也就是使来访者认识到自己以前的某些不足，并产生改变的愿望。但是这种改变是自我的主动改变，而不是被动改变。第二步是接受，也就是要来访者接受自己和接受自己所面临的现实，愿意接受一个真实的自我和自己真实的生活环境，而不是产生不切实际的幻想。第三步是改变，这是获得新的经验的阶段。

所谓接受，就是要承认现状，不逃避和不粉饰现实，也接纳自己对现状的情感反应，同时明白自己对现实的状况负有一定的责任，并愿意承担这些责任。面对家庭现实中的种种不良状况，来访者不是推诿，而是愿意尝试去改变。

在这一阶段，心理咨询与辅导人员要善于运用各种技巧和方法，促进来访者面对真实的自己和家庭的现状，并且愿意为家庭沟通模式和不良状况的改善作出种种尝试。在这一阶段，心理咨询与辅导人员一定要注意，要让每个来访者把注意力放在此时此刻，体会自己此时此刻的感受，并且在此时此刻提出自己改变的想法。在这一阶段心理咨询与辅导中的所有技术都可以得到广泛的运用。为了使来访者决定和接受现实，可以采用激发正面动机和改变愿望的技术、澄清技术、对质技术等。在促进来访者尝试改变阶段可以运用示范法，要来访者学习新的经验，也可以采用视框转移法和角色扮演法，促进来访者获得新的体验和改变。

视框转移法其实就是转换认识角度和从新的视野对某些问题形成新的看法的技术。每个人对事物的态度、看法是相互联系的，一个想法改变了就会引起其他想法相应的改变。因此，在视框转移法中要从引导来访者某一个想法的转变开始，促使一系列想法的改变。

角色扮演是尝试用另一个角色看待某些问题，促进自己对别人的理解，从而促进家庭内部的人际沟通方式的改变。萨提亚认为这一阶段是家庭心理咨询与治疗中最为重要的阶段，也是来访者最为矛盾纠结的阶段。她认为在这一阶段，为了促进来访者的改变，就需要咨询与辅导人员强有力的支持和指导。

（三）巩固期

巩固期也称整合期。如果说第二阶段是矛盾、困难交织的阶段，那么第三阶段就是对未来充满希望和进行新的改变的阶段。这一阶段的主要任务是巩固家庭心理咨询与辅导的成果，巩固来访家庭已经取得的改变成果，帮助来访家庭树立自尊和整理辅导过程中积累的经验，使他们有能力和心理力量应对新的挑战。

在这一时期，咨询与辅导人员一定要注重培养每个家庭成员的独立性和对家庭的责任心，以及独自应对家庭问题的能力，避免家庭成员形成对咨询与辅导人员的过分依赖。在培养家庭成员独立性的过程中，咨询与辅导人员可以与家庭成员共同回顾家庭接受咨询与辅导以来的成长和改变过程，帮助来访者认识已有的改变，使他们能够掌握改变的方法，在今后继续实施改变的步骤。同时，咨询与辅导人员要引导来访者体会改变的过程，体会改变给自己和家庭带来的新的感受。最后，咨询与辅导人员要为家庭的成长规划好前景，继而结束咨询与辅导。

在萨提亚的家庭心理咨询与辅导这几个阶段中，十分强调每个来访者的积极参与，这个方法重视的是整个咨询与辅导过程中每个人的成长，而不是强调所谓的具体问题的解决。以能力为导向的咨询过程与以问题解决为目标的咨询与辅导相比，无论是对来访者个体还是对整个来访家庭来说都更具有意义。

四、萨提亚家庭治疗的主要方法与技巧

萨提亚家庭治疗的方法与技巧具有灵活性和弹性。运用不同的方法与技巧主要是为每个家庭成员的成长提供不同的经验。在整个家庭治疗中，萨提亚模式也十分强调治疗人员的角色定位。

萨提亚疗法在实施中有很多具体的操作方法与技巧。主要的方法与技巧包括家庭游戏、家庭模拟会谈、家庭雕塑与家庭重塑技术等。这些技巧在《萨提亚家庭治疗模式》一书中有详细阐述。

（一）家庭游戏

家庭游戏主要是对家庭沟通模式的检验。在游戏中，主要是运用一些夸张的、幽默的游戏暴露家庭成员常用的沟通模式，帮助每个家庭成员认清自己属于哪种不良的沟通模式，从而为家庭形成表里一致的沟通模式创造条件。

（二）家庭模拟会谈

家庭模拟会谈也称家庭模拟会商，是利用一些假设的条件，使家庭成员进一步理解现有的家庭沟通模式，学习新的家庭沟通模式。在模拟家庭会谈时，家庭心理咨询与治疗人员可以假设一种情况，让每个家庭成员用自己通常的思维方式提出解决问题的意见和看法，从而了解每个家庭成员在平常对待事物的态度和家庭的沟通方式，以便分析家庭问题的症结所在。例如，在家庭里一个15岁的孩子谈恋爱了，面对这种情况该如何处理？如果这个家庭是由爸爸、妈妈和孩子组成，在面对这个问题时，就要考察爸爸妈妈面对这个问题的看法。从爸爸妈妈提出的对待这件事的态度

和解决问题的方法就可以看出这个家庭处于哪种沟通状态，从而找到家庭问题的症结所在，在此基础上提出改进的方法。

（三）家庭雕塑技术

家庭雕塑技术是萨提亚家庭治疗中十分重要的技术。家庭雕塑意指由一位家庭成员扮演导演，来安排家庭成员在空间中的位置，所形成的生动场面代表这个人对家庭关系的观点。也就是利用空间、姿态、距离和造型等非言语方式生动形象地反映雕塑者眼中家人的关系，这种距离象征家庭关系的亲近与疏离、包含与排斥、倚赖与独立、易接近与不易接近等，帮助个人检视家庭关系，以扩展自我对家庭关系觉察的能力，及对经验的再诠释。

家庭雕塑是一项强有力的介入技术，在家庭治疗中，使用家庭雕塑技术可增进治疗的有效性。萨提亚自己在家庭治疗中就经常使用雕塑，凭借创造夸大的沟通姿态（讨好、指责、超理智、打岔）来分享她对沟通姿态的觉察，在将成员摆出沟通姿态后询问其身处此位置的感受，接着会邀请他们重新以放松的方式来摆出自己的沟通姿态，之后再教导他们采用更一致的沟通方式。一般而言，家庭雕塑中常出现的角色为：雕塑者、催化者（或治疗师）、角色扮演者（被雕塑者选出来扮演原生家庭成员者）、观众（观察并给反馈），若团体成员很少而需扮演的角色很多，则可以椅子、枕头或填充物来充当角色。

在家庭治疗中，为了搞清某个成员的心理状态或者某个成员心目中对他和别人关系的认知都可以运用家庭雕塑技术。一般来说，按照时间维度与关系维度，可以把家庭雕塑分为以下几种类型：

——原生家庭的雕塑：指父、母与自己的三角关系，或加入其他兄弟姊妹。这种雕塑的目的是了解雕塑者原生家庭的状况。

——工作伙伴的雕塑：指同事、协同工作者、受雇者、雇主、督导及其他支援工作情境的人等。了解雕塑对象在工作中的人际关系状况。

——支持团体的雕塑：指能给个案爱与支持的人，如朋友、赞助者、知己或治疗师。了解雕塑对象心目中他人对自己支持的状况。

——延伸家庭的雕塑：指大家庭或祖孙三代的家人。了解大家庭内部的家庭结构与关系状况。

——自我面貌的雕塑：指协助个案认清整合自我多个部分（面貌）的雕塑。了解雕塑者自己对自己的看法与态度。

——现在家庭的雕塑：指在目前生活中与个案较为亲近的人，如原生家庭、其他亲戚、室友或个案自己的家（伴侣、小孩）等。可反映个案目前的生活架构、情绪状态。

雕塑技术是一项复杂的家庭治疗技术，通过雕塑可以使咨询师了解雕塑对象的基本心理状况与人际关系状况，了解雕塑对象对他人及自己的看法，为咨询与辅导者有效地辅导来访者奠定基础。

（四）家庭重塑技术

家庭重塑技术是指家庭心理咨询与治疗人员引导家庭成员在一种模拟的状态下，重演家庭以前发生的某一些事件，从而引导当事人关注和整合童年的经验。以成年人的眼光重新观察童年发生的事，建立新的观点，使自己对自己产生新的感受，重新认识自己，从而接纳自己和形成好的自我价值体系。

家庭重塑的基本目标有以下几个：第一，向人们解释在他们过去的学习中蕴藏着哪些资源，也就是通过重塑使人们重新发现自己，用新的眼光认识自己过去的经验。第二，释放自己的不良情绪。很多人由于小时候的压抑，积累了许多不良的情绪，通过家庭重塑可以使这些情绪得到释放。第三，认识自己的父母和其他家庭成员的人格。在家庭重塑过程中，可以把家庭成员的人格特征展现出来，使重塑者重新认识自己的父母和其他家庭成员。第四，为探寻自己的人格铺平道路，也就是说在家庭重塑过程中，个体可以把自己以前的经验和现实联系起来，找到以前的某些理想与现实的联系点,为自己理想的实现创造条件,以达到自我发展和提高自尊的目标。

家庭重塑是一个过程。这个过程包括预备和重整两个阶段。

(1) 预备阶段是家庭重塑过程中的基础阶段,这一阶段的任务是准备家庭图、家族年表和影响轮,也就是分析影响一个人的家庭因素和社会因素。

在预备阶段的家庭图就是在家庭里列出对自己产生影响的具体的人,并列出这些人的人格特征,分析所列举的成员的哪些人格特征影响了自己,使自己形成某些人格特征。一般来说,要列举父母和祖父母的特征。

家族年表是从祖父母出生开始列举发生在家族范围内的大事,包括家族成员的出生、死亡、疾病、家族的迁徙和变迁,同时列举在这期间发生的社会大事,也就是把家族放在一个大的社会背景下进行分析。

影响轮是列举在自己 18 岁之前对自己人格发展影响最大的人物。包括父母、同学、某个社团中的人和事、某些活动中的人等。影响轮的形式很简单,就是以自我为中心画一个轮状的表,中间一个圆写上自我,周围很多圆,分别写上 18 岁之前的重要的人物和事物,并在相关的圆旁注明这些人物和事物给你的印象。自我这个圆两边各有一条线,左边写上形容 18 岁之前的自己的词,右边写上形容现在的自己的词。影响轮是萨提亚所有工具中最正向的工具,它最适合对自己评价较低、看事物比较负面的案主。影响轮的用途在于帮助人们发现自己的资源或者把成长过程中的经历转化成现在发展的资源。

(2) 重整阶段是在分析影响因素基础上进行家庭角色扮演的过程。这个过程一般是在小组内完成的。在此过程中,完成家庭重组的当事人在小组中挑选合适的人选,扮演他所经历的家庭成员的角色,要这些成员按照家庭成员惯用的行为和沟通的形态及关系,重演生活中重要的事件和生活片段。例如,要扮演爸爸妈妈的角色成员,需再现爸爸妈妈相识、恋爱和成家的过程，重演家庭或者家族的重大变化的过程，重演当事人出生、成长的过程。

进行家庭重演的目的在于让当事人从宏观角度了解每个家庭成员的生活经验和生活历程；让当事人在扮演过程中，学会与这些家庭成员进行积极互动，聆听他们的心声，感受他们的内心世界；让当事人有机会澄清一些在成长过程中对其他人产生的误解，核实一些不明白的事情，从而修复破裂的关系和完成一些没有完成的往事，解开某些心结；使当事人有机会表达自己的不良情绪，使愤怒、失望、不理解和痛苦等长期的不良情绪被宽容、理解、接纳、体谅、和好和爱所代替，在实现来访者和家庭成员和好的基础上，使当事人能够明白自己是一个独立的个体，应该找到自己最好的生活方式，过自己的生活，也让其他家庭成员过他们的生活。

五、运用萨提亚家庭治疗方法的家庭心理咨询与辅导人员在治疗过程中的角色

在萨提亚的家庭治疗模式中，心理咨询与辅导人员扮演的角色与其他心理咨询与辅导中的人员的角色是一样的，也是支持者、陪伴者和指导者的角色。萨提亚的家庭治疗过程，一般都由家庭成员集体参与。于是，陪伴不是陪伴某一位成员，而是陪伴整个家庭，指导也是指导整个家庭的成长。基于此，咨询与辅导人员也是家庭成员之间的联系人和家庭成员互动的中介人。

为了使家庭咨询与辅导工作能顺利进行，咨询与辅导人员主要有五个方面的职责：一是为所有家庭成员能积极有效地沟通和互动创造一个良好的氛围，使所有的家庭成员在这个氛围中都能产生心理上的安全感。二是与每一位家庭成员都建立相互信任的关系，做好家庭成员沟通的桥梁和中介，通过自己的参与，使每一位家庭成员都能抱着开放的态度参与到家庭心理咨询与辅导的活动中来。三是给参与咨询与辅导活动的所有成员传递正确的心理咨询与辅导信息，使每一位参与者都相信人是可以改变的，形

成人人都具有转变的可能的基本观念。四是给参与者进行方法和行为的示范，使每一位参与者都能知道在训练和辅导中自己要如何去做。例如，在家庭重塑中，参与者要进行家庭图和影响轮的分析，如果当事人不明白该如何做，咨询与辅导人员就可以先进行自我影响轮的分析，使参与者明白该如何分析自己的影响轮。五是引导每位参与者学会思考、感受和行动，提高他们的领悟力、感受力和行动力。

我们从以上几个方面对萨提亚的家庭心理咨询与治疗的方法进行了系统的介绍。这个咨询与辅导方法中所涉及的工具和技巧在其他家庭咨询与辅导中也都会用到。例如，角色扮演技术、模拟家庭技术、沟通训练等。完整理解和掌握以上提到的家庭心理咨询与辅导技术，对做好家庭心理咨询与辅导工作是十分重要的。

【案例3】走出"囚徒"的困境——有关家庭与工作关系咨询的案例

现代人面临越来越多的工作压力与生活压力，面对压力，不同的行动会有不同的结果，下面就是一位在压力下不知所措的女性，在咨询师的帮助下，打破了自我心灵的枷锁，重新找到自我。

一、基本情况

慧在丈夫的陪同下，走进心理咨询师的办公室。坐定之后，丈夫首先打破沉默，"我怀疑慧患上了抑郁症"。

慧今年34岁，在一家民营企业任职，她丈夫是另一家公司的销售经理。慧曾经也是做销售的，性格外向，喜欢与人打交道，要耍嘴皮子，动动脑筋，经常到不同的地方走走，工作得很惬意。慧的业绩很不错，老板对慧信任、器重，工作虽然忙碌却过得很快乐。慧与丈夫的感情也很融洽，虽然他们都免不了经常出差，但正所谓"小别胜新婚"，两人在一起的时间很甜蜜，更何况同行之间还有聊不完的共同话题。

问题出在半年前，慧的老板忽然提出要提拔她做财务主管。慧不愿意辜负老板的一番好意，就答应下来。慧走马上任后，工作由在外跑销售变成了公司内部的财务管理。可是财务工作死板而又琐碎，缺乏变化，更找不到满足感，慧觉得工作就是每天硬着头皮要做的一项功课。

慧是一个办事认真，责任感很强的女性。担任财务工作以后，她每天都提心吊胆，生怕自己在哪个环节做错了事。有的时候，前10分钟老板要她去跑银行，后10分钟就立刻一个电话要她赶快回公司，处理其他事务。慧深深感受到自己就是老板手中的一颗"棋子"，每天都被老板指拨过来、指拨过去。为了应付各种工作，满足老板的要求，她不停地开快车，在一个个不同的场所间奔波，身心俱疲。

慧的丈夫进一步说，慧最近好像对什么都失去了兴趣，她不会像从前那样兴高采烈地做饭，"命令"丈夫干家务，在丈夫面前撒娇。现在慧碰到什么事情，总是被动地随他，而不是像从前一样向他提建议。慧的丈夫说以前他们每周都相约在外吃一次饭，目的不是吃饭，也不是不想做饭的权宜之计，而是为了享受两人世界，为家庭生活增添一些乐趣，那时候定饭馆、点菜一直由慧来负责。而现在，当他提出出去吃饭时，慧总是漫不经心地回答可以。当他问慧吃什么时，慧总是说随便。慧的丈夫进一步说：最近以来她说话的语气和眼神都充满了倦怠。用丈夫的话来说，慧现在越来越邋遢，她不再买新衣服，出门之前也不会化妆……

当丈夫述说这一切的时候，慧依然是用充满倦怠的眼神看着丈夫和我。我问慧，丈夫述说的一切是否真实，慧默默地点了点头。

在他们述说完毕之后，慧与丈夫都急切地看着我，问道：慧到底怎么了，是得了抑郁症吗？慧是否有了心理障碍，是否能好，是否需要药物治疗？是否……

二、咨询师的分析

慧到底怎么了？我也问自己，她是否得了抑郁症？如果我说是，没有错，我说不是也没有错。其关键不再是或不是，关键在于要他们明白慧为什么有这样的表现，慧为什么会对许多事情失去了兴趣。要他们明白，用什么方法才能让慧走出这种倦怠的阴影，才能找回原来的、充满活力的自己。

(一) 慧成了自己的心灵"囚徒"

为了达到这样的目的，我告诉他们，在没有系统地分析自己的情况之前，先不要随意为自己贴上所谓"抑郁症"的标签。这样做只会给慧带来不良的、消极的心理暗示，这种消极暗示会变成慧的自我暗示，在潜移默化中，这种消极的心理暗示会让慧的心情更压抑，让她对自己目前的状况更焦虑，更灰心丧气。人会受到许多心理暗示，一般来说，心理暗示分为他人暗示和自我暗示，一般来说，我们都是在他人暗示的基础上，把他人对我们的暗示转换成自我的心理暗示。如果我们长期地受到他人对我们的消极暗示，那么我们就会消极地暗示自己，最终我们就变成了一个消极的人。当我们每一天对着一个聪明的孩子说："你是笨蛋"，我们这样重复两个月，就能使这个孩子真地相信自己是一个笨孩子。我给慧和她丈夫讲解了这样的道理之后，就对他们强调：不要再给慧贴上抑郁症的标签。

在慧述说自己的状况时，她用了一个自我的比喻引起了我的注意：她说，"我每天疲于应付自己并不喜欢的工作，我觉得我就像是"被关在牢笼里的囚犯"。

"心囚"，是的，"心囚"是一个准确的比喻，一个自己对自己目前状况很形象的总结。这正是慧出现目前的心理状况和精神状况的症结所在。因为工作职位的变化必然会引起工作方式的改变。如果只是消极地去面对改变，没有足够的心理准备，就会因为手忙脚乱而遭受巨大压力。对于现在的工作，慧是非常典型的"身在曹营心在汉"的心理。她的兴趣、她的期待、她理想的工作方式，还都停留在过去。她还沉溺于原来那种相对独立和自由的工作情境之中，当她的目光仍在向后看的时候，她当然不会以积极的心态去看待和认识新的工作,当然不会积极适应现在的工作环境和工作内容,相反她会徒劳却固执地坚守着原来的心理模式。这样她自然会对目前的工作感到厌倦,感到无能为力,同时也影响到她对生活的感受和对自己能力的相信。这就是导致她生活在自己心灵的阴影中,她就成了自己的"心灵的囚犯"。要解决这个问题,使慧重新找回失落的自己,就需要慧冲破心灵的牢门,看一眼外面世界的阳光,感受大自然的雨露芬芳,慧才能从阴影中释放自己的心怀……

(二)心灵"囚徒"期待阳光雨露

如何走出心灵的阴影,重新使自己沐浴在灿烂的阳光下,就是我们与慧要共同寻求的答案。作为心理咨询师的我,并没有权利要慧和她的丈夫做什么决定,我就把几种对慧有帮助的可能,选择性地放到桌面上来由慧自己选择:放弃现在的工作位置,回到自己的本行。她可以告诉老板自己不喜欢新的工作,让老板重新考虑合适人选。

"没有人可以非常坦然地回到起点",慧毫不犹豫地否定了这个提议。在公司待那么久了,慧不希望失去老板的信任,她也不愿意面对辞职可能引发的各种外界猜测。她承认自己放不下面子,更何况现在的职位让自己在与朋友交谈的时候,多少还有些风光。

那么,放在慧面前的只有另一条路——适应新的环境,找到属于自己的下一块"奶酪"。心理咨询师告诉慧,要对自己有信心。因为适应环境是人的一种本能,关键是自身有适应的愿望。一般来说,人在适应环境的时候,有两种不同的心态。一种是随波逐流,潜意识地消极适应;另一种是积极适应,这也正是慧所需要实现的——在环境无法改变的时候,就去改变自己。

三、咨询师的建议——教给她六把打开心门、自我解放的钥匙

慧选择了改变自己,那么什么方式可以帮助慧尽快地适应环境,尽快地找到失落的自己?咨询师给慧提出了以下几点建议:

第一把钥匙：慧要做的是对新的职业重新认识，尝试从心理上接纳它。慧开始尝试用积极的方式思考问题，她提醒自己：财务主管的职位体现了老板对自己的信任，也反映了个人的工作能力。这种最直接的肯定给了她信心，让她觉得自己有能力驾驭新的工作。

第二把钥匙：有了信心之后，咨询师建议慧改变一下工作方式，控制自己的工作时间，摆脱目前疲于应付的窘境。渐渐地，慧学会了根据老板需要的轻重缓急，自己安排工作日程表，掌控职业生物钟。慧的老板不但没有因为慧的"自作主张"而生气，反而夸奖她比以前更有主见，更独立了。

第三把钥匙：从工作中发掘乐趣也很重要。接下来要求慧改变自己对生活和工作的态度，从小事中给自己找乐子。慧开始在工作中放松自己，休息间隙她会与其他部门的同事聊天，在"家常话"中慢慢消除"囚徒"思想。

第四把钥匙：打扮自己。咨询师告诉慧，自己不是为了老板、为了别人而活，人是为自己活着，漂亮会让自己更加自信。一个人的穿着同时反映他对自身的评价，因此打扮自己对改变心情非常重要。

第五把钥匙：学会与丈夫沟通。丈夫的表扬和赞赏一定会提高慧的自信心。有时丈夫会就某些事征询慧的意见，慧可以在表述自己见解的过程中，培养自己的独立意识。

第六把钥匙：要学会进行自我分析。慧开始反思自己的优点和缺点，找到了自己的职业发展优势，同时也认清了自身的不足，周围同事和朋友都感受到慧身上的变化，他们的一个赞赏的目光，一句夸奖的话语都让慧对新工作有了更大的自信。

四、咨询结果与启示

慧按照咨询师的建议，采取了积极的行动，最终她找到了自信，也能得心应手地处理工作中的各种事情。她要干的事情甚至更多，但是她已经学会了自我调节心情，学会了合理安排时间。在老板和同事眼中，慧更加积极、更加主动；在老公眼里，慧像变了一个人。

通过对慧的咨询和辅导，咨询师感受到随着社会的发展和工作节奏的加快，越来越多的人感到了精神的倦怠和工作意义感的失去，越来越多的人感到身心的劳累，要解决这种问题关键是要学会自我调节和积极适应。千万不要做自己心灵的"囚徒"。慧在咨询师的帮助下勇敢地面对现实，找回了失落的自己，慧的案例使咨询师相信每个人都有积极适应的能力，只要愿意，每个人都能从工作和生活的困扰中走出来。

第十章

亲子关系和家庭教育的心理咨询与辅导

CHAPTER 10

亲子关系和家庭教育是家庭心理咨询与辅导的主要内容之一。本章我们就围绕亲子关系和家庭教育方面的心理咨询与辅导进行分析。

第一节 亲子关系与人格发展

家庭中的亲子关系是最为密切的关系，亲子关系的好坏直接影响子女身心成长与人格发展的水平。现代社会家庭中亲子关系的问题越来越多，如何解决亲子关系的问题是家庭心理咨询与辅导中应该特别关注的问题之一。

一、亲子关系的含义与特征

亲子关系与血缘和亲情有关，它是一种十分重要的人际关系，具有其他人际关系所不具有的特性。

（一）亲子关系的含义

亲子关系是指家庭中父母和子女之间的关系，它是家庭关系中最为密切的关系。

亲子关系可以分为母子关系、母女关系、父子关系和父女关系。亲子关系是在家庭内部发展起来的情感关系和社会关系。它是其他一切情感关系和社会关系发展的基础。亲子关系的发展对个体身心成长和人格发展具有十分重要的影响。

（二）亲子关系的特征

亲子关系的特征主要表现为密切性与相互影响的巨大性：

第一，亲子关系的密切性。亲子关系是以爱为基础建立起来的最为密切的关系。亲子关系是以血缘和亲情为纽带的，它主要表现为父母与子女心理上的相互融合、情感上的相互依赖，以及子女对父母的依恋和绝对的信任。在孩子发展的不同阶段，亲子关系密切性的表现具有一定的差异。在童年，孩子对父母的依恋程度较高，亲子关系的密切性具有十分明显的表现。到了青春期，孩子追求独立的愿望比较强烈，亲子关系的密切程度会呈现单向性的特点——父母依然愿意和子女保持十分密切的关系，但是子女对父母则有些疏远。无论如何，亲子关系的密切程度依然远远大于其他的人际关系。

第二，亲子关系相互影响的巨大性。亲子关系的密切性就决定了亲子之间在情感上和行为上相互影响的巨大性。亲子关系相互影响的巨大性表现在父母的感情与行为倾向对子女人格成长与发展的影响上，也表现在子女的行为对父母的影响上。父母对子女的影响不但表现在子女身心成长和人格发展上，还表现在子女的社会角色定位、行为决策等方面。子女对父母的影响不但表现为对父母心理上的影响，还表现为对父母精神状态的影响。成年子女家庭生活是否幸福、职业发展是否符合父母的期待，直接影响父母的生活质量与幸福指数，直接影响父母的成就体验。

二、亲子关系对子女身心成长与人格发展的影响

从子女人格成长和身心发展的角度来说，亲子关系在子女的心身成长和人格发展上具有重要的意义。良好的亲子关系不但有利于子女的身心成长，更有利于子女的人格发展。亲子关系对子女成长和发展的影响具体表现在以下几个方面。

（一）亲子关系对子女人格的发展和未来成就具有很重要的影响

精神分析学派认为，早期的经验对后继人格的发展具有十分重要的影响。早期经验的核心就是孩子在 3 岁之前是否感受到父母的爱和关注。如果三岁前儿童没有受到父母的特别照顾，没有形成积极的依恋关系，就会在一生中缺乏安全性。

1. 婴儿与母亲的依恋关系影响人的一生发展

依恋是指婴儿与照看者之间一种互惠的、持续的情感联结。对婴儿来

说，依恋具有适应性的价值，良好的依恋关系能保证心理与生理需要的满足。美国发展心理学家安斯沃斯（Ainsworth）1967年通过陌生情境实验，把婴儿对母亲的依恋关系分为三种类型：安全型依恋、回避型依恋和矛盾型依恋。后续的发展心理学对婴儿与母亲的依恋关系进行持续研究，发现除了安斯沃斯提出的三种类型之外，还存在无组织－无目标型依恋。

安全型依恋的婴儿，在陌生情境中的表现是，当母亲离开时会哭泣或者抗议，当母亲回来时就会很高兴地迎接母亲。婴儿通常把母亲当作安全基地，会离开母亲去自我探索外部世界，偶尔会回到母亲身边寻求安心。他们通常愿意合作，相对较少生气。

回避型依恋的婴儿在陌生情境中的表现是，当母亲离开时很少哭泣，当母亲回来时拒绝她。这类婴儿常常生气，在需要帮助时，不会表达需求。他们不喜欢被单独留下来。

矛盾型依恋也称抗拒型依恋，这类婴儿在陌生情境中的反应是在母亲离开之前就会焦虑，当母亲离开时会非常烦躁，当母亲回来时表现得很矛盾，很想去和母亲接触，但同时又通过脚踢或扭动身体表示对母亲的抗拒。这类婴儿很少去探索外部世界，很难被安慰。

无组织－无目标型依恋是十分微妙的依恋类型。这种类型的婴儿缺乏有组织的应对陌生情境压力的策略。在陌生情境中，面对母亲的离开，他们表现出矛盾、重复和混乱的行为，他们会向陌生人而不是母亲寻求支持。当母亲回来时，婴儿会高兴地欢迎母亲，接着就掉头离开，或者靠近母亲而眼睛却不看母亲。他们看起来很害怕和困惑。这种依恋类型是一种最缺乏安全感的依恋类型。这一依恋类型的婴儿成年之后出现问题行为的可能性比较大。

大量的研究发现，依恋的安全性能影响个体的情感、社会性和认知能力的发展。婴儿对养育者的依恋越安全，他们就越容易与他人建立良好的关系。婴儿期建立的依恋关系，不但影响婴儿期的发展，而且影响到人一生的发展。良好依恋关系的婴儿,与其他婴儿的互动更积极,语言发展得更快。在幼儿阶段,与非安全型幼儿相比,安全型依恋的幼儿好奇心更强、认知能力发展更好、更富有同情心、更能与其他幼儿和老师建立密切关系。① 婴儿期的依恋关系的好坏甚至影响到成年阶段的婚姻、家庭和人际关系的好坏,美国的心理学家菲利普·萨维尔(Phillip Shaver)的研究发现,婴儿期的依恋类型会影响成年期的浪漫关系的性质,安全型依恋的成年人会对伴侣的心理需要提供更敏锐的支持与关怀,矛盾型依恋的成年人更可能给对方提供带有强制性和干扰性的帮助。②

婴儿的依恋类型与母亲的抚养方式关系密切。安全型依恋反映了婴儿与母亲之间的信任关系。母亲通过安慰来回应哭泣中的婴儿,有利于建立安全型的依恋关系。

发展心理学家发现,能和自己的婴儿形成安全型依恋关系的母亲具有表10-1所列举的特征:

表10-1 安全型依恋的抚养方式的特征

特征	描述
敏感性	对婴儿的信号能迅速、正确地作出反应
积极态度	对婴儿表现出积极的关心与爱
同步性	与婴儿建立默契、双向的交往
交互性	在交往中婴儿与母亲注意同一件事
支持性	对婴儿的活动给予密切的注意与支持
激发性	常常引导婴儿活动

注:抚养方式的六大特征之间具有中等程度的正相关性。

资料来源:戴薇·R. 莎菲尔、卡塔利娜·凯普:《发展心理学:儿童与青少年》,邹泓等译,中国轻工业出版社,2016,第404页。

---

① 黛安娜·帕帕拉、萨莉·奥尔兹、露丝·费尔德曼:《发展心理学:从生命早期到青春期(上册)》,李西营等译,人民邮电出版社,2013,第229-232页。
② 罗伯特·S. 费尔德曼:《发展心理学:探索人生发展的轨迹(原书第三版)》,苏彦捷等译,机械工业出版社,2017,第293-294页。

2. 婴儿期父亲的照顾行为对儿童的情绪安全性与社会能力的发展具有很大的影响

除了母亲的依恋关系对子女人格的成长和发展产生比较大的影响之外，婴儿期父亲的表现同样影响着婴儿的成长与发展。母亲和父亲在婴儿期扮演的角色有一定的差异，母亲更喜欢抱着孩子，满足孩子的生理需要，安慰他并与他进行语言交流，父亲更愿意给孩子提供有趣的各种游戏。与母亲相比，父亲是婴儿更好的玩伴。积极有趣、外向、对人友善，愿意花很多时间与婴儿玩耍的父亲对婴儿情绪情感的发展和社会性的发展会产生积极影响。

现代发展心理学的研究表明，与父亲建立起安全型依恋关系的儿童到童年期和青少年期表现出更好的情绪调节能力和更强的与同伴交往的社会能力，以及较少的问题行为与犯罪行为。与父亲形成安全的、支持性关系的青少年在离开家之后，也会表现出更强的社会适应能力，更能健康成长。[①]

弗洛姆将亲子关系中的爱区分为父亲的爱和母亲的爱。他认为母亲的爱是无条件的、与生俱来的，对自己的孩子的关心和照顾是一种人性中最原始的爱。这种爱会为孩子提供和创造一个安全与信任的环境。父亲的爱是一种与责任、条件相联系的爱。父亲的爱和母亲的爱在子女成长过程中发挥着不同的作用，母亲的爱给孩子创造最初的成长环境，父亲的爱使孩子具有更多的责任心与取得成就的愿望。母亲的爱和父亲的爱组成了家庭完整的爱，在亲子关系中，父亲和母亲共同的爱为子女的成长和发展提供了最好的条件。[②]

(二) 家庭的教养方式与子女的人格发展

亲子关系和家庭的教养方式对子女人格的影响是长久和广阔的。现代

[①] 戴薇·R. 莎菲尔、卡塔利娜·凯普：《发展心理学：儿童与青少年》，邹泓等译，中国轻工业出版社，2016，第402—404页。

[②] 埃里希·弗洛姆：《爱的艺术》，李健鸣译，上海译文出版社，2008，第38—40页。

心理学的研究发现，不同的家庭教养方式对子女的人格发展具有不同的影响。发展心理学家戴安娜·鲍姆林德（Diana Baumrind）与埃莉诺·麦科比（Eleanor Maccoby）依照父母在教养子女方面对子女控制的程度把父母分为四种类型：专制型的父母、放任型的父母、权威型的父母与忽略型的父母。不同类型的父母在教育子女上的行为有明显的差异，他们的子女在人格上也表现出明显的差异性。

通过查阅鲍姆林德与麦科比最初的研究结果与后续的研究结果，我们对不同类型父母教育子女的行为特征及他们子女人格发展的特征进行了归纳，如表 10-2 所示：

表 10–2　父母的教养类型与子女的人格特征

父母的类型	父母的教养特征	子女的人格特征
专制型父母	具有控制、惩罚、严格、冷漠的特点。他们的话就是法律，崇尚严格与无条件地服从，不容许孩子反对意见的存在	表现出性格内向、较少的社交性、对人不特别友好，在同伴中经常表现出不自在。女孩子特别依赖父母，男孩子表现出过多的敌意
放任型父母	提供不严格且不一致的意见。基本上不对孩子提出要求，并不认为自己对孩子的行为负有较大的责任，他们很少限制孩子的行为	倾向于依赖他人、喜怒无常、社会技能与自我控制能力较弱，在性格上与专制型父母的子女有较多的相似性
权威型父母	对待子女的态度是坚定的，前后一致的。他们对女子有清晰的和规范的要求。他们对待子女虽然严格，但是他们深爱自己的子女，并且对子女有情感上的支持，他们鼓励孩子的独立行为，并培养孩子的责任心	权威型父母的子女在人格上表现最为良好。他们多表现出独立、友善、乐观与具有合作精神。他们的成就动机较强、具有很不错的人际交往与情绪情感控制能力。他们常能获得成功并得到他人喜爱

续表

父母的类型	父母的教养特征	子女的人格特征
忽视型父母	他们对孩子不感兴趣，对子女表现出漠不关心及拒绝行为。他们与子女的感情疏远，他们认为自己的角色就是喂养孩子，给他们提供安全场所	忽视型父母养育下的子女在人格上的表现最为不好。他们的情感发展较为混乱。他们缺乏被爱的感觉，不能与他人建立密切的情感关系。这种不良的教养方式甚至影响子女生理与认知的发展水平

在具体的家庭教育实践中，非常典型的类型数量很少，大都是几种类型的混合。了解家庭教养方式与子女人格发展之间关系是为了使每一对父母都能对自己的教养方式有一定的了解，并有意识地进行自我改进。

（三）父母对子女的爱影响子女爱的能力

父母对子女的关爱主要表现在两个方面：一是养育，就是关心子女的身体成长，供养子女生理和身体发展上所需要的一切。二是教育，就是给子女的心理发展提供必要的支持、指导和创造必要的条件，引导子女，促进他们社会性和人格品行的发展。养育是以生理发展为核心，通过满足生理发展所需要的物质条件，促进子女的发展；教育是以心理发展和人格发展为核心，通过教授必要的知识和人生经验，促进子女心灵世界的发展。养育和教育是不可分割的，无论是养育还是教育都需要以爱为前提，并且这种爱必须是健全的、建设性的，而不是功利性的和以满足父母自己的需要为核心。

爱的能力是人的基本能力。爱的能力一方面表现为去爱，即积极主动地建立情感关系的能力；另一方面表现为被爱，即接受别人的爱，与他人建立情感上的依恋关系的能力。爱的能力是逐渐发展起来的。在成长的早期，子女是否能得到父母的信任、是否能体会到父母对自己的爱的存在，直接影响着子女爱的能力的发展，影响着子女与外部世界的关系。个体爱的能力的发展主要表现在四个方面：第一是爱自己，把自己作为一个值得爱的对象与个体来对待；第二是爱父母；第三是爱兄弟姐妹；第四是爱其他人和外部世界。这四个方面的爱的能力能否得到发展，最根本的是他在自己的成长过程中是否得到过爱，是否体验到父母的爱。如果生命最初的几年孩子感受到了父母无私的爱，也体会到家庭其他成员对自己的爱——也就是他是在一个充满爱的环境中成长的，那么他的爱的能力就会得到好的发展。如果他没有爱的体验，那么他就会形成嫉妒、猜忌、憎恨、攻击性和焦虑等消极的人格特征。这些不良的人格特征将会在孩子今后的人生中产生消极的后果。

第二节　亲子关系与家庭教育方面的问题

在现代社会中，亲子关系和家庭教育方面出现的困惑和问题越来越多。子女对父母的不满、父母对子女的不满、亲子之间家庭沟通不畅等亲子关系的不良表现在现实中广泛存在。不同年龄阶段父母与子女之间存在的冲突不同。但是无论是哪个年龄阶段的冲突都困扰着现代父母，都破坏着亲子关系。

亲子关系的好坏直接影响着子女的成长与发展，不良的亲子关系对子女的学业成绩、人格成长与自我发展都会产生消极影响。亲子关系与家庭教育的咨询与辅导需要关注的主要问题就是亲子关系上的问题与家庭教育上的问题。这两类问题在现代亲子关系与家庭教育上主要表现在以下几个方面。

一、亲子关系上的冲突与困惑

亲子关系按照和谐的程度可以分为亲和关系与冲突关系。亲和关系就是指父母与子女之间和谐相处的关系。冲突关系是指父母与子女之间存在情感、认知和行为方面的不和谐、不协调甚至对立的关系。心理学的很多研究表明，现代社会的亲子冲突具有普遍性，青少年期是亲子冲突的高发期，青少年与父母的冲突是这一时期亲子关系的主要特征，是青少年追求独立的表现。这是青少年心理发展的转折期，而不是亲子关系的断裂期。[①] 这类冲突随着年龄增长是会消失的。但是由于父母教育上的偏差与家庭的变故，导致的严重的亲子冲突就需要引起家长与社会的重视，也是亲子关系与家庭教育领域的咨询与辅导特别关注的。下面我们就对亲子关系上的一般冲突与需要特别加以重视的冲突进行分析。

（一）亲子关系上的一般冲突

现代社会信息的多样性与获取信息的便捷性，使少年儿童的成长环境发生了很大的变化。在少年儿童社会化的过程中，除了家庭的教育与父母的要求之外，广阔的外部世界的信息也对青少年的成长产生了影响。这种时代特征就加大了父母与子女之间的代沟，子女与父母在对待事物的看法上产生了越来越多的差异，导致了亲子关系冲突的不可避免性与普遍性。

很多调查研究都表明，在我国初中与高中学生与父母之间的冲突具有普遍性，[②] 大多数冲突都属于可控的、正常的关系范围。亲子冲突在学业、家务劳动、外表打扮、交友、消费方式、生活作息、隐私态度等方面都有表现。最主要的冲突表现在三个方面：一是学业，二是交友，三是对对待家务的态度等，具体表现在学业成绩与课外补习、交什么样的朋友、作息时间等具体的事件上。[③]

青少年与父母之间的冲突主要表现为言语上的争吵、行为上的拒绝与不合作，也表现为情感上的沉默、冷漠与逃避等。

[①] Laursen B., Coy K. C., Collins W. A., "Reconsidering changes in parent-child conflict across adolescence: a meta-analysis", Child Development, 1998（3）.
[②] 宫秀丽、刘长城、魏晓娟：《青少年期亲子关系的基本特征》，《青年探索》2008 年第 5 期。
[③] 方晓义、张锦涛、刘钊：《青少年期亲子冲突的特点》，《心理发展与教育》2003 年第 3 期。

1. 认知上的冲突

在家庭关系中，由于父母在没有征求子女意见的前提下就在有关升学、就业和婚恋等方面替子女作出决定，从而导致亲子关系不良，甚至导致子女出现心理障碍的事件较为普遍。

生活中常常会出现父母和子女认知的冲突，出现对爱的理解的冲突和决策上的冲突。在解决这些认知冲突事件时，父母往往会以爱孩子和替孩子着想为理由，强势地作出有关子女未来成长和发展的决定。正是父母的这些自以为对子女的发展有好处的决定，成了伤害亲子关系和给子女造成人格障碍的因素。心理咨询与辅导的实践告诉我们："引发心理障碍的通常并不是什么大事，而是反复出现的微小心理创伤。这些微小的创伤会变成'敏感点'和'脆弱点'，最终成为潜在的冲突。"① 从而导致不良的行为的出现。这就要求父母在和子女认知不一致的时候，要善于倾听子女的意见，避免因很小的创伤的反复出现而造成严重的不良后果。

2. 情感上的疏离与冷漠

情感上的疏离与冷漠是家庭亲子关系中最为常见的不良关系的表现。这种关系不良多表现为子女对父母的情感冷漠和不愿意与父母进行深入的情感的交流。

现代心理学的研究发现，在子女与父母的沟通上存在比较多的问题，主要表现为亲子对某些问题的看法存在明显的差异性，子女与父母不能进行有效的沟通，从而使子女与父母沟通的愿望较低；② 家庭成员之间对家庭关系与冲突认知的差异性，导致理解与隔膜的存在。③

情感上的疏离和冷漠有两个方面的表现：一是父母过分关心子女的成

---

① 诺斯拉特·佩塞施基安：《寻找意义——一种循序渐进的心理疗法》，万兆元、何琼辉译，社会科学文献出版社，2010，第88页。
② 官秀丽、刘长城、魏晓娟：《青少年期亲子关系的基本特征》，《青年探索》2008年第5期。
③ 刁静、桑标：《理解与隔膜——家庭成员对青春期亲子冲突的感知差异研究》，《当代青年研究》2009年第9期。

就，过分给子女提出较高的期望和很多的要求，而忽略子女情感上的需要，表现出父母对子女的冷漠；二是子女缺乏对父母情感的体验，表现出对父母的冷漠。由于父母对子女情感需要的满足和关心不够，也就造成了子女对父母的不理解，甚至子女产生对父母的抱怨和怨恨。因此，情感冷漠症是父母与子女双方对对方的不理解和不能正确地满足对方情感需要所引起的不良亲子关系的表现。

父母不成熟的情感表达方式和不成熟的爱是导致子女与父母情感上疏离和对立的直接原因。子女成长和发展中的情感需要没有得到满足的缺憾会造成子女心灵的创伤，这种缺憾不但影响亲子关系的发展，也影响子女人格的发展，严重的话可能影响子女未来能否建立一个完整和充满爱的家庭。

（二）特殊家庭亲子关系的冲突与困惑

青春期亲子关系的冲突属于青少年心理发展的重要特征，心理咨询与辅导人员需要关注这类冲突，帮助父母与子女相互理解，减少这种冲突。与这种存在于两代人之间差异引起的冲突与情感上缺乏交流的情形相比，心理咨询与辅导人员更需要关注那些特殊家庭存在的亲子关系的冲突。这类冲突对家庭关系的危害性与对子女成长的消极影响更大。

1. *以惩罚与冷漠态度对待子女的家庭*

上一节我们分析了父母教养方式对子女人格的影响。我们把父母对待子女的方式分为四种类型：专制型、放任型、权威型与忽视型。大量的研究发现，专制型的教养方式容易使子女与父母之间产生严重的、极端的冲突，容易导致子女产生极端的行为与越轨行为。因为专制型的父母，往往以惩罚性的方式对待孩子的错误，他们不给孩子的成长留有自由探索的空间，当孩子到了青春期就会在同一性的建立上与父母产生严重的对立，这种对立可能是情感上的对立，也可能是行为上的对立。这种对立与对抗主要表现为子女不听从父母的行为指导，故意和父母作对，有些子女甚至离家出走、打架斗殴,更有甚者对父母和其他家庭成员实施暴力等,专制型父母养育下的子女在青春期出现越轨行为与极端行为的概率较高。[1]

在专制型和忽视型家庭成长起来的子女所接受的信息大多是消极、否定的,父母对待子女的态度是冷漠的。长期在消极、否定的语言信息和冷漠的家庭氛围下成长的孩子,很少感受到爱与温暖,很少有自尊的体验。这些孩子成长起来以后大多缺乏责任心与自我价值感,他们的行为往往带有冲动性和情绪性。遇到挫折和不顺利的事情时,他们一般缺乏耐心,往往会作出极端的反应,甚至以暴力对待别人或者以自杀的方式来解决问题。这些极端行为都是不良亲子关系种下的恶果。

2. 单亲、离异与再婚家庭的亲子关系困惑

随着离婚率的不断上升,我国单亲家庭、离异家庭与再婚家庭的数量在不断增多。这些家庭类型的特殊性,导致了很多儿童与青少年只能被动接受这种改变。生活在这些特殊家庭中的青少年由于思维与认知的不完善,会产生父爱或母爱缺失的情绪感受,导致他们行为的偏差与更多的亲子冲突。

现代发展心理学十分重视对特殊的家庭关系的研究,最早研究单亲家庭对子女人格影响的是美国心理学家兰姆(Lamb)。他发现生活在单亲家庭的男孩会表现出更多的反社会行为与攻击性,女孩会表现出更多的焦虑与人生困惑和苦恼。[2] 后来很多心理学家都开始关注这个领域,大量的研究发现:单亲家庭、离异家庭与再婚家庭亲子冲突的概率与严重程度都比双亲家庭突出。单亲家庭与离异家庭,子女感受到父母双方健全的爱较少,他们较少得到认可、赞赏与肯定。由于家庭是一个系统,某一系统功能的缺失,会导致其他系统运作的不顺畅。夫妻关系破裂导致的离婚,会

---

[1] Martha A., Rueter R. and D. Conger, "Antecedents of Parent-Adolescent Disagreements", *Journal of Marriage & Family*, 1995 (2): 435 – 448.

[2] M. E. Lamb, "The Effects of Divorce on Children's Personality Development", *Journal of Divorce*, 1978, 1 (2): 163 – 174.

使被动接受离婚一方情绪不稳定，他往往会把自己的不良情绪发泄到子女身上。另外，单独抚养孩子增加了抚养者的负担，抚养者往往没有更多的精力去关心孩子的心理需要，对孩子的学业关注度也会降低，就使子女有一种不被重视的感觉，为了得到父母的关注，子女就会故意与父母作对，这会导致亲子冲突的增多。①

特殊家庭的亲子冲突与亲子关系的矛盾表现在三个方面：

第一，亲子沟通上的问题。主要表现为沟通不畅，或者根本就没有沟通；即使有所谓的沟通，也表现为沟通内容贫乏，缺少积极鼓励的内容，缺少相互之间的积极情感表达。与孩子生活在一起的父亲或者母亲，不是给孩子诉苦，就是诋毁没有与孩子生活在一起的一方，在沟通模式上表现为父亲或者母亲对孩子方面的说教或者孩子向父母或者母亲单方面的索取。

第二，亲子冲突的问题。亲子冲突在单亲、离异和再婚家庭往往高发与多发，主要表现为亲子之间言语上的相互指责甚至谩骂、情绪上的对立与肢体上的冲突等。从形式上看，这种冲突与一般亲子关系冲突的形式没有差别，但是它们的频率与强度比一般亲子关系的冲突要高。

第三，不正常的亲子依恋关系。儿童对母亲的依恋是儿童健康成长的重要条件，但是特殊家庭的亲子依恋却是一种会给子女成长带来困惑的问题。在单亲家庭，亲子之间的依恋关系根据依恋的程度可以分为相依为命型、彼此封闭型与相互怀疑型等依恋类型。相依为命型依恋就是母子之间关系密切，相互依靠，随着子女年龄的增长，这种关系会变成一种母亲对子女过度的依恋而不是子女对母亲的依恋。这种由最初的相依为命的相互取暖，变成了母亲对子女的过度依赖或过度控制。这种关系会影响子女的人际交往与恋爱婚姻。彼此封闭型依恋与相互怀疑型依恋都是依赖水平

---

① 邓惠明、莲榕、洪幼娟：《家庭功能对亲子冲突的影响及其干预对策——基于对三十例亲子冲突家庭成员的访谈分析》，《怀化学院学报》2012年第12期。

低、亲子之间互不信任与缺乏内在交流的依恋类型。这种不信任与封闭内心世界是由子女开始的，由于子女对父母的离异、再婚不满，而不愿意与父母交流，这种不满可能会发展成为怨恨与疏离情绪。

二、家庭教育方面的问题

亲子关系与家庭教育方面的咨询与辅导是相互联系的。很多亲子关系方面的问题都与家庭教育不到位、不得当和缺失有关。现代人越来越重视家庭教育，但是也越来越感受到引导子女和陪伴子女的难度。根据我国有关家庭教育现状的研究与笔者心理咨询与辅导的实践，我们可以把家庭教育方面的问题归纳为以下几个方面。

（一）父母家庭教育观念与行为上的偏差

父母是孩子的第一任老师，是对子女影响最大的人。父母对子女的影响方式具有多样性，有意识、有目的施加影响，就是家庭教育。除了这种有意识、有目的地引导、陪伴、促进他们成长的活动。夫妻关系、家庭氛围、父母自身的言语行为方式等因素也影响着子女对世界的认知与人格发展水平。这些因素也是家庭教育的组成部分。但是现在生活中，很多父母表面上特别重视家庭教育，可实质上却忽视自我行为语言对子女的影响。例如，每天手机不离手、玩游戏的父母却要求孩子不要玩游戏用心学习，每天看电视的父母却要求孩子不要看电视，每天不运动的父母却要求孩子注意运动，这类父母自身的行为消解了言语的价值。

2018年，我国发布了家庭教育第一次真正意义上的国家报告——《全国家庭教育现状调查报告（2018）》，该报告把我国家庭教育的主要问题归结为三个方面：家长关注与孩子期望家长关注"错位"，家长在言传和身教上存在较大差距，家长参与孩子的学习和生活过少等。这些问题具体表现为：第一，家长对子女关注的内容没有随着年龄变化而变化，学习成绩与学业情况是家庭关注的核心问题，而不同年龄阶段的子女却希望家长对他们的关注要随着他们年龄的增长而变化。第二，在家庭教育上，家长存在十分明显的"重智轻德""重身体健康轻心理健康"的倾向。第三，家长在孩子面前做很多自己平时要求孩子避免的不良行为，家长要求孩子懂礼貌、不说脏话，而自己却存在语言上的暴力，家长要求孩子认真学习不玩游戏，而自己却沉溺于游戏，家长要求孩子做家务，自己却不做任何家务等。第四，家长没有做好陪伴孩子成长的心理准备，很少陪伴孩子，很少参与子女的学习与生活活动；家长与孩子沟通的方式单一，没有办法与子女进行深入的交流等。① 另一项中美日韩四国的调查研究反映了同样的问题：我国的家长最关心孩子的学习，这也是亲子冲突最大的原因，我国的父母倾听孩子内心世界最少等。②

《全国家庭教育现状调查报告（2018）》反映的家庭教育方面的问题在目前我国家庭教育上是普遍存在的。这些问题说明在我国家庭教育上存在比较多的观念偏差与行为方式的偏差。

在家庭教育和良好的亲子关系的建立方面，父母最常犯的错误有两个：一是忽略孩子的存在，也就是不关注孩子的成长和发展，对孩子不闻不问和放任自流。许多父母以工作忙和自己的事情重要，或者以要养家糊口为借口，不愿意在子女身上花费时间和精力，不管教和陪伴子女。二是看不到孩子身上的优点，经常用消极的语言对孩子进行评价，甚至用极端的语言否定孩子存在的价值和意义。长期生活在被父母忽视和否定环境下的孩子，不会与父母建立密切的关系，不会与父母进行深入的沟通交流，甚至还会以冷漠的情感、极端的行为对待父母。

（二）家庭结构变化与家庭教育角色错位

社会的发展使现代家庭结构发生了很大的变化，有关人口调查的数据

---

① 边玉芳、田微微：《对家长教育问题的思考与对策——基于〈全国家庭教育现状调查报告（2018）〉部分结果解读》，《中国德育》2019年3月。

② 孙宏艳、张旭东：《中国父母听孩子倾诉烦恼最少——一项调查显示：学习是中国家庭亲子冲突最为集中的方面》，《中国青年报》2018年10月30日，第7版。

表明现代家庭 70% 是父母与子女组成的核心家庭，30% 是特殊家庭。这种家庭结构的变化，导致现代家庭养成性教育功能削弱，正确的家庭教育理念缺失和家庭教育角色错位等。①

无论是城市还是农村，很多孩子成长的早期都是由祖父母抚养与看护的，尤其是农村的留守儿童数量众多，这就导致了子女与父母情感联系减少，存在家庭教育角色的错位现象。现代家庭教育上的角色错位表现为祖父母参与过多，父亲与子女交流和关注子女成长较少，传统的严父慈母模式变成了慈父严母模式等。笔者的咨询实践和很多专业机构的咨询实践都显示，在家庭教育上，父母存在观点不一致，父母教育子女的功利化、情绪化与冷暴力的倾向，存在夫妻关系影响亲子关系的现象。②

（三）原生家庭不良的教育模式的广泛性

原生家庭问题是现代家庭心理咨询与辅导、家庭治疗和社会各界普遍关心的问题。2019 年的一部电视剧《都挺好》使原生家庭的概念走进了千家万户。社会生活中人们都在用原生家庭分析自己与他人的性格特征与行为方式。原生家庭是指一个人成长的最初家庭，原生家庭是个体社会化的基础，原生家庭的人际关系、父母的教养方式、父母的生活习惯等都对子女的成长发展产生影响。在原生态家庭中，影响子女最大的因素就是持续性的负面的行为模式。美国心理治疗师苏珊·福沃德（Susan Forward）把父母持续性的反复出现的消极行为模式称为有毒的行为模式，把这些父母称为有毒的父母。③ 在《原生家庭：如何修补自己的性格缺陷》这本书中，福沃德和巴克把有毒的家庭行为模式分为七种，其中包含以爱的名义伤害孩子的父母、不尽自己本分与责任的父母、操控型父母、酗酒型父

---

① 景云：《家庭结构变迁下家庭教育问题及解决途径》，《教育评论》2019 年第 1 期。
② 张威：《中国家庭关系和家庭教育的结构性特征与问题分析——基于华仁社会工作发展中心的家庭教育咨询案例分析》，《社会工作》2015 年 5 期。
③ 苏珊·福沃德、克雷格·巴克：《原生家庭：如何修补自己的性格缺陷》，黄姝、王婷译，北京时代文化书局，2018，第 6 页。

母、身体虐待型父母、言语虐待型父母、性虐待型父母等。①除了这些典型的家庭行为模式对子女的成长与发展具有消极影响之外，福沃德认为有的家庭形成了对子女产生消极的影响的体系。她把这种体系称为"有毒的家庭体系"，这套有毒的家庭体系是由观念、规则、交流与行为等组成的。这套体系是原生家庭对子女造成伤害的最大根源。②

福沃德总结的不良家庭行为模式在我国也是广泛存在的，例如，父母以爱的名义不尊重孩子隐私，剥夺孩子的选择权，实时控制与惩罚孩子就普遍存在。言语上的暴力、情感上的冷漠、把孩子作为自己不良情绪的发泄口和出气筒也普遍存在。以赚钱为主和认为给子女供给了物质需要就是尽了家庭教育的本分，而在子女成长中缺位的父亲和母亲也大有人在。这些不良的原生家庭教育观念、行为模式和教养风格都会在子女的个人成长中留下消极的痕迹。

三、不良的家庭教育与亲子关系对子女发展的消极影响

虽然我们反对把原生家庭对人产生的消极影响的结果夸大化的倾向，但是我们绝不能否定这种影响的存在。无论是不良的亲子关系，还是错误的家庭教育观念与行为对子女的成长都会产生消极影响。在亲子关系和家庭教育的咨询与辅导中，对这些消极影响的分析认知是很重要的。了解不良因素的影响，既能增强来访者自我改变的自觉性，也能提高心理咨询与辅导的针对性。

（一）不良的家庭教育与亲子关系影响子女的人格成长

家庭是影响个体人格成长发展的重要场所。亲子关系、家庭教育模式、家庭氛围等都会对个体产生很大的影响。不良的亲子关系和家庭行

---

① 苏珊·福沃德、克雷格·巴克：《原生家庭：如何修补自己的性格缺陷》，黄姝、王婷译，北京时代文化书局，2018，第15-149页。
② 苏珊·福沃德、克雷格·巴克：《原生家庭：如何修补自己的性格缺陷》，黄姝、王婷译，北京时代文化书局，2018，第150-166页。

为模式对个体的人格特征、思维模式与人生态度都会产生极大的消极影响。

积极心理学之父塞利格曼就认为，父母不良的教育方式应该对子女的不快乐负责。他指出，现代家庭教育中很多看起来积极的理念，其实会造成孩子消极悲观的人生态度。例如，很多有关自尊的教育，父母只重视孩子的感受，而忽略孩子的所作所为，这样建立的自尊是一种"感觉满意"，而不是"表现满意"。感觉满意就是"自己有权利高兴，感觉有价值，有权利追求欲望与需求及有权利享受努力所获得的成果"，表现满意就是"对自己的思考能力和应对日常基本挑战的能力有信心"。感觉满意的自尊不是一种真正的可以帮助孩子渡过难关的自尊，这种错误的自尊教育会导致子女抑郁症的产生。①

塞利格曼的研究表明了以培养孩子积极人格特质的理念出发，不得当的方式也可能导致消极悲观的人格特征，那么那些不良的家庭教育与亲子关系对个体人格的消极影响就更加普遍。

发展心理学的研究表明，严重的家庭内部冲突和子女关系冲突对孩子的身体发育和心理发展都会产生严重的消极影响。在儿童成长的早期，有的儿童曾遭受父母或其他成年家庭成员的身体虐待或者心理虐待。与身体虐待相比，心理虐待更具有隐蔽性，其危害也更大。现代社会家庭对儿童实施心理虐待的方式具有多样性，例如，语言上的贬低、恐吓和羞辱等。此外，由于父母的极端不负责任，儿童过早地放弃了自己的正当需要，承担不该承担的责任，这也是一种心理虐待。一些遭受心理虐待的儿童在学校会表现出低自尊、撒谎、品行不端、学业成绩不佳的特征，还有一些遭受心理虐待的儿童会变得沮丧、消沉甚至自杀。身体虐待与心理虐待的一些消极后果是终身的、不可避免的，这是因为这些虐待会导致大脑发育的

---

① 马丁·塞利格曼、卡伦·莱维奇、莉萨·杰科克斯等：《教出乐观的孩子：让孩子受用一生的幸福经典》，洪莉译，北京联合出版公司，2017，第 20 - 34 页。

不健全。①

我国的一些调查研究表明：不良的原生家庭环境对大学生的心理健康有着明显的影响，来自经济困难家庭、多子女家庭和具有留守经历家庭的大学生心理健康水平明显低于没有这几项特征的大学生。② 同时，严重的亲子冲突对青少年的情绪有明显的影响，成长在高强度和高频率的亲子冲突环境下的青少年情绪管理能力较差，经常暴露在亲子冲突状态中的青少年自我情绪表达能力与情绪控制能力较弱，他们不能很好地依照社会情景调节自己的情绪，他们的安全感较弱。③ 更为严重的是，不良的家庭关系与教育模式会导致青少年出现自杀倾向。一项以1282名高中生为对象的研究结果表明：亲子冲突不但直接影响青少年的自杀意愿，而且会导致青少年的自我的家庭归属感降低，使青少年产生父母不爱他们，他们是父母的累赘的感觉，这种感觉会强化青少年的自杀意愿。④

（二）不良的家庭教育与亲子关系影响子女的社会适应与人际关系

现代心理学的生态系统理论认为，家庭在个体发展过程中具有关键性的作用。家庭是个体接触的第一个人际交往环境。父母对待子女的态度和家庭氛围，对子女的社会适应和人际关系具有十分重要的影响。在良好的家庭环境中，父母与子女的良性互动关系，使子女学会了与他人良性的交往、沟通方式，建立了信任他人的人际交往观念，降低了不必要的心理防卫，而在不良的家庭环境中，子女没有建立正确的人际交往理念，没有形成积极有效的处理人际关系的方法。研究表明，父母对待子女的情感态度

---

① 罗伯特·S. 费尔德曼：《发展心理学：探索人生发展的轨迹（第三版）》，苏彦捷译，机械工业出版社，2017，第159–161页。

② 汪祝华、卢继富：《高校大学生原生家庭背景与心理健康状态研究》，《吉林工程技术师范学院学报》2020年第3期。

③ 韩磊、许玉晴、孙月等：《亲子冲突对青少年社交回避与苦恼的影响：情绪管理与安全感的链式中介作用》，《中国特殊教育》2019年第7期。

④ 赵建彬、陶建蓉：《亲子冲突对青少年自杀意愿的影响》，《中国卫生事业管理》2019年第10期。

与子女社会适应能力和在人际交往中受欺负的程度呈现十分明显的相关关系，以温暖和和善的态度对待子女的父母，培养出的孩子就有着比较强的社会适应力和人际交往能力，他们在同伴团体中欺负他人和受欺负的程度较少，以严厉与冷漠态度对待子女的父母培养出的子女社会适应力较弱，他们的人际交往能力较弱，在同伴团体中欺负他人与受欺负的概率大大增加。①

在我国，留守儿童与青少年是一个特殊的群体，2018年发布的《中国留守儿童心灵状况白皮书》显示，约40%的留守儿童与父母见面的次数少于一年两次，约20%的留守儿童与父母见面的次数少于一年四次。由于父母不在身边，他们内心更加孤独，更会压抑自己的情绪，他们对父母有一种怨恨情绪。② 2019年发布的《留守儿童心灵状况白皮书》表明，受访的留守儿童中91.3%的留守儿童遭受过精神暴力，13.7%的留守儿童遭受身体暴力、精神暴力、性暴力与忽视等四重暴力。留守儿童的社会适应能力、社会交往能力显著低于非留守儿童。③ 一项有关留守儿童家庭功能与他们受欺负的程度的研究表明：留守儿童在同伴中受欺负的程度远远大于非留守儿童，留守儿童与父母冲突的程度越高，受欺负的可能性也越大。这是因为，父母长期外出，使留守儿童与父母沟通不畅，他们与父母的关系比较疏远，在心理上缺乏安全感、情绪不稳定，在人际交往中容易紧张，在与同伴交往中缺乏解决冲突的能力，更容易遭到同伴的欺负。④ 以上的调查与研究结果十分清楚地表明：不良的家庭环境、不良的亲子关系对子女社会适应和人际交往能力、人际关系状况均具有消极影响。

---

① 邓林园、王凌霄、徐洁等：《初中生感知的父母冲突、亲子冲突与其欺负行为之间的关系》，《中国临床心理学杂志》2018年第1期。

② 桂杰：《约40%留守儿童一年与父母见面不超过两次》，《中国青年报 中青在线》2018年10月16日。

③ 张一川：《留守儿童心灵状况白皮书发布》，《新京报》2020年1月11日。

④ 陈锋菊、罗旭芳：《家庭功能对农村留守儿童问题行为的影响——兼论自尊的中介效应》，《湖南农业大学学报（社会科学版）》2016年第1期。

第三节　亲子关系心理咨询与辅导的思路与过程

家庭教育和亲子关系的咨询与辅导是一项以所有家庭成员为对象的咨询与辅导工作，这项工作的核心任务是帮助父母全面理解家庭教育的价值意义，理解自己在亲子关系和子女成长中扮演的角色，提高父母教育和促进子女成长的能力，同时也帮助不同年龄阶段的孩子理解父母的行为，促进良好家庭关系的建立。

一、亲子关系咨询与辅导工作的目标取向

在家庭教育和亲子关系的咨询与辅导中，来访者提出的问题具有多样性，进行咨询与辅导的来访者大多都是父母或者家庭的成年成员。在咨询中，来访者提出的问题大多与未成年子女有关。最常见的咨询问题是孩子学习动力差、孩子上网成瘾、孩子的行为极端逆反和感情冷漠等。来访者大多期望能得到咨询与辅导人员的指导，期望咨询与辅导人员能教给他们具体的方法，使他们能"摆平"子女。但是面对来访者的这种只求帮助解决具体问题，甚至只求教给某些解决问题的技巧的愿望，咨询与辅导人员一定要有清醒的认识，要确定好咨询目标。

一般来说，亲子关系咨询与辅导的目标有三个方面：

第一，对来访者提出的具体问题的解决提供帮助和指导。在咨询与辅导中，咨询与辅导人员就某些具体的问题对来访者进行指导，帮助来访者做好问题的诊断和分析工作。

第二，为来访者提供分析问题和解决问题的方法与理念，促进来访者自我解决问题能力的提升。在咨询与辅导中，咨询与辅导人员不应把注意力停留在具体的问题和困惑上，也不应把主要精力放在某一个问题解决的

结果上，而应更加关注咨询与辅导的过程，关注来访者自我人格的成长，教养观念、沟通观念的转变和方法技能的提高。

第三，以过程为导向，以提升能力和改变消极观念、形成积极观念为核心，开展咨询与辅导工作。在家庭亲子关系的咨询与辅导过程中，咨询与辅导人员一定要以过程为导向，以促进来访者的家庭教育和家庭沟通的理念的转变，促进来访者爱的能力和解决亲子关系问题能力的提高为导向，而不是以解决具体的亲子关系问题为导向。

二、家庭教育和亲子关系问题咨询与辅导的阶段

家庭教育和亲子关系的咨询与辅导按照咨询与辅导的对象可以分为两种形式：一种是个体咨询与辅导；另一种是家庭团体咨询与辅导。在具体的咨询与辅导实践中，采用个别咨询与辅导还是团体咨询与辅导可以根据实际情况灵活运用。在家庭教育和亲子关系的咨询与辅导中，不管是个体咨询与辅导还是父母和子女共同参与的家庭团体咨询与辅导都包含以下三个阶段。

（一）建立咨询与辅导关系，初步诊断问题

这一阶段主要包括以下几个方面的工作：第一，咨询与辅导人员以积极的态度接待来访者，为来访者创造安全的心理环境；第二，咨询与辅导人员对心理咨询与辅导工作进行简单的介绍，使来访者对心理咨询与辅导工作有一个基本的了解；第三，咨询与辅导人员进行基本的自我介绍，以取得来访者的信任，使他们愿意以开放的态度参与咨询与辅导工作；第四，了解来访者的基本情况和来访者所遇到的问题，了解来访者的咨询与辅导动机及其对咨询与辅导工作的期望；第五，对来访者所遇到的问题进行初步诊断，在与来访者进行充分沟通的基础上形成咨询与辅导的方案。

由于亲子关系和家庭教育问题的复杂性与多样性，咨询与辅导第一阶段的工作任务除了同来访者建立密切的关系之外，咨询与辅导人员还要根

据来访者的情况，做好来访者家庭情况、家庭内部人际关系、来访者的困惑等方面的信息的收集整理工作。如果来访者是父母中的一个，就要了解父母中的另一方和孩子对咨询与辅导的态度，了解来访者自己在家庭中的地位和影响力。在了解这些情况的基础上，咨询与辅导人员就要向来访者说明亲子关系和家庭教育咨询与辅导的类型，使来访者明白所有家庭成员都参与家庭咨询与辅导效果最好，使来访者认识到家庭所有成员的积极配合、通力合作是解决家庭教育问题和亲子关系问题的根本之道。在对咨询与辅导工作的目标和形式等介绍之后，咨询与辅导人员就要同来访者共同商讨如何引导其他家庭成员参与咨询与辅导工作的方法，使咨询与辅导工作能扩大到整个家庭。

如果前来进行咨询与接受辅导的对象是整个家庭或者大多数家庭成员，那么咨询与辅导人员在对来访者进行有关心理咨询与辅导工作的介绍和自我介绍之后，要分别询问前来接受咨询与辅导的每个成员对咨询与辅导工作看法和态度，了解每个人对咨询与辅导工作的期望，最终达到对咨询与辅导工作态度和期望上的共识，为下一阶段工作的开展奠定基础。

在亲子关系和家庭教育的咨询与辅导工作的第一个阶段，咨询与辅导人员经常遇到的困难是来访者对咨询与辅导工作的错误看法和不切实际的心理期望。在亲子关系和家庭教育问题的咨询中，咨询初期绝大多数的来访者都是父母，或者母亲带着孩子前来咨询，很少有父母和子女一同前来进行咨询与辅导的。在咨询与辅导的开始阶段，几乎所有的父母都会述说子女的不良行为和子女的心理困惑，会急不可耐地询问解决问题的方法，很少有父母关心导致子女行为偏差和心理困惑的原因；他们更不能自觉地进行自我剖析，也没有自我改变的愿望。面对这种情况，咨询与辅导人员要通过耐心细致的解释工作，使来访者认识到亲子关系问题的产生不是孩子单方面导致的，而与自己对待子女的态度和行为直接相关，使来访者认识到这些问题要得到真正的解决，需要父母、子女以及所有家庭成员的共同努力，使来访者认识到，在亲子关系问题的解决方面，父母对待子女的态度和行为方式的改变是改善亲子关系、促进孩子转变的关键。因此，这一阶段的工作重点除了建立良好的咨询与辅导关系之外，更重要的是做好亲子关系咨询与辅导的解释工作，做好正确的家庭教育与辅导基本理念的普及工作。这方面的工作是否成功，直接关系到家庭教育和亲子关系咨询与辅导工作的最终效果。

（二）进行具体指导，促进来访者改变

如果说第一阶段的工作是亲子关系和家庭教育问题咨询与辅导的基础，那么第二阶段的工作就是咨询与辅导工作的关键。这一阶段是对前一阶段制定的咨询与辅导方案的具体执行阶段。

在第一阶段，咨询与辅导人员对来访者的问题进行了初步的诊断，也与来访者达成了有关咨询与辅导上的共识；第二阶段的工作就是在初步诊断的基础上，对家庭教育和亲子关系方面的问题进行详细的了解和分析，为对来访者进行具体的指导奠定基础。具体来说，咨询与辅导人员在与来访者交流时，要让参与咨询与辅导工作的父母分别详细介绍自己在家庭中与子女交往的情况，介绍自己在子女教育方面的具体做法，然后与父母一起分析他们在处理亲子关系和子女教育方面问题的做法，帮助他们分析自己的哪些观点和行为是恰当的，有利于建立良好亲子关系和促进孩子成长，哪些观念和行为是不当的，容易导致亲子关系疏离和导致子女行为偏差；然后针对具体情况对父母给予观念和行为上的指导，帮助父母树立正确的亲子关系和家庭教育理念，帮助他们提高处理亲子关系的能力。为了使这种指导在实际生活中有效地发挥作用，咨询与辅导人员也需要根据具体情况给前来咨询的父母布置一定的家庭作业，使他们学会以积极的方式对待子女。

在这一阶段，除了对前来咨询与辅导的父母进行指导外，咨询与辅导者也要对前来咨询的子女进行指导。对子女进行指导的步骤与对父母进行

指导的步骤相似。咨询与辅导人员通过单独同前来咨询与辅导的孩子进行沟通交流，了解他们的困惑、了解他们与父母的关系、了解他们对父母的心理期待和自我的心理期待，在此基础上，帮助孩子分析自己困惑产生的原因，帮助孩子确定自己的优势，与孩子共同商讨自我行为改变的途径和方法，帮助孩子走出困惑。

在对父母和子女分别给予指导之后，咨询与辅导人员接下来的工作就是对父母和子女进行共同指导。在这个过程中，咨询与辅导人员指导家庭成员进行面对面的沟通，使他们学会以积极的态度对待他人，使他们都明确地向对方表达自己的心理期待，也都接受他人对自己的期待。通过家庭成员间的交流和相互分享，使家庭成员学会以积极的态度对待彼此。

指导阶段的工作是心理咨询与辅导中最艰难的工作。对来访者来说，这一阶段是与原来的错误观念和行为抗争的阶段，是寻求新的出路的阶段。虽然有咨询与辅导人员的帮助、支持和鼓励，但是要真正的改变，还需要来访者自己的努力。尤其在改变的初期，虽然来访者已经作出很多努力，但尚未看到效果，这时来访者就会出现心理上的懈怠，会对咨询与辅导工作产生怀疑。因此，要在这一阶段取得良好的效果，一方面，需要咨询与辅导人员不断地对来访者提供心理上的支持、方法上的指导、精神上的鼓励；另一方面，需要接受咨询与辅导家庭的所有成员共同努力，尤其是要促进子女行为的改变，就需要父母自己坚持不懈的努力。通过咨询与辅导人员的支持和来访者的坚持，这一阶段的工作就会取得良好的效果。

（三）整合提高与结束咨询与辅导

这一阶段的主要任务是巩固第二阶段的咨询与辅导的成果，促进来访者自我的提高，最终结束咨询辅导工作。如果说在咨询与辅导的第二个阶段，来访者对自我改变还具有畏难情绪，对咨询与辅导人员提出的要求还会产生心理上的抗拒，来访者还会有放弃努力的想法，那么在整合提高阶段，来访者已经完全理解咨询与辅导的整个过程，来访者充满了自我改变的内在需求，对其他家庭成员的改变也充满了信心，他们不但愿意配合咨询与辅导人员做好各方面的工作，而且愿意进行积极的尝试和自我的探索。如果说第二阶段的特征是感到迷茫和改变的艰难，那么第三阶段的特征就是充满希望和信心。

在这一阶段咨询和辅导人员的主要工作就是保护来访者的热情和自我改变的积极性，在此基础上与来访者共同探索符合来访者具体情况的进一步提升的方法与途径，同时帮助来访者作好咨询过程与自我改变过程的总结，使来访者把自己的经验体会运用在整个家庭中，以调动家庭其他成员的积极性，促进整个家庭内部人际关系和家庭氛围的整体改变。如果达到了既定的目标，就可以结束这一阶段的咨询与辅导工作。如果来访者有新的需要和新的主题，那么就可以开始新的阶段的咨询与辅导工作。

虽然按照心理咨询与辅导的任务，可以把整个咨询与辅导过程分为三个阶段，但是在咨询与辅导的实践中这三个阶段经常是相互重叠和相互交织的。尤其是在家庭团体咨询与辅导中，不是每一个参与者在同一个时间节点都处于同一个咨询与辅导阶段。例如，在母亲、父亲和孩子都参与的以增进亲子沟通交流为主题的咨询与辅导活动中，可能会出现母亲的积极性很高，严格按照咨询与辅导人员的指导进行自我调节和改变，在经历了三四次的咨询与辅导活动之后，她已经充分体会到咨询与辅导的意义，也对自我的改变和未来亲子关系的前景充满信心，对她来说咨询与辅导进程已经达到了第三阶段，也就是达到了整合与结束的阶段；而父亲由于参与度不够、积极性不高，可能还处于自我改变的挣扎和迷茫阶段；儿子可能还是消极被动地应对咨询与辅导中的任务和布置的作业，可能对咨询与辅导的认识还不是很清楚，对父亲和儿子来说咨询与辅导还处于第二个阶段。因此，在咨询与辅导过程中，咨询与辅导人员一定要充分了解咨询处于哪个阶段，哪怕是不能清晰地划分各个阶段的界限，也要作出基本的判断。尤其是咨询与辅导的对象是所有家庭成员的时候，咨询与辅导人员一定要掌握每一个来访者所处的咨询阶段，根据来访者所处的阶段做好工作。如果只有一个来访者达到了最后的阶段，那么咨询与辅导工作就不能停止，直到咨询与辅导的整体目标实现为止。

在亲子关系和家庭教育咨询与辅导中，咨询与辅导人员是咨询与辅导过程的指导者和调节者，咨询与辅导人员不但要善于与所有的来访者进行沟通交流，还要做好来访者之间的沟通交流工作，咨询与辅导人员要善于调动所有来访者的积极性，为每一位来访者积极参与咨询与辅导活动创造良好的气氛，搭建好平台。

第四节 亲子关系心理咨询与辅导的具体方法

亲子关系和家庭教育方面的问题具有多样性，解决问题的方法也具有多样性。亲子关系的咨询与辅导的主要任务除了帮助来访者解决具体的问题之外，更重要的是帮助来访者认识问题的实质和产生这些问题的原因，在此基础上，通过一系列的训练，促进来访者观念的改变和行为的改变，实现能力提升的目标。因此，亲子关系和家庭教育的咨询辅导工作的主要任务就包括三个方面：第一，对问题和产生问题的原因进行分析；第二，针对问题本身和导致问题产生的原因开展辅导与指导工作；第三，进行训练，促进思想观念和行为的转变。下面我们就围绕这三个主题，提出咨询和辅导的具体方法和内容。

一、问题诊断的方法

对亲子关系的问题和困惑进行诊断，对产生困惑和问题的原因进行分析是咨询与辅导工作中最重要的任务之一。在这一方面，咨询与辅导人员可以采取观察法、行为事件访谈法、心理测量法等开展工作。

(一) 观察法

通过对来访者的面部表情、言语和行为的观察，对来访者的家庭内部的人际关系、来访者家庭沟通的方式和来访者家庭角色等内容作出基本的了解。

(二) 行为事件访谈法

采用行为事件访谈法是对来访者的家庭交往模式和家庭关系的变化情况进行了解，从动态的角度判断亲子关系变化的轨迹的重要方法。在所有家庭成员参与的家庭团体咨询与辅导中，每个参与者都要思考三个问题，并说明这三个问题对自己生活的影响及意义：第一，说出亲子关系中最难忘的令自己最高兴的一件事，说明这件事对自己的影响；第二，说出亲子关系中最难忘的令自己最悲伤的一件事，说明这件事对自己的影响；第三，说出亲子关系中最难忘的令自己最生气一件事，说明这件事对自己的影响。在运用行为事件分析法了解来访者家庭情况和亲子关系的过程中，咨询与辅导人员一定要提醒来访者说明事件发生的时间、地点、人物和经过，说出这些事件对自己的具体影响。通过行为事件分析，咨询与辅导人员就可以清楚地了解来访者家庭亲子关系的状况，了解影响亲子关系的主要因素，也可以清晰地看出家庭亲子关系发展变化的轨迹。

(三) 心理测量法

心理测量法是家庭教育和亲子关系的咨询与辅导的诊断中常用的方法。通过心理测量可以了解父母的教养方式、了解亲子依恋类型、了解妻子冲突的状况等。在现代家庭教育和亲子关系咨询与辅导的实践中，常用的心理测量工具有以下几类。

1. 亲子依恋类型的测量

最常用的是科林斯（Collins）的成人依恋关系量表（AAS）和李同归修订的亲密关系体验量表（ECR）。成人依恋关系量表是科林斯于1990年编制的，该量表共18个题目，分别测量成人依恋关系的三种类型倾向：

亲近、依赖和焦虑。① 亲密关系体验量表是李同归于2006年修订的测量成人依恋关系的量表。② 这两个量表的信度、效度都符合心理测量工具的要求。

2. 教养方式的测量

教养方式对亲子关系及子女成长具有很重要的影响，因此搞清楚父母的教养方式在心理咨询与辅导中很重要。教养方式测量包含父母的教养方式问卷与管教态度测量两种。现代家庭教育和亲子关系的咨询与辅导中，常用的是父母的教养方式问卷（parental bonding instrument，简称 PBI）。该问卷是测定父母对待子女教养态度的心理测量工具，由澳大利亚新南威尔士大学的帕克（Parker）等专家编制，该问卷最初测定的是关怀和过度保护等维度，后来被翻译为多种语言，引起了世界各国心理学家的关注。现在我国常用的父母的教养方式问卷是2009年由杨红君、周世杰和楚艳民等人修订的量表。③ 该量表分为母亲量表（PBI-M）和父亲量表（PBI-F）。这是用以评估儿童时期（16岁之前）母亲和父亲对待儿童教养方式的自陈量表。父亲量表和母亲量表各由23道题目组成，包含关爱、鼓励自主和控制三个因子，该量表采用四级计分法。该量表的的信度和效度达到了心理测量专业的要求。

3. 亲子关系的测量

亲子关系的测量主要测定父母与子女之间的亲和程度与冲突程度。这两方面的倾向性可以反应亲子关系的基本状况。

在家庭与亲子关系的咨询与辅导实践中常用的亲子关系测量工具是巴尔米斯特（Buhrmester）和福尔曼（Furman）等于1988年编制，田录梅

---

① Nancy L. Collins & Stephen J. , "Adult Attachment, Working Models, and Relationship Quality in Dating Couples", *Journal Personality and Social Psychology*, vol. 58, no. 4 (1990): 644–663.

② 李同归、加藤和生：《成人依恋的测量：亲密关系经历量表（ECR）中文版》，《心理学报》2006年第3期。

③ 杨红君、楚艳民、刘利等：《父母养育方式量表（PBI）在中国大学生中的初步修订》，《中国临床心理学杂志》2009年第4期。

等于2012年修订的亲子关系量表。这一量表测量亲子关系的五个维度：陪伴、亲密性、情感性支持、工具性支持和争吵与冲突。前四个维度合并成为亲子支持程度，后一个维度是亲子冲突程度。这个量表的信度效度达到了心理测量的要求。[1]

常用的亲子冲突量表是由莫斯（Moss）等人于1981年编制，1998年由方晓义、董奇等修订的中文版亲子冲突量表。这个量表有16个题目，涉及冲突的八个方面，包括学业、日常生活安排、交友情况等。分别测量子女与父亲冲突、与母亲冲突的频率与强度。这一量表的信度效度达到了心理测量的要求。[2]

上面介绍了从三个方面测定有关家庭关系与父母教养方式的测量工具。在家庭教育和亲子关系的咨询与辅导的诊断中，除了这几种直接测定家庭亲子关系和父母教养方式的工具之外，其他的心理测量工具都可以使用。但是我们必须明白，任何心理测量工具的使用都是帮助我们进行诊断的，因此切不可迷恋和过分依赖心理测量工具。

二、观念指导与辅导的方法

指导与辅导工作是亲子关系和家庭教育咨询与辅导的核心工作。一般亲子关系和家庭教育的咨询与辅导包括对父母的咨询与辅导、对子女的咨询与辅导，同时也包括面向所有家庭成员的咨询与辅导。在现代家庭心理咨询与辅导的实践中，面对父母进行的指导多一些，一般都是先促进父母的改变和提高，再通过父母促进子女的转变和发展。对父母与子女的亲子关系的观念进行梳理，帮助他们形成积极的观念是亲子关系与家庭教育方面咨询与辅导的主要内容之一。

---

[1] Nancy L. Collins & Stephen J., "Adult Attachment, Working Models, and Relationship Quality in Dating Couples", *Journal Personality and Social Psychology*, vol. 58, no. 4 (1990): 644-663.

[2] 方晓义、董奇：《初中一、二年级学生的亲子冲突》，《心理科学》1998年第2期。

(一) 促进来访者良好亲子关系和家庭教育观念形成的方法

观念指导是指咨询与辅导人员通过同来访者的交流、沟通使来访者明白在亲子关系和家庭教育中自己的哪些观念和做法是不当的，而正确的亲子关系和家庭教育的观念是什么。对来访者进行观念指导的途径有以下几种：分析讨论法、场景模拟法和角色扮演法（心理剧）等。

分析讨论法是最常用的方法。这种方法就是面对来访者遇到的问题，深入分析产生的原因，使来访者自己感觉到哪些想法是错误的，而正是由于这些错误的观念导致了错误的行为，然后通过与来访者的深入讨论，使来访者明白正确处理亲子关系的理念，接受正确的观念而放弃原来的观念。

场景模拟法就是模拟不同的场景，一个场景是来访者所赞成的观念下的场景，另一个是来访者改变了观念下的场景，让来访者体会这两种场景下的人的行为和心理感受，从而使来访者自己对原来的观念进行分析判断，引导其放弃原来的观念，接受新观念。

角色扮演法也就是心理剧的方法。心理剧的方式是心理咨询与辅导中常用的方法。这种方法和我们在上文提到的场景模拟具有一定的相似之处，都是模拟某种场景让来访者扮演角色。但是场景模拟法主要是模拟某一个观念下的场景，然后让当事人来谈体会和感受；心理剧是围绕某一个真实的问题，让当事人扮演不同的角色，来领悟自己和他人的内心世界，从而对他人的行为有真正的了解和理解的方式。例如，让以严厉态度对待犯了错误的孩子的父亲或母亲扮演一个犯了错误的孩子，而由孩子扮演父亲或者母亲。当孩子给父母诉说自己犯了错误的时候，孩子所扮演的父母就以严厉的态度、尖刻的语言对待扮演孩子角色的父母，让父母体会他们这样对待孩子时，孩子的心理感受，同时也让孩子体会对父母严格要求的苦心。这就使双方都认识到自己的错误，都了解对方的心情。这种相互扮演角色的方式不但有利于促进父母错误观念的改变，更有利于促进亲子双方的相互理解。

在具体的亲子关系和家庭教育的咨询与辅导实践中,这几种途径和方法是相互融合的,可以综合运用。

(二)父母需要形成的良好观念

父母在良好亲子关系建立方面起着决定性的作用。要建立良好的亲子关系,就需要父母以正确的观念对待子女和教育子女。因此,在亲子关系的咨询与辅导中,咨询与辅导人员要引导父母形成以下几种正确的观念:

第一,对爱的正确理解。爱是我们强调的一个核心概念。在亲子关系问题的解决中,爱是解决一切问题的最有效的力量。爱可以促进父母和子女的和解,为双方关系的改善提供动力。促进父母形成正确的爱的观念是亲子关系咨询与辅导的核心任务之一。

父母对子女正确的爱应该是无条件的爱,而不是有条件的爱。无条件的爱是父母把子女作为需要爱的对象来爱,而不是依照子女的表现和子女是否满足自己的期望来决定是否爱子女。无条件的爱是子女能够得到照顾和受到尊重的前提。有条件的爱有两种表现形式:一种是假设式的爱,另一种是因果式的爱。假设式的爱就是要求子女满足自己的某种条件才爱他们,其通常的表达方式是"如果你……,我就会……"例如"如果你听话,我就爱你""如果你学习好,我就爱你""如果你能学好,我就爱你"等,也就是把子女能满足自己的某些愿望作为爱子女的前提。因果式的爱是把子女已经具有的某些特征作为爱子女的条件,其通常的表达方式是"因为你……所以我……"例如,"因为你学习好,所以我感到自己特别爱你""因为你是一个乖孩子,所以我很爱你"等。

有条件的爱给父母与子女保持密切的关系设置了障碍。现代社会很多父母对待子女的爱都设置一定的条件。由于子女没有达到父母的要求,没有实现父母的愿望,父母就抱怨和用不友好的方法对待孩子。这种有条件的爱的观念会导致父母与子女交往中居高临下的态度,导致父母对子女批评多、表扬少。

因此，在亲子关系的辅导中，咨询与辅导人员首先应该同父母一起分析父母爱的观念和爱的能力，使他们检讨自己的观念，促进他们形成正确的爱的观念。

第二，引导父母形成正确的教育目标。通过咨询与辅导，要使父母们认识到什么样的教养和教育目标是该追求的，什么样的目标是片面的。在子女的成长过程中，父母心目中孩子该成为什么样的人，直接影响着父母对待孩子的态度和行为，也直接影响着亲子关系的好坏。亲子关系和家庭教育的咨询实践表明，很多亲子关系的破裂都是因为父母对子女提出了不恰当、不合适的教养和教育目标，父母把子女取得良好的学业成绩作为最重要的甚至是唯一的培养目的。在这种不良的培养目标支配下，父母的一切行为都是为了促进孩子智力的提高和学业成绩的提高，而忽略了把孩子作为一个完整的人来培养，忽略了对孩子内在心理需要的了解和满足。这种功利的、忽略人格培养的教育目标必然导致亲子关系的不和谐，导致子女感受不到家庭的温暖和父母的爱。

家庭教育最重要的目标是培养子女的人格，促进子女人格的发展，使孩子在爱的环境中，在父母的指导下，形成独立、自尊、自信和乐观的人格品质。这几种品质是帮助孩子处理人生中的三种基本关系——自我关系、人际关系和自己与社会的关系的法宝。

第三，正确认识自身在子女成长和发展中的作用。父母在子女发展和成长中有着十分重要的作用，扮演着十分重要的角色。在影响人格发展的因素中，家庭因素是最重要的因素。家庭对子女成长和人格的影响有三种途径：一是父母的教养方式；二是父母的行为示范；三是家庭氛围。一般来说，子女心理上的问题都与家庭因素有关。人格心理学认为，具有人格障碍的人，病因在家庭，发病在学校，社会使病情恶化。这说明父母在子女人格成长中的作用十分明显。

很多父母没有意识到自己在子女成长中的作用，也没有扮演好自己的角色。所以在亲子关系的咨询与辅导中，咨询与辅导人员应该对这些父母进行角色和责任意识的指导，使他们认识到自己不良的行为和不良的家庭关系对女子的成长会产生消极影响，从而增强他们自我提高的自觉性，使他们扮演好子女人格发展的指导者、人生成长道路上的陪伴者、行为的示范者和支持者的角色，以自己的积极向上的人生理念、乐观的生活态度和规范的行为榜样引导孩子，启发孩子和陪伴孩子成长。

第四，正面管教。正面管教是一种既不惩罚也不骄纵的管教孩子的理念与方法。正面管教是以尊重与合作为基础，把和善与坚定融为一体，以此为基石，在孩子自我控制的基础上，培养孩子的各项技能的理念与方法。正面管教是由美国的简·尼尔森（Jane Nelsen）博士在阿德勒个体心理学基础上建立的一种积极教育和引导孩子的理念与方法。正面管教主张父母以和善而坚定的态度对待孩子，培养孩子的自律与合作精神、培养孩子的解决问题的能力。①

正面管教不但有利于建立密切的亲子关系，也促进孩子责任心与自我价值感的发展。因此，在亲子关系与家庭教育的咨询与辅导中，咨询与辅导人员要帮助家长形成正面管教的理念，掌握正面管教的方法。

（三）子女需要形成的正确观念

在亲子关系的咨询与辅导中，除了要父母形成好的理念之外，咨询与辅导人员也要培养子女形成以下几个方面的观念：

第一，完整理解父母的爱和以爱的态度对待父母。在现代家庭，独生子女增多，很多父母不关注对子女进行爱的教育和引导，越来越多的孩子把父母对自己的呵护和关爱都理解成理所当然，而缺乏对父母的理解，也缺乏对父母表达爱的回应。子女这种对爱的理解的偏差和这种缺乏爱的观

---

① 简·尼尔森：《正面管教》，玉冰译，北京联合出版公司，2016，第1-22页。

念、爱的意识的现状,是造成亲子冲突和亲子关系不良的重要原因。在亲子关系的咨询与辅导中,咨询与辅导人员首先要引导子女学会理解和体会父母的爱,同时也要以爱来对待父母。换一句话来说,子女要有一颗感恩的心,善于体会父母对自己的爱,并且以积极的态度回应父母的爱。

第二,正确的自我成长和发展的理念。在咨询与辅导中,咨询与辅导人员要启发子女形成完整的自我成长和自我发展的理念,使前来接受咨询与辅导的子女认识到不管自己是否愿意和是否意识到,每个人都要长大,都要承担责任。每个年龄阶段都有应该完成的任务和人生课题,每个人都要对自己的人生负责。在个人人生课题的完成过程中,父母是陪伴者和指导者,而自己的人生课题是否能够完成,取决于自己的努力。引导接受咨询与辅导的子女产生自我发展和提高的愿望,产生自我努力的动力和信心。

第三,促进子女形成正确的学习理念。在咨询与辅导过程中,咨询与辅导人员一定要指导参加咨询的子女形成正确的学习的理念和良好的学习习惯。由于现代父母过多地强调学业的重要性,过多地关注孩子在学校的成绩,对子女与学习无关的事情关心较少,使很多子女与父母产生了心理上的对立,很多子女认为是在为父母学习,以不认真学习作为对父母不关心自己的惩罚。为了矫正这种"为父母学习"的错误观点,咨询与辅导人员就要同孩子一起分析学习的含义和目的,使孩子逐渐形成学习是自我成长和发展的必然的观念,并且教给孩子一些学习方法,促进孩子形成好的学习态度。

三、观念和行为改变的训练方法

正确的观念的形成、行为的改变是一个过程。在咨询与辅导过程中,来访者会接受某些观念,会对自己以前的某些行为进行反思,但是如何促进观念和行为的真正转变,不但需要讲解和讨论,更需要实践和训练。因此，在亲子关系的咨询与辅导中，训练和实践环节是必不可少的。为了促进来访者观念和行为的改变，咨询与辅导人员就要采用教练技术，使来访者接受一定的训练。在观念和行为改变的训练中，自我积极心理暗示法、自我分析法和自我行为训练法等是常用的方法。

（一）循序渐进地帮助来访者形成积极的观念

积极心理咨询与辅导的倡导者佩塞斯基安认为，要促进人心理和行为的改变，需要来访者有积极的态度，需要咨询与辅导人员和来访者一起寻找紧扣内容的途径，更需要从五个步骤具体引导来访者自我探索和自我改变。他把"积极的态度、紧扣主题的途径和五阶段疗法"称为积极心理治疗的三大支柱。[1]

佩塞斯基安以解决家庭中的冲突为例说明了这三大支柱之间关系。他认为形成积极的观念是改变的基石、紧扣主题有利于找到最佳的改变途径，具体的改变是一个由五个阶段组成的过程。这五个阶段是：第一，观察/拉开距离阶段；第二，调查记录阶段；第三，情景鼓励阶段；第四，言语表达阶段；第五，拓展目标阶段。[2]

在亲子关系和家庭教育的咨询与辅导中，引导来访者形成积极心态是十分重要的。这方面工作我们在上文有关观念的指导方面已经做了分析和说明。除了在观念上的指导之外，在咨询与辅导的实践中，和来访者共同分析，循序渐进地引导来访者逐渐放弃原来的观念，形成积极的心态效果会更好。所谓循序渐进，就是在咨询与辅导中，咨询与辅导人员同来访者一起分析来访者现有观念的特征，使来访者通过自我分析的方式，引导来访者转变观念，形成积极的新观念的方式，为了达到使来访者形成积极态度的目标，咨询与辅导人员在辅导中还会给来访者布置一定的作业。例

---

[1] 诺斯拉特·佩塞施基安：《寻找意义——一种循序渐进的心理疗法》，万兆元、何琼辉译，社会科学文献出版社，2010，第86页。

[2] 诺斯拉特·佩塞施基安：《寻找意义——一种循序渐进的心理疗法》，万兆元、何琼辉译，社会科学文献出版社，2010，171页。

如，在解决与孩子发生冲突的问题时，咨询与辅导人员不是直接告诉来访者什么样的观念和方法是最好的应对冲突的方法，而是要来访者介绍自己在应对与子女的冲突时的想法和做法，并要来访者说明这种方法的效果，然后引导来访者思考：除了自己已经采用的方法之外，在解决与子女的冲突方面还有哪些方法？这些方法对解决冲突有什么效果？咨询与辅导人员接下来的工作就是同来访者一起寻找解决冲突的其他方法，并共同分析其他方法的可行性及其效果，然后鼓励来访者在实践中逐渐尝试用不同的方法去解决冲突。

对新方法的尝试，不应带有强迫性，而是循序渐进的，逐渐过渡的。在尝试过程中，不要求来访者马上就放弃自己原来常常采用的、已经相对熟悉的方法，而是要他们从原先的方法逐渐过渡到新的方法，并且比较新旧方法的效果。例如，来访者原来如果采用权威性的、强制子女服从的方式解决冲突，那么就鼓励来访者采用民主的、敢于向孩子承认自己的不足的方式解决冲突，要来访者比较这两种方法的效果，最终使来访者理解冲突的不可避免性，使来访者学会采用协商、合作的方式应对冲突。

在亲子关系的训练中，这种逐渐放弃原来观念和原有的不良行为，而形成新的积极的观念的方法十分有效。在亲子关系和家庭教育的辅导中，这种方法能有效降低来访者的自我心理防卫，使来访者通过自身的体会感受到原有观念的不足，有效促进新观念的形成。

（二）主题作业法

主题作业法就是在咨询与辅导过程中，咨询与辅导人员紧扣咨询与辅导的问题的主题，布置一定的作业让来访者完成，在下一次的咨询中，咨询与辅导人员就来访者作业完成的情况与来访者共同分析和点评，在此基础上为来访者布置新的作业，通过循序渐进的作业，促进来访者对问题的思考与探索，提高来访者的素质，增强来访者解决问题的能力的方法。

主题作业法是心理咨询与辅导中常用的方法。这种方法使心理咨询与辅导从理性分析发展到能力培养和行为转变的层次，使心理咨询与辅导达到更好的效果。

在促进来访者的观念和行为转变方面，主题作业法是十分重要的方法，要达到好的效果的关键是咨询与辅导人员要给来访者布置合适的作业，使他们进行练习。合适的作业要满足下列三个条件：第一，作业必须是与来访者的问题和咨询目标相一致的；第二，作业必须是咨询与辅导人员和来访者共同商定的，让来访者明白作业的意义；第三，作业必须是来访者有能力完成的。这就要求咨询与辅导人员在作业的设计方面一定要既有一定的理论指导，又有可操作性。一般来说，在亲子关系的咨询与辅导方面的作业都围绕着这几个主题：接纳和鼓励孩子自我心理暗示、积极的沟通等。例如，要父母发现孩子的长处，在他们取得好的成绩时表扬孩子；要父母在孩子犯错时，不是简单地批评孩子，而是给孩子表明，无论他（她）在生活中遇到什么困难，他们都是他（她）的依靠，他们会陪伴她（她）成长。同时，在这个过程中，要父母观察孩子的表现和这样做的效果。在接下来的咨询与辅导中，咨询与辅导人员同来访者共同分析这种练习的效果，检讨练习中的不足，然后共同商定下一步的做法，并且让来访者进行新的尝试。

主题作业法实质上与循序渐进改进法是相同的，这种方法就是在日常生活中，通过与主题紧密联系的作业，使来访者的观念和行为得到改变。

（三）自我探索和修炼

自我探索和修炼不是依靠咨询与辅导人员给来访者布置作业，而是咨询与辅导人员在心理学理念的指导下，为来访者提供多种可供选择的自我提高的途径和方法，来访者从中选择合适的方式进行自我修炼。这种练习不是咨询和辅导人员给来访者提出要求，而仅仅是把自我探索和自我提高的方法途径告诉来访者，由来访者自己选择是否进行这项工作。

第十章 亲子关系和家庭教育的心理咨询与辅导

自我探索和自我修炼的五个步骤就是佩塞斯基安的循序渐进法五部曲①在亲子关系与家庭教育中的具体运用。

第一，拉开距离的观察。这是来访者扮演观察者的角色，把自己和家庭成员作为观察的对象，进行自我行为和家庭成员行为的观察，并作好观察记录。在家庭教育和亲子关系的修炼中，如果父母愿意自我提高，那么就可以作如下的观察工作：（1）观察自己爱人和孩子的行为，记录下使自己生气、不满的行为和使自己感到高兴的事情，并且对行为事件进行描述；（2）每天晚上详细记录自己一整天的生活和心情，持续记录一周，在一周之后，对自己记录的情况进行详细分析；（3）就所记录的家庭成员与自己的状况，与子女及爱人进行交流，分享自己的体会，对不满意的事件产生的原因进行分析；（4）针对家庭教育和亲子关系中存在的问题共同寻找解决的途径和办法。

第二，调查记录。记录家庭成员解决问题的方式，分析这些方式对亲子关系的影响。在家庭教育和亲子关系的领域，以下两个方面的调查记录工作十分重要：

一是处理冲突领域。冲突在家庭教育和亲子关系领域不可避免，很多家庭关系的矛盾都是由于解决冲突的理念和方法的偏差所导致的，因此，通过对家庭处理冲突方式情况的记录和分析，有利于家庭成员应对冲突能力的提升和家庭关系的良好发展。相关记录和分析内容包括：家庭关系中父母与子女之间发生了哪些冲突，当冲突发生时自己、爱人和孩子分别采取哪些方式应对冲突，冲突解决的情况如何等。

二是解决问题的方式与家庭沟通方式领域。思维方式与解决问题的方式，直接与家庭成员的沟通方式有关。沟通方式对亲子关系的建立和夫妻关系的密切程度都会产生巨大的影响。在具体探索中，要做好以下几个方

---

① 诺斯拉特·佩塞施基安：《寻找意义——一种循序渐进的心理疗法》，万兆元、何琼辉译，社会科学文献出版社，2010，第171－187页。

面的记录工作：遇到家庭问题时，家庭成员是如何思考和解决的？自己是如何思考问题的？某一个家庭成员遇到问题时，是否与其他人进行沟通？当他（她）说出自己的问题时，其他人有什么反应？是帮助解决和积极想办法解决问题的时候多，还是批评指责的时候多？在你解决问题时，谁是你的榜样？家庭内部夫妻关系、亲子关系的具体情况如何？相互之间是否进行积极沟通？孩子和你们解决问题的方式是否具有相似性？你是如何看待自己的爱人和孩子的，对他们有什么评价？积极评价多还是消极评价多？通过对家庭成员解决问题过程和沟通交流具体情况的记录，梳理家庭成员解决问题的方式和沟通方式的特点，分析家庭在解决问题和处理亲子关系问题的成败得失，为建立良好的家庭沟通模式创造条件。

第三，情景鼓励。在家庭生活中，不要戴着有色眼镜，以挑剔的眼光看自己的配偶和孩子，要学会发现他们身上的优点，并且及时对他们予以鼓励。情景鼓励的目的，是强化某些具体的行为或者促进某一个观念的转变。在运用情景鼓励时，来访者一定要能够从多种角度看待家庭成员的行为，从不同的行为中寻求积极意义，然后对这些行为进行积极的鼓励和评价。

第四，积极的语言表达。这是情景鼓励的延续，情景鼓励可以用行为，也可以用言语。积极的言语表达不仅是在看到家庭成员有某些令自己欣赏的行为时才出现，而是在日常的家庭生活和家庭人际沟通中，善于进行积极的表达，表达自己对家人的爱、对家人的感谢和对生活在这样的家庭中的幸福。除了表达感谢和对家人的关心、理解、爱护之外，也要针对亲子关系和家庭教育中的问题，坦承自己的问题和不足，并说出自己的担忧，而不是回避问题或者避重就轻。

积极的语言表达是来访者在积极倾听其他人的内心声音，并在对这些内在的声音和内心需要表示关心和理解的基础上，就问题本身和自己在解决问题时的不足，坦诚地进行自我反省，然后就问题的解决提出积极建议的一种修炼。通过这种修炼，使来访者学会与其他家庭成员一起讨论家庭教育和亲子关系等方面遇到的问题，使来访者学会尊重他人表达的权利，并能积极回应他人的需要。积极的表达是一种修炼，这种修炼要取得好的效果，首先要真诚，要发自内心地对家人充满爱，并且要善于把这种爱转化成积极的语言表达出来。

第五，拓展自我领域，挖掘自己的潜能。每个人都具有爱的能力和积极鼓励支持他人的能力，如果我们都能用心去呵护自己的家庭，那么就一定能处理好亲子关系，也一定能给子女创造一个良好的成长环境。但是在现实生活中，很多父母往往忽略这些能力的存在，或者对自己是否拥有这些能力信心不足。自我拓展与挖掘潜能的修炼就是要来访者在实际生活领域拓展自己的目标，发现和尝试解决冲突、解决亲子关系问题的新的方法和途径，使来访者寻求新的思维方式和认知方式解决问题。

以上五种修炼在亲子关系和家庭教育的咨询与辅导中十分重要，通过这五种方式的修炼，能够使来访者不但在咨询与辅导过程中能得到咨询与辅导人员的指导，并且通过咨询与辅导人员教授的方法使咨询与辅导过程一直延续下去。

【案例4】 一位母亲给儿子的信

这是一位离异多年的母亲，面对长大了的儿子不相认的痛苦时，前来进行咨询与辅导。咨询师对这位母亲提供了帮助，有效地融化了母子间的坚冰。

一、基本情况

这是一位伤心的母亲，是一位离异后一个人生活的母亲。她有一个儿子，儿子跟爸爸、爷爷、奶奶一起生活。儿子已经上了大学，但是儿子与母亲的关系特别紧张。儿子三岁的时候，由于她老公有外遇，她与老公离婚了。她回到了娘家，儿子交给爸爸抚养。由于离婚时，两家产生了很大的矛盾冲突，孩子的父亲、奶奶和爷爷不允许她与孩子接触，但出于对孩子的爱，她总是偷偷去幼儿园和学校看望孩子。

母亲回忆说，在儿子上幼儿园时，她偷偷去幼儿园看孩子，当孩子把妈妈看他的消息告诉爸爸、爷爷和奶奶后，爸爸、爷爷和奶奶就把他从这个幼儿园转到那个幼儿园，妈妈找到新的幼儿园，孩子的爸爸、爷爷和奶奶知道后又把他转到另一个幼儿园，就这样，在孩子上幼儿园的几年，就因为爸爸、爷爷和奶奶不想要妈妈见孩子，连续转了三个幼儿园。上了小学，这样的"节目"还在上演，但是要频繁的转学已经不可能，不过每当妈妈看一次孩子，孩子回家后，就会受到爸爸与爷爷奶奶的训斥，在孩子与爸爸、爷爷和奶奶生活的日子里，孩子的爸爸、爷爷和奶奶总是给孩子说"你妈妈是不好的女人，她不要你了！"随着孩子一天天地长大，他相信了"妈妈不是好人，妈妈不要他了"这些长期被爸爸、爷爷、奶奶灌输给他的话语，真得慢慢疏远妈妈、讨厌妈妈了。但是出于对孩子的爱和关心，妈妈多次到学校与孩子的老师交流，希望通过老师的工作让孩子能接纳自己。而实际情况是这种通过外部力量要孩子接纳她的方法没有发挥任何作用。到了孩子上初中时，孩子对妈妈的冷漠态度并没有改变，而是变得更加不接纳妈妈。初中二年级时，孩子被班主任叫到办公室与妈妈见面，孩子当着老师的面，大声呵斥和训斥着妈妈："你再别来找我了，我不想见你！你不是我妈妈！"从那以后，为了不刺激孩子，妈妈就再也没有直接与孩子见面，而是偷偷打听孩子的情况，关注着孩子的成长。

在这位母亲来咨询的前一年，孩子上了大学，妈妈已经年过五十，过上了退休的生活。随着年龄的增长，妈妈更加渴望得到孩子的接纳，也更加渴望和孩子建立密切关系。妈妈以为，孩子长大了，已经独立在外生活，他已经摆脱爸爸、爷爷和奶奶的控制，她就可以毫无障碍地去看孩子了。当妈妈去孩子所在的学校，找到孩子的时候，孩子还是不接待妈妈，不愿意和妈妈说话。妈妈只好找到孩子的辅导员，在辅导员的帮助下，孩子终于和妈妈见面了。但是,这次见面没有给妈妈带来任何喜悦,相反却使妈妈陷入困惑、不安和内疚。在母子面对面的交流中,孩子这样给她说"本来我不想来见你的,但是你找到了我的老师,老师要我来和你见面,我没有办法就来了。今天我想告诉你,请尊重我的感受和决定,以后不要再来找我了,我真的不想见你!"面对孩子这么无情的话语,妈妈伤心的无言以对。

二、心理分析与行动方案

当这位母亲给我们介绍了她与孩子交往的情况,说出了她的困惑以后。我们也陷入深深的同情与深思。孩子对待母亲冷漠的态度和拒绝母亲的行为看似不应该,但是从心理学的角度来说是可以理解和十分正常的。为了帮助母亲采取积极有效的行动改善母子关系。我们首先就要对孩子的行为进行梳理分析,接着对母亲采取什么方法与孩子沟通能产生良好的效果进行分析,与母亲共同制定有效的行动方案。

(一) 儿子拒绝母亲的心理分析

孩子是父母不良婚姻的受害者,妈妈给他带来的不是安慰和美好的感受,而是生活中的不方便与心灵上的困惑。由于父母的离异,孩子从小就经受着种种考验、背负着大人恩怨的负担。不管父母之间的谁对谁错,孩子感受到的是自己的不幸。所以这位孩子是父母婚姻的受害者,在很小的时候他就承担着一个孩子不该承担的重负。妈妈是一个美好的名词,但是在这位孩子的成长过程中,妈妈缺席了他的成长过程,妈妈给他带来的不是温暖、不是爱的感受,而是不安、不稳定。在他看来,妈妈远远不是亲切与爱的象征,妈妈是不幸的象征——在幼儿园时,当妈妈来看他一次、两次,他就得离开自己慢慢熟悉的幼儿园,去重新适应新的幼儿园的生活,他幼小的心灵不可能理解这是爸爸、爷爷和奶奶的行为导致的结果,他就以为是妈妈给他带来的灾难。上了小学,妈妈还来看他,他虽然不可能再频繁转学,但是每一次都受到爸爸、爷爷和奶奶的盘问,而爷爷和奶奶的盘问给孩子带来了更大的困惑。由于孩子的年龄太小,不可能理解大人之间的矛盾与恩恩怨怨,也没有很多的与母亲接触的正面经验与美好的感受,妈妈的形象在他的心目中就成了给自己带来灾难的人。而这种负面的母亲形象,在爷爷、奶奶、爸爸及其他父系家族成员的"你妈妈在你很小的时候就抛弃了你,不要你"的不断强化下,就变得更加根深蒂固。面对这中完全负面的母亲形象,母亲的看望必然会导致孩子的拒绝和对母亲的不接纳。

(二) 行动方案

以理解和爱为导向,采取合适的方式,促进孩子对母亲态度的转变,逐渐改善母子关系。在分析孩子对母亲的拒绝、不接纳态度的心路历程后,咨询与辅导人员就与母亲进行了系统的交流。通过交流得知,在孩子的成长中,母亲除了有限的几次到学校去看望孩子之外,确实没有再采取其他方式对孩子的成长表示过关心,没有积极的扮演母亲角色。母亲对此的解释是她在早年是没有能力和没有办法,而后来是由于孩子的拒绝而自己不敢再去找孩子。咨询和辅导人员当面指出母亲这种自我的解释并不能成为自己没有积极扮演母亲的角色,不能成为自己在孩子成长中缺位的理由。

咨询与辅导人员在分析了孩子对待母亲的态度和母子交往中的做法之后,接着对母亲以前采取的与孩子交往的行为进行了分析。咨询与辅导人员告诉母亲,作为妈妈如果在孩子的成长中想扮演更加积极的角色,也能找出更多的机会参与到孩子生命历程中去,而不是简单的在学校去看望几次孩子,也不是孩子的几次拒绝就使自己不再寻求方法。从这个角度来说,儿子对母亲去找自己作出的消极反应是可以理解的。咨询与辅导人员告诉母亲,要消除儿子对待自己的消极反应,融化阻碍母子交流的坚冰,实现母亲希望儿子接纳自己、理解自己,最终使母子关系达到真正改善的目标,需要母亲首先理解孩子,需要母亲采取适当的方式与孩子交往,让孩子真正感受到母亲的爱和关心，感受到母亲对没有在自己的成长中扮演积极角色的内疚，感受到母爱的存在，只有母亲先作出改变，才能逐渐促进儿子对待母亲态度的转变，逐渐使儿子愿意接受妈妈，最终实现母子关系的改善。

在咨询与辅导中，咨询与辅导人员与这位母亲共同制定了行动的方案：首先要求母亲采取循序渐进的方式，与孩子进行沟通。我们共同认为：对妈妈来说，通过信件或者电子邮件与孩子交流，要比妈妈直接去学校和儿子面对面的交流效果要好。首先，在信件中，母亲能够充分地表达自己的感情，能够对自己对孩子的思念、关心和爱护之情尽情展现。其次，书面信件给他孩子思考自己与母亲的关系，思考自己对母亲的态度，留下更多的时间。最后，书面的信件交流可以避免双方言语上的冲突和双方进一步的伤害。我们相信，依照孩子现在已经上大学的判断能力，一定会对妈妈的信作出积极的回应。在信件交流之后，如果儿子有了积极的反应，母亲可以再与儿子面对面的交流沟通。

根据具体情况，咨询与辅导人员对这位来访者指出，写给儿子的这封书信里要表达五个方面的意思：第一，表达对孩子的爸爸、爷爷和奶奶把孩子抚养成人，使孩子上了大学表示感激，而避免任何过激的语言与指责；第二，对自己没有尽到一个母亲的责任表示遗憾与伤心；第三，表达作为妈妈对孩子真挚的、无时无刻的感情和爱；第四，对自己与孩子爸爸的婚姻情况作简单的介绍，而不要过分指责对方；第五，对自己现在想弥补作为妈妈的遗憾，想尽一个母亲的责任的感情作充分的表达，希望得到孩子的谅解等等。

三、母亲的行动与儿子的反应

在这次咨询与辅导之后，这位母亲按照咨询与辅导中的约定，采取了积极的行动。

（一）母亲的行动——以书信的形式向孩子传递爱的信息

按照计划,她首先给儿子写了一封发自内心的,包含咨询与辅导人员所提到的五点意思的信件,在写好信之后,她又与咨询与辅导人员进行了交流,咨询与辅导人员对这封信件做了完善,然后她就发给了儿子。下面就是这位母亲写给儿子的信:

宝贝儿子:

你好吗?妈妈想你!

儿子,你是上天赐予妈妈的礼物,是上天把我们安排作为母子,虽然在此以前,妈妈无法尽全力照料你,但是妈妈还是为有你这个聪明、伶俐的孩子感到非常的骄傲和欣慰。

特别是在夏天,得知你考上了大学,可以在高等学府中学习和深造后,妈妈真心感谢你的爸爸和你的爷爷、奶奶。虽然妈妈和爸爸有过不开心,也有过怨恨,但是,他们在你身上一定花费了许多心血,没有他们对你的精心照料和用心培养,就不会有你的今天。他们对你的爱、对你的照料和教育是你能健康成长的主要力量,妈妈为了你要谢谢你的爸爸与爷爷、奶奶。妈妈也知道你目前所取得的一切成绩,与你自己的努力也分不开。由于没有妈妈的照料,你付出的一定比正常家庭的孩子要多得多,妈妈为没有好好地照料你感到内疚和不安。

儿子,没有哪个母亲不爱自己的孩子,妈妈也愿意像别人一样照料自己的小孩。妈妈的宝贝儿子,你知道吗,在这十几年中,妈妈是多么想待在你的身边,照顾你、抚养你。可是在你的童年时代,妈妈因为各种各样的原因不能亲自关心、照顾、培养你,这使我感到非常抱歉。妈妈想请求你的原谅与理解。不过妈妈想告诉你的是:妈妈对你的爱一天都没有中断过、停止过。因为你是妈妈身上的一块肉,妈妈无时无刻不在想你啊。儿子!你是我唯一的孩子,是我唯一的牵挂和放心不下的人。

妈妈知道,在你很小的时候,妈妈和爸爸的事情给你造成了很大的困扰,小小年纪怎么能承受这么大的压力呢?妈妈心痛啊!妈妈为你从小就经历过比别的孩子多的困惑而难过。对于和你的关系，妈妈也没有处理好，在你很小的时候妈妈到幼儿园、小学去找你、看望你，给你带来的不是温暖而是难堪。到了中学直到现在的大学，妈妈还去找你。以前妈妈从来没有感到自己这样做有什么错，妈妈觉得这是妈妈对你的爱，只有找到你才能关心你。所以妈妈找到你的学校看你，甚至找你的老师，要老师帮着妈妈说服你与妈妈见面。现在，妈妈知道这样做其实给你造成了困扰，让你在爸爸、爷爷和奶奶那边不好交代，甚至可能使不知道你家庭关系的同学、老师知道了你有些残缺的家庭，给你做人造成了许多压力。现在，妈妈在这里再次向你道歉！其实，妈妈也很苦恼，我要关心我的儿子，可是我找不到他，我儿子的爸爸千方百计地阻止我见我的宝贝，我只能病急乱投医地使出我全部觉得可以找到你的方法，打听你的学校，认识你的老师，然后找到你，但是妈妈还是为你考虑得太少了……

儿子，你现在已经是个大人了，妈妈真心想得到你的原谅，或许你心中的痛苦妈妈不能全部了解，但是我想该是时候让你知晓一些事情了。妈妈不希望在你的脑子里，永远是"妈妈不要我了"的想法，妈妈希望你了解的是：妈妈爱你，妈妈喜欢你，妈妈从来没有过不要你！！！你是妈妈的骨肉，妈妈怎么会不要自己的骨肉？儿子，请你相信妈妈！

在你拿到这封信前，妈妈想你的心里一直有一个问号"妈妈怎么找完老师后就不再找我了呢？"或许你已经想好，怎么见妈妈，怎么拒绝我对你做的一切，正因为担心被一个二十多岁的，比我还要高大的儿子拒绝，所以我迟迟没有来找你，妈妈也知道或许当着你的面，我无法把这些话语说出口，即使这些都是我掏心掏肺的话，我也真得很想亲口对你说，妈妈爱你！但是我想，或许在你不想耐心听的情况下，我什么也说不了。

爱是理解，爱是宽容，爱更是为对方考虑。妈妈为了你不要受到不必要的伤害和委屈，为了使你不难做人，我只能忍痛割爱，不见你。妈妈知道你那时候小，不懂事，其实也不能说不懂事，应该说是没有办法懂事，还没有能力辨别一些事情，所以妈妈选择只站在你的后面支持你、了解你、帮助你，从老师那里了解你的情况，让老师在你一有困难的时候就通知妈妈。直到高中，妈妈也一直存着你老师的电话，经常从你老师那里了解你的学习、生活的情况……现在，我又用了同样的办法，找学校，找老师，直到找到你。后来，我从和你同龄的孩子那里了解到，你们这样的孩子最忌讳这样的方法，所以直到现在我还没有直接找你，妈妈不是不想，而是不敢，妈妈太担心被你拒绝，于是妈妈现在选择写这封信给你。

妈妈有生以来也没有写过这么长的信，妈妈没有很高的文化水平，或许妈妈的话有点啰唆，但妈妈请求你耐心地看完好吗？

1988年12月，你的爸爸向妈妈提出了离婚，所谓的原因是家庭不和，可是……其实，妈妈很难过，也很想争气地签字离婚，但是，那时的你还很小，需要人照顾，而且我不想让我的儿子像电视里那样在单亲家庭里生活，所以妈妈没有同意你爸爸自私的要求，但是，你爸爸还是毅然决然地把你带到了奶奶家，同我分开住了。在这段时间，妈妈进不了你奶奶的住处，我就三天两头到你所在的托儿所看你，陪你玩。可是一个多月后，那正是肝炎大范围传染的时候，妈妈不幸也被感染上了，并且非常严重，那时的我心灰意冷，心情更是差到了极点，病情一再加重，甚至医院发出了病危通知单，……幸好妈妈始终想着你，想着如果妈妈走了，你的生活会怎样。儿子，你是妈妈的支柱，妈妈想到你就咬牙挺了过来。半年不到，妈妈的病情稳定，可以回家养病了，在稍微好转之后，我再次收到了法院的传单——你爸爸提出的离婚协议。

之后，妈妈在朋友的劝说下觉得，这样的婚姻不要也罢，同意了你爸爸离婚的要求，但是在你抚养权的问题上互不相让。可是，妈妈那时还在生病，没办法把你带在身边，妈妈这边也没有家人可以照料你，只有你的奶奶能够照顾你，妈妈也相信你的奶奶会待你好的。正在这时，你奶奶又提出，如果抚养权归妈妈，那么在妈妈生病期间她不会照顾你……儿子你大了，你帮妈妈想想，如果那时你是妈妈，你会怎么选择？

妈妈和你爸爸的事情了断后，妈妈始终想着你，所以病一好，就去你的幼儿园看你，可是这时候，你却说不认识妈妈。这时妈妈的心痛是无法形容的。但是，妈妈知道那是不能怪你的，那时的你是那么的小，长时间不见，当然会让你的记忆模糊，甚至消失，所以妈妈一有空就来看你，可是，你爸爸一知道妈妈来看你，就把你转到其他幼儿园，这使你这样一个那么小的孩子在幼儿园期间就转了三个学习地点，回忆起来，妈妈是多么为你心痛，小小的心灵如何在这么短的时间内一而再再而三地适应陌生环境，了解身边的老师和同学……

之后，儿子，你上了小学，妈妈还是有了空就来看你，老师听了我们家的事也非常同情，所以一直告诉我你的学习、生活情况，因此老师非常照顾你，甚至妈妈从老师那里得知你想当中队长，妈妈就同老师沟通，尽量满足你的要求……

再后来，你上了初中，妈妈依然会定期去看你，每次去看你之前，妈妈总会准备好你喜欢吃的东西、玩的东西。可是，突然有一次，妈妈来看你时，不知道什么原因，你对妈妈非常排斥，不接受我给你准备的东西，甚至对我拳打脚踢，还要求我马上离开学校，如果我还不离开，你就永远不上学了……你还记得妈妈那时离开的样子吗？现在你已经这么大了，你还记得当时你这么做的原因吗？

从那一次以后，妈妈为了不给你造成困扰，就再也没有正面见过你。但是，妈妈还是没有放弃过关心你，所以我一直从老师那里了解你的生活和学习情况，直到你上了高中。

妈妈始终关心着你，爱护着你。从1991年开始妈妈就在中国人民保险公司给你买了儿童保险，直到现在妈妈依然给你续保，妈妈不为别的，就为你可以得到保障、为了你的幸福与平安。

儿子，你还记得吗？以前妈妈和你爸爸分开以后，妈妈总会偷偷到你学校来带你出去玩,你最喜欢到人民公园,抓小鱼、小蝌蚪、小虾,抓到后,你又不敢带回家,于是我们决定把你喜欢的小鱼、小蝌蚪、小虾放在你的班级里,与小朋友一起共享,老师总是表扬你有爱心,你也很开心,看到你开心,妈妈也为你感到自豪。

儿子,我们以前的故事太多了,如果我一直写的话,恐怕不知道什么时候才能结束这封信了。妈妈说以前的事情,不为别的,只是想告诉你,妈妈是可以与你很好相处的,是可以与你快快乐乐生活的,妈妈从来没有不要过你,妈妈始终爱着你,妈妈希望你可以给妈妈关心你的机会。

儿子,现在你已经是个大人了,但是你在妈妈的眼里始终是个孩子,你永远是妈妈的宝贝!妈妈要让你知道,妈妈这儿的门是永远为你敞开着的,你想什么时候来,随时都可以。妈妈不求你来看妈妈,妈妈只希望你可以来给妈妈看看,妈妈想你,真的好想好想见到你。

现在,你大了,生活中总会遇到困难,妈妈希望你可以告诉妈妈,让妈妈帮你,无论我是不是可以做好,但你是我的骨肉,我一定会尽力的,有什么不开心,如果你愿意告诉妈妈,妈妈一定会听。

儿子,妈妈想见你,想亲口告诉你妈妈没有不要你,妈妈一直在关心你,妈妈想尽一个母亲的责任,妈妈想……

最后,妈妈给你留下电话号码,妈妈希望得到你的呼唤!

爱你的妈妈
×年×月×日

(二)儿子的反应——逐渐接纳母亲,成就了母子面对面的交流

妈妈发出了这封饱含感情与思念的信,孩子在经过了一段时间的思考之后,终于拨通了妈妈的手机。母子约定了见面的时间和地点。在接到儿子的电话,约定了母子相见的时间和地点后,母亲及时与咨询和辅导人员联系,希望得到进一步的指点。咨询与辅导人员根据母亲述说的情况,帮助这位母亲确定了与儿子见面时的注意事项。咨询与辅导人员告诉这位母

亲，虽然孩子在接到信件之后，已经慢慢地学会理解母亲，也慢慢地感受到了母亲对自己的爱，但是十多年的分离产生的隔阂不会在一瞬间消失，因此，咨询与辅导人员提醒母亲，不要对儿子提出太高的要求，也不要在与儿子见面时诉苦，而是应该表达出对儿子的爱，因为母子关系最重要的资源是亲情和爱，母亲就是爱的化身。咨询与辅导人员还提醒这位母亲，不要对第一次的见面预设太多的期望，不要渴望这一次的见面能使儿子完全与她达到密切的关系。

在与儿子面对面的交流中，这位母亲听从了咨询与辅导人员的建议，没有诉苦，而是尽量要儿子述说自己的内心感受，要儿子表达这十多年来的生活感受和对母亲的感觉，母亲倾听儿子的心声，适当地作出反应。在第一次见面之后，母子又在春节相见，这是母子分开后的十几年里，第一次在一起过了一个团聚的春节。

四、咨询结果与启示

在心理咨询与辅导人员的指导下，这位母亲采取了循序渐进的方式，与儿子交流和沟通，母亲行为的转变，也逐渐得到儿子的积极回应。在春节团聚之后，母亲和儿子之间已经可以正常交往了。虽然母子间的亲密关系还没有完全建立，但是母亲再也不需要借助老师和其他人与孩子交流了。从结果来看，这一咨询与辅导取得了良好的效果。但是由于母子长期的分离，要使母子关系完全改善，还需要母子之间进一步的交流和双方进一步的努力。对母亲来说，继续表达正面的感情，表达对儿子的爱尤其重要。

对这一案例良好效果的取得，印证了亲子关系咨询中我们反复强调的几个观点的重要性：第一，亲子关系是一种以血缘为纽带的特殊关系，血缘关系是亲子关系的基础，也是亲子关系可以发展成为密切关系的基础。因此，在亲子关系的咨询与辅导中，咨询与辅导人员一定要借助这种特殊关系的力量，使咨询双方心灵深入爱与亲情。如果这种爱与亲情被激发出来，就能填平任何沟壑。第三，亲子关系中感情因素是核心因素，在亲子关系的咨询与辅导中，要以情感的梳理为主，不是以理性的分析为主。第三，亲子关系是父母与子女的关系，在父母与子女交往中，父母要成为改善亲子关系的主动者和建设者。只要父母愿意以积极的态度对待自己的子女，父母与子女之间的坚冰就能融化。

第十一章

夫妻关系的心理咨询与辅导

CHAPTER 11

在家庭关系中，夫妻关系是最重要的关系之一，良好的夫妻关系是其他家庭关系健康发展的保障。现代社会夫妻关系遇到的挑战越来越多，如何解决婚姻中夫妻关系的问题，使夫妻之间和睦相处、婚姻美满幸福，这是每一个走向婚姻殿堂的人都需要思考的问题。

第一节 夫妻关系心理咨询与辅导概述

家庭关系中的夫妻关系与亲子关系最大的区别就在于：亲子关系是建立在亲情和血缘关系上的密切关系，亲情与血缘关系是维系亲子关系最重要的纽带，不过，没有血缘关系的养父母与养子女的关系也具有亲情的成分；夫妻关系不是一种从孩童时期就逐渐建立的亲密关系，而是经过男女双方的相互选择、相互爱慕而产生的以爱情为基础的成年人之间的亲密关系。因此，与亲子关系相比，夫妻关系是一种在恋爱基础上建立起来的两个成年人之间的关系。

一、夫妻关系的含义与特点

夫妻关系是男女双方以感情为基础、以国家法律为依据建立起来的一种相对稳定的关系，它是亲子关系的基础。这种关系具有以下几个特点。

（一）夫妻关系是男女双方以爱情为基础产生的密切关系

夫妻关系是一种亲密关系，这种亲密关系的基础是爱情。爱情是男女之间相互倾慕、相互渴望、追求亲近的一种高级情感，具有自然性和社会性两个方面的特点。

首先，夫妻关系是一种以性吸引为基础的自然关系。性爱是以性欲为基础的对异性的倾慕、亲近的感情体验，是人的生命进入青春期以后，在生理成熟的基础上，对异性萌发的爱恋和倾慕之情，性爱是推动两性交往并进而结成夫妻的自然条件。美国婚姻研究所的研究员怀特黑德（Whitehead）和博普诺（Popenoe）把性吸引作为婚姻关系能够维护和两个人能"合得来"的关键要素。[①]

其次，夫妻关系是一种社会性的伴侣关系。它是男女双方建立在信任基础上的相互合作的社会关系。[②] 夫妻双方的志向、性格、情操、文化修养以及家庭经济状况、个人工作指向等，都对夫妻关系造成影响。总之，夫妻关系是自然条件和社会条件共同促成的，其感情基础是爱情。婚姻关系、性关系、经济关系、法律关系都是在爱情基础上的发展和延伸。

（二）夫妻关系是爱情、义务、责任三者的统一关系

夫妻关系是一种契约关系，是一种相互之间的承诺。婚姻承诺是一种愿意使夫妻保持良好关系的动机。它包含对配偶的承诺、对婚姻的承诺和对限制的感觉等方面。[③] 夫妻关系一经确立就标志着两人彼此间一定的责任和义务的确立与兑现。责任、义务关系的存在使夫妻关系变得更加具体、更加现实，推动着夫妻关系的深化、稳定和不断向前发展。

夫妻关系不是单纯的相互爱慕和相互吸引的关系，也不是一种只有愉悦而没有矛盾冲突的浪漫关系。夫妻关系是一种以性爱为基础，需要在实际生活中不断深化和发展的，需要经营和呵护的复合型的情感关系和社会关系。这种关系是以相互吸引为基础、以相互尊重为前提的密切关系。夫妻关系不但强调感情，也强调责任和义务。只有把爱情和责任相结合、把权利与义务相结合的夫妻关系才是健康和牢固的关系。

（三）夫妻关系的排他性

性爱具有排他性，以性爱为基础的夫妻关系就具有十分明显的排他性

[①] Popenoe and Whitehead, "The State of Our Unions", http://www.virginia.edu/marriageproject/pdfs/SOOU2002.pdf, 访问日期：2020 年 6 月 10 日。

[②] Erich K., Rodler C., Holel E., et al, *Conflict and Decision-making in Close Relationships: Love, Money and Daily Routines*. East Sussex: Psychology Press, 2001, pp. 39 – 47.

[③] Adams J. M., Jones W. H., "The Conceptualization of Marital Commitment: An Integrative Analysis", *Journal of Psychology and Social Psychology*, no. 72 (1997): 1177 – 1196.

的特征。夫妻关系要求夫妻双方对爱情始终如一、忠贞不渝,相互倾注深沉的感情,排斥第三者的插入。夫妻关系要求夫妻双方的相互忠诚和相互信任。只有建立在相互忠诚和相互信任基础上的夫妻关系才具有稳定性和可靠性。忠诚可靠与信守承诺是维护夫妻与良好婚姻关系的关键。[1]

(四) 夫妻关系是一种共享性的人际关系

人际关系有交换关系和共享关系之分。交换关系是一种强调礼尚往来的利益,共享关系是一种不强调个人得失的相互关系,是一种每个人为所有人提供服务的关系。夫妻关系最为显著的特征就是共享关系,在家庭中夫妻共同生活,共同应对生活中的压力,共同养育子女和对待老人,共同承担责任,而不是强调个人的利益,不是斤斤计较和彼此强调对等的关系。在现实中,夫妻一方的经济能力因共同生活而决定了另一方的经济生活水平。夫妻双方的衣食住行等生活条件受着他们共同经济能力的影响。夫妻是共同的生活体和命运体,他们不但共同承担生活中的重担,分享生活中的喜悦,分担彼此的病苦,并且共同承担抚养孩子、赡养老人的重任。夫妻的共享关系是人类最为彻底的共享关系,也是最为密切的共享关系。

二、夫妻关系心理咨询与辅导的含义和目标

良好的夫妻关系的建立和维持仅有爱情是不够的,还需要夫妻双方具有责任意识,需要夫妻双方精心呵护和共同打理。单纯的感情在现代社会抵御不了物质的诱惑,抗拒不了情欲的诱惑,也抵御不了疾病的折磨。因此,真正的爱情不仅是情感,更包含着责任和相互之间的担待。由于缺乏对真正爱情的理解,缺乏相互担待的心理准备,很多感情十分亲密的恋人在婚后不久就成为陌生的路人,对于这类人来说,婚姻就成了爱情的坟

---

[1] 罗兰·米勒、丹尼尔·珀尔曼:《亲密关系》,王伟平译,人民邮电出版社,2011,第5页。

墓，还有一些人怕失去所谓的爱情或者怕自己受伤害，就成了只恋爱不结婚者。

以上现象的出现与人们对夫妻关系缺乏必要的理解、没有形成良好夫妻关系的理念、没有掌握处理夫妻关系的方法技巧有关。夫妻在共同生活中，不产生分歧是不可能的，不产生一点儿矛盾也是不现实的，因为结婚就意味着两个社会背景、生活经历、行为习惯不相同的人结合在一起，共同处理日常生活中的所有事物，而这些差异会导致夫妻双方共同生活过程中产生分歧和矛盾。如果不能有效地处理分歧，解决矛盾，夫妻之间的感情就会遭到破坏，爱情就可能不复存在。如何使爱情保鲜，使婚姻稳定，如何有效地解决分歧和矛盾，促进夫妻关系良性发展，就成为现代夫妻需要学习的功课。帮助夫妻形成正确的婚姻观念，使夫妻学会相互理解、相互尊重，使夫妻双方在遇到矛盾时能以积极的态度去面对，就是夫妻关系心理咨询与辅导的任务。

（一）夫妻关系心理咨询与辅导的含义

夫妻关系的心理咨询与辅导是专业人员运用心理学的理念和心理咨询与辅导的方法，通过个别指导、团体训练、家庭辅导等途径，对夫妻双方提供一定指导，使他们形成正确的家庭婚姻观念，进行准确的夫妻角色定位，掌握处理夫妻关系的原则和方法，最终使夫妻之间能够以平等、相互尊重的理念看待对方，促进夫妻关系的改善和家庭生活质量的提高的咨询与辅导活动。

夫妻关系咨询与辅导是家庭咨询与辅导的重要内容。夫妻关系的好坏不但影响夫妻双方的生理和心理需要能否满足，影响夫妻双方生活质量的高低，更重要的是会影响整个家庭氛围的好坏，影响亲子关系及子女的成长和发展。

（二）夫妻关系心理咨询与辅导的目标

夫妻关系咨询与辅导的目标不仅在于帮助夫妻双方解决矛盾和冲突，

更重要的是促进夫妻解决矛盾冲突能力的提升，促使夫妻关系融合程度和密切程度的提升。因此，夫妻关系咨询与辅导的对象不只是那些在夫妻关系和婚姻生活中遇到问题的夫妻，而是一切希望充分了解婚姻的内涵、渴望建立良好的夫妻关系、渴望享受美好婚姻生活的夫妻。从夫妻关系和婚姻的发展进程来看，夫妻关系咨询与辅导贯穿于整个婚姻生活之中。良好的夫妻关系是以爱情为基础建立起来的，以责任为保障的稳定的密切关系。结婚之前的恋爱，恋爱双方对婚姻和家庭的看法等都影响着婚后的关系。因此，夫妻关系的咨询与辅导还包含婚前辅导。结婚之后，如何使男女双方从恋人的角色转换成夫妻的角色，有了孩子后如何处理夫妻关系与亲子关系等，都属于夫妻关系咨询与辅导的范畴。

三、夫妻关系心理咨询与辅导的特点

夫妻关系是人生活中最密切，也是最为复杂的人际关系。夫妻关系的咨询与辅导表现出自己独有的特点。

（一）夫妻关系的心理咨询与辅导以情感引导为主

夫妻关系的心理咨询与辅导以成年的夫妻为对象。夫妻关系首先是一种情感关系。在夫妻关系的咨询与辅导中，咨询与辅导人员既要重视夫妻情感的引导，又要注重理性的分析，情感引导在夫妻关系的心理咨询与辅导中比理性分析更加重要。

（二）夫妻关系的心理咨询与辅导十分复杂

同其他对象的咨询与辅导相比，夫妻关系的心理咨询与辅导的复杂性更高、难度更大。夫妻关系不是单纯的心理关系，还包含身体上的接触和性爱关系。夫妻关系是人际关系中最密切和最为私密的关系，同时夫妻关系不是简单的两个人之间的关系，而是涉及多个人与多个家庭的关系。由于夫妻关系的密切性与涉及人员的多样性，导致夫妻关系产生矛盾冲突的原因具有多样性，出现的问题也表现出复杂性和多样性。夫妻之间的问题

可能是情感上的问题，也可能是生理需要上得不到满足产生的问题；可能是思想观念不同导致的不和谐，也可能是性生活的不和谐；可能是经济纠纷导致的矛盾冲突，也可能是与对方兄弟姐妹或父母间的矛盾导致的冲突。在现实生活中，导致夫妻关系产生矛盾、冲突的很多原因都与夫妻个人及家庭的隐私有关，夫妻关系中的很多问题是男女双方难以启齿的问题，这就使男女双方在夫妻关系的咨询与辅导中有着更加强烈的心理防卫。夫妻关系的复杂性和影响夫妻关系因素的复杂性，就决定了夫妻关系的心理咨询与辅导的复杂性。

在夫妻关系的咨询与辅导中常常会遇到这种情况：夫妻之间只有一方来接受咨询与辅导，另一方拒绝承认双方关系的矛盾与冲突。前来接受咨询与辅导的一方有时会向对方隐瞒自己进行过咨询与辅导。良好夫妻关系的维护和改善是夫妻双方共同的课题，只有夫妻双方都积极参与才能取得良好的咨询与辅导效果。

夫妻双方的差异性是客观存在的。他们对待生活的态度、对待婚姻的态度、对待咨询与辅导的态度的差异，直接影响咨询与辅导的效果。只有充分理解夫妻关系咨询与辅导过程的复杂性，咨询与辅导人员才能有足够的耐心面对夫妻之间的问题，才能不断鼓励接受咨询与辅导的一方或者夫妻双方解决问题。

（三）夫妻关系的心理咨询与辅导具有高要求和高挑战性

夫妻关系是涉及面十分广阔、一种十分复杂的关系。在咨询与辅导中，当事人双方都有着比较强烈的自我心理防卫。因此，在夫妻关系的心理咨询与辅导中，要解决夫妻间的问题，就要求咨询与辅导人员除了具有一定的专业知识之外，还必须有丰富的工作经验，有一定的人生阅历与生活体验。同时，咨询与辅导人员的外貌特征和年龄特征在夫妻关系的咨询与辅导中也十分重要。看起来相貌年轻和实际年龄较小的咨询与辅导人员，会让来访者感觉缺乏经验和缺乏生活的体验，使来访者不愿意敞开心扉，降低自己的心理防卫。因此，在夫妻关系的咨询与辅导中，每个咨询与辅导人员都应该具有良好的人际敏感性和自我敏感性。

第二节 夫妻关系心理咨询与辅导的类型

夫妻关系的咨询与辅导内容涵盖夫妻关系的所有方面和婚姻生活的整个过程。夫妻关系的咨询包括发展咨询、困惑咨询和问题咨询等。

一、以促进夫妻关系得到良好发展为目标的心理咨询与辅导

这种心理咨询与辅导也称夫妻关系的发展性咨询与辅导。这种心理咨询与辅导的主要目的是：使男女双方明白夫妻关系的内涵，了解促进夫妻关系成长的因素，使他们形成正确的婚姻理念和婚姻观，为建立良好的夫妻关系奠定基础。

一般来说，在结婚前的恋爱阶段，维系男女双方关系的主要因素是情感。在这一阶段，男女双方都忽略了对方的缺点，有时把缺点也会看成优点，或者为了使恋爱关系不致破裂，即使发现对方有什么缺点，也会迁就和掩饰自己的真实看法。但是在结婚之后，男女双方就正式生活在一起了，男女之间的关系就从恋人关系转换成了固定生活在一起的夫妻关系。婚姻与恋爱的最大区别就在于爱情是浪漫的，婚姻是现实的。夫妻关系的维系除了爱情之外，更多的是靠责任和信任。因此帮助夫妻双方从恋人关系向夫妻关系的转换，使男女双方在追求浪漫的同时，能意识到自己在婚姻中的义务和责任，是这个阶段咨询与辅导的核心内容。

夫妻关系的发展性咨询与辅导主要是通过讲解、引导和讨论等方式，使夫妻充分认识到恋人关系和夫妻关系的差异，认识责任和相互理解在夫妻关系建设中的作用，使夫妻双方形成良好的角色意识，在婚姻中学会扮

演自己的角色。

二、以帮助夫妻双方相互理解、解决困惑为目标的心理咨询与辅导

这类心理咨询与辅导可以称为夫妻关系的困惑咨询与辅导。它是现代社会夫妻关系的咨询与辅导中最为重要的内容。现代社会的夫妻都走出了家门，外出工作，他们工作的环境、职业类型和接触的对象，必然具有很大的差异性，这些差异性可能导致夫妻双方交往上的困惑。随着结婚年数的增加，家庭琐事的影响，也会导致夫妻双方对对方关注程度的降低和激情的降低，导致夫妻关系的淡漠和相互关心程度的降低。在很多时候，夫妻双方都希望得到对方的爱，也都希望对对方表达自己的感受和内心的需求，但是又不知道如何去表达。这种对婚姻的希望与失望并存的情况困扰着很多夫妻。

夫妻关系的困惑咨询与辅导针对的是这样的夫妻：夫妻之间没有实质性的矛盾和分歧，夫妻双方对家庭和婚姻都具有一定的责任感，夫妻之间存在对对方的爱，但是基于种种原因，而失去了相互的吸引，双方体会不到爱情和激情。面对这些困惑，就需要咨询与辅导人员帮助夫妻学习调整自我心态；帮助他们学会自我感受的表达与爱的表达；帮助他们重新认识对方，重新发现对方的优点，找回久违的激情；帮助夫妻双方重新定义他们之间的关系，使他们加深对爱的理解和对责任的理解，尽好自己的责任。

夫妻关系的困惑咨询与辅导的最主要目标就是帮助那些不会自我表达和对对方表达爱的夫妻，帮助那些具有家庭责任感但是不知道如何尽责任的夫妻，教给他们夫妻沟通的技巧，帮助他们用语言和行动表达自己的爱，表达自己对家庭的责任，最终使夫妻双方之间的感情关系达到新的高度，使他们过上更加和谐的家庭生活。

三、以帮助夫妻双方认识与解决问题为目标的心理咨询与辅导

这类心理咨询与辅导可以称为夫妻关系的问题咨询与辅导或者夫妻关系的障碍咨询与辅导。这类咨询与辅导是指夫妻关系中确实存在实质性的矛盾和冲突。由于这些矛盾和冲突的存在，导致夫妻关系的紧张和夫妻感情的恶化。夫妻双方为了使问题得到解决、矛盾得到缓解而来接受咨询与辅导人员的帮助。

夫妻关系的问题咨询与辅导主要是从夫妻关系心理学和家庭心理学的理论出发，采用心理咨询与辅导技巧，帮助夫妻双方或者前来咨询的一方分析夫妻之间存在的问题，帮助他们认识问题的实质和导致问题出现的原因，使来访者改变错误的夫妻关系理念，而逐渐形成积极的观念，使来访者产生自我改变的愿望，掌握必要的知识和解决问题的方法，最终促进夫妻关系的改善。

第三节 现代婚姻中夫妻关系的主要问题

在夫妻关系的发展中会遇到各种困惑和问题，只要夫妻双方能积极应对，各种困惑和问题都会得到解决。本节我们就针对夫妻关系中可能遇到的困惑和问题及其产生的原因进行分析。

一、夫妻关系中的主要问题及其表现

大量的夫妻关系咨询和辅导的实践表明，在现代社会，夫妻关系中最主要的问题包括以下几个方面。

（一）夫妻关系的情感问题

情感是夫妻关系存在的基础，也是夫妻一起生活的基础。如果夫妻之

间缺乏情感交流,缺乏从对方身上获得爱、关心、理解等正面的情感体验,那么夫妻之间就很难保持良好的密切关系。

夫妻关系的情感问题主要有如下几种表现:

第一,爱情热烈程度的降低和激情的缺乏。爱情是一种热烈的感情,恋爱阶段的爱情是热烈的,男女双方相互吸引,使他们的爱充满了激情。但婚后受到物质生活和日常家庭琐事的影响,男女之间浪漫的程度就会降低。爱情的内涵既包括热烈的感情,又包括责任和相互的承诺。婚后的平平淡淡和平平安安也是另一种幸福生活的表现。但是人总是渴望激情和浪漫,尤其是女性对浪漫感情生活的渴望程度要大于男性。随着结婚时间的推移,夫妻之间进行感情交流的程度就会降低,这时对爱情渴望程度较高的一方就会怀疑对方对自己的爱,就会导致自己对对方关心程度的降低,会产生自怜心理。这些消极的心理体验就会对夫妻关系产生消极影响。

第二,夫妻之间情感表达的障碍。很多夫妻之间不是没有感情,也不是不再相爱,而是由于没有学会表达自己的感情,或者采用错误的表达方式,导致夫妻关系的恶化。在现实中,很多夫妻在恋爱时很喜欢直接表达对对方的感情,但是婚后就变得含蓄,或者不愿意向对方直接表达自己对家庭和夫妻关系的真实看法,不愿意表达自己的内心需要,而又渴望得到对方的理解,希望对方能满足自己的需要,如果对方没有满足自己的需要就会感受到心理上的失落。

第三,夫妻之间言语上的相互攻击。夫妻之间言语上的相互攻击既是情感破裂的表现,也是导致情感进一步恶化的原因。夫妻之间言语的相互攻击具有很大的破坏性和杀伤力,口不择言的一次攻击可能就给对方心里留下磨灭不掉的阴影,会严重伤害对方的自尊心,打击对方的自信心,导致夫妻关系的破裂。

(二) 夫妻关系中的角色意识与角色定位问题

夫妻关系不但是一种感情关系,也是一种责任关系。要使夫妻之间一直保持感情上的密切关系，就需要夫妻有良好的角色意识，进行准确自我角色定位，扮演好自己的角色，尽好自己的本分。如果夫妻双方都具有良好的角色意识，都能进行准确家庭角色定位，那么夫妻关系就会和谐，家庭就会和睦。

由于夫妻双方成长于不同的原生态家庭，原生态家庭父母扮演的角色具有差异性，这就使夫妻双方对各自在家庭生活中该扮演什么角色、如何处理夫妻关系有不同的看法，使夫妻双方对待爱人有不同的心理期待。这些差异是客观存在的，也是正常的。但是如果夫妻双方在处理夫妻关系时，完全依照原生态家庭父母相处的模式要求对方，而没有考虑对方的需要，没有积极地调整自己的角色观念，就会导致家庭和夫妻关系的紧张。

在咨询与辅导的实践中，我们经常遇到夫妻间因为角色认知的差异导致矛盾冲突的情形。例如，有的来访者在咨询与辅导中对咨询师哭诉：不管她如何忙，丈夫从来不帮她做家务，而在她父母的家庭，一切家务基本上都是父亲干的；而一同前来接受咨询与辅导的丈夫则感到莫名其妙，因为在他的家庭父亲是从来不下厨房，不做家务的，一切家务劳动都是妈妈一个人在干。同时丈夫对妻子掌管家里的经济大权极不高兴，因为在父母的家里父亲是经济大权的掌管者。这一对夫妻都把原生态家庭自己父母相处的角色模式带到新组建的家庭，并用这一模式来要求自己的配偶。这就导致了相互期待的不一致，导致分歧与矛盾冲突的产生。

现代社会夫妻的地位与关系越来越平等，但是很多夫妻片面地理解平等，把平等等同于我干什么你也必须干什么的代名词，而忽略了平等的真实含义与价值，这种简单化的对平等的理解，就容易导致夫妻双方矛盾的产生。

要建立良好的夫妻关系，夫妻双方一定要认识到真正的夫妻平等是要求夫妻要尊重对方的需要与权利，尊重对方的人格与独立性，而并非指夫妻两人在各方面都要一样。一般来说，健全成熟的夫妻关系比较清楚彼此要扮演的角色，而且能随情况的需要，作伸缩性的适应、调整与变化，而心理不成熟的夫妻，要么对自己应扮演的角色不清楚，要么对对方的要求不合理。

家庭里的夫妻角色不但与社会分工有关，也与男女性别差异有关。从心理学的角度来讲，男性的理性需求较多，思维更趋向于条理化与宏观化，女性的感情需求较多，思维更趋于精细化与具体化。这种性别上的差异，就致使丈夫和妻子在家庭生活中的角色与分工不同。俗语所说的"男人是一个耙子，女人是一个匣子"就与社会分工和性别角色有关。因此，成熟的夫妻，既能平等相待，又能尊重差异，能积极发挥各自的性别优势，扮演好自己的角色。

（三）夫妻的相互理解与沟通问题

夫妻感情的好坏、夫妻角色扮演的成功与否都和夫妻之间能否进行良好的沟通有关。夫妻沟通方面的问题是现代婚姻中夫妻关系最重要的问题。

夫妻要建立密切的关系就需要彼此进行良好的沟通。良好的沟通是通过言语表达和表情交流，使夫妻双方了解彼此的想法、情绪、内心世界和生活感受的沟通，是建设性的沟通。不良的沟通是夫妻之间彼此不理解，不能满足对象心理需要，非建设性的沟通。

夫妻间最常见的消极沟通有两类：第一，缺乏沟通的愿望，第二，沟通的能力与技巧不足。缺乏沟通的愿望又可以分为两种情况：一是觉得对方应该完全理解自己的需要和内心世界，而不需要进行沟通与表达。有这种想法的夫妻认为既然对方爱自己，那么就应该完全理解自己的心思、知道自己的感受；并且也会觉得自己能完全理解对方的感受，不需要用语言进行沟通和表达。二是对对方完全失望，从而不愿意表达自己的内心需要与感受，有这类想法的夫妻就是觉得无论自己怎么表达，对方都不会理解自己，干脆就不愿意沟通，也不愿意寻求对方的理解。

沟通的能力与技巧不足又可以分为两种情况：一是对自己具有的能力认知不足，没有发挥自己的优势，二是缺乏对对方心理世界了解的洞察力与积极主动的自我表达能力。无论是夫妻沟通愿望的缺失还是沟通能力的不足，都会造成沟通障碍，都会导致夫妻密切程度的降低，使夫妻关系出现问题。

（四）夫妻的性生活与性关系问题

夫妻关系是包括心理关系和生理关系两个方面的最为亲密的人际关系。在这种最为亲密的人际关系中，性关系是必不可少的关系，性生活是夫妻生活的重要组成部分。性生活是否和谐、夫妻各自的性需要是否能得到满足是夫妻生活是否和谐与夫妻关系是否牢固的重要方面。

现代夫妻的性关系与性生活问题主要表现为夫妻性关系的和谐程度与性需要满足程度两个方面。通过对夫妻性关系与性生活情况梳理和分析，我们发现在夫妻性关系和性和谐方面存在以下问题：一方的需要得到了满足，而另一方的需要却没有得到满足的问题；一方的性需要比较强烈，另一方却比较冷淡的问题；一方渴望得到心身的投入和满足，另一方却只求生理需要的满足的问题；一方渴望对方爱抚和体贴，另一方却只追求自己的快感的问题；一方在生理需要满足之后，具有进行进一步喃喃细语的交流的需求，另一方却已经呼呼大睡不关注对方需要的问题。现代夫妻性关系方面的问题还表现为夫妻双方长期不在一起生活，一方有了外遇而引起的问题；以及由于工作压力导致的性需要降低和性能力下降的问题。这些问题对夫妻之间亲密关系的建立与保持都会产生消极影响。

夫妻性关系和性生活问题的产生的原因是多方面的，既有心理原因，又有生理原因；既有夫妻个人方面的原因，又有社会文化因素的原因。从生理与心理上来看，男女性生理上存在明显的差异，这种差异使男女的性心理也存在差异：与女性性关系上追求浪漫与氛围、享受过程相比，男性在性关系上追求的是行动与结果；与女性注重情调与爱抚相比，男性更多的注重自我力量的展现和自我需要的满足。

从个人因素和社会文化方面来看，夫妻双方性观念的差异和不良的色情文化因素也会导致夫妻性关系的紧张。从性观念上来看，如果夫妻中的一方性观念太过保守或者太过开放，就会引起另一方的不满，导致夫妻性关系出现问题；从社会文化因素的影响上来看，现代社会网络交友、聊天与谈情说爱泛滥，这就使现代人很容易得到夫妻之外性需要的满足，从而使家庭内部夫妻之间性关系产生问题。

一般来说，除非确实存在生理上的障碍和性倾向上的问题，只要夫妻双方在性生活中能够多加沟通，多了解对方的性心理需求，在性生活中多考虑对方的需要和感受，夫妻双方能把性生活和性需要的满足看成是夫妻生活中最基本的内容和最基本的需要，就不会出现性关系的问题。如果一对夫妻能相互理解和尊重，并且以适当的方式处理他们之间的性关系，达到性生活的和谐就能够促进、增加夫妻彼此的感情。因此，如何保持适当的环境与气氛，培养良好的性观念、享受性生活是现代夫妻需要学习的功课之一。

（五）夫妻关系中的行为问题

夫妻关系中的行为问题是指夫妻采取消极和极端的方式解决家庭生活与夫妻矛盾和冲突的行为方式，从而致使夫妻关系破裂与冲突加剧的问题。夫妻关系中最值得关注与引起重视的行为问题有以下几种：

第一，家庭暴力。家庭暴力是夫妻关系中最严重和最具破坏性的问题。家庭暴力是一种采用简单粗暴的武力方式来解决家庭冲突和矛盾的极端行为。家庭暴力的直接受害者是被施暴者，但是在家庭暴力上没有真正的赢家。无论是施暴者是丈夫还是妻子，表面上看施暴者是赢家，实质上他们自己本身也是自己情绪的受害者。家庭暴力不但影响夫妻之间的信任感，也使夫妻之间的爱丧失，使家庭缺乏最基本的温暖，使家庭充满了仇恨和压抑的气氛。家庭暴力不但不利于夫妻矛盾的解决，更会使矛盾激化；不但造成夫妻之间关系破裂，更会造成家庭所有成员之间关系的紧张。

第二，不断地争吵。很多家庭夫妻之间没有心平气和的交流，缺乏良好的沟通，遇到问题不是相互的商量而是不断地争吵。持续不断地争吵会导致夫妻心理上的对立感的增加，影响夫妻之间的相互信任，破坏夫妻之间的感情。

夫妻之间的争吵本来是很正常的行为。几乎所有的夫妻在相处过程中都会争吵。结婚初期的相互磨合，中年阶段因子女教育产生的争执，老夫老妻因生活琐事产生的拌嘴等等都不会成为夫妻关系中的问题，反而偶尔的争吵还会使平淡的婚姻产生一些涟漪，使夫妻之间相互理解加深，还可以促进夫妻关系变得更加和谐。但是如果夫妻之间不断地持续地争吵就必须引起关注。有些夫妻每天都在争吵，有的夫妻是小吵与大吵交替进行。这种不断争吵的行为轻则会影响夫妻感情，重则会导致夫妻反目和家庭破裂，引起家庭暴力的出现。夫妻不断争吵的原因是多方面的，有的是由于夫妻之间的分歧难以弥合，有的是一方对另一方长期处于不满的状态，有的是夫妻双方没有找到合适的表达自己内心世界和自我需要的方式。

第三，双方"冷战"。"冷战"是一种关系破裂和相互对抗的状态，也是一种具有极大杀伤力的不良行为表现。现代社会，很多夫妻感情完全破裂，或者一方对另一方已经不抱任何希望，但是基于种种原因，双方没有选择离婚还保持着法律上的婚姻关系，而实质上夫妻双方既没有交流的愿望，也不愿意对关系的改善作出努力，双方都以冷漠的态度和麻木的行为面对对方。这种看似是夫妻但实质上没有夫妻交流的行为就是"冷战"。

夫妻间的"冷战"对夫妻双方带来的伤害并不比家庭暴力和不断争吵少。"冷战"不但折磨夫妻各自的心灵，也破坏家庭的氛围，影响亲子关系和子女成长。夫妻"冷战"的原因是多方面的，有的夫妻是为了所谓的面子和希望给别人一种自己的家庭是完美的印象；有的夫妻是希望给孩子一个表面完整的家；有的夫妻是因为一方无论如何也不愿意离婚，不离婚的一方并不对夫妻关系和好抱有希望，也不愿意作出努力。在夫妻关系的咨询和辅导中，咨询和辅导人员应该帮助夫妻正确认识"冷战"的杀伤力，使他们能以积极的态度结束"冷战"状态——要么通过双方的共同努力促进夫妻关系和好，要么解除婚姻，使双方都获得自由。

在夫妻关系中还有其他问题，例如，婚外情问题、子女教育方面冲突问题、家庭经济与消费方式引起的问题等。要解决夫妻关系的问题除了分析这些问题的表现之外，还需要对导致夫妻关系产生问题的原因进行分析。

二、夫妻关系产生问题的原因

引起夫妻关系问题的原因具有多样性，下面我们就从不同的方面对产生夫妻关系问题的主要原因进行分析。

（一）不健全的结婚动机

正常的婚姻关系是建立在感情基础上，男女之间相互理解和相互承诺的密切关系。在现实生活中，有的夫妻的结合不是建立在爱情和相互理解的基础上的，而是由很多其他因素决定的。缺乏感情基础和相互理解，建立在错误动机基础上的婚姻是很多夫妻关系产生问题的直接原因。

现实生活中常见的不健全的婚姻动机有以下几种：

第一，为了降低失恋痛苦，报复之前恋人而草率结婚。这种以报复别人和降低失恋痛苦而草率结婚的现象常常出现在那些经过长时间的恋爱，男女对对方都具有爱，但由于其他因素导致双方分手的男女身上。例如，一对恋人之间关系十分密切，但男孩的家庭对女孩不满意，而男孩也没有十分明确保证一定会和女孩结婚，那么这就可能导致女孩提出和男孩分手，而这位提出分手的女孩可能会以报复的心理很草率地与令一位追求她，她却不是很满意的男士结婚；或者是由于男孩家庭背景比较差，女孩的家长不同意这桩婚事，导致男孩与女孩分手，而这位男孩和另外一位他认识但不是很满意的女孩结婚。这类婚姻很容易出现问题。

第二，因同情、希望"拯救"和帮助对方而结婚。这类婚姻的基础是同情，而不是真正恋爱中的那种热烈的爱的情感。这类婚姻中，出于同情而结婚的一方在心理上具有一定的优势，被同情的一方心理上会产生一种内疚感。随着时间的推移，当同情的一方没有感受到对方对自己爱的时候，就会怀疑自己当初的选择，会对对方产生心理上的排斥，被同情的一方会产生心理上的自卑。这两种心理就影响到夫妻之间的平等交流与密切关系的建立。

第三，为了经济利益和物质生活条件的改善而结婚。这类情况在现实生活中越来越普遍，尤其是很多家庭生活条件较差的女性，为了改善家庭物质生活条件，为了解决住房问题而结婚或者为了出国移民而结婚。这类建立在经济条件基础上的婚姻也容易产生问题。

第四，为了离开自己不良的原生态家庭而结婚。很多长期生活在不和睦和经常争吵的家庭中的女性，十分渴望建立自己的家庭，以摆脱原来家庭的不良环境而结婚。由于结婚的愿望强烈，在选择结婚对象上就会草率行事，从而导致婚姻基础不牢靠，婚后容易出夫妻关系的问题。

第五，为了完成人生的使命而结婚。"男大当婚、女大当嫁"的古训虽然已经不被人们所接受，但是在人生的发展过程中，很多人还都渴望过一种婚姻生活，如果一个渴望过婚姻生活的人，在合适的时间没有找到合适的结婚对象，不管是自己还是家人就会产生心理上的紧迫与焦虑感，这就使得当事人为了完成使命和完成人生课题而结婚。

现实生活中出现的闪婚、快婚和急婚一族和为了解决户口问题而结婚一族就是在缺乏相互了解和感情基础上建立的婚姻。这些婚姻的稳定性一般较差，夫妻之间容易出现各种矛盾和冲突，夫妻关系的问题也较多。因此，在夫妻关系的咨询和辅导中，咨询和辅导人员在面对这类问题时，一定要引导夫妻双方改变原有的婚姻态度，培养他们积极的婚姻观念，促进他们以认真负责的态度对待自己的家庭和爱人。

（二）夫妻之间的人格与行为方式的差异

男女之间存在性别差异，人和人之间存在性格差异与行为方式的差异。这些差异的存在是正常的，有些差异不但不会引起夫妻关系出现问题，反而还会增强夫妻之间的相互吸引力。但是如果夫妻人格特征与行为方式的差异特别大，而夫妻双方又不能抱着积极态度相互融合和相互适应，那么这种差异就可能导致夫妻关系出现问题。

以下几种人格和行为方式的差异容易成为夫妻关系出现问题的原因：

第一，价值观与价值取向的差异。价值观与价值取向是一个人人格中最为重要的成分。价值观与价值取向影响着一个人的生活态度和对家庭的态度，影响着一个人的行为方式。由于夫妻从小的生活环境和成长历程的差异性，夫妻双方所看重的东西可能会有差异性。夫妻双方在为人处世的理念和方式上，在消费方式和消费行为上可能也会存在差异性，这些不同就是价值观差异的具体体现。如果夫妻双方能够相互融合，在家庭生活方式和消费方式上寻求共同点，那么夫妻关系就不会出现太大的问题，反之就会出现问题。尤其是当夫妻中的一方从小在优越环境和城市家庭成长起来，而另一方在艰苦环境和农村家庭成长起来，他们之间价值观与价值取向的差异就会导致夫妻关系出现问题，导致夫妻双方产生矛盾。

第二，夫妻双方性格差异过大，尤其是男女双方的性格与社会总体认同的性格之间的差异太大，会导致夫妻关系矛盾的产生。一般来说，社会对男性与女性特征都有一定的期待：通常社会认同的好女人是温柔、体贴、通情达理、善解人意、能表现阴柔之美的人；社会认同的好男人是独立、开朗、责任心强和具有爱心，表现出阳刚之美的人。如果夫妻双方的性格特征与社会一般认同的特征相似，那么夫妻之间就容易和谐相处。如果男女的性格特征与社会普遍认同的好男人与好女人的特征反差太大，虽然他们在恋爱期间会相互吸引，但结婚之后随着时间的推移，就容易导致夫妻之间产生问题。现实生活中，最常见的夫妻性格不协调的情况是丈夫谨慎小心、唯唯诺诺、做事认真、不太注意感情生活、生活方式较为呆板；而妻子则感情丰富、喜欢变化、长于社交、惯于游乐，结果两人格格不入，互不协调，彼此不满意。

第三，夫妻性格的过分相似和趋同，也会导致夫妻关系的矛盾，尤其是当夫妻双方对自己的某些性格特质不满意，另一方也表现出明显的相似的性格特征时，会越发引起对方的反感。例如，一个心比较粗的男子，在自己妻子身上发现了同样的特征，他就会对这种特征特别反感；一个内向不善言谈的女子，在自己丈夫身上看到同样的特征就会感到特别反感。

以下两种性格特征最容易导致夫妻关系出现问题：一种是夫妻双方都有很强的个性，如独立、竞争意识强烈、不认输、不愿意示弱，遇到问题总是争吵不休，强调自己的理由等。具有过分强势、理性、不认输的性格特征的人，在与别人产生分歧和矛盾时，一般都缺乏包容性和变通性，都会强调以理服人和要分出胜负，如果夫妻双方都属于这种性格特征的人，那么他们就会不断争辩谁对谁错，就会希望对方听从自己对家庭生活的安排，就不会让步。很多夫妻关系的矛盾就是因为这种相互攻击与不服输的性格特征导致的。其实，夫妻关系最重要的是情感关系，而不是竞争关系，在处理夫妻关系上，不一定要分出高低的关系。如果性格强势的夫妻双方能发挥性格中的独立性、责任心这些优点，多一些宽容和爱，就能和谐相处。

另一种是夫妻双方都属于被动性的性格。这种性格相似的夫妻，在家庭生活中都表现出消极被动的行为模式，在做决定时优柔寡断，在处理家庭事务时，彼此推诿，相互抱怨，家庭缺乏活力，死气沉沉。夫妻双方都是消极被动性格的家庭，一般来说，妻子对丈夫的不满程度要比丈夫对妻子的不满程度强烈。妻子会依照社会认同的标准来衡量丈夫，她会认为丈夫没有尽好男人应尽的责任，会觉得丈夫是没有能力与本事的人。面对妻子的抱怨与埋怨，丈夫不会解释也不会反驳，但是内心的不满和怨气会聚集，当聚集到一定程度的时候，就会爆发出毁灭性的能量。

（三）夫妻缺乏经营和维护婚姻关系的理念与方法

家庭需要经营，婚姻需要呵护，这是处理夫妻关系最基本的理念。当夫妻双方具有经营家庭的观念，也愿意呵护婚姻的时候，夫妻关系一般都会处于相对融洽的状态，当夫妻双方中的一方忽略对家庭经营与婚姻呵护的时候，夫妻关系就会出现问题。

现代社会很多夫妻关系出现问题的原因不在于夫妻双方不再相爱，也不在于夫妻之间存在价值观方面的分歧，而在于夫妻双方缺乏经营和维护保养良好夫妻关系的意识、方法与技巧。

经营家庭与呵护婚姻观念的缺失是导致现代夫妻关系产生问题的重要原因。在现代社会很多人认为婚姻是爱情的坟墓，这种观念产生的最直接的原因就是很多男女青年感受到自己的爱人在恋爱时对待自己的态度、行为和婚后对待自己的态度、行为出现了很大的差别。结婚之前嘘寒问暖，结婚之后不闻不问；结婚之前百依百顺，结婚之后趾高气扬；结婚之前修饰打扮，结婚之后邋里邋遢等现象在婚姻生活中出现。这种婚前与婚后态度、行为的差别，就是缺乏正确的婚姻观念导致的结果。

除了缺乏正确的经营家庭与呵护婚姻的观念之外，缺乏必要的处理夫妻关系的方法和技巧也是导致夫妻关系出现问题的原因。在夫妻关系的处理上，很多夫妻都具有积极营造家庭氛围、呵护婚姻的愿望，但是缺乏经营家庭的方法和技巧，而不能使夫妻关系更加亲密。

如果夫妻之间缺少沟通，夫妻之间不表达对对方的爱和期望，其结果就是彼此都不知道对方在想什么、计划什么、有什么意见、有什么情感，那么他们就变成了熟悉的陌生人，夫妻就可能出现同床异梦的情况；如果夫妻之间不注意培养共同的兴趣与爱好，没有共同的生活目标，彼此之间缺乏对未来美好蓝图的规划和设计，就会导致夫妻之间交集的减少，使夫妻关系的内涵空洞化，导致对婚姻的失望和夫妻关系的破裂。因此，对夫妻关系来说最好的礼物就是用心体会彼此的心情、倾听彼此的心声，以对方所渴望的方式表达自己的爱。

（四）受各自父母、兄弟姐妹、同事朋友的影响

夫妻两人都具有自己原来的家庭，有各自的父母、兄弟姐妹和同事朋友。夫妻关系也会受到各自父母、兄弟姐妹和同事朋友的影响。

父母是对子女夫妻关系产生影响的最为重要的人。首先，父母对子女婚姻的态度，直接影响子女夫妻之间的关系。如果父母对子女配偶不满意，那么子女的夫妻关系就会受到消极影响。其次，父母对待子女婚姻关心的程度也影响子女的夫妻关系，如果父母对子女的婚姻生活太过关心，对子女家庭事务插手太多，会使子女失去婚姻生活的自主权，会导致子女夫妻关系问题的产生。现代社会很多夫妻分手的原因就是父母对子女的婚姻插手太多，很多"妈宝男"对父母有太多的依赖或者对父母言听计从，导致妻子不能忍受。最后，父母在情感上与子女相互依赖的程度太多，也会导致子女夫妻关系问题的出现。由于父母对子女太多心理上的依赖，在子女结婚后，父母心理上会出现明显的失落感，面对父母的失落感，子女会产生心理上的内疚感，这种内疚感就使子女迁就父母，会满足父母一些不合理的要求，结果就使夫妻之间产生矛盾冲突。

兄弟姐妹、亲戚朋友对一桩婚姻的看法，也会对这一对夫妻之间的关系产生影响。即使感情关系很不错的夫妻，遇到兄弟姐妹、亲戚朋友对自己配偶的指责和对自己夫妻关系消极的看法，也会影响他们对待配偶的态度。每一对夫妻都希望自己的婚姻得到亲人的祝福，希望自己的配偶受兄弟姐妹与亲朋好友的认可。自己的婚姻如果不被家人看好，配偶不被家人认可，自己就会感到失落和不满，就会给对方提出一些希望和要求，当配

偶没有改变的愿望时，这种不满就会更加明显，长期以来这种不满就会导致夫妻出现情感上的裂痕。

亲朋好友婚姻的状况以及他们对待夫妻关系的态度，也是影响夫妻关系的因素。生活在亲朋好友的婚姻都比较美满，亲朋好友对婚姻都持积极肯定态度环境中的夫妻，对待自己婚姻的态度往往比较正面，夫妻关系也比较积极；生活在能以积极方式解决夫妻间冲突的亲朋好友圈子里的夫妻，也能以积极的方式解决夫妻间的冲突；而身边大多是对婚姻持消极态度的朋友，或者朋友中离异者比较多的夫妻，夫妻关系也容易出问题。这就是心理学中常说的离婚具有一定"传染性"的现象。

（五）不良社会风气与婚姻文化的消极影响

在现代社会的信息中，色情信息和各种色情广告、婚外情的事件以及一些含有偏差的婚姻观念越来越流行。只恋爱不结婚的观点、婚姻是爱情坟墓的看法、性解放的思潮等都会对现代夫妻关系产生影响。

在现代社会不良文化和社会风气下出现的婚外情或者婚外性关系，是影响夫妻关系最严重的事件。婚外情已经成为严重影响夫妻关系的现实问题。婚外关系的发生，有各种各样的原因：或出于"围城心理"，对其他异性产生幻想；或喜新厌旧，追求新的刺激与变化；或因工作、生活不顺心，让"第三者"乘虚而入。婚姻咨询的实践告诉我们，不管是什么原因下的婚外情都会对夫妻关系产生消极影响。

除了婚外情之外，现代社会的婚外性关系更多。从婚外情的字面来看，还包含着"情"字，而婚外性关系则根本就没有情可言，纯粹是为了满足生理的需要和追求性方面的刺激。婚外性关系的流行与现代网络的流行和性泛滥的不良认知有直接关系，网上交友、网络聊天给婚外性关系的出现创造了便利。岂不知，无论是有一定感情的婚外情，还是没有任何感情基础也不知道对方真实身份的婚外性关系，都会给夫妻生活带来很大的伤害。

夫妻关系产生问题的原因是多方面的，任何一种夫妻关系问题的产生，都不是单一因素所致，而是许多因素累积在一起的结果。在夫妻关系的咨询与辅导中，咨询与辅导人员就必须从多方面分析导致夫妻关系出现问题的原因。

第四节　夫妻关系咨询与辅导的具体内容与方法

夫妻关系的咨询与辅导既可以是夫妻双方共同参与的咨询与辅导，也可以是一方参与的咨询与辅导；既可以是个别咨询与辅导，也可以是团体咨询与辅导。在夫妻关系的咨询与辅导实践中，到底采取哪一种方式效果好，要根据具体情况来定。一般来说，夫妻共同参与的咨询与辅导的效果要好于只有一方参与的咨询与辅导。但即便是夫妻双方共同参与的咨询与辅导也不一定是夫妻双方对心理咨询与辅导都抱有积极态度，亦不是夫妻双方能同时意识到夫妻关系存在的问题。因此，在实践中，咨询与辅导人员一定要采取灵活多样的方式开展这类工作。不管采取那类形式的咨询与辅导，其内容都离不开夫妻生活观念的培养，处理夫妻关系方法的指导和能力的提升这几方面。

一、正确夫妻关系观念的培养

培养夫妻形成正确的婚姻观念，是夫妻关系咨询与辅导的主要内容，也是改善夫妻关系的重要举措，因此，在夫妻关系的咨询与辅导中，咨询与辅导人员可以通过个别咨询与辅导、团体咨询与辅导及举办以家庭婚姻关系为主题的讲座等方式使来访者和参与者形成正确的婚姻观念。

（一）明白婚姻的宗旨，形成良好的婚姻观念

婚姻不是去找一个合适的人，而是去做一个合适的人。这一观念应该

是每一对夫妻都明白的道理。在婚姻中丈夫和妻子都应该从自身出发学会自我定位，扮演好自己的角色，而不是向对方提出过多的要求。要维护良好的夫妻关系，夫妻双方都应该形成健全的结婚动机，而不要使婚姻建立在错误的动机之上。哪怕不是出于爱情或者没有牢固感情基础而结婚的夫妻，在婚后也应该学会培养感情和培养对对方的爱，学会建立密切的关系。先结婚后恋爱的婚姻同样可以获得幸福。

对于因非感情因素而结婚的夫妻来说，婚后最关键的工作就是自我调整，建立和形成正确的婚姻观念。男女双方婚前不管对婚姻持什么态度，婚后都必须学会承担起丈夫和妻子的责任，学会扮演丈夫与妻子的角色。在婚前每个人都是独立的个体，男女双方因婚姻结合在一起，他们就从独立个体变成了生命的共同体。任何一个结了婚的男女，都应该具有这种夫妻是生命共同体的观念。这种生命共同体不仅不会妨碍个体的独立性，反而能促进夫妻的个性得到进一步的扩展：婚姻使男子更具有男子汉的气概，婚姻使女子更具有女性的阴柔之美，同时男女天性中的相互依赖性和亲和需要也会在婚姻中得到更大程度的满足。

在夫妻关系的咨询与辅导中，咨询与辅导人员就可以采用灵活的方式，使夫妻双方都明白：婚姻不是限制了个人的自由，而是为夫妻双方提供了发挥自己能力的空间；婚姻不是负担，而是使夫妻双方有了理解责任和学会承担责任的机会；婚姻不是使个人的独立性得到限制，而是促进男女更好展现自己个性的舞台。婚姻的价值不但在于生育后代与解决经济问题，更在于促进男女双方人格的成长和自我的发展。

（二）不要试图改变对方，而要学会自我改变和自我成长

在夫妻关系咨询与辅导中，咨询与辅导人员需要帮助夫妻双方形成的第二个观念就是：帮助夫妻双方认识到人是可以改变的，但是不是可以被改变的道理，促进夫妻双方在婚姻中形成不要试图改变自己的配偶，而是学会改变自己与促进自我发展。

心理咨询与辅导的理论告诉我们，人是可以改变的，但不是可以被改变的。每个人都具有内在的自我改变的愿望与自我改变能力。在个体的成长发展过程中，某些个体自我改变的愿望可能会因各种原因变得模糊，自我改变的能力可能会逐渐减弱。面对这些自我改变愿望模糊和自我改变能力不足的个体，心理咨询与辅导的价值就在于通过种种方式，激发这些个体自我改变的动力，帮助这些个体挖掘自我改变的能力，培养他们自我改变的方法与技巧，而不是强迫性地改变他们。这些理念同样适用于夫妻关系的处理领域。夫妻关系中的很多问题都是夫妻中的一方特别强势，希望改变对方而引起的。由于对方不愿意按照强势一方的想法去做，导致强势一方的不满。

要建立良好的夫妻关系，夫妻双方都必须明白妻子和丈夫都是独立的个体，不是自己改变的对象，因此不要试图去改变对方，而是要改变自己，促进自己的成长，扮演好自己的角色。通过自己的成长与改变影响和感染对方改变和成长。任何企图以自己的力量改变对方、塑造对方的想法都是行不通的。

（三）形成彼此尊重的观念

爱情是夫妻关系中是不可或缺的因素。完整的爱情不仅是一种情感体验，更是责任、信任、忠诚与相互尊重。夫妻之间除了要具有恩爱的感情之外，还需要相互尊重与相互理解。恩爱与彼此尊重是良好夫妻关系的完美表现。只有建立在相互尊重基础上的爱才是真正的爱，才是建设性的爱。

在夫妻关系的咨询与辅导中，夫妻双方需要形成的第三个观念就是在正确理解爱的含义的基础上，彼此尊重。不管夫妻最初的结合的原因是什么，在结合之后就应该学习完整地理解爱的含义，学习彼此尊重和相亲相爱。要在相亲相爱和彼此尊重这门功课中取得好的成绩，首先要有彼此尊重的愿望。如果只有爱，而没有尊重对方的愿望和行动，这种爱就不是健全的爱和促进夫妻关系更加美好的爱。

夫妻之间的尊重包含以下几点含义：

第一，尊重对方的个性。每个人都是独立的个体，都具有自己的特征。婚姻不是要磨灭夫妻的个性或者要用一个人的个性代替另一个人的个性，良好的婚姻是对每一个人的个性发展创造更好的条件，使每一个人的个性得到好的发展，因此，夫妻双方就应该相互尊重对方的个性与人格的独立性，不要嘲笑对方的某些特征，不要强迫对方改变那些对双方的关系不会产生实质性影响的特征，不要强迫对方改变一些无关好坏的生活习惯。

第二，尊重每个人的出身的家庭和父母。婚姻的奇妙之处就在于使两个彼此不同的人，走到一起共同生活。从恋爱走向婚姻的过程就是从陌生人走向熟悉的人，最终成为关系最为密切的人的过程。从陌生人向关系最为密切的人的转变经过了认识那个陌生人、熟悉那个陌生人、接纳那个陌生人与爱那个陌生人和与那个曾经的陌生人成为最密切关系的人这几个阶段。在这个过程中，接纳那个陌生人是关键。所以良好的婚姻就要求夫妻双方接纳彼此的不同，尊重彼此的家庭成员和彼此的父母。尤其是当夫妻双方成长的家庭存在较大差异时，对出生家庭的尊重和对彼此父母的尊重就尤为重要。尊重家庭出生，不以对方的家庭出身开玩笑，尊重彼此的父母，不指责对方的父母，更不要把对方身上某些不良的习惯与出身家庭、父母挂钩，这是尊重出身和尊重各自父母的基本要求。

第三，尊重彼此的隐私，给彼此留有独立的空间。无论夫妻关系怎么亲密，夫妻双方都是独立的个体，每个人都有个人的隐私。夫妻之间的尊重，很重要的一个方面就是尊重彼此的隐私，允许各自保有自己的隐私。每个人心灵中都有一个只属于自己的箱子，在这个箱子中，保存着只属于自己的秘密，除了自己之外，其他任何人都没有权利打开这个箱子。要保持良好的夫妻关系就需要夫妻双方允许对方保有这些秘密。夫妻之间尊重彼此的隐私不是不信任的表现，恰恰是相互信任与相互信赖的表现。无论夫妻关系如何密切，夫妻在生活中如何不分彼此，这份对对方隐私的尊重都是不可缺少的。

除了以上三种核心观念之外，夫妻之间还应该形成积极沟通的理念、相互忠诚的理念、生活共同体的理念。以上这些理念对于夫妻关系的改善同样具有积极作用。

二、改善夫妻关系、提高婚姻质量的策略

正确的夫妻关系的理念不是与生俱来的，而是在夫妻生活的实践中学习得来的，也是在夫妻生活的实践中不断得到强化的。因此，在夫妻关系的咨询与辅导中，咨询与辅导人员不但要使夫妻双方领悟这些理念，更要通过讲解、分析、演练、角色扮演等方式使夫妻双方学会运用这些理念处理夫妻关系，还要帮助夫妻掌握提高婚姻质量、改善夫妻关系的策略。

（一）积极交流和有效沟通促进夫妻双方相互理解

沟通交流是促进夫妻之间相互理解，促进夫妻关系健康发展与成长的桥梁，情感和爱心只有通过沟通交流才会流入对方的心田。因此，在改善夫妻关系中，首要的策略就是积极交流与有效沟通。

沟通交流是建立人际关系的重要手段，沟通可以分为积极沟通与消极沟通、有效沟通与无效沟通。要建立良好的人际关系就需要进行积极沟通和有效沟通，夫妻关系是以情感交流为核心的亲密关系，要促进夫妻关系和谐发展，使夫妻关系的亲密程度不断加深，就需要夫妻双方多进行积极交流，实施有效沟通。夫妻关系中的积极交流是指以情感为导向的交流，是多表达对对方的爱，对对方的关心的交流，这种积极交流会促进沟通有效性的提升。反之，表达批评、抱怨和指责对方的话语，带来的是对方的反感与心理上的对抗。

无论结婚多久，无论在别人看来婚姻多么美满，夫妻之间的沟通交流是必不可少的。如果缺少了夫妻之间的沟通交流，就会使夫妻之间相互理

解的程度有所降低，时间久了夫妻之间就会产生误会，会给第三者插足带来可乘之机。现代社会很多夫妻关系破裂的原因就是夫妻之间缺少沟通交流。

促进夫妻之间的有效沟通和积极交流能力与方法的提升，就是心理咨询与辅导的重要任务。在夫妻沟通与交流能力的提升方面，咨询与辅导人员可以从以下几点开展工作：

首先，帮助夫妻双方全面了解沟通的功能，认识到积极沟通交流对夫妻建立和保持密切关系的意义，增强夫妻双方积极沟通交流的自觉性。从功能上来说，沟通具有传递信息的作用，但沟通最主要的作用却是表达情感，满足内在的情感需要。因此，在夫妻密切关系的建立和保持方面，沟通的作用是巨大的。只有对沟通的作用有一定的认识，在家庭生活中，夫妻双方才能自觉的沟通。

其次，帮助夫妻双方学会理解对方的心理需要，通过沟通交流满足对方的心理需要。夫妻隔阂产生的一个重要原因就是相互不了解对方的心理需要，也不能很好地满足对方的心理需要。因此，要使夫妻能积极交流，提升沟通的有效性，就需要夫妻双方学会了解对方的心理需要，在此基础上积极满足对方的心理需要。

妻子要了解丈夫的心理需要首先就需要把丈夫作为一个男人来看待，先了解一般男性的心理需要，其次才是把丈夫作为一个与自己关系密切的男人来看待，了解丈夫独特的心理需要。一般来说，男性比女性更希望得到肯定与认可。男性比女性更愿意展现自己的能力、男性比女性内心更脆弱，经受挫折的能力更弱，男性比女性更渴望得到默默的关注。针对男性心理上的这些特点，在夫妻交流中，妻子就要学会肯定与鼓励丈夫，妻子就要积极表达对丈夫的信任与能力上的肯定，表达自己对丈夫的依赖感。简单地说就是妻子在丈夫面前学会"发嗲、装傻与示弱"以满足丈夫渴望扮演救美英雄的心理需要，满足丈夫渴望得到肯定的需要、满足丈夫追求成就感的需要。

同样，丈夫要了解妻子首先就需要把妻子作为一个女人来看待，先了解一般女性的心理需要，其次才是把妻子作为一个与自己关系密切的女人来看待，了解妻子特殊的心理需要。一般来说，女性比男性有更多的浪漫心理，更注重自我的外表，有更多的情感需要，更渴望得到关心，更渴望对方是一个让自己感觉可靠的人。针对女性的这些心理特征，在夫妻交流中，丈夫就要学会赞美妻子，肯定妻子的外表与穿着打扮，积极表达对妻子的爱，学会浪漫与表达情感，要给妻子表现出自己的责任感，让妻子感觉到安全与可以依靠。简单地说就是丈夫要采取"哄、捧、宠"的策略满足妻子渴望被宠爱、被宽容、被赞美和被照顾的心理需要。

最后，夫妻之间要多进行积极语言沟通，少用消极语言进行交流。帮助夫妻正确认识对方的心理需要，以积极的方式满足对方心理需要的同时，咨询与辅导人员也需要提醒夫妻双方在日常生活的沟通交流中，多使用积极语言少使用消极语言进行交流。一切表达支持、理解、鼓励、赞美与有利于建立密切关系的语言就是积极语言，而那些指责、批评、抱怨、否定与不利于建立密切关系的语言就属于消极语言。夫妻是长期生活在一起的伴侣，夫妻之间的相互影响是巨大的，如果夫妻之间长期使用消极语言进行交流，那么不但会影响夫妻关系的亲密程度，也会影响夫妻各自的自信心。一个得不到亲人喜爱的人，就会缺乏对他人喜爱的心，长期被自己的妻子或者丈夫否定的人，很难不否定自己。在家庭长期得不到配偶的喜爱和鼓励的人，最终会有两方面的选择：一是逃离家庭，在外面寻求他人尤其是异性的认可；二是自暴自弃、自我放纵。无论是哪一种结果都是消极的。

夫妻之间沟通与理解不仅表现在语言中，更表现在具体的行动中。对于夫妻来说，在沟通中不要过分强调语言的作用与价值，要学会用行动给对方表达爱意和理解，表达支持和悦纳。尤其是当夫妻中的一方遭遇挫折、困难和不幸时，或者病魔缠身、干了错事时，更需要对方的安慰、鼓励、信任、理解、体贴和同情，以你的爱心和宽容，去帮助对方战胜困难，重新鼓起生活的勇气。

（二）寻找爱的共振点、共同营造爱情与家庭的氛围、构建共同的生活方式

家庭需要经营，爱情需要不断更新。与"婚姻是爱情的坟墓"这种现象做斗争的最好的方式就是积极寻找爱的共振点，不断使爱情更新。那么，在夫妻关系咨询与辅导中，咨询与辅导人员的一项重要任务就是帮助夫妻找爱的共振点，共同营造爱情与家庭的氛围，构建共同的生活。

爱的共振点就是指夫妻双方共同关心的事物，能引起夫妻双方心灵共鸣的事物。爱的共振点可以是共同的兴趣爱好、某项共同的活动、某种共同的内心体验等。

夫妻之间要建立爱的共振点就需要夫妻双方善于捕捉两人心灵中共同的事物，并从具有的最基本的共同点出发向外扩展，发展双方共同的兴趣爱好与更广泛的共同领域。在夫妻双方开发共同点的过程中，必然会引起两颗心灵的相撞，从而产生巨大的向心力，使爱情越浓越重。夫妻之间爱的共振点的获得，有利于夫妻之间认同感与联盟的建立，有利于构建夫妻共同的生活范式，使夫妻之间形成生活的共同体。

寻找爱的共振点，营造良好的家庭氛围可以从以下几个方面出发开展工作：

第一，寻求夫妻之间共同的爱好，并以此为契机，培养夫妻之间更广阔的共同兴趣爱好。兴趣是最好的老师，共同的兴趣爱好可以把人连接在一起。在夫妻生活中，要寻找爱的共振点，就可以从最基本的兴趣爱好出发，建立并扩大夫妻之间共同的爱好。在建立夫妻共同兴趣爱好的过程中必须注意：这种共同的兴趣爱好必须是积极的，而不是消极的，必须是有利于夫妻关系密切并有利于下一代健康成长的，而不是对下一代成长带来

危害的。

第二，相互分享对家庭生活的感受、理念与向往，共同营造美好家庭生活的氛围。夫妻的亲密关系是从恋爱到婚姻的过程中双方不断加深相互了解和相互理解的基础上建立起来的。要使这种亲密关系更进一步地加深或者保鲜，最重要的方式就是共同营造双方心理中理想的家庭氛围，形成双方都满意和接受的家庭生活模式。每一个人都受原生态家庭的影响，夫妻生活方式与生活理念上的差异性是正常的，营造共同家庭氛围与建立他们独有的家庭生活模式的过程，就是求同存异与最终达到统一的过程。这就要求夫妻双方能心平气和地分享各自的家庭生活经验，分享对未来生活的感受，最终达到和谐、统一的目标。

第三，形成共同的价值取向，建立真正的家庭生活共同体。爱的共振不但包含兴趣爱好的共振，也包含共同生活模式的共振，更包含共同的生活理想、人生理想与价值观的共振。在夫妻之间需要形成的正确观念中，我们提到生活共同体的观念是夫妻之间应有的观念之一。在夫妻的沟通交流中，夫妻可以通过共同的努力，建立共同的生活理想，形成共同的人生理念与生活目标。共同生活理念与共同生活目标的确立有利于夫妻之间认同感的建立。夫妻认同感是夫妻双方在相互交往与共同生活中形成的相互悦纳，彼此认同，在情感与行为上表现出高度一致的内在情感体验。

（三）夫妻之间既要相互坦诚，又要保持相对独立，以积极态度共同应对婚姻不同阶段的问题

这是处理夫妻关系问题的十分重要的策略。相互尊重和彼此忠诚是良好的夫妻关系应有的品质，但是夫妻间的相互坦诚不是说每个人就不可以有自己的隐私，就要失去自己的独立。在夫妻关系中，夫妻双方既要坦诚，又要给对方以独立的空间，相互尊重，以坦诚相对和保持独立的态度使夫妻关系随着婚姻生活的持续更加密切和牢靠。

第一，夫妻之间要相互坦诚。坦诚是指夫妻在生活中应该襟怀坦白、

推心置腹、相互信任和忠诚。坦诚与相互忠诚是保持亲密夫妻关系的核心。如果夫妻相互不坦诚，以虚假与虚伪的态度对待对方，夫妻之间就不能真正地形成亲密关系。

夫妻之间要形成坦诚的关系，首先要对自己坦诚，有勇气面对真实的自己，其次是要彼此坦诚。一个有勇气面对真实自己的人，一个对自己真诚和坦诚的人，才能对他人坦诚。对对方坦诚，也就是在自己的配偶面前不装腔作势，不掩饰自己的不足。

第二，保有自己的独立性和隐私。夫妻之间的坦诚与忠诚是指夫妻对自己负责、对对方负责和对家庭负责的态度，而不是指放弃自己的独立性、放弃自己的隐私、放弃自己独立生活空间的行为。相互之间保持一定的隐私和神秘感，保持一些等待对方开发的未知领域，不但不是不坦诚与相互之间不忠诚的表现，而恰恰是增强夫妻之间相互吸引力的法宝。因为不是所有的透明都有利于促进夫妻关系的发展，如夫妻之间有关恋爱史的问题就不要过多涉猎，如果对以往的恋爱交流得太多、太细，就很容易给现实中的夫妻关系投下阴影，影响夫妻之间的感情。

坦诚与相互独立之间是十分密切的关系。坦诚不是不要个人的隐私，夫妻保有个人的隐私也不是不坦诚的表现。虽然男女结为夫妻已经成为生活的共同体，但是每个人还有自己的圈子和独立性。夫妻之间就应该允许对方朋友圈子和交往圈子的存在，对对方与他人的交往不要过分敏感和限制，也不要没经对方允许就看对方的信件、接听对方的电话、查看对方的手机。这种以爱对方为名义的对对方隐私的打探，会破坏夫妻之间的信任，会引起对方的反感。

每个人都存在自己小心维护的、不愿意让他人涉猎的领域，这些领域可能是家庭出身，可能是生理上的某些缺陷，可能是心理上和性格上的某些弱点。这些不愿意让他人涉猎的心灵区域就是每个人的敏感区。要维护良好的夫妻关系，夫妻就需要维护对方的敏感区，在对方很在意的领域，最好不要涉猎，如果要涉猎也一定不要以讽刺、抱怨、无所谓的态度去谈论和评说。例如，丈夫最讨厌妻子把自己和其他男人比较，说自己没有能耐和本事，妻子最讨厌丈夫说自己不会理家、不会做母亲、没有魅力等；出身贫寒家庭的丈夫或妻子，最讨厌对方述说他（她）的家庭；在自己成长中，父母没有尽到责任和没有体会到父母的关爱的一方，最不想涉猎有关自己父母的话题等。因此，在夫妻生活中，夫妻双方就应该了解对方的敏感领域，轻易不要涉猎这个领域，否则很容易引起对方的反感，会激起对方强烈反应，而导致夫妻关系破裂。

第三，处理好坦诚与保持独立性之间的关系，积极应对婚姻不同阶段的问题。婚姻关系在不同阶段呈现不同的特点，在结婚的初期，夫妻相互了解的程度不深，处于相互的磨合期，容易为了小的差异而争吵；有了孩子后，妻子关注孩子的程度会大大多于丈夫，丈夫会感觉受到冷落；当孩子上学之后，夫妻可能为了子女的教育产生矛盾，尤其是当子女进入青春期之后，夫妻面对处于逆反期的孩子会产生各种矛盾与困惑等。面对婚姻不同阶段的特点和容易出现的问题，只要夫妻能本着相互坦诚又给对方独立空间的态度，既能开诚布公地谈论问题，又给对方解决问题留有独立的空间，这样既有利于问题的解决，又能促进夫妻关系的发展。

（四）形成应对冲突的积极观念，促进解决问题能力的提升

夫妻在一起共同生活的过程就是不断学习解决问题的过程。夫妻朝夕相处、互动频繁，出现矛盾、产生冲突是难免的。夫妻保持亲密关系的关键不是不产生矛盾冲突，而是怎样处理矛盾、解决冲突和问题。人们遇到困难、矛盾和冲突时，应对困难、解决冲突的方式不同，其结果也不同。如果夫妻以消极的方式应对矛盾和冲突，那么结果必然是消极的。因此，在夫妻关系的咨询与辅导过程中，促进夫妻形成积极应对矛盾和冲突的观念，促进夫妻双方解决问题能力的提升，就是一项很重要的工作。

第一，形成正确应对矛盾和冲突的积极态度。在夫妻关系调适中，要

夫妻双方认识到矛盾与冲突的不可避免性，形成积极应对矛盾和解决冲突的理念。这是应对矛盾，解决冲突的第一步。夫妻之间的矛盾和冲突是不可避免的，矛盾和冲突不一定带来夫妻关系的破坏，现实中"不打不相识"的例子就说明了矛盾和冲突反而加深了人与人之间的相互了解，反而促进了人际关系的深化。如果夫妻双方能形成积极解决冲突和应对矛盾的观念，以积极态度看待矛盾和冲突，那么矛盾和冲突不但不会破坏夫妻关系，反而能使夫妻双方知道各自内心世界对某些问题的真实想法，加深相互之间了解与理解，促进夫妻关系亲密程度的加深。

第二，夫妻之间要以积极的方式解决冲突，应对矛盾。应对矛盾和解决冲突有积极的方式与消极的方式：理性、负责和合作的方式就是积极的方式，而相互指责、抱怨、逃避与只顾发泄情绪而不理性分析的方式就是消极的方式。

相互指责、抱怨、逃避的方式，对应对矛盾和解决冲突不但无济于事，还会伤害彼此的感情，导致夫妻关系的紧张，造成彼此的伤害。在现实生活中，有的家庭孩子学习成绩不理想、功课不好，妻子就责怪丈夫常打孩子或者责怪丈夫对孩子的指导和关心不够，而丈夫则责备妻子太宠孩子，不督促孩子学习或者责备妻子脾气暴躁，对孩子不够温柔等。这种解决问题的模式不但没有帮助孩子提高学习成绩，反而容易引起夫妻吵架。有的夫妻在遇到问题时，会产生不同的解决问题的想法，并且都坚持自己的观点，而互不妥协、争执不休，严重阻碍问题的真正解决。这些解决问题、应对冲突的方式就是消极方式。

在遇到矛盾与困难时，如果夫妻双方能以积极方式应对就会收到良好的效果。如果夫妻双方能相互支持和彼此妥协，而不是相互抱怨和互不相让，能以理性的态度分析问题的原因，以合作和相互支持的理念共同面对问题，就能促进问题的解决。例如，面对孩子学习成绩不好的问题，夫妻就可以通过相互讨论的方式，分析导致孩子学习成绩不好的真正原因，然后相互配合，共同促进孩子学习成绩的提高。如果夫妻双方能达成这样的共识：对孩子既不过分处罚，也不过分宠爱；当孩子学习成绩有进步时，夫妻就步调一致地鼓励奖赏；遇到孩子不会做的功课时，夫妻双方齐心协力予以帮助，这样就能收到良好的效果。

在夫妻关系的咨询与辅导中，咨询与辅导人员一定要帮助夫妻学会相互了解，彼此尊重、宽容和妥协，使他们能以通融、协调的方式来解决分歧和矛盾，形成良好的解决问题的方式。

（五）了解对方的性心理，尽力满足对方的生理与心理需要，追求和保持和谐的性生活

性生活是夫妻关系健康发展的催化剂和润滑剂。一般来说，夫妻之间性关系和谐，婚姻就幸福，幸福的婚姻必定包括和谐的性生活。不和谐的性生活会给夫妻关系投下阴影，会影响到夫妻关系的发展。因此，在夫妻关系的咨询与辅导中，帮助夫妻双方了解男女性心理的特征，使夫妻双方尽量满足对方的性需要，促进夫妻双方达到性生活的和谐是一项很重要的任务。具体来说，在这一方面咨询与辅导人员可以从以下几点出发帮助夫妻建立和谐的性关系：

第一，形成积极的性观念。虽然古语有言"食色，性也"，把性需求作为人很正常的需求来看待，但是在现实生活中，很多人把性的需求作为低级需要来看待，把性行为作为低级的行为。这种思想在很多夫妻之间都存在，很多女性不敢表达自己的性需要，更不敢表达自己对性生活的感受，很多夫妻从来不交流自己对性的看法，也不交流夫妻性生活的感受。很多女性在性生活中只有消极被动地应对而缺乏积极主动的行为。这些对性生活消极的态度与看法不但影响了自己的感受，也影响了配偶的心理，还可能导致性生活的障碍。因此，帮助夫妻建立对性的积极看法，使夫妻双方都明白，性生活是夫妻生活的重要内容，性关系是夫妻关系中最重要的关系之一。

第二，了解夫妻双方在性生理与性心理上的差异，在自我性需要满足的同时，照顾到对方的需要。男女性别的差异决定了夫妻双方在性生理和性心理上的差异。夫妻之间要有和谐的性生活，就需要夫妻双方对对方的性心理与性生理特征有所了解，需要夫妻双方在性生活中除了满足自己的需要之外，还要满足对方的需要。性的需要不但是一种生理需要，也是一种心理需要和情感需要。夫妻要达到性生活的和谐，就需要夫妻双方在性的问题上进行开诚布公的交流，对对方的需要加以了解，在性生活中能积极地自我满足和满足对方的需要。

第三，建立合理的性生活和行为模式，避免在性的方面过分追求自我的满足与对对方提出不合理的要求。现代社会人们的性观念越来越开放，很多人在自由和性解放思潮的影响下，开始了自己的性放纵之旅，滥交、群交、夫妻交换、卖淫、嫖娼等不良的性行为越来越多。这些性行为必然对夫妻生活造成消极影响。因此，在夫妻性生活中，不论是妻子还是丈夫有必要把握最基本的性道德规范，建立夫妻都能接受和能得到满足的性生活模式，要避免为追求自己性生活的满足，为了追求自己的快感和满足而自己进行性猎奇或对对方提出不合理的性要求。

第四，对对方在性生活中的表现不进行讽刺与消极的评价，学会彼此欣赏和彼此爱抚。性生活是夫妻生活中不可缺少的部分，但是不是夫妻生活的全部，性的满足不是单纯的生理满足，更是心理上的满足，更是爱的表达方式。对于夫妻来说恩爱和相互体贴才是最重要的生活方式，所以在夫妻性生活中，以恩爱和相互体贴为出发点的行为一定会收到良好的效果。

三、促进夫妻关系成长的具体方法与途径

个体心理咨询与辅导、夫妻共同参与团体训练等方法在解决夫妻矛盾，增进夫妻的相互理解，促进夫妻关系发展等方面能发挥积极的作用。

下面的两种方法是夫妻关系咨询与辅导中最常用的方法,他们对增进夫妻关系的密切程度具有十分明显的效果。

(一) 夫妻恳谈会

夫妻恳谈会是一种促进夫妻关系成长和发展的心理咨询与辅导方法,夫妻恳谈会就是由夫妻双方共同参与的一种团体活动与个别辅导相结合的心理咨询与辅导方式。

夫妻恳谈会一般要求夫妻双方共同参加,每次人数 20~40 人,也就是 10~20 对夫妻。时间一般是 2~3 天。在这两三天的时间里,由心理咨询与辅导人员负责组织参加的夫妻,就家庭关系、夫妻关系的调适和夫妻生活中的各种困惑等问题展开座谈和研讨,在座谈与研讨之余,心理咨询与辅导人员也给每位参加者提供个别咨询与辅导的机会。在座谈和研讨活动中,每对夫妻都可以就自己在夫妻关系中遇到的各种问题、困惑以及对处理夫妻关系的看法、体会等与其他成员展开交流。所有参加者都可以就这些问题、困惑、体验与感受结合自己家庭的情况发表自己的看法、分享自己的感受和提出意见与建议。通过讨论、分享、交流等系列活动,使参与恳谈会的夫妻都能从其他夫妻身上学习到处理夫妻关系的方法与经验,同时使每对夫妻都能获得分享自己夫妻生活经验的机会。在夫妻恳谈会中,除了参与的夫妻相互分享各自的经验、体验、感受,进行有关解决问题方法的交流之外,心理咨询与辅导人员也可以就参与者提出的有关夫妻关系问题开展讲座和辅导活动。

夫妻恳谈会一般由三阶段组成:

第一,活动的起始阶段。这一阶段主要是由咨询与辅导人员就夫妻恳谈会的目的、活动的规则及注意事项进行解释说明,然后由所有参加者进行自我介绍,大家相互认识。

第二,活动中期。这是夫妻恳谈会的最重要的阶段。这一阶段主要是围绕家庭与夫妻关系中遇到的所有问题、困惑组织参与者展开讨论与研讨。一般来说，这一阶段讨论的问题十分广泛，凡是夫妻关系中遇到的问题都可以共同讨论、分享。在具体操作过程中，哪些话题是重点讨论的问题，可以由咨询与辅导人员和夫妻恳谈会参与者共同确定。在夫妻恳谈会中期，可以根据参与者的实际状况，分为不同的专题组织和安排活动。例如，对夫妻关系的看法、结婚以来的感受与满意度、对最理想的妻子与丈夫的看法、婚姻生活的经验与最美好的体验、解决夫妻矛盾与冲突的方法、如何调节妻子与婆婆的关系等都可以成为分享与研讨的主题。在每个主题的开展中，既可以采用所有参与者共同参与分享的方式，也可以先让夫妻之间交流，然后再进行团体分享研讨的方式。在恳谈会的每个小单元结束时，咨询与辅导人员对这一单元的活动进行点评与总结，给参与者提出新的希望和要求，使参与者在后续活动更加积极和开放，使夫妻恳谈活动取得好的效果。

第三，活动的总结与结束阶段。这是夫妻恳谈会的最后阶段。这一阶段的主要目的是对两天恳谈会的活动过程和效果进行总结。这一阶段主要包括两部分：一是由参与者分享自己的体会，二是由咨询与辅导人员对整个活动过程进行总结并提出对参与者未来在家庭生活中如何运用夫妻恳谈会学到的理念、知识和方法的期望。

在夫妻恳谈会中，心理咨询与辅导人员的角色是组织者、陪伴者、支持者和活动激励者。为了使夫妻恳谈会收到好的效果，咨询与辅导人员在组织开展夫妻恳谈会的整个过程中，要做好以下几个方面的功课：

第一，做好夫妻恳谈会的各项准备工作。夫妻恳谈会的筹备与准备阶段，咨询与辅导人员都会提前进行调研，收集参与者的信息资料、了解他们的困惑、了解他们对夫妻恳谈会的心理期待等，以此为依据做好夫妻恳谈会讨论主题的设计、活动的设计与安排工作。

第二，制定好有效的沟通交流规则。夫妻恳谈会是由夫妻双方共同参与的团体性的活动，在团体交流过程中，可能会遇到夫妻双方就某些问题产生分歧与矛盾的状况，有的夫妻也会把对对方的不满情绪带到活动中来。为了使夫妻双方在参与活动中能向前看，而不是纠结于过去的不愉快的经历，咨询与辅导人员一定要在活动开始前，和参与活动的所有成员共同制定活动规则。

一般来说，夫妻恳谈会的活动规则包括以下几点：一是不允许打断别人的话。如果夫妻中的一个在表达某种思想的时候，无论对方提到的问题和看法多么不符合以前的事实，都不允许另一方为了替自己辩护或作解释而打断对方的话，当对方说完之后可以作解释和阐述自己的观点。二是不允许争吵和消极否定对方。夫妻恳谈会的主要目的，就是夫妻双方在一个特定的环境中，学会倾听、沟通和避免冲突，以加强夫妻双方的亲密关系。因此，在整个恳谈会的过程中，坚持不争吵和不否定对方是十分重要的。三是积极表达自己的想法，对对方持肯定态度。这是咨询与辅导人员必须给每一位参加夫妻恳谈会的人员传递的信息。夫妻恳谈会的主要目的是使每位参加者能以积极的态度审视自己的家庭和婚姻关系，抱着积极的态度通过与其他夫妻的分享交流，改善自己的夫妻关系，以积极的态度学习新的处理夫妻关系的理念和方法。

第三，咨询与辅导人员要提前想到夫妻恳谈会进展过程中可能遇到的问题，做好处理问题的预案。夫妻恳谈会是陌生的夫妻在一起相互交流和分享的团体训练活动，由于人对自己隐私的保护意识和心理防卫意识的存在，可能会遇到各种各样的问题，咨询与辅导人员就要提前想到可能出现的问题，并且对每一种问题都要提前做好解决的方案。例如，开始阶段的冷场问题，进行过程中的争吵与争执问题等。无论遇到什么问题，咨询与辅导人员都要以积极的态度进行解决，绝对不能消极悲观和滥发脾气。为了使各种问题得到好的解决，咨询和辅导人员在夫妻恳谈会开始之前，就要对前来参加的人员的情况进行初步的摸底，搞清楚参加者的心理需求和一般状况，在夫妻恳谈会的过程中，可以按照参加者的情况进行分组，并且可以指定某些成员就自己困惑、感受等进行重点阐述。这样就可以避免冷场或者目的不清等问题的出现。

在夫妻恳谈会进行中，咨询与辅导人员自始至终是一个参与者、陪伴者、观察者和引导者。如果咨询与辅导人员发现某些夫妻间的问题，通过团体咨询与训练不能得到解决，也可以花一些时间对这些夫妻进行个别咨询与辅导。但是个别咨询与辅导一定要在这些夫妻同意之后进行，也一定要与团体辅导的内容相一致，其目的也是帮助改善夫妻间的关系。

夫妻恳谈会是一种很好的帮助夫妻成长、促进夫妻关系得到改善、增强夫妻亲密程度的心理咨询与辅导方式。这种方式要取得好的效果，不但需要咨询与辅导人员具有良好的团体咨询与辅导的能力，也需要每对参加的夫妻能做好心理上的准备。如果每对参加活动的夫妻都能抱着积极开放的态度，愿意向其他人学习，那么夫妻恳谈会一定会使他们的家庭关系更加密切，一定会使他们个人对婚姻的理解更加全面和深刻。

（二）家庭会谈法

家庭会谈法也称治疗会谈法。与夫妻恳谈会不同的是，家庭会谈不是来自不同家庭的夫妻之间的交流和沟通，而是夫妇双方和孩子共同在咨询与辅导人员的指导下进行的沟通和交流。家庭会谈不是针对普遍性的家庭问题的解决寻求答案，而是针对某一特定家庭所遇到的困惑和问题进行会商的一种家庭咨询和辅导方式。

家庭会谈法可以用于各种各样的家庭问题和家庭矛盾的解决中。这种方法要求咨询与辅导人员要把家庭作为一个完整的不断成长和发展的系统来看待。一般来讲，在采用家庭会谈法进行家庭心理咨询与辅导时，咨询与辅导人员要抓住四个要点开展工作：

第一，要分析前来接受咨询与辅导的家庭存在的困惑和问题，分析这些问题的实质。这种分析是和前来接受咨询与辅导的家庭成员一起进行的。这样的目的是澄清观念，帮助家庭成员逐渐形成正确的家庭观念，消除消极的错误的观念。很多家庭的困惑和家庭问题都是由不良的家庭观念造成的，如果心理咨询与辅导能帮助家庭成员从错误的家庭观念中走出来，那么就能使很多家庭问题迎刃而解。例如，在夫妻关系中很多矛盾都是由谁做家务多、谁做家务少等这些具体的小事导致的，而由于夫妻来源于不同的家庭，他们受自己成长的家庭环境影响比较多，在中国南方男性承担的家务相对要多，而在北方男子汉气概的一种表达方式就是做一个大老爷们，不干家务。南方的女子和北方的男子建立的家庭就常常会因为这件事产生矛盾与冲突。如果通过咨询和辅导的帮助，夫妻双方不再纠缠于干家务的多与少，而形成正确的爱的观念，建立起尊重对方和爱对方就要多担当、多替对方考虑的家庭生活信念，那么夫妻关系的困惑就能得到解决。

第二，对导致家庭问题的原因以及使这种问题持续的原因进行分析，帮助家庭成员对已有的家庭生活模式进行检讨，使他们有勇气检讨和抛弃不良的家庭模式。在分析了基本问题之后，就需要深入分析这些问题及其困惑产生的原因。除了分析导致家庭问题出现的原因之外，还要分析使这种问题持续的原因。很多家庭问题的原因是十分清楚的，例如，当夫妻之间产生矛盾时，丈夫采取暴力的方式对待妻子。家庭暴力的原因可能就是丈夫在个人成长中不良因素影响的结果。虽然当事人从理性上也能认识到家庭暴力的错误，但是在行动上他遇到问题时，还是会采取暴力的方式，这就使家庭暴力不断持续下去。那么，是什么原因导致这种暴力行为的持续呢？这就需要在家庭咨询与辅导中进一步分析。一般来说，导致某些不良行为持续不断出现的原因，可能是某些不良的家庭生活模式。家庭暴力之所以持续不断，可能与丈夫成长的环境和丈夫对学习自己父母亲解决问题的方式有关，当丈夫在与妻子交往中产生了矛盾，他就采用这种简单粗暴的方式解决问题。如果妻子在丈夫第一次采用暴力方式解决问题时，作出的反应是激烈的，给丈夫发出了你不能这样对待我的信息，也许就有利于丈夫的改进，使丈夫学习一种新的方式处理家庭关系，这就会打破丈夫从原有家庭学习来的消极解决问题的模式，但是如果妻子采取了在暴力下退让、妥协、逃避的方式，那么就强化了丈夫用暴力解决问题的模式。在家庭心理咨询与辅导的会谈中，需要所有家庭成员都对自己的生活方式和整个家庭的生活模式进行检讨和反思，以发现到底是哪些不良的家庭生活模式影响了自己的改变。

第三，对不良的家庭生活模式进行彻底分析，帮助家庭成员从人生发展早期与个人成长历史上消极的影响中走出来，促进他们逐渐形成新的家庭生活模式和行为方式。在分析了某些不良的行为模式和家庭生活模式之后，咨询和辅导人员就要根据当事人家庭的具体情况，采用心理动力学（精神分析）的方式，帮助咨询家庭的成员，从个人成长环境和成长史的角度，对当事人进行深入的心理分析，通过自由联想、简单测试和各种心理分析的方式帮助当事人，能认识到过去消极经验对现在家庭生活的影响，使他们走出过去经验的阴影，能真正认识到不良家庭生活模式的危害，促进他们逐渐形成新的家庭生活模式。

第四，分析各种改变的可能性，促进整个家庭生活模式的改变。这是家庭会谈法的最后一步。心理咨询与辅导的核心目标就是促进来访者的改变。所以在家庭会谈的最后一个要点就是，咨询与辅导人员和家庭会谈的来访者一起，分析改变原有不良家庭生活模式的各种可能性及将各种可能性转化成现实的条件，使家庭成员在各种可能的模式中选择一种对自己十分有效的和相对简单易行的模式进行尝试，以促进自我的改变和家庭生活的整体改变。例如，要改变采用暴力方式解决夫妻关系的问题，其实有很多模式可供选择，如当遇到冲突时，要妻子离开家庭，把丈夫留在家里进行自我反思，或者丈夫自己感觉到控制不了自己情绪的时候，就自己离家外出散步，或者丈夫和妻子在双方父母亲人参与下制定协议，对丈夫的暴力行为作出惩罚，或者要双方的朋友参与帮助他们降低暴力倾向等。这些方式可能都有利于丈夫原有的解决冲突的模式的改变，但是到底采取哪种方式，就需要咨询与辅导人员与夫妻双方共同协商确定，改变的方式确定以后，就需要夫妻双方制订计划，并在今后的家庭生活中严格执行这种计划。

我们介绍了两种常用的夫妻关系咨询与辅导的模式。这两种模式的实施都有赖于夫妻双方的共同参与。在夫妻关系的咨询和辅导中，要达到最好的效果就需要夫妻双方共同努力。但是现实中有很多夫妻并没有达成共识，不是所有的家庭夫妻双方都能意识到夫妻关系问题的存在，也不是所有夫妻关系有困惑和问题的家庭，夫妻双方都有改变的愿望。很多时候寻求心理咨询与辅导人员帮助的来访者是夫妻中的一位而不是夫妻双方，很多时候这一位前来进行咨询和辅导的来访者还是在另一位不知情的情况下才敢来进行咨询的。面对这种情况，咨询与辅导人员就要把咨询与辅导的主要力量放在来访者自我的改变方面，而不要过多地分析另一方在夫妻关系中的不足和错误，而要帮助来访者本人进行自我心理的调整和行为的改变。以下案例就属于这种情况，供咨询与辅导人员参考。

【案例5】以改变自我来促进夫妻关系的改善

现代社会的家庭中遇到的障碍和矛盾越来越多，在城市中夫妻同为白领的家庭遇到矛盾时，该如何去解决？下面的案例就给读者提供参考。

一、基本情况

罗莎是一位家庭美满幸福、事业有成的女士。她出生在知识分子家庭，爸爸妈妈都是大学教授。这使她从小就养成了积极向上和不断努力的人生态度。正是这种家庭的熏陶和良好的习惯，使她一路走来都充满自信，也使她养成了独立、自信和乐观的人格特征。

人到中年的她现在一家外企担当人力资源部长的职务，收入待遇丰厚，当然工作压力也不小。她的另一半是她自由恋爱的对象，在一家合资企业担任和她相当的职务，收入待遇也不错。结婚七年来，夫妻和睦相处，女儿活泼可爱，给人一种夫妻恩爱、甜甜蜜蜜，家庭其乐融融的感觉。由于夫妻俩都是单位的中层管理者和骨干力量，看护孩子的任务就由已经退休的父母承担。老两口也乐意这么做，一方面享受膝下弄孙的乐趣，另一方面为自己的女儿女婿减轻负担，让小夫妻俩好好在事业上更上一层楼。他们一家老小各得其所的生活是人们羡慕和称道的对象。

这种夫妻和睦、老小和谐的生活在持续几年之后，突然之间就被打破了。由于受金融危机的影响，罗莎丈夫所在的公司遭受到了比较大的影响，她老公受到了降职和减薪的冲击，这种情况下，使他感到了强烈的心理的不平衡，在一种想证明自己能力的冲动影响下，他毅然决然跳槽了，他跳到了一个给了他许多承诺的小公司。

如果新公司的老板兑现了各种承诺的话，他的待遇和收入绝对比在原来的公司多，但是当他真的来到了这家私营公司之后，才发现原来老板所承诺的一切，都是无法兑现的。在这家公司里，虽然说名义上的职务是副总经理，但是实际情况却是处处受制于老板和老板亲信的权力。他到了这家公司之后，有了一种悔不当初和上当受骗的感觉。在新公司不但收入一落千丈，更重要的是颇有些怀才不遇的伤感。由于心情不好，他脾气越来越坏，在家庭动不动就发火，或者莫名其妙的敏感。对于妻子的一句话他会耿耿于怀和不依不饶地询问这句话的意思。夫妻之间的和谐被打破了，甜甜蜜蜜的夫妻关系被争吵和冷战所替代。

面对发生很大变化的老公，罗莎感到了不解和痛苦，她一方面为老公变得不可理喻而生气，另一方面为老公现在的状态而担心。她尝试着与老公沟通，尝试着让老公说出自己的心事，但是当他这么做的时候，老公总是以一种不置可否的语言或者冷漠的态度来对待。在老公的冷漠之下，罗莎也被激怒了，她说过"这一切都是你自己造成的""你别胡搅蛮缠了，我每天工作很辛苦，你就不会体谅体谅我吗"等等，过后想起来就觉得不妥的话，也有过一些不理他的举动。

罗莎在尝试着用自己的方式解决问题，但是几个月以来，她始终没有找到使问题简单化和使她与老公之间的关系得到缓和的有效方法。在朋友的建议和劝说下，有一天罗莎终于走进了心理咨询师的诊所。

二、咨询师的分析

面对罗莎的诉说，咨询师沉默了几秒钟，然后以缓慢的语气向罗莎提出了几个问题：这种不和谐的状况持续了多久？面对老公的这种情况罗莎自己有哪些想法？她是否在乎和老公的关系？她是否愿意在和老公的沟通上作出努力？罗莎对以上几个问题都作了回答。

（一）罗莎内心的矛盾与冲突

从罗莎的回答中，咨询师发现了罗莎内心的矛盾与冲突。面对老公不合适的跳槽和不理智的选择，罗莎潜意识中具有一种强烈的批判和不屑一顾的感觉。面对老公目前的状况，罗莎一方面是着急，希望老公尽快摆脱不良情绪的影响、振作起来，另一方面在潜意识中她也有着抱怨和不满。理智上罗莎愿意做一个理解老公和安慰老公的妻子，但是情感上和内心深处，罗莎觉得这一切都是老公不理智的行为带来的，她对老公的抱怨发自内心地感到厌恶，而不自觉地就以一种居高临下的态度和老公进行交流。

当咨询师把自己的这些看法以一种委婉的方式传递给罗莎时，罗莎不情愿地说出了最近一个阶段对待老公态度上的变化。她告诉咨询师，由于他们与父母住得比较近，几乎每天都去父母那儿吃饭。以前一家人吃饭时，其乐融融的气氛不见了，以前老公总是饭桌上谈话的核心人物，但是在老公的工资待遇每况愈下的情况下，老公在她父母面前的地位也是一落千丈。老公引出的许多话题，她的父母不像以前那样感兴趣了，而对老公所谈的个人未来的打算，她父母总是以一种不置可否冷漠的眼神看着女婿。父母态度的变化，引起了老公的不满，他甚至不愿意和她一起去父母那儿吃饭了。勉强去了，总是闷闷不乐的吃过饭就走人。自己待在父母面前，也总是听父母的数落。每当她听自己父母数落自己老公的时候，嘴上在替老公辩护——她当然不愿意自己的父母瞧不起自己的老公，但是心里也感到了委屈。时间久了，这种对老公不满的感觉就逐渐积累起来了，就不自觉地流露出抱怨和恨铁不成钢的言语与行为。

罗莎叙述完内心世界的感受之后，咨询师告诉罗莎：她内心矛盾与冲突的存在是正常的。对老公的期望与失望使她的感情与理性处于矛盾之中，她扮演着老公和父母之间调停人的角色，也使她感受到了心理上的压力。一方面，她不愿意自己的父母否定自己的老公，尤其是经过自己精心挑选的老公。因为这种否定不仅是在否定一个男人，也是在否定罗莎自己的眼光和他们之间的爱情，否定他们以前的生活。因此，出于对自己的保护，罗莎要在父母面前尽力为老公辩护，维护老公的自尊和自己的自尊。另一方面，罗莎会觉得父母说的是对的。尤其是当罗莎带着疲惫的身躯从单位回到家里的时候，就十分渴望得到呵护和温情，渴望心身放松。但是事实却是她还要面对老公的抱怨，还要扮演调解老公与父母之间冲突的角色，她的内心就充满了对老公的不满，再加上父母长时期的数落也会使她觉得老公是一个不尽责的男人。

听了咨询师的分析，罗莎急切地问道："我这种心理不可怕吗？这不代表我是一个不好的女人吗？"咨询师坚定地说："不代表啊！这恰恰说明你是一位正常的女人！""为什么呢？一个好女人在老公遇到困难的时候，不应该嫌弃他，更不应该抱怨他，而是应该帮助他、爱他和温暖他！"

"是的，你说的对。这是最好的、最理想的状态。但现实生活是每个人遇到不顺心的事情时，都会产生心理上的反应，会生气、会抱怨。所以生气和抱怨不是什么见不得人的心理，尤其是女性，渴望得到老公的呵护，渴望享受温暖的家庭氛围。而这一切不能实现时，自然会产生不满和失望。也自然会追寻造成这种状况的原因。你的一切反映都是作为人的自然的反应。因此，这种不满、抱怨的心理并不可怕，也不需要对这种心理进行任何掩饰和否定。可怕的是不能正视这种矛盾心理的存在！"听了咨询师的话，罗莎长出了一口气。咨询师告诉罗莎解决问题的第一步是分析问题，告诉罗莎刚分析了罗莎自己的心理，还需要分析另一个当事人——罗莎老公的心理。

(二) 对罗莎丈夫心理的分析——原来他的心就像高傲、敏感的孔雀

在与罗莎的交流中，咨询师逐渐了解到她老公是一个自我期望很高的男性。这次金融危机中的跳槽不是他第一次跳槽。在短短的四年中，他先后换了三个单位，而结果也是每当他换一次单位，他的职位和工资待遇就上升一个台阶。渐渐地使他形成了"此处不养爷，自有养爷处"的思维模式，也形成了不可受丝毫委屈的性格。本次跳槽的起因也是他感到了不受重视后作出的选择。而实际情况是在当时的情况下，公司所有的员工的薪酬都有所降低，许多高管也都被降级使用了。面对这种情况，其他员工都选择了"卧槽"（待在公司工作）而不是跳槽，只有他选择了跳槽。

咨询师告诉罗莎，她的老公是一个自视清高和具有强烈自尊心的男子。以前的决定都是正确的，这就使他不愿意承认这次决定的错误，也缺乏面对现实的勇气。因此，当别人真心帮助他的一些语言，在他看来就是对他的不信任和侮辱。听了咨询师的分析，她渐渐认识到丈夫的内心正处在非常敏感的时期。她想起了有次朋友聚会时她无意中向大家提到丈夫目前的困境，结果回家遭到他劈头盖脸一顿指责，他怪她多嘴，说错了话，两个人不欢而散。

咨询师提醒她，丈夫的自尊心很强，而且有些自高自大，这从他频频跳槽就可以看出来。他遇到不顺，通常会认为是环境不好，欠缺理智的分析，不愿意从自己身上进行反思。因此，在事业遭到挫折之后，他已经建立起一种"自我防卫"的心态，不太愿意和别人交心。所以与他交流需要技巧，要在潜移默化中攻破他的"防线"。

咨询师告诉罗莎，关于家庭问题的心理咨询最好能夫妻双方共同参

与。但是，按照罗莎老公的情况，这种让他自觉参与咨询和接受咨询师帮助的可能性几乎不存在。罗莎肯定了咨询师的分析。因为在他们关系开始紧张时，她曾经向老公提起过请个心理老师来帮忙，立刻被老公否决掉了。

既然老公不愿意接受咨询，到底该怎么办呢？难道就没有其他办法使他们之间的关系得到改善了吗？罗莎用急切的眼光看着咨询师，希望得到咨询师的帮助。

三、咨询师的建议

面对罗莎急切渴望得到帮助的眼神，咨询师直截了当地问道："有没有想过和他离婚？"

"那还不至于。"她的语气同样坚定。

"还爱他？"心理咨询师知道不离婚的夫妇通常抱着两种截然不同的心态，有的仅是为了维护家庭的完整性，有的却是为了彼此间的感情。

"直到现在我都觉得他很优秀。虽然他在事业上有些不顺，但我相信他的头脑和能力"，她发现自己心里对他还是有爱的。

听到这里，心理咨询师放心了："既然有爱，在暂时不能改变他的情况下，就可以尝试改变自己。这是一种万不得已的方法，但可以有效调节她的心态，也可以缓和紧张的夫妻关系。"

（一）如果不能改变他，至少可以改变自己

在了解罗莎的真实想法之后，咨询师给罗莎提出了以下建议：

（1）重新定位自己。工作中，她是个领导者的角色，但在生活中要学会"角色变位"，不能照旧用"领导"的方式和丈夫交流，不能居高临下，否则就更加印证了他心中的不自信，他会觉得妻子的确瞧不起自己，因此，关心与尊重才是交流的有效方式。

（2）降低对他的要求和期望值。她的优秀与成功同样影响到她对亲人的期待和要求，有时出于好意，她会要求丈夫按照自己的愿望去做事，当丈夫不能满足自己的期待时,她就会不高兴。心理咨询师要她学会洒脱地"放下他",这种"放下"是降低对他的要求和期望值。其实这是个很简单的道理,没有要求,也就不会有失望和不满了。

(3) 关心自己的状态。毕竟处在管理岗位上,工作压力已经很大。加上现在的家庭关系比较微妙,她还无法敞开心灵、开诚布公地与丈夫交流,家庭气氛相对而言是压抑的。工作与家庭的双重压力会让她身体、神经都处在紧张状态下,久而久之人的心理也会向不健康的方向发展。为了避免出现这种情况,心理咨询师建议她参加一些锻炼,找朋友聊天,学会给自己的心灵放假,让紧绷的神经得到舒展,让心理得到放松。

(4) 尽量不要在父母面前抱怨他,不要让父母对女婿的不满和她对他的不满形成叠加效应,更进一步影响她对他的看法。

只有首先改变自己的心态,才会减少老公在家庭感受到的压力,就会使老公与她的关系得到缓和。

(二) 针对罗莎老公的特点,罗莎要学会宽容和欣赏,为老公提供表现与表达自己想法的机会

心中的爱是弥补夫妻关系裂痕的最好良药。罗莎心中有对老公的爱,那么只要罗莎采用适当的方式把这种爱表现出来,使他能感受到这种爱的存在,对他来说就是最大的改变自己的动力。因此,根据罗莎表示的心理需求和人格特点,采取适当的方式,帮助他走出以自我为中心和不自信的阴影,是罗莎现在应该尝试去做的工作。

从理论上罗莎接受了咨询师的观点,但是现实中如何去做呢?罗莎又急切地想知道。对于罗莎的这个问题,咨询师没有直接给罗莎提供建议,而是问罗莎孔雀有什么特点。罗莎回答道,那当然是喜欢表现,喜欢被人接纳和被欣赏,而最受不了的就是被批评、被指责和被看成一个失败者。是的,自己的老公就是一个骄傲的孔雀。在他的生活经历中,都扮演着成功者的角色,面对目前的失败,他还没有从心底地接受是自己的失误造成

的这个现实。另外，他绝对不是不可理喻和不接受别人观点的人，许多时候表面上他不接受别人的观点，但是别人正确的观点会对他产生积极的影响，关键是如何保护他的面子和自尊心。因此，面对这只受伤的"孔雀"，我们只有用爱护和小心翼翼地保护才能帮助他恢复元气。为此咨询师对罗莎提出了如下建议：

1. 不要再给老公提一起去进行心理咨询的事情，而是采取巧妙的方法让老公接受心理咨询师的辅导

现代人对心理咨询还抱有误解，尤其是许多具有较强自尊心的男性，更不愿意接受别人对自己的指导。他就是这样一个自尊得有些过分的男性。对待这个十分"自尊"的男性，就需要采用一种照顾到他的面子、维护他的自尊的方式，让他接受心理咨询师的辅导。心理咨询师给罗莎的建议是在周末或者她老公心情好的时间，约几个朋友——其中就包括咨询师——以朋友相聚的名义给丈夫和心理咨询师创造交流的机会，要其他几个朋友把话题引到现代人工作的压力舒缓和情绪调节等方面，咨询师因势利导，有针对性地对她老公进行辅导。

2. 做好爸爸妈妈的工作，使爸爸妈妈不再给他施加无形的压力，使他重新感受到家的温暖

罗莎的父母对女婿的"堕落"抱有十分不满的态度是可以理解的，但是他们把这种不满表现在脸上和对待女婿的态度上的做法，却是不明智的。因此，心理咨询师对罗莎的另一个建议是，让她私下和父母沟通，做好父母的工作，使她的父母不要对他太过冷淡和不满，让他们与她一起帮助他、温暖他，使他有勇气走出失败的阴影，这样做不单单是促进他职业生涯的重新定位，更是挽救他们婚姻的必由之路。

四、咨询结果与启示

按照心理咨询师的策划和安排，罗莎约了几个好朋友，借"聚会交友"的名义，给丈夫与咨询师创造交流的机会。丈夫顺利地出席了这次

聚会，在聚会中，朋友们也都相当配合，大家在一起都谈了个人所遇到的工作压力与家庭的某些困惑，也都说出了自己尝试解决这些问题的方法。利用这个机会，咨询师以举例的方式列举了许多解决这类问题的方法。

聚会相当的成功，罗莎的老公对咨询师阐述的理论和方法很感兴趣，他不但积极参与了聚会中的讨论活动，还积极与咨询师沟通。在聚会结束时，他还积极主动地询问咨询师的联系方式，准备和咨询师保持长期的关系。咨询师顺理成章地给他留下了自己的名片——当然名片上的头衔不是心理咨询师，而是应用心理学博士和某大学的心理学教授。

这次以心理咨询为目的的聚会，不但使他和咨询师顺利地建立关系，更重要的是增强了罗莎的自信心，她觉得能让丈夫出席这次精心安排的会面，能以巧妙的方式使朋友都恰当地扮演了帮助老公成长的角色，就说明了自己在沟通技巧上的进步。

通过自己的咨询和聚会式的咨询，她觉得自己更能理解丈夫的心态，更能站在他的角度上考虑问题了。

除了聚会之外，罗莎也与自己的父母进行了沟通。她告诉父母，他俩都已经年近40岁了，也都算得上是社会上的精英分子，应该由两人自己来解决感情上的问题。为了不伤害到父母，她肯定地告诉他们，自己完全理解父母的爱意，但是她希望父母要相信自己的能力和判断，也相信他的能力。罗莎的父母接受了女儿的提议，不再消极地对待自己的女婿。

在一家人的共同努力下，他不但找回了自信，也重新进行了自我分析和定位，慢慢克服了敏感的心，不再害怕面对自己的失败，不在乎老婆比他工资高的情况。随着金融危机消极影响的慢慢消退，他再一次进行了选择——又跳槽了，不过这次新的选择是在和罗莎以及咨询师共同分析和商量的基础上作出的冷静、理智的选择。新的工作使他充分发挥了优势和特长。现在罗莎的家庭又是一幅其乐融融、夫妇相伴的景象，恢复到她以前的生活状态中了，这也正是她想要的生活方式。

罗莎夫妻关系能够改善首先得益于罗莎具有积极的自我改变的愿望，得益于罗莎自我的努力。虽然夫妻关系的心理咨询与辅导的最佳方式是夫妻双方共同接受咨询和辅导，但是当一方没有做好准备时，做好准备的一方先接受咨询和辅导，先进行自我的改变，然后再促进另一方的改变，在夫妻关系的改善中，最需要避免的就是夫妻双方都期待对方的改变，而自己不进行任何改变。夫妻关系的改善需要夫妻双方的共同努力，如果一方的努力没有得到另一方的积极回应，努力的一方难免会产生心理上的疲劳。当咨询与辅导人员发现努力的一方产生疲劳，出现不想努力的倾向时，一定要对来访者加以鼓励，使来访者沿着咨询计划坚持自我的改变。同时，咨询与辅导人员也要以适当的方式，与另一方接触，对另一方进行必要的指导，最终使夫妻双方的关系向积极的方向转换。

主要参考书目

一、中文部分

张日昇. 咨询心理学［M］. 2 版. 北京：人民教育出版社，2009.

钱铭怡. 心理咨询与心理治疗［M］. 北京：北京大学出版社，1994.

林孟平. 辅导与心理治疗［M］. 上海：上海教育出版社，2005.

张人俊，等. 咨询心理学［M］. 北京：知识出版社，1987.

王玲，刘学兰. 心理咨询［M］. 广州：暨南大学出版社，2005.

许又新. 心理咨询与治疗原理及实践［M］. 北京：北京大学医学出版社，2007.

陶慧芬，李坚评，雷五明. 心理咨询的理论与方法［M］. 武汉：华中科技大学出版社，2006.

岳晓东. 登天的感觉［M］. 上海：上海人民出版社，2004.

申荷永. 荣格与分析心理学［M］. 北京：中国人民大学出版社，2012.

车文博. 弗洛伊德主义原著选辑（上卷）［M］. 沈阳：辽宁人民出版社，1988.

阿德勒. 自卑与超越［M］. 李青霞，译. 沈阳：沈阳出版社，2012.

罗洛·梅. 心理学与人类困境［M］. 郭本禹，方红，译. 北京：中国人民大学出版社，2010.

罗洛·梅，恩斯特·安杰尔，亨利·F. 艾伦伯格. 存在：精神病学和心理学的新方向［M］. 郭本禹，等译. 北京：中国人民大学出版社，2012.

罗洛·梅. 存在之发现［M］. 方红，郭本禹，译. 北京：中国人民大学出版社，2008.

斯蒂芬·吉利根. 艾瑞克森催眠治疗理论［M］. 王峻，谭洪岗，吴薇莉，译. 北京：世界图书出版公司北京公司，2007.

杰弗瑞·萨德. 催眠大师艾瑞克森治疗实录［M］. 朱春林，朱恩伶，陈建铭，等译. 北京：化学工业出版社，2016.

杰弗瑞·萨德. 心理治疗艺术之经验式治疗［M］. 洪伟凯，译. 北京：北京日报出版社，2019.

戴维·H. 罗森. 转换抑郁：用创造力治愈心灵［M］. 张敏，高彬，米卫文，译. 北京：中国人民大学出版社，2015.

罗伯特·约翰逊. 内在工作：梦、积极想象和个人成长［M］. 杨慧，译. 北京：世界图书出版公司北京公司，2015.

阿尔贝特·施韦泽. 敬畏生命［M］. 陈泽环，译. 上海：上海社会科学院出版社，1992.

维克多·弗兰克尔. 活出生命的意义［M］. 吕娜，译. 北京：华夏出版社，2010.

维吉尼亚·萨提亚，简·格伯，玛丽亚·葛莫莉，等. 萨提亚家庭治疗模式［M］. 聂晶，译. 北京：世界图书出版公司北京公司，2007.

维吉尼亚·萨提亚，米凯莱·鲍德温. 萨提亚治疗实录［M］. 章晓云，聂晶，译. 北京：世界图书出版公司北京公司，2006.

诺斯拉特·佩塞施基安. 寻找意义：一种循序渐进的心理疗法［M］. 万兆元，何琼辉，译. 北京：社会科学文献出版社，2010.

萨尔瓦多·米纽庆，李维榕，乔治·西蒙. 掌握家庭治疗：家庭的成长与转变之路［M］. 2版. 高隽，译. 北京：世界图书出版公司，2010.

埃里希·弗洛姆. 爱的艺术［M］. 李健鸣，译. 上海：上海译文出版社，2008.

CARROLL M. 职场心理咨询：EAP高级实战详解［M］. 林紫心理机构，译. 上海：华东师范大学出版社，2012.

爱德华·S. 诺库格，R. 查尔斯·福西特. 实用心理测验与评估［M］. 李原，孙健敏，何华敏，等译. 北京：机械工业出版社，2013.

杰弗里·E. 杨，珍妮特·S. 克洛斯科，马乔里·E. 韦夏. 图式治疗：实践指南[M].崔丽霞,等译.北京:世界图书出版公司北京公司,2010.

COREY G.心理咨询与心理治疗[M].石林,程俊玲,译.北京:中国轻工出版社,2000.

弗洛伊德.精神分析引论[M].张会堂,编译.北京:北京出版社,2007.

马丁·塞利格曼.真实的幸福[M].洪兰,译.沈阳:万卷出版公司,2010.

马丁·塞利格曼.活出最乐观的自己[M].洪兰,译.沈阳:万卷出版公司,2010.

马丁·塞利格曼.认知自己,接纳自己[M].任俊,译.沈阳:万卷出版公司,2010.

马丁·塞利格曼,卡伦·莱维奇,莉萨·杰科克斯,等.教出乐观的孩子:让孩子受用一生的幸福经典[M].洪莉,译.北京:北京联合出版公司,2017.

马丁·塞利格曼.持续的幸福[M].赵昱鲲,译.杭州:浙江人民出版社,2012.

茱蒂丝·赫曼.从创伤到复原:性侵与家暴幸存者的绝望与重生[M].施宏达,陈文琪,向淑容,译.台北:左岸文化,2018.

苏珊·福沃德,克雷格·巴克.原生家庭:如何修补自己的性格缺陷[M].黄姝,王婷,译.北京:北京时代华文书局,2018.

久世浩司.复原力[M].程亮,译.北京:北京联合图书出版公司,2018.

马歇尔·卢森堡.非暴力沟通[M].阮胤华,译.北京:华夏出版社,2016.

马歇尔·卢森堡.用非暴力沟通化解冲突[M].于娟娟,李迪,译.北京:华夏出版社,2015.

苏拉·哈特,维多利亚·霍德森.非暴力沟通亲子篇[M].李红燕,译.北京:华夏出版社,2015.

简·尼尔森.正面管教[M].玉冰,译.北京:北京联合出版公司,2016.

伯特·海灵格.洞悉孩子的灵魂[M].宋黎辉,译.北京:世界图书出版公司北京公司,2016.

斯科特·派克.少有人走的路:心智成熟的旅程[M].于海生,译.长春:吉林文史出版社,2011.

斯科特·派克. 少有人走的路Ⅱ：与心灵对话［M］. 刘素云，张燧，译. 长春：吉林文史出版社，2008.

斯科特·派克. 少有人走的路 2：勇敢地面对谎言［M］. 尧俊芳，译. 长春：吉林文史出版社，2011.

罗伯特·S. 费尔德曼. 发展心理学：探索人生发展的轨迹（原书第三版）［M］. 苏彦捷，译. 北京：机械工业出版社，2017.

黛安娜·帕帕拉，萨莉·奥尔兹，露丝·费尔德曼. 发展心理学：从生命早期到青春期（上册）［M］. 李西营，等译. 北京：人民邮电出版社，2013.

SHAFFER D R, KIPP K. 发展心理学：儿童与青少年［M］. 邹泓，等译. 北京：中国轻工业出版社，2009.

维尔纳·巴顿斯. 取悦爱人的艺术［M］. 孙瑜，译. 北京：北京时代华文书局，2014.

克里斯蒂娜·贝尔特. 恢复力［M］. 徐筱春，刘宇辰，译. 北京：人民文化学出版社，2018.

二、外文部分（德语与英语）

WEIDENMANN B, KRAPP A, HOFER M, HUBER G H, MANDL H. Paedagogiesche Psychologie［M］. Muenchen：Psychologie Verlags Union，1986.

BRUNNER E J, SCHOENIG W. Theorie und Praxis von Beratung：Paedagogische und Psychologische Konzepte［M］. Freinburg im Breisgau：Nambertur，1990.

SSICKENDIEK U, ENGEL F, NESTMANN F. Beratung Eine Einfuehrung in Sozialpaedagogische und psychosoziale Beratungsansaetze［M］. Juventa Verlag Weinheim und Muenchen，2008.

ECKSTEIN B, FROEHLING B. Praxishamdbuch der Beratung und Psychotherapie. Eine Arbeitshilfe fuer den Anfang［M］. Lebne Lernen Klett-Cotta，2007.

LAMBERT, BERGIN A E. Handbook of Psychotherapy and Behavior Change［M］. New York：Wiley，1994.

MAHRER A R. How to do experiential psychotherapy [M]. Ottawa: University of Ottawa Press, 1989.

KIRSCHERNBAUM H, HENDERSON V L. The Carl Rogers Reader [M]. Boston: Houghton Mifflin, 1989.

ROGERS C R. Counseling and Psychotherapy [M]. Boston: Houghton Mifflin, 1942.

ROGERS C R. Client-centered therapy: Its current practice, implications and theory [M]. Boston: Houghton Mifflin, 1961.

KOCH S. Psychology: a study of science (vol. 3) Formulations of the person and the social context [M]. New York: McGraw-Hill, 1989.

后　　记

当本书稿的最后一部分写完的时候，我的心中有一种欲罢不能的感觉，一方面感到一项任务完成后的轻松，另一方面感到很多想说的话还没有完全表达清楚，想写的内容还没有完全写出来的遗憾，也感到了本书稿的不完美。不完美是必然的，因为世界上本来就没有真正完美的事物。世界是不完美的，个人是不完美的，因此本人也就接受了这个不完美的结果。希望读者在阅读本书时能发现本书的不完美，并且抱着真诚的态度，帮助、促进我们专业上的不断提升。

本书能得以顺利完成需要感谢的人很多，首先要感谢我的学生，正是一届又一届研修"咨询心理学"和"心理咨询与辅导"课程的心理学专业和社会工作专业的学生，对心理咨询的兴趣和课堂讨论中的积极参与，给我的写作带来了很多启发，也激发了我的写作动力；感谢在我的咨询与辅导实践中的来访者，表面上看是我以自己的专业知识帮助他们，可实质上正是他们的具体情况和积极参与的行为使我对心理咨询与辅导的理论与实践体会得更加深刻和具体，是他们的参与丰富了我的经验；感谢我的博士研究生导师德国图宾根大学的胡贝尔（Huber）教授，他的智慧和书籍资料给我的写作提供了很大的帮助；感谢我的妻子王珊女士，她不但校对了书稿，并且对有关问题提出了自己的看法；感谢我工作上的同事和朋友们，他们用爱心与智慧营造的良好工作氛围使我体会到了爱的含义，使我对爱的理解更加具体;知识产权出版社的雷春丽老师为本书的出版付出了很多心血,她在结构的调整、内容的完善与文字的加工等方面做了大量的工作,在此对她表示感谢。

张可创
2021年5月于佘山野马浜上海政法学院